“十三五”国家重点图书出版规划项目

中国常见植物识别丛书

南方树木

林秦文　刘　冰　编著

中国林业出版社
CFPH China Forestry Publishing House

审图号：GS京（2023）1306号

图书在版编目（CIP）数据

南方树木 / 林秦文，刘冰编著. -- 北京 ：中国林业出版社，2023.8
（中国常见植物识别丛书）
ISBN 978-7-5219-1968-4

Ⅰ. ①南… Ⅱ. ①林… ②刘… Ⅲ. ①树木－识别－中国 Ⅳ. ①S79

中国版本图书馆CIP数据核字（2022）第217099号

总 策 划：刘开运
责任编辑：张 健 郑雨馨
版式设计：黄树清

出版发行：中国林业出版社
（100009，北京市西城区刘海胡同7号，电话：010-83143621）
电子邮箱：cfphzbs@163.com
网 址：www.forestry.gov.cn/lycb.html
印 刷：河北京平诚乾印刷有限公司
版 次：2023 年 8 月第 1 版
印 次：2023 年 8 月第 1 次印刷
开 本：710mm×1000mm 1/16
印 张：23
字 数：410千字
定 价：172.00元

“中国常见植物识别丛书”
编委会

“中国常见植物识别丛书”
出版说明

中国是全球植物多样性最丰富的国家之一，现记录有野生高等植物3.7万余种。掌握常见植物的分类、特征及应用知识，是生态学、林学、草学、园林学、园艺学等涉及植物专业的基础课程，是行业从业者的基本技能。随着生态建设的社会关注度日益提高，千姿百态的植物特征，引发了越来越多大众的观察兴趣，他们迫切需要了解所见植物的特征甚至其前世今生。“中国常见植物识别丛书”应运而生。

目前，我国涉及林草专业的植物学科高等教材，出版了不同版本的《植物学》《树木学》《园林树木学》《水土保持植物》《草坪学》《花卉学》《果树学》等一系列教材或图书，展现了植物分类研究的巨大成果，但均多采用的单一黑白线条图作辅助图示或单一的生境图，不能很好地直观呈现植物典型的生物学特征，教与学以及行业参照使用的效果欠佳。为此，早在2007年，策划人就针对高等教育、科学研究做了广泛的调研工作，多次与张志翔教授等探讨，张志翔教授还特意从国外购回《加拿大的树》（*Trees in Canada*）共同作参考。

2008年，以教学、科研和行业应用中高频出现的植物种为依据，出版发起人、“丛书编委会筹备会”组织了全国高等院校树木学及植物学教学教师（来自北京林业大学、东北林业大学、南京林业大学、浙江农林大学、中国农业大学、西北农林科技大学、东北农业大学、北京农学院等28家高等院校）及科研机构专家（来自中国科学院植物研究所、昆明植物研究所、华南植物园、武汉植物园，中国林业科学研究院等），在北京林业大学标本馆举办了“首届全国‘植物识别’教学及‘植物快识丛书’编写研讨会”，共同探讨植物分类、植物识别教学及科研中植物图文使用遇到的困境及出版助力办法，并对已拟定的《出版策划方案（草案）》进行研讨，确定了《中国常见植物种总名录》《丛书出版方案》及“丛书编委会”。

此后，本丛书的组稿，历经了丛书分册方向、分册植物种的安排、出现植物种相互交叉情况等问题的处理，策划人就此以王文采院士、南志标院士、马克平研究员、张志翔教授、邢福武研究员等的意见为基础，广泛征询中国科学院和各林业科学研究机构植物分类及林草产、学、研、管诸多专家的意见，丛书的选题内容逐步得以充实和完善，并最终定名为“中国常见植物识别丛书”；2018年，国家林业和草原局成立，增设了草原、湿地、荒漠的行政管理机构，本丛书增加了对应的3个分册；为追求全面而系统的经典植物图片煞费苦心，这是本丛书一再延迟出版的主要原因。

“中国常见植物识别丛书”为“十三五”国家重点图书出版规划项目。本丛书的最大特点表现在以现行专业对应的教材为基础，以常见植物的主要生态功能（在森林、草原、湿地、荒漠中的功能）、园林及经济林应用为依据，对常见植物的形态、习性、分布、生态功能、应用、经济及文化价值等进行言简意赅的文字描述，每种植物均配以生境、叶、花、果、枝、干等多幅（平均5幅）典型图片，简洁明了、图文并茂地展现植物的生物学特征。这样系统地以多幅图片呈现每种植物的生物学特征，并配以习性图标，是本丛书的亮点之一。

本丛书共13分册，每分册描述主要植物约600种，交叉单计，全套丛书共描述中国常见植物5800种，总字数630万字，彩色图片共3.5万余幅。

“中国常见植物识别丛书”，以专业院校植物基础课程教学为基本服务对象，以林业和草原为重点服务领域，是便于生态监测、森林执法及海关等机构的工作者、社会爱好者使用的工具书。

注：2008年6月14日首届全国“植物识别”教学及“植物快识丛书”编写研讨会，由刘开运（前排右6）、张志翔（前排右5）组织，在北京林业大学标本馆召开。

出版发起人：刘开运　张志翔

2022年10月31日

编写说明

本书主要基于祁承经、汤庚国等人编写的普通高等教育“十一五”国家级规划教材《树木学（南方本）》（第2版）所收录的树种进行编写。后者作为重要教材，已被全国南方高等农林院校林学、森林资源保护与游憩等专业普遍使用，为中国树木学教学工作发挥了重要作用。教材文字内容很丰富，但配图方面仅部分树种有黑白线条图，不能满足人们快速直观地识别和认知树种的需求。为填补教材这方面的不足，我们编写了本书。

1.树种范围：本书原则上以收录教材《树木学（南方本）》（第2版）所记载的树种为主，最终共计88科348属636种5亚种20变种7杂种及1品种。

2.排列方式：以物种为基本条目进行编排，不记载科属的条目，并基本按照上述教材顺序进行排列，以方便和教材相互参照，但同属的物种则按照拉丁名字母顺序进行排列。

3.条目格式：包括标题、正文和特征要点三个部分。

标题：包括植物中文名、植物学名、科中文名、科学名、属中文名，个别物种还包括中文别名和学名异名。

正文：包括习性、株形、树皮、枝条、芽、叶、花、果等重要特征以及花果期、分布、生境、用途等简要信息。

特征要点：重点展示该物种的关键识别要点。

4.中文名：本书中文名原则上以《中国植物志》为准，因此有些种类可能与原教材不同，这时一般将教材所用名称列为中文别名。

5.学名：本书学名一般以POWO（https://powo.science.kew.org/）为准，一些种类则以 *Flora of China*【中国植物志（英文版）】为准，个别种类还参考了最新的分类学处理结果，与教材所用学名不同，这时一般将教材学名列为异名。

6.分类系统：本书采用基于分子证据的新分类系统（APG），对科属概念与教材所用名称不同的种类，则将原来所属的科属一并列出，以供读者了解相关分类概念的变化。

7.图片：本书的图片包括全株、树皮、叶枝、花枝、花特写、果枝、果特写及种子等，以多方位反映树种的特征。

8.分布图：本书采用的分布图是采用国家标本资源平台（NSII，http://www.nsii.org.cn/2017/home.php）上的标本大数据在地理信息系统软件中进行自动制作而得到的。如果一个树种的标本数据足够大而精确，那么得到的分布图就相对完善，但如果一个树种的标本数据缺乏或出现偏差，那么得到的分布图则会出现空白、缺失或偏差，这个时候再进行手动修改完善。软件制作的分布图和手工修改绘制的分布图之间存在一定差别。

如何使用本书

按照本书所涵盖的植物种，挑选出常见常用植物669种（含种下等级）进行图文描述。按照植物的生活型、高度、株形、树皮、枝条、叶、花、果实及种子、花果期、生境、分布、用途等，提纲挈领、言简意赅地把握植物的文字描述；每种植物均配以生境、叶、花、果、枝、干等多幅典型图片；另附约80字的特征要点，高度概括最核心的生物学特征，凸显每个物种主要的特征、鉴定要点。

① 生态习性符号（光照、气候、土壤条件）

喜光　喜半阴或耐半阴　耐阴　耐寒　耐旱
喜润　喜潮　耐湿　耐盐碱　喜酸

② 植株高度比例

按人高1.7m为例，分为11种。

目 录

裸子植物

苏铁 **Cycas revoluta** Thunb. 苏铁科 Cycadaceae 苏铁属

生活型: 常绿乔木。**高度**: 约 2m。**株形**: 宽卵形。**树皮**: 粗糙，黑色。**叶**: 羽状叶聚生茎顶，长达 2m，条形，厚革质，坚硬，反卷，先端刺尖。**花**: 雌雄异株；雄球花圆柱形，黄色，密生长茸毛，小孢子叶窄楔形；大孢子叶密生黄色茸毛，边缘羽状分裂，条状钻形，胚珠 2~6 枚生于大孢子叶柄的两侧，有茸毛。**果实及种子**: 种子红褐色或橘红色，倒卵圆形或卵圆形，稍扁，长 2~4cm，密生灰黄色短茸毛。**花果期**: 授粉期 6~7 月，种子 10 月成熟。**分布**: 产中国福建、广东、广西、江西、云南、贵州、重庆、江苏、浙江。日本、菲律宾、印度尼西亚也有分布。**生境**: 生于石灰岩山坡或庭园中。**用途**: 观赏。

特征要点 茎常不分枝，叶痕宿存；大型羽状叶集生茎顶。叶裂片边缘反卷。雌雄异株。雄球花卵状圆柱形，雌球花近球形。种子核果状，熟时橘红色，被茸毛。

银杏 **Ginkgo biloba** L. 银杏科 Ginkgoaceae 银杏属

生活型: 落叶乔木。**高度**: 达 40m。**株形**: 卵形。**树皮**: 灰褐色，块状深纵裂。**枝条**: 小枝灰色，具长短枝。**冬芽**: 冬芽卵圆形。**叶**: 叶互生或簇生，扇形，有长柄，无毛，常二裂，秋季变黄色。**花**: 球花雌雄异株，单性，簇生于短枝顶端的鳞片状叶腋内；雄球花柔荑花序状，下垂；雌球花具长梗，两叉，每叉顶生一盘状珠座。**果实及种子**: 种子具长梗，下垂，卵圆形，直径约 2cm；外种皮肉质，被白粉，有臭味；中种皮白色，骨质；内种皮膜质，淡红褐色。**花果期**: 授粉期 3~4 月，种子 9~10 月成熟。**分布**: 产中国华北、华东、华中、华南和西南地区，多栽培。**生境**: 生于沟边、路边、山坡开阔地，海拔 150~1500m。**用途**: 种子食用，叶药用，观赏。

特征要点 长短枝明显。叶扇形，多簇生在短枝上。雌雄异株，雄球花柔荑花序状；雌球花具长梗，顶端具 2 珠座。种子下垂，核果状，橘黄色，被白粉。

柱冠南洋杉 **Araucaria columnaris** (G. Forst.) Hook.

南洋杉科 Araucariaceae 南洋杉属

生活型: 常绿乔木。**高度**: 达 60~70m。**株形**: 尖塔形。**树皮**: 粗糙, 横裂, 灰色。**枝条**: 小枝纤细, 近羽状排列。**叶**: 叶二型, 营养枝叶排列疏松, 开展, 钻状, 微弯; 花果枝叶排列紧密而叠盖, 卵形。**花**: 雄球花单生侧生小枝枝顶, 圆柱形, 蓝绿色, 下垂; 雌球花单生侧生粗枝枝顶, 卵形, 绿色, 直立。**果实及种子**: 球果卵形或椭圆形, 长 6~10cm; 苞鳞楔状倒卵形, 两侧具薄翅, 中央有急尖长尾状尖头; 舌状种鳞先端薄; 种子椭圆形, 两侧具膜质翅。**花果期**: 授粉期 4~7 月, 球果 2~3 年成熟。**分布**: 原产大洋洲东南沿海地区。中国云南、广东、广西、福建、台湾等地常见栽培。**生境**: 生于庭园中。**用途**: 观赏。

特征要点 小枝纤细, 近羽状排列。叶二型, 营养枝叶钻状微弯; 花果枝叶卵形。雄球花顶生下垂, 圆柱形; 球果顶生, 卵形, 绿色, 直立。

铁坚杉(铁坚油杉) **Keteleeria davidiana** (Bertr.) Beissn. 松科 Pinaceae 油杉属

生活型: 常绿乔木。**高度**: 达 50m。**株形**: 广圆形。**树皮**: 暗深灰色, 深纵裂。**枝条**: 小枝黄褐色, 常有裂纹。**冬芽**: 冬芽卵圆形。**叶**: 叶排成两列, 条形, 先端圆钝或微凹, 正面光绿色, 背面淡绿色, 沿中脉两侧各有气孔线 10~16 条, 微有白粉。**花**: 雌雄同株; 雄球花 4~8 个簇生, 雄蕊多数; 雌球花单生于侧枝顶端, 直立。**果实及种子**: 球果圆柱形, 长 8~21cm; 种鳞卵形, 反曲; 鳞苞先端三裂, 中裂窄, 渐尖, 侧裂圆; 种翅中下部或近中部较宽, 上部渐窄。**花果期**: 授粉期 4 月, 球果 10 月成熟。**分布**: 产中国甘肃、陕西、四川、湖北、湖南、贵州、云南。**生境**: 生于沙岩山坡、石灰岩山坡、针阔混交林中, 海拔 600~1500m。**用途**: 木材, 观赏。

特征要点 树皮暗深灰色, 深纵裂。叶排成两列, 条形, 背面淡绿色, 微有白粉。球果圆柱形, 直立; 种鳞卵形, 反曲; 鳞苞先端三裂, 中裂窄, 侧裂圆而有明显的钝尖头。

云南油杉 **Keteleeria evelyniana** Mast. 松科 Pinaceae 油杉属

生活型: 常绿乔木。**高度**: 达 30m。**株形**: 狭卵形。**树皮**: 灰褐色，不规则纵裂。**枝条**: 小枝无毛，灰褐色，有裂纹。**冬芽**: 冬芽卵圆形。**叶**: 叶排成不规则二列，条状披针形，先端钝，正面沿中脉两侧各有 4~8 条气孔线，背面色浅，有 2 条气孔带，无白粉。**花**: 雌雄同株；雄球花 5~8 个簇生，雄蕊多数；雌球花单生于侧枝顶端，直立。**果实及种子**: 球果圆柱形，长 14~18cm；种鳞斜方形，微反曲；苞鳞上部近圆形，中有长裂，窄三角形；种子近三角状椭圆形，种翅中下部较宽。**花果期**: 授粉期 4~5 月，球果 10 月成熟。**分布**: 产中国云南、贵州、四川。**生境**: 生于河边、山顶、山坡、疏林中及云南松林中，海拔 700~2600m。**用途**: 木材，观赏。

特征要点 树皮灰褐色，不规则纵裂。叶排成不规则两列，条状披针形，正面有气孔线。球果圆柱形，直立；种鳞斜方形，微反曲；苞鳞上部中有长裂，两侧微圆。

油杉 **Keteleeria fortunei** (Murr.) Carrière 松科 Pinaceae 油杉属

生活型: 常绿乔木。**高度**: 达 30m。**株形**: 尖塔形。**树皮**: 暗灰色，纵裂。**枝条**: 小枝橘红色至黄褐色，不开裂。**叶**: 叶排成两列，条形，先端圆钝，正面光绿色，无气孔线，背面淡绿色，沿中脉每边有气孔线 12~17 条。**花**: 雌雄同株；雄球花 4~8 个簇生，雄蕊多数；雌球花单生于侧枝顶端，直立。**果实及种子**: 球果圆柱形，长 6~18cm；种鳞宽圆形，反曲；鳞苞上部卵圆形，先端三裂，中裂窄长，侧裂稍圆，有钝尖头；种翅中上部较宽，下部渐窄。**花果期**: 授粉期 3~4 月，球果 10 月成熟。**分布**: 产中国浙江、福建、广东、广西。**生境**: 生于林缘、山坡、阳坡，海拔 400~1200m。**用途**: 木材，观赏。

特征要点 树皮暗灰色，纵裂。叶排成两列，条形，背面淡绿色，有气孔线。球果圆柱形，直立；种鳞宽圆形，反曲；鳞苞先端三裂，中裂窄长，侧裂稍圆。

资源冷杉 **Abies ziyuanensis** L. K. Fu & S. L. Mo【Abies beshanzuensis var. ziyuanensis (L. K. Fu & S. L. Mo) L. K. Fu & Nan Li】松科 Pinaceae 冷杉属

生活型：常绿乔木。**高度**：20~25m。**株形**：尖塔形。**树皮**：片状开裂，灰白色。**枝条**：小枝淡褐黄色。**冬芽**：冬芽圆锥形，有树脂。**叶**：叶不规则二列，线形，先端凹缺，正面深绿色，背面有两条粉白色气孔带，树脂道边生。**花**：雌雄同株；雄球花长椭圆形，下垂；雌球花直立，短圆柱形。**果实及种子**：球果椭圆状圆柱形，长 10~11cm，成熟时暗绿褐色；种鳞扇状四边形；苞鳞稍较种鳞为短，先端露出，反曲，有突起的短刺尖；种子倒三角状椭圆形，种翅倒三角形。**花果期**：授粉期 4~5 月，球果 10 月成熟。**分布**：产中国广西、湖南。**生境**：生于针阔混交林中，海拔 1500~1850m。**用途**：木材，观赏。

特征要点 叶不规则两列，树脂道边生。球果椭圆状圆柱形，长 10~11cm，成熟时暗绿褐色；苞鳞稍较种鳞为短，先端露出，反曲，有突起的短刺尖。

苍山冷杉 **Abies delavayi** Franch. 松科 Pinaceae 冷杉属

生活型：常绿乔木。**高度**：达 25m。**株形**：尖塔形。**树皮**：粗糙，纵裂，灰褐色。**枝条**：小枝无毛，红褐色。**冬芽**：冬芽圆球形，有树脂。**叶**：叶密生，条形，边反卷，先端有凹缺，背面具两条白色气孔带。**花**：雌雄同株；雄球花长椭圆形，后成穗状圆柱形，下垂；雌球花直立，短圆柱形，具多数螺旋状着生的珠鳞和苞鳞。**果实及种子**：球果直立，圆柱形，长 6~11cm，熟时蓝黑色，被白粉，种鳞扇状四方形，苞鳞露出，先端具凸尖长尖头，反曲；种子常较种翅为长，种翅淡褐色。**花果期**：授粉期 5 月，球果 10 月成熟。**分布**：产中国云南、西藏，江西栽培。**生境**：生于雪线冷杉林中、亚高山，海拔 3300~4500m。**用途**：木材，观赏。

特征要点 球果直立，圆柱形，长 6~11cm，熟时蓝黑色，被白粉，种鳞扇状四方形，苞鳞露出，先端具凸尖长尖头，反曲。

冷杉 **Abies fabri** (Mast.) Craib 松科 Pinaceae 冷杉属

生活型: 常绿乔木。**高度**: 达 40m。**株形**: 尖塔形。**树皮**: 裂成薄片, 内皮淡红色。**枝条**: 小枝淡褐黄色。**冬芽**: 冬芽圆球形, 有树脂。**叶**: 叶排成两列, 条形, 边缘微反卷, 正面暗绿色, 背面有两条粉白色气孔带, 每带有气孔线 9~13 条。**花**: 雌雄同株; 雄球花长椭圆形, 下垂; 雌球花直立, 短圆柱形, 具多数螺旋状着生的珠鳞和苞鳞。**果实及种子**: 球果直立, 卵状圆柱形, 长 6~11cm, 熟时暗黑色, 微被白粉; 种鳞扇状四边形; 苞鳞微露出, 边缘有细缺齿, 中央有急尖的尖头, 尖头通常向后反曲; 种子长椭圆形, 种翅黑褐色, 楔形。**花果期**: 授粉期 5 月, 球果 10 月成熟。**分布**: 产中国四川。**生境**: 生于多雾阴坡, 海拔 2500~4000m。**用途**: 木材, 观赏。

特征要点 叶排成两列, 边缘微反卷。球果直立, 卵状圆柱形, 长 6~11cm, 熟时暗黑色, 微被白粉; 苞鳞微露出, 边缘有细缺齿。

巴山冷杉 **Abies fargesii** Franch. 松科 Pinaceae 冷杉属

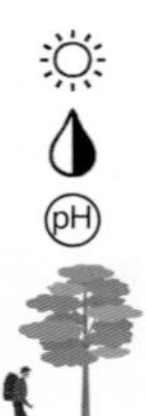

生活型: 常绿乔木。**高度**: 达 40m。**株形**: 尖塔形。**树皮**: 粗糙, 块状开裂, 暗灰色。**枝条**: 小枝无毛, 红褐色。**冬芽**: 冬芽卵圆形或近圆形, 有树脂。**叶**: 叶排成两列, 条形, 先端钝有凹缺, 背面有两条白色气孔带。**花**: 雌雄同株; 雄球花长椭圆形, 下垂; 雌球花直立, 短圆柱形。**果实及种子**: 球果直立, 柱状矩圆形, 长 5~8cm, 成熟时淡紫色或褐色, 种鳞肾形, 苞鳞倒卵状楔形, 上部圆, 先端具急尖短尖头, 尖头微露出; 种子倒三角状卵圆形, 种翅楔形。**花果期**: 授粉期 4~5 月, 球果 9~10 成熟。**分布**: 产中国河南、湖北、四川、陕西、甘肃。**生境**: 生于高山、山坡、阴坡、阴山谷、针叶林中, 海拔 1500~3700m。**用途**: 木材, 观赏。

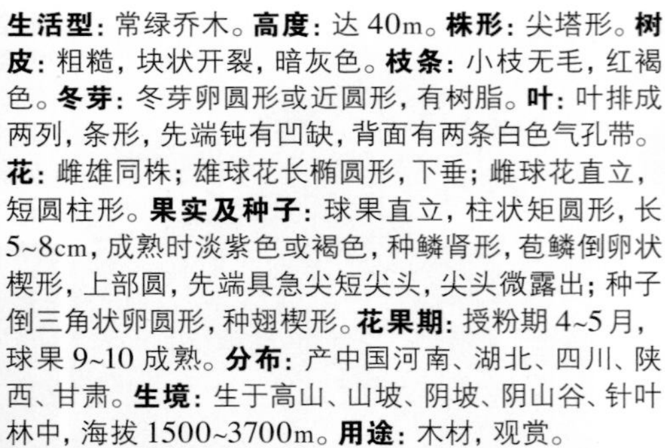

特征要点 小枝色深, 1 年生枝褐色, 无毛; 叶先端有凹缺。球果的苞鳞上端露出或仅先端的尖头露出, 熟时紫黑色。

川滇冷杉 **Abies forrestii** Coltm.-Rog. 松科 Pinaceae 冷杉属

生活型：常绿乔木。**高度**：达 20m。**株形**：尖塔形。**树皮**：裂成块片状，暗灰色。**枝条**：小枝红褐色。**冬芽**：冬芽圆球形或倒卵圆形，有树脂。**叶**：叶排成两列，条形，先端有凹缺，边缘反卷，背面具两条白色气孔带。**花**：雌雄同株；雄球花长椭圆形，下垂；雌球花直立，短圆柱形。**果实及种子**：球果直立，卵状圆柱形，长 7~12cm，熟时深褐紫色或黑褐色，种鳞扇状四边形，苞鳞外露，上部宽圆，先端具急尖尖头；种翅宽大楔形，淡褐色，翅先端有三角状突起。**花果期**：授粉期 5 月，球果 10~11 月成熟。**分布**：产中国云南、四川、西藏。**生境**：生于山坡针叶林中，海拔 2500~3400m。**用途**：木材，观赏。

特征要点 小枝无毛，球果直立，卵状圆柱形，长 7~12cm，熟时深褐紫色或黑褐色，种鳞扇状四边形，基部窄成短柄，苞鳞外露，先端具长 4~7mm 的急尖尖头，直伸或向后反曲。

长苞冷杉 **Abies forrestii** var. **georgei** (Orr) Farjon 【Abies georgei Orr】 松科 Pinaceae 冷杉属

生活型：常绿乔木。**高度**：达 30m。**株形**：尖塔形。**树皮**：块片脱落，暗灰色。**枝条**：小枝密被褐色毛。**冬芽**：冬芽有树脂。**叶**：叶排成两列，条形，边缘反卷，先端有凹缺，背面有两条白色气孔带。**花**：雌雄同株；雄球花长椭圆形，下垂；雌球花直立，短圆柱形。**果实及种子**：球果直立，卵状圆柱形，熟时蓝黑色，种鳞扇状四边形，苞鳞窄长，明显露出，外露部分三角状，直伸，边缘有细缺齿，先端有长尖头；种子长椭圆形，种翅褐色，宽短。**花果期**：授粉期 5 月，球果 10 月成熟。**分布**：产中国西藏、云南、四川。**生境**：生于高山、混交林下、林中、阴坡，海拔 3400~4200m。**用途**：木材，观赏。

特征要点 小枝有密毛，球果直立，卵状圆柱形，长 7~11cm，熟时蓝黑色，苞鳞窄长，明显露出，长 2.3~3cm，外露部分三角状，先端有长约 6mm 的长尖头。

黄杉 **Pseudotsuga sinensis** Dode 松科 Pinaceae 黄杉属

生活型：常绿乔木。**高度**：达 50m。**株形**：尖塔形。**树皮**：淡灰色，裂成不规则厚块片。**枝条**：小枝淡黄色，被短毛。**叶**：叶互生，排成两列，条形，先端钝圆有凹缺，基部宽楔形，背面有两条白色气孔带。**花**：雌雄同株；雄球花圆柱形，单生叶腋，雄蕊多数；雌球花单生侧枝顶端，下垂，卵圆形。**果实及种子**：球果卵圆形，长 4.5~8cm；种鳞近扇形，密生褐色短毛；苞鳞显著露出，先端三裂，中裂窄三角形，长约 3mm；种子三角状卵圆形，微扁。**花果期**：授粉期 4 月，球果 10~11 月成熟。**分布**：产中国云南、四川、贵州、湖北、湖南、浙江。**生境**：生于山顶、山脊马尾松林中、山坡密林中、针阔混交林中，海拔 400~2800m。**用途**：木材，观赏。

特征要点 小枝淡黄色，被短毛；叶排成两列。球果卵圆形，下垂；种鳞近扇形；苞鳞显著露出，先端三裂，露出部分向后反伸，中裂窄三角形。

铁杉 **Tsuga chinensis** (Franch.) Pritz. 松科 Pinaceae 铁杉属

生活型：绿乔木。**高度**：达 50m。**株形**：卵形。**树皮**：暗深灰色，纵裂。**枝条**：小枝细，淡黄色至灰色。**冬芽**：冬芽卵圆形或圆球形。**叶**：叶排成两列，条形，全缘，先端钝圆有凹缺，背面气孔带灰绿色，幼时有白粉。**花**：雌雄同株；雄球花单生叶腋，椭圆形，雄蕊多数；雌球花单生于去年的侧枝顶端。**果实及种子**：球果卵圆形，长 1.5~2.5cm；中部种鳞五边状卵形，上部圆，基部两侧耳状；苞鳞倒三角状楔形；种子下表面有油点，连同种翅长 7~9mm。**花果期**：授粉期 4 月，球果 10 月成熟。**分布**：产中国云南、湖南、江西、浙江、福建、甘肃、陕西、河南、湖北、四川、贵州。**生境**：生于林缘、路边及山地密林中，海拔 600~3500m。**用途**：木材，观赏。

特征要点 叶条形，顶端凹缺，表面中脉凹下，基部扭曲排成假二列。球花单生。球果小，卵形，下垂。

长苞铁杉 **Nothotsuga longibracteata** (W. C. Cheng) Hu ex C. N. Page

【Tsuga longibracteata W. C. Cheng】松科 Pinaceae 长苞铁杉属 / 铁杉属

生活型：常绿乔木。**高度**：达 30m。**株形**：卵形。**树皮**：暗褐色，纵裂。**枝条**：小枝褐色，光滑无毛。**冬芽**：冬芽卵圆形，无树脂。**叶**：叶辐射伸展，条形，直，先端尖或微钝，正面具 7~12 条气孔线，微具白粉，背面两侧各有 10~16 条灰白色的气孔线。**花**：雌雄同株；雄球花单生叶腋，椭圆形，雄蕊多数；雌球花单生于去年的侧枝顶端。**果实及种子**：球果直立，圆柱形，长 2~5.8cm；中部种鳞近斜方形；苞鳞长匙形，先端有短尖头，微露出；种子三角状扁卵圆形，种翅较种子为长。**花果期**：授粉期 3~4 月，球果 10 月成熟。**分布**：产中国贵州、湖南、广东、广西、福建。**生境**：生于沿江山坡、针阔混交林中，海拔 300~2300m。**用途**：木材，观赏。

特征要点 树皮暗褐色，纵裂。叶条形，两面具气孔线。雄球花单生叶腋。球果直立，圆柱形；苞鳞长匙形，上部宽，边缘有细齿，先端有短尖头，微露出。

银杉 **Cathaya argyrophylla** Chun & Kuang 松科 Pinaceae 银杉属

生活型：常绿乔木。**高度**：达 20m。**株形**：尖塔形。**树皮**：暗灰色，不规则薄片状脱落。**枝条**：小枝黄褐色，密被灰黄色短柔毛。**冬芽**：冬芽卵圆形，淡黄褐色。**叶**：叶互生或簇生，条形，先端圆，边缘微反卷，背面具两条粉白色气孔带。**花**：雌雄同株；雄球花穗状圆柱形，长 5~6cm，雄蕊黄色；雌球花卵圆形，长 8~10mm，珠鳞近圆形，黄绿色，苞鳞黄褐色，先端具尾状长尖。**果实及种子**：球果卵圆形，长 3~5cm，熟时暗褐色；种鳞 13~16 枚，近圆形，被短柔毛；种子略扁，斜倒卵圆形，种翅膜质。**花果期**：授粉期 5~6 月，球果 10 月成熟。**分布**：产中国贵州、湖南、湖北、广西、四川。**生境**：生于山顶悬岩、山坡阔叶林中，海拔 1400~1800m。**用途**：观赏。

特征要点 小枝密被灰黄色短柔毛；冬芽卵圆形。叶簇生，条形，扁平。球果生于叶腋，初直立后下垂，苞鳞短，不露出；种子略扁，种翅膜质，黄褐色。

云杉 **Picea asperata** Mast. 松科 Pinaceae 云杉属

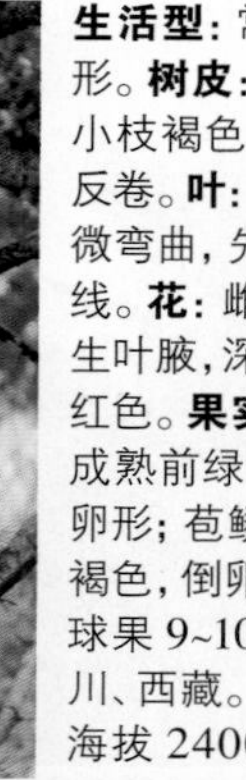

生活型：常绿乔木。**高度**：达 45m。**株形**：尖塔形。**树皮**：灰褐色，不规则鳞片状脱落。**枝条**：小枝褐色，被白粉。**冬芽**：冬芽圆锥形，芽鳞稍反卷。**叶**：叶近辐射伸展，四棱状条形，粉绿色，微弯曲，先端急尖，横切面四棱形，四面有气孔线。**花**：雌雄同株；雄球花椭圆形或圆柱形，单生叶腋，深红色，雄蕊多数；雌球花单生枝顶，紫红色。**果实及种子**：球果下垂，圆柱状矩圆形，成熟前绿色，熟时淡褐色，长 5~16cm；种鳞倒卵形；苞鳞三角状匙形；种子倒卵圆形，种翅淡褐色，倒卵状矩圆形。**花果期**：授粉期 4~5 月，球果 9~10 月成熟。**分布**：产中国陕西、甘肃、四川、西藏。**生境**：生于半阴坡、山谷河滩、阴坡，海拔 2400~3600m。**用途**：木材，观赏。

特征要点 与白杆极为接近，主要区别在于叶先端尖，小枝有毛。

麦吊云杉 **Picea brachytyla** (Franch.) Pritz. 松科 Pinaceae 云杉属

生活型：常绿乔木。**高度**：达 30m。**株形**：尖塔形。**树皮**：灰褐色，不规则厚鳞状块片分裂。**枝条**：小枝淡黄色。**冬芽**：冬芽卵圆形，芽鳞不反卷。**叶**：叶近二列，条形，扁平，微弯或直，先端尖，正面具两条白粉气孔带，背面无气孔线。**花**：雌雄同株；雄球花椭圆形或圆柱形，单生叶腋，深红色，雄蕊多数；雌球花单生枝顶，紫红色。**果实及种子**：球果下垂，矩圆状圆柱形，成熟前绿色，熟时褐色，长 6~12cm；种鳞倒卵形；种子连翅长约 1.2cm。**花果期**：授粉期 4~5 月，球果 9~10 月成熟。**分布**：产中国湖北、陕西、四川、甘肃、云南、西藏。**生境**：生于山坡、针叶林中，海拔 1500~3500m。**用途**：木材，观赏。

特征要点 小枝下垂；冬芽卵圆形。叶长 1~2cm，横切面扁平，背面无气孔线。球果成熟前绿色，种鳞倒卵形。

青杄 **Picea wilsonii** Mast. 松科 Pinaceae 云杉属

生活型：常绿乔木。**高度**：达 50m。**株形**：尖塔形。**树皮**：暗灰色，不规则鳞状块片脱落。**枝条**：小枝淡黄绿色，无毛。**冬芽**：冬芽卵圆形，芽鳞不反卷。**叶**：叶排列较密，四棱状条形，较短，先端尖，横切面四棱形或扁菱形，四面各有气孔线 4~6 条。**花**：雌雄同株；雄球花椭圆形或圆柱形，单生叶腋，深红色，雄蕊多数；雌球花单生枝顶，紫红色。**果实及种子**：球果下垂，卵状圆柱形，熟前绿色，熟时黄褐色，长 5~8cm；种鳞倒卵形；苞鳞匙状矩圆形；种子倒卵圆形。**花果期**：授粉期 4~5 月，球果 9~10 月成熟。**分布**：产中国内蒙古、河北、山西、陕西、湖北、甘肃、青海、四川。**生境**：生于山坡林中、阴坡、阴湿山谷，海拔 600~3600m。**用途**：木材，观赏。

特征要点 1 年生枝偶疏生短毛，色浅，淡黄色；冬芽卵圆形，小枝基部宿存芽鳞不反曲。叶纤细，横切面四方形或扁菱形。球果长 5~8cm。

日本落叶松 **Larix kaempferi** (Lamb.) Carrière 松科 Pinaceae 落叶松属

生活型：落叶乔木。**高度**：达 30m。**株形**：尖塔形。**树皮**：暗褐色，鳞片状脱落。**枝条**：小枝淡黄色，被白粉，具长短枝。**冬芽**：冬芽紫褐色，顶芽近球形。**叶**：叶簇生，倒披针状条形，先端尖，绿色，秋季变黄色，后脱落。**花**：雌雄同株；球花顶生；雄球花淡褐黄色，卵圆形；雌球花直立，紫红色，苞鳞反曲。**果实及种子**：球果卵圆形，熟时黄褐色，长 2~3.5cm；种鳞 46~65 枚，显著地向外反曲；苞鳞紫红色，中肋延长成尾状长尖；种子倒卵圆形，种翅上部三角状。**花果期**：授粉期 4~5 月，球果 10 月成熟。**分布**：原产日本。中国黑龙江、吉林、辽宁、河北、山东、河南、江西、北京、天津、西安等地栽培。**生境**：生于庭园中或山坡上。**用途**：木材，观赏。

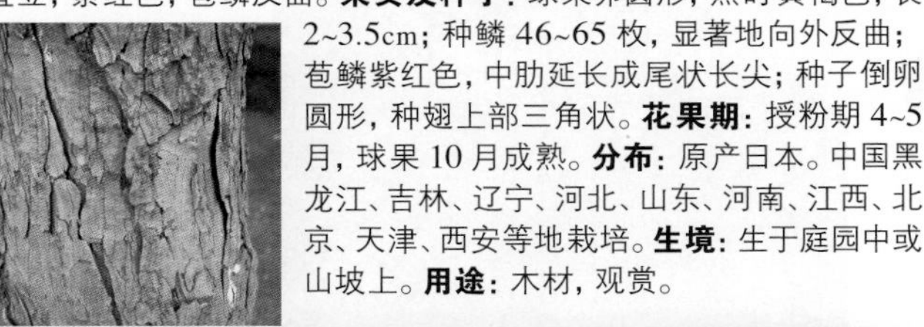

特征要点 小枝淡黄色，被白粉，具长短枝。叶簇生，倒披针状条形。球果卵圆形，熟时黄褐色；种鳞显著地向外反曲；苞鳞紫红色，中肋延长成尾状长尖。

红杉（西南落叶松） **Larix potaninii** Batalin 松科 Pinaceae 落叶松属

生活型：落叶乔木。**高度**：达 50m。**株形**：圆锥形。**树皮**：灰褐色，纵裂粗糙。**枝条**：小枝下垂，具长短枝。**冬芽**：冬芽卵圆形。**叶**：叶簇生，倒披针状窄条形，先端渐尖，绿色，秋季变黄色，后脱落。**花**：雌雄同株；雄球花和雌球花均单生于短枝顶端，春季与叶同时开放；雄球花具多数雄蕊；雌球花直立，紫红色。**果实及种子**：球果圆柱形，幼时红色，后呈紫褐色，长 3~5cm；种鳞 35~65 枚，近方形或方圆形；苞鳞矩圆状披针形，先端渐尖；种子斜倒卵圆形，淡褐色，种翅倒卵形。**花果期**：授粉期 4~5 月，球果 10 月成熟。**分布**：产中国甘肃、青海、四川、西藏、云南。**生境**：生于半阳坡、高山阳坡、冷杉林下、林中、山脊，海拔 2500~4000m。**用途**：木材，观赏。

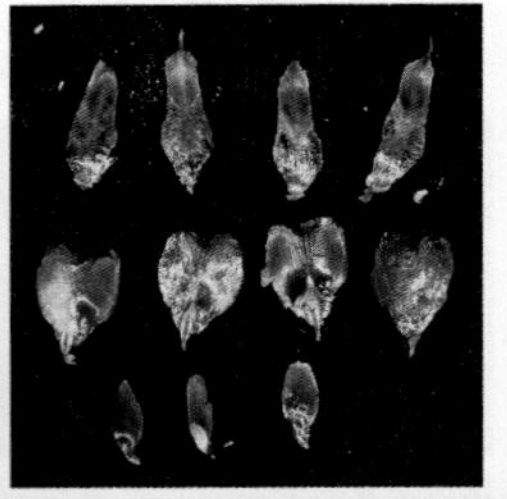

特征要点 小枝下垂，具长短枝。叶簇生，倒披针状窄条形。球果圆柱形，幼时红色，后呈紫褐色；苞鳞矩圆状披针形，先端渐尖，露出部分直或微反曲。

金钱松 **Pseudolarix amabilis** (Nelson) Rehder 松科 Pinaceae 金钱松属

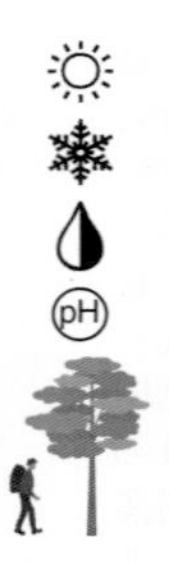

生活型：落叶乔木。**高度**：达 40m。**树冠**：狭卵形。**树皮**：粗糙，灰褐色，不规则鳞片状分裂。**叶**：条形叶互生或簇生。**花序**：雌雄同株。**果实类型**：球果。**花果期**：授粉期 4 月，球果 10 月成熟。**原产及栽培地**：原产中国安徽、江苏、浙江、江西、湖南、湖北、四川等地。福建、广东、广西、贵州、辽宁、上海、台湾、云南、浙江有引种栽培。**习性**：喜光，幼时稍耐阴；喜温凉湿润气候，较耐寒；喜深厚肥沃、排水良好的中性或酸性砂质壤土；生长速度中等偏快。**繁殖**：播种。**用途**：体形高大，树干端直，秋叶金黄色，可孤植或丛植。

特征要点 小枝淡红黄色，无毛，具矩状短枝。叶密簇生，柔软，镰状。球果卵圆形，熟时淡红褐色；种鳞卵状披针形，密生短柔毛；苞鳞小，卵状披针形。

雪松 **Cedrus deodara** (Roxb.) G. Don 松科 Pinaceae 雪松属

生活型：常绿乔木。**高度**：达 50m。**株形**：尖塔形。**树皮**：深灰色，不规则鳞状块片分裂。**枝条**：小枝淡灰黄色，密生短茸毛。**叶**：叶互生或簇生，针形，坚硬，具气孔线。**花**：雌雄同株；雄球花直立，长圆形，黄绿色；雌球花直立，卵圆形，紫红色。**果实及种子**：球果卵圆形，直立，具白粉，熟时红褐色；中部种鳞扇状倒三角形；苞鳞短小，熟时与种鳞一同从宿存的中轴上脱落；种子近三角状，种翅宽大。**花果期**：授粉期 10~11 月，球果翌年 9~10 月成熟。**分布**：原产阿富汗、印度等喜马拉雅山区。中国北京、辽宁、山东、江苏、浙江、湖北、云南、四川、西藏等地栽培。**生境**：生于山坡或庭园中，海拔 1300~3300m。**用途**：观赏。

特征要点 树冠尖塔形。叶簇生，针形，坚硬。球果直立，卵圆形，有白粉，成熟前淡绿色，熟时苞鳞与种鳞一同从宿存的中轴上脱落。

华山松 **Pinus armandii** Franch. 松科 Pinaceae 松属

生活型：常绿乔木。**高度**：达 25m。**株形**：狭卵形。**树皮**：灰色，近平滑。**枝条**：小枝灰绿色，无毛。**冬芽**：冬芽褐色。**叶**：针叶 5 针一束，长 8~15cm，较粗硬；叶鞘早落。**花**：雌雄同株；雄球花多数聚生于新枝下部；雌球花生于新枝近顶端。**果实及种子**：球果圆锥状长卵形，

长 10~22cm，熟时种鳞张开，种子脱落；种鳞鳞盾无毛，鳞脐顶生，形小；种子褐色，无翅，长 1~1.8cm。**花果期**：授粉期 4~5 月，球果翌年 9~10 月成熟。**分布**：产中国山西、河南、陕西、甘肃、四川、湖北、贵州、云南、西藏。缅甸、日本也有分布。**生境**：生于半阳坡、栎林中、山谷林下、山坡阔叶林中，海拔 1000~3300m。**用途**：种仁食用，木材，观赏。

特征要点 树皮灰色，近平滑。针叶 5 针一束，较粗硬。球果圆锥状长卵形，长 10~22cm，熟时种子脱落；种子长 1~1.8cm。

白皮松 **Pinus bungeana** Zucc. ex Endl. 松科 Pinaceae 松属

生活型: 常绿乔木。**高度**: 达 30m。**株形**: 狭卵形。**树皮**: 光滑，灰绿色，大块状剥落。**枝条**: 小枝灰绿色，无毛。**冬芽**: 冬芽红褐色，无树脂。**叶**: 针叶 3 针一束，长 5~10cm，粗硬；叶鞘脱落。**花**: 雌雄同株；雄球花卵圆形，长约 1cm，斜展或下垂；雌球花生新枝近顶端。**果实及种子**: 球果卵圆形，长 5~7cm，成熟前淡绿色，熟时淡黄褐色；种鳞矩圆状宽楔形，鳞盾近菱形，有横脊，鳞脐明显，三角状，顶端有刺；种子灰褐色，近倒卵圆形，长约 1cm，种翅短。**花果期**: 授粉期 4~5 月，球果翌年 10~11 月成熟。**分布**: 产中国山东、河北、山西、河南、陕西、甘肃、四川、辽宁。**生境**: 生于山坡、悬崖、石壁，海拔 500~1800m。**用途**: 木材，观赏。

特征要点 树皮光滑，灰绿色。针叶 3 针一束，粗硬。球果卵圆形，长 5~7cm；种鳞矩圆状宽楔形，鳞脐明显，三角状，顶端有刺。

高山松 **Pinus densata** Mast. 松科 Pinaceae 松属

生活型: 常绿乔木。**高度**: 达 30m。**株形**: 狭卵形。**树皮**: 暗灰褐色，深裂成厚块片。**枝条**: 小枝粗壮，黄褐色，有光泽，无毛。**冬芽**: 冬芽卵状圆锥形，微被树脂。**叶**: 针叶 2 针一束或 2~3 针并存，粗硬，微扭曲，两面有气孔线，叶鞘褐色，宿存。**花**: 雌雄同株；雄球花聚生新枝下部；雌球花生新枝近顶端。**果实及种子**: 球果卵圆形，长 5~6cm，熟时栗褐色；中部种鳞卵状矩圆形，鳞盾肥厚隆起，多有明显的刺状尖头；种子淡灰褐色，椭圆状卵圆形，具翅。**花果期**: 授粉期 5 月，球果翌年 10 月成熟。**分布**: 产中国四川、青海、西藏、云南。**生境**: 生于河谷、林中、山谷、山坡、阳坡，海拔 1500~4500m。**用途**: 木材，观赏。

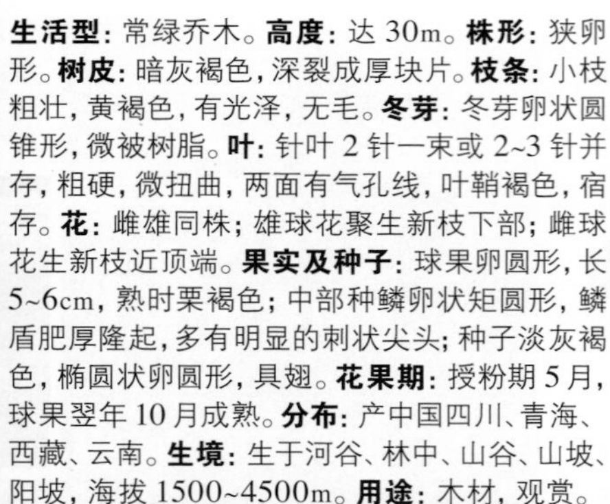

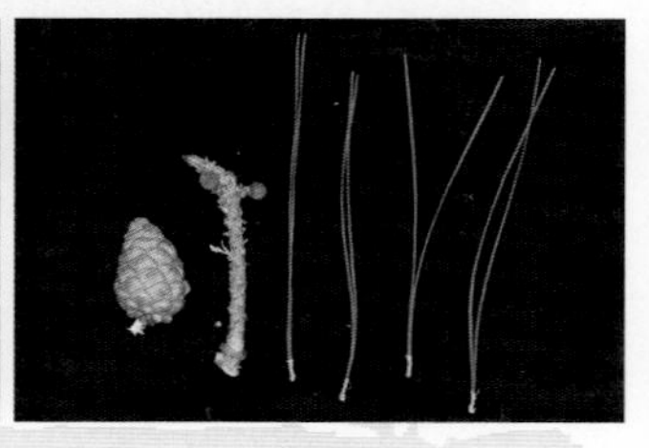

特征要点 树皮暗灰褐色，深裂成厚块片。针叶 2 针一束或 2~3 针并存，粗硬，叶鞘宿存。球果卵圆形；种鳞鳞盾肥厚隆起，横脊显著，鳞脐突起，具刺状尖头。

湿地松 **Pinus elliottii** Engelm. 松科 Pinaceae 松属

生活型: 常绿乔木。**高度**: 达 30m。**株形**: 宽卵形。**树皮**: 灰褐色, 纵裂成鳞片块状剥落。**枝条**: 小枝粗壮, 橙褐色, 粗糙。**冬芽**: 冬芽圆柱形, 无树脂。**叶**: 针叶 2~3 针一束并存, 长 18~25cm, 刚硬, 深绿色; 叶鞘宿存。**花**: 雌雄同株; 雄球花多数聚生于新枝下部; 雌球花生新枝近顶端。**果实及种子**: 球果圆锥形或窄卵圆形, 长 6.5~13cm, 成熟后至第二年夏季脱落; 种鳞鳞盾近斜方形, 肥厚, 鳞脐瘤状, 先端急尖; 种子卵圆形, 微具三棱, 黑色。**花果期**: 授粉期 3 月, 球果翌年 9 月成熟。**分布**: 原产美国东南部。中国湖北、江西、浙江、江苏、安徽、福建、广东、广西、桂林、台湾、云南栽培。**生境**: 生于山坡或路边。**用途**: 木材, 观赏。

特征要点 树皮灰褐色, 纵裂成鳞片块状剥落。针叶 2~3 针一束并存, 长 18~25cm, 刚硬。球果圆锥形, 长 6.5~13cm; 种鳞鳞盾肥厚, 鳞脐瘤状, 先端急尖。

红松 **Pinus koraiensis** Siebold & Zucc. 松科 Pinaceae 松属

生活型: 常绿乔木。**高度**: 达 50m。**株形**: 圆锥形。**树皮**: 灰褐色, 纵裂成鳞片块状剥落。**枝条**: 小枝密被褐色柔毛。**冬芽**: 冬芽淡红褐色, 微被树脂。**叶**: 针叶 5 针一束, 长 6~12cm, 粗硬, 直, 深绿色; 叶鞘早落。**花**: 雌雄同株; 雄球花椭圆状圆柱形, 红黄色; 雌球花绿褐色, 生新枝近顶端。**果实及种子**: 球果圆锥状卵圆形, 长 9~14cm, 成熟后种子不脱落; 种鳞菱形, 鳞盾黄褐色, 三角形; 种子大, 无翅, 褐色, 长 1.2~1.6cm。**花果期**: 授粉期 6 月, 球果翌年 9~10 月成熟。**分布**: 产中国东北长白山区、吉林山区及小兴安岭。俄罗斯、朝鲜、日本也有分布。**生境**: 生于林中、向阳地, 海拔 150~1800m。**用途**: 种仁食用, 木材, 观赏。

特征要点 树皮灰褐色, 纵裂成鳞片块状剥落。针叶 5 针一束, 粗硬。球果圆锥状卵圆形, 长 9~14cm, 熟时种子不脱落; 种子大, 长 1.2~1.6cm。

华南五针松（广东松）**Pinus fenzeliana** Hand.-Mazz.【Pinus kwangtungensis Chun ex Tsiang】松科 Pinaceae 松属

生活型: 常绿乔木。**高度**: 达 30m。**株形**: 宽卵形。**树皮**: 褐色。**枝条**: 小枝无毛，黄褐色。**冬芽**: 冬芽茶褐色，微有树脂。**叶**: 针叶 5 针一束，长 3.5~7cm，先端尖，仅腹面每侧有 4~5 条白色气孔线，叶鞘早落。**花**: 雌雄同株；雄球花多数聚生于新枝下部；雌球花生于新枝近顶端。**果实及种子**: 球果柱状矩圆形，通常长 4~9cm，熟时淡红褐色；种鳞楔状倒卵形，鳞盾菱形；种子椭圆形或倒卵形，连同种翅与种鳞近等长。**花果期**: 授粉期 4~5 月，球果翌年 10 月成熟。**分布**: 产中国湖南、贵州、广西、广东、海南。**生境**: 生于山脊、山坡、石地、石灰岩山坡、针阔混交林中，海拔 400~1800m。**用途**: 木材，观赏。

特征要点 树皮褐色。针叶 5 针一束，先端尖，叶鞘早落。球果柱状矩圆形，熟时淡红褐色；种鳞鳞盾菱形，先端边缘较薄，微内曲或直伸。

南亚松 **Pinus latteri** Mason 松科 Pinaceae 松属

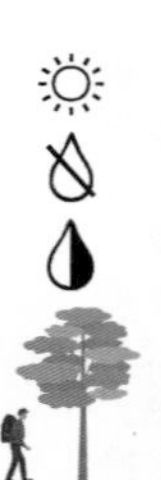

生活型: 常绿乔木。**高度**: 达 30m。**株形**: 圆锥形。**树皮**: 厚，灰褐色，深裂成鳞状块片脱落。**枝条**: 小枝深褐色，无毛。**冬芽**: 冬芽圆柱形，褐色。**叶**: 针叶 2 针一束，长 15~27cm，直径约 1.5mm，先端尖，两面有气孔线，边缘有细锯齿；叶鞘较长，长 1~2cm。**花**: 雄球花淡褐红色，圆柱形，聚生于新枝下部成短穗状。**果实及种子**: 球果长圆锥形，长 5~10cm，具梗；中部种鳞矩圆状长方形，鳞盾近斜方形，有光泽，上部稍隆起，横脊显著；种子椭圆状卵圆形，微扁，长 5~8mm。**花果期**: 授粉期 3~4 月，球果翌年 10 月成熟。**分布**: 产中国广东、海南、广西。马来半岛、中南半岛及菲律宾也有分布。**生境**: 生于丘陵台地及山地，海拔 50~1200m。**用途**: 木材，树脂，观赏。

特征要点 针叶 2 针一束，长 15~27cm，叶鞘宿存。球果长圆锥形，长 5~10cm，具梗。

马尾松 **Pinus massoniana** Lamb. 松科 Pinaceae 松属

生活型: 常绿乔木。**高度**: 达 45m。**株形**: 宽卵形。**树皮**: 红褐色，不规则鳞状块片分裂。**枝条**: 小枝淡黄褐色，无白粉，无毛。**冬芽**: 冬芽圆柱形，褐色。**叶**: 针叶 2 针一束，长 12~20cm，细柔；叶鞘宿存。**花**: 雌雄同株；雄球花淡红褐色，弯垂；雌球花生新枝近顶端，淡紫红色。**果实及种子**: 球果卵圆形，长 4~7cm，下垂；种鳞近矩圆状倒卵形，鳞盾菱形，鳞脐微凹，无刺；种子长卵圆形，长 4~6mm，具翅。**花果期**: 授粉期 4~5 月，球果翌年 10~12 月成熟。**分布**: 产中国江苏、安徽、河南、陕西、福建、广东、台湾、四川、贵州、云南、湖南、湖北、浙江、江西、广西。非洲南部也有分布。**生境**: 生于海岸丘陵、山脊、山坡林中，海拔 600~1500m。**用途**: 木材，观赏。

特征要点 树皮红褐色，不规则鳞状块片分裂。针叶 2 针一束，长 12~20cm，细柔。球果卵圆形，长 4~7cm；种鳞近矩圆状倒卵形，鳞脐微凹，无刺。

油松 **Pinus tabuliformis** Carrière 松科 Pinaceae 松属

生活型: 常绿乔木。**高度**: 达 25m。**株形**: 平顶形。**树皮**: 灰褐色，不规则厚鳞状块片深裂。**枝条**: 小枝较粗，褐黄色，无毛。**冬芽**: 冬芽矩圆形，微具树脂。**叶**: 针叶 2 针一束，长 10~15cm，深绿色，粗硬；叶鞘宿存。**花**: 雌雄同株；雄球花圆柱形，黄色，聚生新枝下部；雌球花生于新枝近顶端。**果实及种子**: 球果圆卵形，长 4~9cm，向下弯垂，可宿存多年；中部种鳞近矩圆状倒卵形，鳞盾隆起，扁菱形，鳞脐凸起有尖刺；种子卵圆形，淡褐色，具翅。**花果期**: 授粉期 4~5 月，球果翌年 10 月成熟。**分布**: 产中国吉林、辽宁、河北、河南、山东、山西、内蒙古、陕西、甘肃、宁夏、青海、四川。**生境**: 生于山坡林中，海拔 100~2600m。**用途**: 木材，观赏。

特征要点 树皮灰褐色，不规则厚鳞状块片深裂。针叶 2 针一束，长 10~15cm，粗硬。球果卵形，长 4~9cm，常宿存多年；种鳞近矩圆状倒卵形，鳞脐凸起有尖刺。

火炬松 **Pinus taeda** L. 松科 Pinaceae 松属

生活型：常绿乔木。**高度**：达 30m。**株形**：尖塔形。**树皮**：暗褐色，鳞片状开裂。**枝条**：小枝黄褐色。**冬芽**：冬芽褐色，无树脂。**叶**：针叶 3 针一束，稀 2 针一束，长 12~25cm，硬直，蓝绿色；叶鞘宿存。**花**：雌雄同株；雄球花多数聚生于新枝下部，无梗，斜展或下垂，雄蕊多数；雌球花单生或 2~4 个生于新枝近顶端，直立或下垂。**果实及种子**：球果卵状圆锥形，长 6~15cm，熟时暗红褐色；种鳞的鳞盾横脊显著隆起，鳞脐隆起延长成尖刺；种子卵圆形，长约 6mm，栗褐色，种翅长约 2cm。**花果期**：授粉期 4 月，球果翌年 10 月成熟。**分布**：原产北美东南部。中国江西、江苏、福建、湖北、广东、广西等地栽培。**生境**：生于山坡或路边。**用途**：木材，观赏。

特征要点 树皮暗褐色，鳞片状开裂。针叶 3 针一束，长 12~25cm，硬直。球果卵状圆锥形，长 6~15cm；鳞盾横脊显著隆起，鳞脐隆起延长成尖刺。

黄山松（台湾松） **Pinus taiwanensis** Hayata 松科 Pinaceae 松属

生活型：常绿乔木。**高度**：达 30m。**株形**：宽卵形。**树皮**：深灰褐色，裂成不规则鳞状块片。**枝条**：小枝淡黄褐色，无毛。**冬芽**：冬芽卵圆形，微有树脂。**叶**：针叶 2 针一束，稍硬直，长 5~13cm，两面有气孔线，叶鞘褐色，宿存。**花**：雌雄同株；雄球花圆柱形，淡红褐色；雌球花生新枝近顶端。**果实及种子**：球果卵圆形，长 3~5cm，弯垂，宿存；中部种鳞近矩圆形，鳞盾稍肥厚隆起，近扁菱形，鳞脐具短刺；种子倒卵状椭圆形，具红褐色斑纹。**花果期**：授粉期 4~5 月，球果翌年 10 月成熟。**分布**：产中国台湾、福建、浙江、安徽、江西、湖南、湖北、河南、广西。**生境**：生于山坡林中，海拔 750~2800m。**用途**：木材，观赏。

特征要点 树皮裂成不规则鳞状块片。针叶 2 针一束，稍硬直，叶鞘宿存。球果卵圆形，弯垂，宿存；种鳞鳞盾稍肥厚隆起，鳞脐具短刺。

云南松 **Pinus yunnanensis** Franch. 松科 Pinaceae 松属

生活型：常绿乔木。**高度**：达 30m。**株形**：狭卵形。**树皮**：褐灰色，不规则厚鳞状块片深裂。**枝条**：小枝粗壮，淡红褐色，无毛。**冬芽**：冬芽粗大，红褐色，无树脂。**叶**：针叶通常 3 针一束，稀 2 针一束，长 10~30cm；叶鞘宿存。**花**：雌雄同株；雄球花圆柱状，聚生新枝下部；雌球花生新枝近顶端。**果实及种子**：球果圆锥状卵圆形，长 5~11cm；中部种鳞矩圆状椭圆形，鳞盾肥厚隆起，有横脊，鳞脐微凹，有短刺；种子褐色，近卵圆形，微扁。**花果期**：授粉期 4~5 月，球果翌年 10 月成熟。**分布**：产中国云南、西藏、贵州、广西、四川。菲律宾、缅甸也有分布。**生境**：生于河谷、红壤坡地、瘠薄干阳坡、丘陵，海拔 400~3500m。**用途**：木材，观赏。

特征要点 树皮褐灰色，不规则厚鳞状块片深裂。针叶通常 3 针一束，长 10~30cm。球果圆锥状卵圆形，长 5~11cm；鳞盾通常肥厚隆起，鳞脐微凹，有短刺。

杉木 **Cunninghamia lanceolata** (Lamb.) Hook.
柏科 / 杉科 Cupressaceae/Taxodiaceae 杉木属

生活型：常绿乔木。**高度**：达 30m。**株形**：尖塔形。**树皮**：红褐色，长条片纵裂，内皮淡红色。**枝条**：小枝绿色，光滑无毛。**冬芽**：冬芽近圆形，芽鳞叶状。**叶**：叶常二列，披针形，革质，坚硬，正面有光泽，背面具两条白粉气孔带。**花**：雌雄同株；雄球花圆锥状，有短梗，簇生枝顶；雌球花绿色，苞鳞横椭圆形。**果实及种子**：球果卵圆形，直径 3~4cm；熟时苞鳞革质，棕黄色，先端有刺尖头；种鳞很小，先端三裂；种子扁平，长卵形，暗褐色，有窄翅。**花果期**：授粉期 4 月，球果 10 月成熟。**分布**：产中国河南、安徽、江苏、广东、广西、福建、四川、云南、台湾、浙江、贵州、湖北、湖南、陕西。越南也有分布。**生境**：生于山谷河边、山谷湿地、山坡林中，海拔 300~2900m。**用途**：木材，观赏。

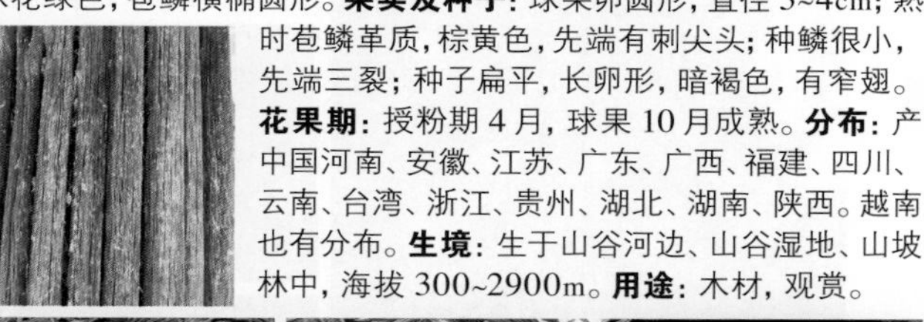

特征要点 树冠圆锥形；树皮长条片状脱落。叶条状披针形，常成二列状排列，缘有细锯齿。球果卵圆形，苞鳞棕黄色，革质，扁平，革质先端成刺尖。

台湾杉（秃杉） **Taiwania cryptomerioides** Hayata

柏科 / 杉科 Cupressaceae/Taxodiaceae 台湾杉属

生活型：常绿乔木。**高度**：达 30m。**株形**：卵形。**树皮**：紫黑色，平滑，具环纹。**枝条**：小枝纤细，绿色。**叶**：叶互生，鳞状钻形，长 3.5~6mm，下方平直或微弯，背腹面均有气孔线。**花**：雌雄同株；雄球花簇生枝顶，雄蕊多数；雌球花单生枝顶，直立，每一珠鳞具 2 胚珠，无苞鳞。**果实及种子**：球果椭圆形或短圆柱形，直立，长 1~2cm；珠鳞通常 30 左右，三角状宽倒卵形，革质，扁平，先端宽圆具短尖，尖头下方具腺点；种子矩圆状卵形，扁平，两侧具窄翅。**花果期**：授粉期 4~5 月，球果 10~11 月成熟。**分布**：产中国四川、云南、贵州、重庆、台湾。**生境**：生于柏林中，海拔 1800~2600m。**用途**：木材，观赏。

特征要点 树皮紫黑色，平滑，具环纹。叶互生，鳞状钻形。球果椭圆形或短圆柱形，直立，长 1~2cm。

日本柳杉 **Cryptomeria japonica** (Thunb. ex L. f.) D. Don

柏科 / 杉科 Cupressaceae/Taxodiaceae 柳杉属

生活型：常绿乔木。**高度**：达 30m。**株形**：尖塔形。**树皮**：红褐色，细纵裂。**枝条**：小枝纤细，常下垂。**叶**：叶螺旋状着生，略呈 5 行排列，钻形，两侧扁，微向内弯曲，基部下延。**花**：雌雄同株；雄球花矩圆形，单生叶腋，并近枝顶集生；雌球花单生枝顶，近球形，每珠鳞常具 2 胚珠，苞鳞与珠鳞合生，仅先端分离。**果实及种子**：球果近球形，直径 1.2~2cm；种鳞约 20 枚，盾形，木质，上部肥厚，先端常具 5~6 尖齿，种鳞数量多于 20 枚，每种鳞有 2 粒种子；种子微扁，周围具窄翅。**花果期**：授粉期 3~4 月，球果 10~11 月成熟。**分布**：原产日本。中国山东、江苏、浙江、江西、湖北等地栽培。**生境**：生于山坡、路边或庭园中。**用途**：木材，观赏。

特征要点 树皮长条片状脱落。叶钻形，直伸，螺旋状排列成近 3 列。球果近球形，绿色，种鳞木质，20~30 片，盾形，顶端具 3~7 裂齿。

柳杉 **Cryptomeria japonica** var. **sinensis** Miq.

柏科 / 杉科 Cupressaceae/Taxodiaceae 柳杉属

生活型：常绿乔木。**高度**：达 40m。**株形**：尖塔形。**树皮**：红棕色，纤维状，裂成长条片脱落。**枝条**：小枝细长，下垂，绿色。**叶**：叶互生，钻形，先端内曲，四边有气孔线，长 1~1.5cm。**花**：雌雄同株；雄球花长椭圆形，单生叶腋，并近枝顶集生；雌球花单生枝顶，近球形。**果实及种子**：球果圆球形或扁球形，直径 1~2cm；种鳞约 20 枚，盾形，木质，每种鳞有 2 粒种子；种子褐色，近椭圆形，扁平，边缘有窄翅。**花果期**：授粉期 4 月，球果 10 月成熟。**分布**：产中国浙江、福建、江西、江苏、河南、湖北、安徽、湖南、四川、贵州、云南、广西、广东。**生境**：生于山谷边、山谷溪边潮湿林中、山坡林中，海拔 400~2500m。**用途**：木材，观赏。

特征要点 树皮纤维状。小枝细长，下垂，绿色。叶钻形，先端常内弯，四边有气孔线。雄球花长椭圆形，单生叶腋。球果单生枝顶，圆球形或扁球形，直径 1~2cm；种鳞盾形，约 20 片，木质。

水松 **Glyptostrobus pensilis** (Staunt. ex D. Don) K. Koch

柏科 / 杉科 Cupressaceae/Taxodiaceae 水松属

生活型：常绿乔木。**高度**：8~10m。**株形**：卵形。**树皮**：褐色，长条片状纵裂，吸收根发达。**枝条**：小枝纤细，绿色。**叶**：叶多型：鳞形叶生主枝上，不脱落；条形叶生侧枝，扁平，薄，二列；条状钻形叶两侧扁，辐射伸展或三列；条形叶及条状钻形连同侧生短枝一同脱落。**花**：雌雄同株，球花单生于有鳞形叶的小枝枝顶；雄球花椭圆形；雌球花近球形。**果实及种子**：球果倒卵圆形；种鳞木质，扁平，鳞背近边缘处具尖齿；苞鳞与种鳞几全部合生；种子椭圆形，稍扁，褐色。**花果期**：授粉期 1~2 月，球果 10~11 月成熟。**分布**：产中国广东、福建、海南、江西、四川、广西、云南。**生境**：生于河边、湖边路旁、山坡林中，海拔 450~1000m。**用途**：用材，观赏。

特征要点 树皮褐色，长条片状纵裂，呼吸根发达。小枝纤细，绿色。叶多型，具鳞形叶、条形叶及条状钻形叶。球果倒卵圆形，长 2~2.5cm。

落羽杉 **Taxodium distichum** (L.) Rich.

柏科 / 杉科 Cupressaceae/Taxodiaceae 落羽杉属

生活型: 落叶乔木。**高度**: 达 50m。**株形**: 圆锥形。**树皮**: 棕色，裂成长条片脱落，呼吸根发达。**枝条**: 小枝绿色变棕色，具叶的侧生小枝排成二列。**叶**: 叶互生，条形，扁平，排成两列，羽状，冬季与小枝共同凋落。**花**: 雌雄同株；雄球花卵圆形，有短梗，在球花枝上排成总状花序状或圆锥花序状；雌球花单生于去年生枝顶，每珠鳞有 2 枚胚珠，苞鳞与珠鳞几全部合生。**果实及种子**: 球果球形或卵圆形，斜垂，熟时淡褐黄色，有白粉，直径约 2.5cm；种鳞木质，盾形，顶部有纵槽；种子不规则三角形，有锐棱，褐色。**花果期**: 授粉期 3~4 月，球果 10 月成熟。**分布**: 原产北美。中国福建、广东、浙江、江苏、湖北、江西、河南、四川、云南、浙江、广西等地栽培。**生境**: 生于山谷、水边或庭园中。**用途**: 观赏。

特征要点 树皮棕色，裂成长条片脱落。叶互生，柔软条形，在无芽小枝叶上排成羽状，冬季与小枝一起脱落。球果近球形，具短梗，种鳞螺旋状互生，木质，盾形，成熟脱落。

池杉 **Taxodium distichum** var. **imbricatum** (Nutt.) Croom

柏科 / 杉科 Cupressaceae/Taxodiaceae 落羽杉属

生活型: 落叶乔木。**高度**: 达 25m。**株形**: 圆锥形。**树干**: 树皮褐色，纵裂，成长条片脱落。树干基部膨大，通常有屈膝状的呼吸根。**枝条**: 小枝绿色变褐红色，细长，弯垂。**叶**: 叶钻形，微内曲，在枝上螺旋状伸展，基部下延。**花**: 雌雄同株；雄球花卵圆形，有短梗，排成总状花序状或圆锥花序状；雌球花单生于去年生枝顶。**果实及种子**: 球果圆球形，斜垂，熟时褐黄色，直径 1.8~3cm；种鳞木质，盾形；种子不规则三角形，边缘有锐脊。**花果期**: 授粉期 3~4 月，球果 10 月成熟。**分布**: 原产北美。中国安徽、福建、江西、广东、浙江、江苏、湖北、江西等地栽培。**生境**: 耐水湿，生于沼泽地区及水湿地上。**用途**: 木材，园林，观赏。

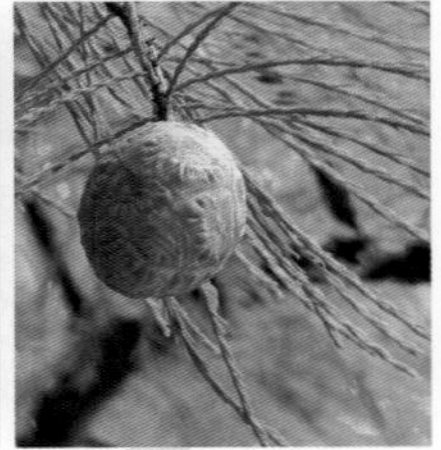

特征要点 大枝向上伸展。叶钻形，不成二列。球果球形或卵圆形，斜垂，熟时淡褐黄色，有白粉。

墨西哥落羽杉 **Taxodium distichum** var. **mexicanum** (Carrière) Gordon & Glend.

【Taxodium mucronatum Ten.】 柏科 / 杉科 Cupressaceae/Taxodiaceae 落羽杉属

生活型: 半常绿或常绿乔木。**高度**: 达 50m。具呼吸根。**株形**: 宽圆锥形。**树皮**: 裂成长条片脱落。具呼吸根。**枝条**: 小枝微下垂，具叶的侧生小枝螺旋状散生。**叶**: 叶条形，扁平，排列紧密，排成二列，呈羽状，常在一个平面上。**花**: 雄球花卵圆形，近无梗，组成圆锥花序状。**果实及种子**: 球果卵圆形。**花果期**: 春季。**分布**: 原产墨西哥、美国西南部。中国江苏、云南、湖北、四川等地引种栽培。**生境**: 生于湿润的沼泽地上。**用途**: 造林，观赏，木材。

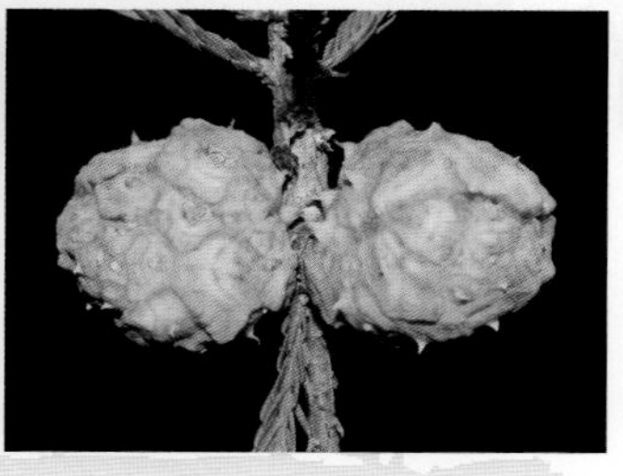

特征要点 大树小枝微下垂，具叶的侧生小枝螺旋状散生。叶条形，扁平，排列紧密，排成二列，呈羽状，常在一个平面上。球果卵圆形。

水杉 **Metasequoia glyptostroboides** Hu & W. C. Cheng

柏科 / 杉科 Cupressaceae/Taxodiaceae 水杉属

生活型: 落叶乔木。**高度**: 达 35m。**株形**: 尖塔形。**树皮**: 灰褐色，长条状剥落。**枝条**: 小枝下垂，无毛，侧生小枝羽状，冬季凋落。**冬芽**: 冬芽卵圆形。**叶**: 叶对生，条形，在侧生小枝上排成二列，羽状，冬季与枝一同脱落。**花**: 雌雄同株；雄球花单生叶腋或枝顶，有短梗，雄蕊约 20 枚；雌球花有短梗，单生于去年生枝顶。**果实及种子**: 球果下垂，近四棱状球形，绿色变深褐色，长 1.8~2.5cm；种鳞木质，盾形，鳞顶扁菱形，能育种鳞有 5~9 粒种子；种子扁平，倒卵形，周围有翅。**花果期**: 授粉期 2~3 月，球果 11 月成熟。**分布**: 原产中国四川、湖北、湖南等地。中国华北至南方各地常见栽培。**生境**: 生于沟边、山谷林下、田边开阔地，海拔 750~1500m。**用途**: 观赏。

特征要点 树皮长条状剥落。叶对生，条形，二列，羽状，冬季与枝一同脱落。球果下垂，近四棱状球形；种鳞木质，盾形。

侧柏 **Platycladus orientalis** (L.) Franco 柏科 Cupressaceae 侧柏属

生活型：常绿乔木。**高度**：达 20m。**株形**：尖塔形。**树皮**：薄，浅灰褐色，纵裂成条片。**枝条**：小枝细，扁平，排成一平面。**叶**：叶鳞形，长 1~3mm。**花**：雄球花黄色，卵圆形；雌球花近球形，蓝绿色，被白粉。**果实及种子**：球果近卵圆形，长 1.5~2.5cm，熟前近肉质，蓝绿色，被白粉，熟后木质，开裂，红褐色；种鳞具尖头；种子卵圆形，灰褐色。**花果期**：授粉期 3~4 月，球果 10 月成熟。**分布**：产中国东北、华北、西北、华东、华中和华南地区。朝鲜也有分布。**生境**：生于路边、山坡杂木林中、石灰岩山坡，海拔 100~3440m。**用途**：观赏，造林。

特征要点 树皮薄，浅灰褐色，纵裂成条片。小枝细，扁平，排成一平面。叶鳞形。球果近卵圆形，蓝绿色，被白粉，熟后木质，开裂，红褐色。

干香柏 **Cupressus duclouxiana** Hickel 柏科 Cupressaceae 柏木属

生活型：常绿乔木。**高度**：达 25m。**株形**：尖塔形。**树皮**：灰褐色，裂成长条片脱落。**枝条**：小枝不排成平面，不下垂，四棱形。**叶**：鳞叶密生，近斜方形，长约 1.5mm，先端微钝，背面蓝绿色，微被蜡质白粉。**花**：雄球花近球形或椭圆形，长约 3mm，雄蕊 6~8 对，花药黄色。**果实及种子**：球果圆球形，直径 1.6~3cm，熟时暗褐色；种鳞 4~5 对，被白粉，顶部五角形或近方形，具皱纹；种子褐色，两侧具窄翅。**花果期**：授粉期 4~5 月，球果翌年 10~11 月成熟。**分布**：产中国贵州、四川、云南。**生境**：生于干旱山坡、干热河谷、河谷、山坡、山坡林中，海拔 1400~3300m。**用途**：观赏。

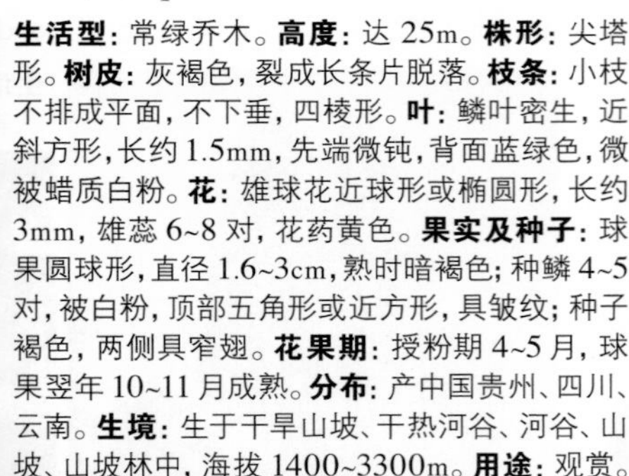

特征要点 鳞叶密生，近斜方形，背面蓝绿色，微被蜡质白粉。雄球花近球形或椭圆形，花药黄色。球果圆球形，熟时暗褐色；种鳞 4~5 对，被白粉，具皱纹。

柏木 **Cupressus pendula** Thunb.【Cupressus funebris Endl.】
柏科 Cupressaceae 柏木属

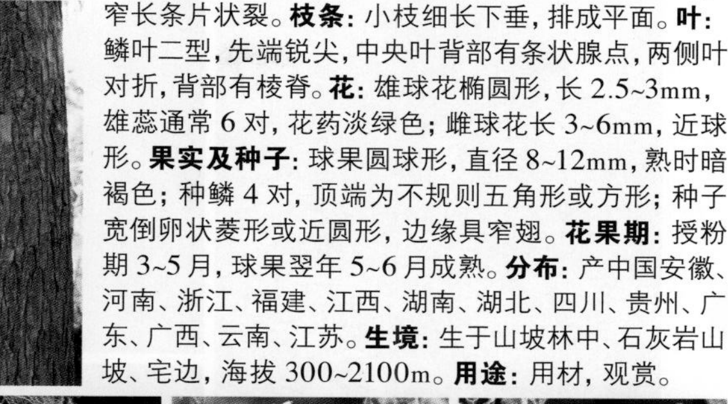

生活型：常绿乔木。**高度**：达 35m。**株形**：尖塔形。**树皮**：淡褐灰色，窄长条片状裂。**枝条**：小枝细长下垂，排成平面。**叶**：鳞叶二型，先端锐尖，中央叶背部有条状腺点，两侧叶对折，背部有棱脊。**花**：雄球花椭圆形，长 2.5~3mm，雄蕊通常 6 对，花药淡绿色；雌球花长 3~6mm，近球形。**果实及种子**：球果圆球形，直径 8~12mm，熟时暗褐色；种鳞 4 对，顶端为不规则五角形或方形；种子宽倒卵状菱形或近圆形，边缘具窄翅。**花果期**：授粉期 3~5 月，球果翌年 5~6 月成熟。**分布**：产中国安徽、河南、浙江、福建、江西、湖南、湖北、四川、贵州、广东、广西、云南、江苏。**生境**：生于山坡林中、石灰岩山坡、宅边，海拔 300~2100m。**用途**：用材，观赏。

特征要点 树皮窄长条片状裂。小枝细长下垂。鳞叶二型。球果圆球形，直径 8~12mm，熟时暗褐色；种鳞 4 对。

红桧 **Chamaecyparis formosensis** Matsum. 柏科 Cupressaceae 扁柏属

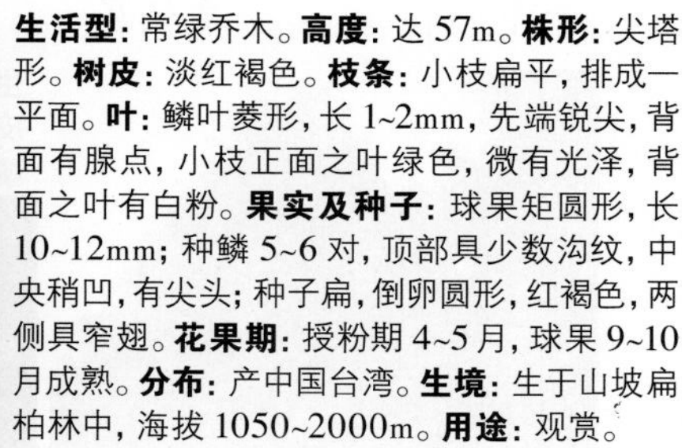

生活型：常绿乔木。**高度**：达 57m。**株形**：尖塔形。**树皮**：淡红褐色。**枝条**：小枝扁平，排成一平面。**叶**：鳞叶菱形，长 1~2mm，先端锐尖，背面有腺点，小枝正面之叶绿色，微有光泽，背面之叶有白粉。**果实及种子**：球果矩圆形，长 10~12mm；种鳞 5~6 对，顶部具少数沟纹，中央稍凹，有尖头；种子扁，倒卵圆形，红褐色，两侧具窄翅。**花果期**：授粉期 4~5 月，球果 9~10 月成熟。**分布**：产中国台湾。**生境**：生于山坡扁柏林中，海拔 1050~2000m。**用途**：观赏。

特征要点 小枝扁平，排成一平面。鳞叶菱形，上面之叶绿色，下面之叶有白粉。球果矩圆形；种鳞 5~6 对，中央稍凹，有尖头；种子扁，两侧具窄翅。

日本扁柏 **Chamaecyparis obtusa** (Siebold & Zucc.) Endl.

柏科 Cupressaceae 扁柏属

生活型：常绿乔木。**高度**：达 40m。**株形**：尖塔形。**树皮**：红褐色，薄片状脱落。**枝条**：小枝扁平，排成一平面。**叶**：叶鳞片状，交互对生，密覆小枝，肥厚，绿色，先端钝，背部具纵脊。**花**：雄球花椭圆形，长约 3mm，雄蕊 6 对，花药黄色。**果实及种子**：球果圆球形，直径 8~10mm，熟时红褐色；种鳞 4 对，顶部五角形，平或中央稍凹，有小尖头；种子近圆形，两侧有窄翅。**花果期**：授粉期 4 月，球果 10~11 月成熟。**分布**：原产日本。中国山东、江苏、江西、河南、浙江、广东、贵州、广西、云南、台湾栽培。**生境**：生于庭园中，海拔 1300~2800m。**用途**：观赏。

特征要点 树皮薄片状脱落。小枝扁平，排成一平面。叶鳞片状，交互对生，肥厚。球果圆球形，直径 8~10mm，熟时红褐色；种鳞 4 对；种子近圆形，两侧有窄翅。

日本花柏 **Chamaecyparis pisifera** (Siebold & Zucc.) Endl.

柏科 Cupressaceae 扁柏属

生活型：常绿乔木。**高度**：达 50m。**株形**：尖塔形。**树皮**：红褐色，薄皮状脱落。**枝条**：小枝条平，排成一平面。**叶**：叶鳞片状，交互对生，密覆小枝，先端锐尖。**果实及种子**：球果圆球形，直径约 6mm，熟时暗褐色；种鳞 5~6 对，顶部中央稍凹，有凸起的小尖头；种子三角状卵圆形，有棱脊，两侧有宽翅。**花果期**：授粉期 4 月，球果 10~11 月成熟。**分布**：原产日本。中国山东、江西、江苏、浙江、广西、贵州、四川、云南等地栽培。**生境**：生于庭园中。**用途**：观赏。

特征要点 小枝扁平，排成一平面。叶鳞片状，交互对生，先端锐尖。球果圆球形，直径约 6mm，熟时暗褐色；种鳞 5~6 对；种子三角状卵圆形，两侧有宽翅。

福建柏 **Fokienia hodginsii** (Dunn) Henry & Thomas

柏科 Cupressaceae 福建柏属

生活型: 常绿乔木。**高度**: 达 17m。**株形**: 狭卵形。**树皮**: 紫褐色，平滑。**枝条**: 小枝扁平，排成一平面。**叶**: 鳞叶 2 对交叉对生，成节状，上面之叶蓝绿色，下面之叶具白色气孔带，侧面之叶对折，近长椭圆形，先端尖。**花**: 雄球花近球形，长约 4mm。**果实及种子**: 球果近球形，直径 2~2.5cm，熟时褐色；种鳞顶部多角形，表面皱缩，中间有一小尖头突起；种子顶端尖，具 3~4 棱，上部有两个大小不等的翅。**花果期**: 授粉期 3~4 月，球果翌年 10~11 月成熟。**分布**: 产中国浙江、福建、广东、江西、湖南、贵州、广西、四川、云南。越南也有分布。**生境**: 生于陡峭山脊、混交林下、山坡林中，海拔 100~1850m。**用途**: 观赏。

特征要点 小枝扁平，排成一平面。鳞叶 2 对交叉对生，成节状。球果近球形，熟时褐色；种鳞顶部多角形，表面皱缩，中间有一小尖头突起。

高山柏 **Juniperus squamata** Buch.-Ham. ex D. Don

柏科 Cupressaceae 刺柏属

生活型: 常绿灌木或乔木。**高度**: 1~10m。**株形**: 尖塔形。**树皮**: 褐灰色。**枝条**: 小枝下垂或伸展。**叶**: 叶全为刺形，3 叶交叉轮生，披针形或窄披针形，先端具尖头，上面稍凹，具白粉带。**花**: 雄球花卵圆形，长 3~4mm，雄蕊 4~7 对。**果实及种子**: 球果卵圆形或近球形，熟后黑色或蓝黑色，无白粉，内有 1 种子；种子卵圆形，具 2~3 钝纵脊。**花果期**: 授粉期 4~5 月，球果翌年 9~11 月成熟。**分布**: 产中国西藏、云南、贵州、四川、甘肃、陕西、湖北、安徽、福建、台湾。缅甸也有分布。**生境**: 生于高山草坡、山坡、灌丛、疏林中，海拔 1600~4000m。**用途**: 观赏。

特征要点 树皮褐灰色。叶全为刺形，3 叶交叉轮生，披针形，先端具尖头，上面稍凹，具白粉带。球果卵圆形，熟后黑色或蓝黑色，无白粉，内有 1 种子。

北美圆柏（铅笔柏） **Juniperus virginiana** L. 柏科 Cupressaceae 刺柏属

生活型：常绿乔木。**高度**：达 30m。**株形**：圆锥形。**树皮**：红褐色，裂成长条片脱落。**枝条**：小枝细，四棱形。**叶**：鳞叶排列较疏，菱状卵形，长约 1.5mm；刺叶交互对生，斜展，长 5~6mm，上面凹，被白粉。**花**：雌雄球花常生于不同的植株之上，雄球花通常有 6 对雄蕊。**果实及种子**：近圆球形或卵圆形，长 5~6mm，蓝绿色，被白粉；种子 1~2 粒，卵圆形。**花果期**：授粉期 4~5 月，球果翌年 10~11 月成熟。**分布**：原产北美。中国北京等地栽培。**生境**：生于庭园中。**用途**：观赏。

特征要点 小枝细，四棱形。鳞叶小，排列较疏，菱状卵形；刺叶交互对生，斜展，上面凹，被白粉。球果当年成熟，卵圆形，蓝绿色，被白粉；种子 1~2，卵圆形。

圆柏 **Juniperus chinensis** L. 柏科 Cupressaceae 刺柏属

生活型：常绿乔木。**高度**：达 15m。**株形**：圆柱形。**树皮**：褐色，纵裂成长条薄片脱落。**枝条**：小枝圆或近方形。**叶**：叶二型；刺形叶 3 叶轮生或交互对生，白色气孔带显著；鳞形叶交互对生，排列紧密。**花**：雌雄异株，稀同株；雄球花黄色，椭圆形，长 2.5~3.5mm，雄蕊 5~7 对，常有 3~4 花药。**果实及种子**：球果近圆形，直径 6~8mm，有白粉，熟时褐色，不开裂，内有 1~4 粒种子。**花果期**：授粉期 4 月，球果翌年 11 月成熟。**分布**：产中国华北、华东、华中、华南和西南地区。朝鲜、日本也有分布。**生境**：生于路边林缘、山顶石滩、山谷、山坡或庭园，海拔 500~3900m。**用途**：观赏，药用。

特征要点 树冠圆柱形。叶二型；刺形叶轮生，具白粉；鳞形叶交互对生。球果近圆形，直径 6~8mm，有白粉，熟时褐色，不开裂，内有 1~4 粒种子。

刺柏 **Juniperus formosana** Hayata 柏科 Cupressaceae 刺柏属

生活型: 常绿乔木。**高度**: 达 12m。**株形**: 圆柱形。**树皮**: 褐色，纵裂成长条薄片脱落。**枝条**: 小枝下垂，三棱形。**叶**: 3 叶轮生，条状披针形或条状刺形，绿色，白色气孔带显著。**花**: 雄球花圆球形或椭圆形，长 4~6mm，药隔先端渐尖，背有纵脊。**果实及种子**: 球果近球形或宽卵圆形，直径 6~9mm，熟时淡红褐色；种子半月圆形，具 3~4 棱脊。**花果期**: 授粉期 4~5 月，球果翌年 10~11 月成熟。**分布**: 产中国台湾、江苏、安徽、浙江、福建、江西、湖北、湖南、陕西、甘肃、青海、西藏、四川、贵州、云南。**生境**: 生于河谷、荒地、林中、山谷、山坡，海拔 1300~2300m。**用途**: 石质山地绿化，观赏。

特征要点 乔木。小枝下垂，三棱形。3 叶轮生，条状披针形或条状刺形，正面中脉绿色，两侧各有一条白色气孔带。球果近球形或宽卵圆形，直径 6~9mm，熟时淡红褐色。

鸡毛松 **Dacrycarpus imbricatus** var. **patulus** de Laub.

罗汉松科 Podocarpaceae 鸡毛松属

生活型: 常绿乔木。**高度**: 达 30m。**株形**: 卵形。**树皮**: 灰褐色。**枝条**: 小枝密生，纤细。**叶**: 叶异型，鳞形或钻形叶覆瓦状排列，形小，长 2~3mm，钻状条形叶质软，排列成二列，近扁平，两面有气孔线。**花**: 雄球花穗状，生于小枝顶端，长约 1cm；雌球花单生或成对生于小枝顶端，通常仅 1 个发育。**果实及种子**: 种子无梗，卵圆形，长 5~6mm，有光泽，成熟时肉质假种皮红色，着生于肉质种托上。**花果期**: 授粉期 4 月，种子 10 月成熟。**分布**: 产中国海南、广东、广西、云南。越南、菲律宾、印度尼西亚也有分布。**生境**: 生于山谷、溪涧旁，与常绿阔叶林混生，海拔 400~1000m。**用途**: 观赏。

特征要点 叶异型，钻状条形叶排列成二列，近扁平。雄球花穗状；雌球花单生或成对生于小枝顶端。种子无梗，卵圆形，成熟时肉质假种皮红色，着生于肉质种托上。

陆均松 **Dacrydium pectinatum** de Laub. 罗汉松科 Podocarpaceae 陆均松属

生活型：常绿乔木。**高度**：达30m。**株形**：卵形。**树皮**：红褐色，稍粗糙，有浅裂纹。**枝条**：小枝下垂，绿色。**叶**：叶二型，螺旋状排列，紧密，镰状针形叶较长，长1.5~2cm，钻形或鳞片状叶短，长3~5mm。**花**：雄球花穗状，长8~11mm；雌球花单生枝顶，无梗。**果实及种子**：种子无梗，卵圆形，长4~5mm，直径约3mm，先端钝，横生于较薄而干的杯状假种皮中，成熟时红色。**花果期**：授粉期3月，种子10~11月成熟。**分布**：产中国海南。越南、柬埔寨、泰国也有分布。**生境**：生于山坡密林中，海拔500~1600m。**用途**：观赏。

特征要点 叶二型，螺旋状排列，紧密，镰状针形叶较长，钻形或鳞片状叶短。雄球花穗状；雌球花单生枝顶。种子卵圆形，横生于薄而干的杯状假种皮中，成熟时红色。

竹柏 **Nageia nagi** (Thunb.) Kuntze 罗汉松科 Podocarpaceae 竹柏属

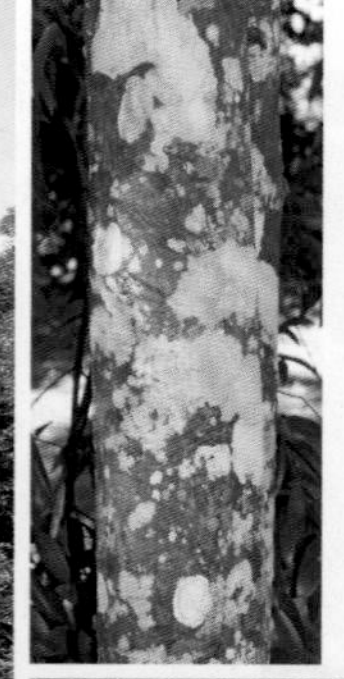

生活型：常绿乔木。**高度**：8~20m。**株形**：狭卵形。**树皮**：灰白色，平滑。**枝条**：小枝纤细，绿色，具纵棱。**叶**：叶交互对生或近对生，排成两列，厚革质，窄卵形至椭圆状披针形，长5~7cm，无中脉而有多数并列细脉。**花**：雄球花穗状，常分枝，单生叶腋，长1.8~2.5cm；雌球花单生叶腋，基部有数枚苞片，花后苞片不变成肉质种托。**果实及种子**：种子球形，直径1.2~1.5cm，熟时套被紫黑色，有白粉，种托与梗相似，共长7~13mm，上部有苞片脱落的疤痕。**花果期**：授粉期3~5月，种子8~9月成熟。**分布**：产中国海南、台湾、浙江、福建、江西、湖南、广东、广西、四川。日本也有分布。**生境**：生于庭园中，海拔1600~1600m。**用途**：观赏。

特征要点 叶对生，排成两列，厚革质，具多数并列细脉。顶芽尖锐，雄球花穗状，雌球花单生叶腋。种子球形，熟时套被紫黑色，有白粉，种托与梗相似，上部有苞片脱落的疤痕。

罗汉松 **Podocarpus macrophyllus** (Thunb.) Sweet

罗汉松科 Podocarpaceae 罗汉松属

生活型：常绿乔木。**高度**：达 20m。**株形**：卵形。**树皮**：灰褐色，浅纵裂成薄片状脱落。**枝条**：小枝具纵棱，光滑。**叶**：叶螺旋状着生，条状披针形，微弯，长 7~12cm。**花**：雄球花穗状，腋生，常 3~5 个簇生于极短的总梗上，长 3~5cm，基部有数枚三角状苞片；雌球花单生叶腋，有梗，基部有少数苞片。**果实及种子**：种子卵圆形，直径约 1cm，先端圆，熟时肉质假种皮紫黑色，有白粉，种托肉质圆柱形，红色或紫红色，柄长 1~1.5cm。**花果期**：授粉期 4~5 月，种子 8~9 月成熟。**分布**：产中国江苏、浙江、福建、安徽、江西、湖南、陕西、四川、云南、贵州、广西、广东。日本也有分布。**生境**：生于庭园中。**用途**：观赏。

特征要点 小枝光滑，绿色。叶螺旋状着生，条状披针形。种子卵圆形，生于肉质种托上，熟时紫黑色，有白粉，种托肉质熟时红色或紫红色。

百日青 **Podocarpus neriifolius** D. Don 罗汉松科 Podocarpaceae 罗汉松属

生活型：常绿乔木。**高度**：达 20m。**株形**：宽卵形。**树皮**：灰褐色，浅纵裂，成薄片状脱落。**枝条**：小枝绿色，光滑无毛。**叶**：叶螺旋状着生，条状披针形，微弯，长 7~12cm，先端尖，基部楔形，正面深绿色，有光泽，背面稍带白色。**花**：雄球花穗状，总梗较短，苞片螺旋状排列；雌球花单生叶腋，有梗。**果实及种子**：种子卵圆形，熟时肉质假种皮紫红色，种托肉质橙红色，梗长 9~22mm。**花果期**：授粉期 5 月，种子 10~11 月成熟。**分布**：产中国浙江、福建、台湾、江西、湖南、贵州、四川、西藏、云南、广西、广东。尼泊尔、印度、不丹、缅甸、越南、老挝、印度尼西亚、马来西亚也有分布。**生境**：生于山地或庭园中，海拔 400~1000m。**用途**：观赏。

特征要点 叶条状披针形，长 7~12cm，正面深绿色，背面稍带白色。雄球花穗状；雌球花单生叶腋。种子卵圆形，熟时肉质假种皮紫红色，种托肉质橙红色。

三尖杉 **Cephalotaxus fortunei** Hook.

红豆杉科 / 三尖杉科 Taxaceae/Cephalotaxaceae 三尖杉属

生活型: 常绿乔木。**高度**: 达 20m。**株形**: 圆球形。**树皮**: 褐色，片状脱落。**枝条**: 小枝细长，稍下垂。**叶**: 叶互生，二列，披针状条形，上部渐窄，基部楔形，背面气孔带白色。**花**: 雌雄异株; 雄球花 8~10 聚生成头状，具 18~24 苞片，每一雄球花有 6~16 枚雄蕊，花药 3，花丝短。**果实及种子**: 雌球花的胚珠 3~8 枚发育成种子，总梗长 1.5~2cm; 种子椭圆状卵形，假种皮成熟时紫褐色。**花果期**: 授粉期 4 月，种子 8~10 月成熟。**分布**: 产中国浙江、安徽、福建、江西、湖南、湖北、河南、陕西、甘肃、四川、云南、贵州、广西、广东。**生境**: 生于林缘、林中、路边、山谷、山坡、溪边，海拔 200~3000m。**用途**: 观赏。

特征要点 叶条状披针形，微弯，基部扭转排成二列，先端渐尖成长尖头。球果核果状，假种皮熟时紫褐色，内具 1 扁椭圆形褐色的种子。

西双版纳粗榧（海南粗榧）**Cephalotaxus mannii** Hook. f.【Cephalotaxus hainanensis Li】

红豆杉科 / 三尖杉科 Taxaceae/Cephalotaxaceae 三尖杉属

生活型: 常绿小乔木。**高度**: 达 8m。**株形**: 宽卵形。**叶**: 叶互生，排成二列，披针状条形，正面深绿色，背面淡绿色，微具白粉。**花**: 雌雄异株; 雄球花 6~8 聚生成头状，直径约 6mm，总梗细，长约 5mm，基部及总梗上有 10 多枚苞片，每一雄球花基部有 1 枚三角状卵形的苞片，雄蕊 7~13 枚，各有 3~4 个花药，花丝短。**果实及种子**: 种子倒卵圆形，长约 3cm。**花果期**: 授粉期 2~3 月，种子 8~10 月成熟。**分布**: 产中国西藏、广西、海南、云南。越南、缅甸、印度也有分布。**生境**: 生于针阔混交林中，海拔 740~800m。**用途**: 观赏。

特征要点 叶二列，披针状条形，背面微具白粉。雌雄异株; 雄球花 6~8 聚生成头状。种子倒卵圆形，长约 3cm。

粗榧 **Cephalotaxus sinensis** (Rehder & E. H. Wilson) H. L. Li

红豆杉科 / 三尖杉科 Taxaceae/Cephalotaxaceae 三尖杉属

生活型：常绿灌木或小乔木。**高度**：达 15m。**株形**：圆球形。**树皮**：灰褐色，薄片状脱落。**枝条**：小枝细长，稍下垂。**叶**：叶互生，条形，二列，几无柄，先端常渐尖，背面有 2 条白色气孔带。**花**：雌雄异株；雄球花 6~7 聚生成头状，苞片多数，雄球花卵圆形，雄蕊 4~11 枚。**果实及种子**：种子通常 2~5 个着生于轴上，卵圆形至近球形，长 1.8~2.5cm，顶端中央有一小尖头。**花果期**：授粉期 3~4 月，种子 8~10 月成熟。**分布**：产中国江苏、浙江、安徽、福建、江西、河南、湖南、湖北、陕西、甘肃、四川、云南、贵州、广西、广东。**生境**：生于潮湿林中、沙岩山坡、山谷溪边、山坡林中、石地、石坡，海拔 600~2200m。**用途**：观赏。

特征要点 小枝细长，稍下垂。叶互生，条形，二列，背面有 2 条白色气孔带。种子通常 2~5 个着生于轴上，卵圆形至近球形，长 1.8~2.5cm。

喜马拉雅红豆杉（西藏红豆杉） **Taxus wallichiana** Zucc.

红豆杉科 Taxaceae 红豆杉属

生活型：常绿乔木或灌木状。**高度**：达 10m。**株形**：宽卵形。**树皮**：暗褐色，裂成条片状脱落。**枝条**：小枝绿色至褐色，光滑无毛。**叶**：叶条形，较密地排列成彼此重叠的不规则两列，质地较厚，正面深绿色，有光泽，背面淡黄绿色，有 2 条气孔带。花：雌雄异株，雄球花单生叶腋，花淡黄色，有雄蕊 8~14 枚，各具 4~8 个花药；雌球花几无梗，基部苞片多数，胚珠直立，单生。**果实及种子**：种子坚果状，熟时杯状肉质假种皮红色，卵圆形，微扁或圆，长 5~7mm，上部微有钝棱脊。**花果期**：授粉期 5 月，种子 9~10 月成熟。**分布**：产中国西藏、云南、福建、浙江、台湾、四川。阿富汗至喜马拉雅山区东段有分布。**生境**：生于山谷、山坡、林缘，海拔 2500~3000m。**用途**：观赏。

特征要点 叶条形，较密地排列成彼此重叠的不规则两列。雄球花单生叶腋，淡黄色。熟时杯状肉质假种皮红色，种子坚果状，卵圆形，微扁或圆，上部微有钝棱脊。

红豆杉（观音杉、紫杉） **Taxus chinensis** (Pilg.) Rehder 【**Taxus wallichiana** var. **chinensis** (Pilg.) Florin】 红豆杉科 Taxaceae 红豆杉属

生活型：常绿乔木。**高度**：达 30m。**株形**：宽卵形。**树皮**：暗褐色，裂成条片状 脱落。**枝条**：小枝绿色至褐色，光滑无毛。**冬芽**：冬芽褐色，有光泽。**叶**：叶排成两列，条形，正面深绿色，有光泽，背面淡黄绿色，有 2 条气孔带。**花**：雌雄异株，球花单生叶腋；雄球花淡黄色，有雄蕊 8~14 枚，各具 4~8 个花药；雌球花几无梗，基部苞片多数，胚珠直立，单生。**果实及种子**：种子坚果状，熟时杯状肉质假种皮红色，卵圆形，微扁或圆，长 5~7mm，上部常具 2 钝棱脊。**花果期**：授粉期 5 月，种子 9~10 月成熟。**分布**：产中国福建、甘肃、陕西、四川、云南、贵州、湖北、湖南、广西、安徽。**生境**：生于村边、山坡、林缘、山谷或庭园中，海拔 100~1200m。**用途**：观赏。

特征要点 叶排成两列，条形，绿色。雄球花单生叶腋，淡黄色。熟时杯状肉质假种皮红色，种子坚果状，卵圆形，微扁或圆，上部常具 2 钝棱脊。

南方红豆杉（美丽红豆杉） **Taxus mairei** (Lemée & H. Lév.) S. Y. Hu 【**Taxus wallichiana** var. **mairei** (Lemée & Lévl.) L. K. Fu & Nan Li】 红豆杉科 Taxaceae 红豆杉属

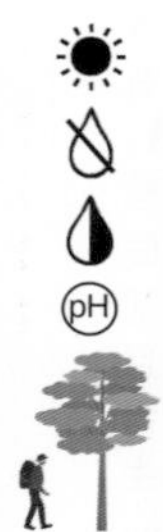

生活型：常绿乔木。**高度**：达 30m。**株形**：宽卵形。**树皮**：暗褐色，裂成条片状 脱落。**枝条**：小枝绿色至褐色，光滑无毛。**冬芽**：冬芽褐色，有光泽。**叶**：叶排成两列，条形，正面深绿色，有光泽，背面淡黄绿色，有 2 条气孔带。**花**：雌雄异株，球花单生叶腋；雄球花淡黄色，有雄蕊 8~14 枚，各具 4~8 个花药；雌球花几无梗，基部苞片多数，胚珠直立，单生。**果实及种子**：种子坚果状，熟时杯状肉质假种皮红色，卵圆形，微扁或圆，长 5~7mm，上部常具 2 钝棱脊。**花果期**：授粉期 5 月，种子 9~10 月成熟。**分布**：分布于长江流域以南各地。**生境**：生于村边、山坡、林缘、山谷或庭园中，海拔 100~1200m。**用途**：观赏。

特征要点 叶质地较厚，边缘不反卷，中脉带不明显，种子卵圆形。

白豆杉 **Pseudotaxus chienii** (W. C. Cheng) W. C. Cheng

红豆杉科 Taxaceae 白豆杉属

生活型: 常绿灌木。**高度**: 达 4m。**株形**: 宽卵形。**树皮**: 灰褐色，条片状脱落。**枝条**: 小枝圆，近平滑，黄绿色。**叶**: 叶排成二列，条形，先端凸尖，正面光绿色，背面有两条白色气孔带。**花**: 雌雄异株，球花单生叶腋，无梗；雄球花圆球形，雄蕊 6~12，盾形；雌球花苞片 7，顶端苞腋具 1 直立胚珠。**果实及种子**: 种子卵圆形，熟时肉质杯状假种皮白色，长 5~8mm，顶端有凸起小尖，基部有宿存苞片。**花果期**: 授粉期 3~5 月，种子 10 月成熟。**分布**: 产中国浙江、江西、湖南、广东、广西。**生境**: 生于山顶、山坡阔叶林中、石壁，海拔 720~1400m。**用途**: 观赏。

特征要点 叶二列，条形，凸尖，正面光绿色，背面有两条白色气孔带。雄球花单生叶腋，无梗。肉质杯状假种皮熟时白色，种子卵圆形，顶端有凸起小尖，基部有宿存苞片。

穗花杉 **Amentotaxus argotaenia** (Hance) Pilg. 红豆杉科 Taxaceae 穗花杉属

生活型: 常绿灌木或小乔木。**高度**: 达 7m。**株形**: 宽卵形。**树皮**: 片状脱落，褐色。**枝条**: 小枝斜展，圆形或近方形。**叶**: 叶互生或近对生，排成二列，条状披针形，边缘微向下曲，背面具白色气孔带。**花**: 雌雄异株；雄球花穗 1~3，长 5~6.5cm，雄蕊有 2~5 个花药，黄色；雌球花单生于新枝上的苞片腋部或叶腋。**果实及种子**: 种子椭圆形，熟时假种皮鲜红色，长 2~2.5cm，顶端有小尖头露出，基部宿存苞片的背部有纵脊。**花果期**: 授粉期 4 月，种子 10 月成熟。**分布**: 产中国江西、湖北、湖南、四川、西藏、甘肃、广西、广东。越南也有分布。**生境**: 生于阔叶林中、林缘、山谷、山坡、溪边、阴湿溪谷，海拔 300~1100m。**用途**: 观赏。

特征要点 叶二列，条状披针形，背面白色气孔带显著。雄球花穗 1~3 个顶生，黄色；雌球花单生新枝上部叶腋。种子椭圆形，熟时假种皮鲜红色。

巴山榧树 **Torreya fargesii** Franch. 红豆杉科 Taxaceae 榧树属

生活型：常绿乔木。**高度**：达 12m。**株形**：宽卵形。**树皮**：深灰色，不规则纵裂。**枝条**：小枝绿色。**叶**：叶条形，先端微凸尖或微渐尖，具刺状短尖头，基部微偏斜，宽楔形，正面亮绿色，背面淡绿色，气孔带较中脉带为窄，绿色边带约为气孔带的一倍。**花**：雄球花卵圆形，基部的苞片背部具纵脊，雄蕊常具 4 个花药，花丝短，药隔三角状，边具细缺齿。**果实及种子**：种子卵圆形，肉质假种皮微被白粉，直径约 1.5cm，顶端具小凸尖，基部有宿存的苞片；骨质种皮的内壁平滑；胚乳周围显著地向内深皱。**花果期**：授粉期 4~5 月，种子 9~10 月成熟。**分布**：产中国陕西、湖北、湖南、四川。**生境**：生于针叶阔叶林中，海拔 1000~1800m。**用途**：木材，榨油，观赏。

特征要点　小乔木。叶先端微凸尖或微渐尖，基部微偏斜，宽楔形。种子胚乳周围显著地向内深皱。

榧树（香榧） **Torreya grandis** Fort. ex Lindl. 红豆杉科 Taxaceae 榧属

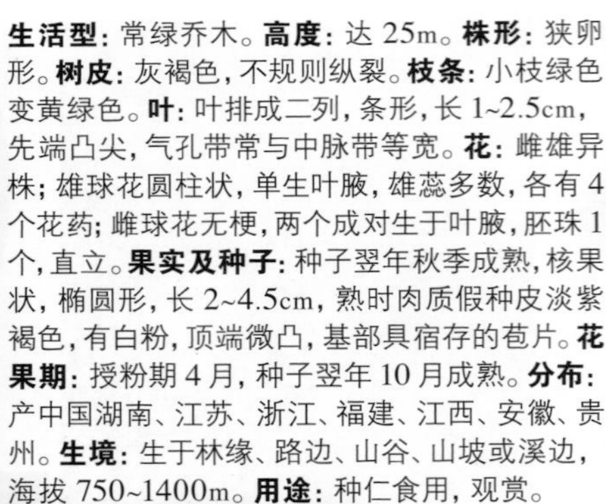

生活型：常绿乔木。**高度**：达 25m。**株形**：狭卵形。**树皮**：灰褐色，不规则纵裂。**枝条**：小枝绿色变黄绿色。**叶**：叶排成二列，条形，长 1~2.5cm，先端凸尖，气孔带常与中脉带等宽。**花**：雌雄异株；雄球花圆柱状，单生叶腋，雄蕊多数，各有 4 个花药；雌球花无梗，两个成对生于叶腋，胚珠 1 个，直立。**果实及种子**：种子翌年秋季成熟，核果状，椭圆形，长 2~4.5cm，熟时肉质假种皮淡紫褐色，有白粉，顶端微凸，基部具宿存的苞片。**花果期**：授粉期 4 月，种子翌年 10 月成熟。**分布**：产中国湖南、江苏、浙江、福建、江西、安徽、贵州。**生境**：生于林缘、路边、山谷、山坡或溪边，海拔 750~1400m。**用途**：种仁食用，观赏。

特征要点　小枝绿色变黄绿色。叶排成二列，条形，长 1~2.5cm。种子核果状，椭圆形，长 2~4.5cm，熟时肉质假种皮淡紫褐色，有白粉，基部具宿存的苞片。

被子植物

香木莲 **Manglietia aromatica** Dandy 木兰科 Magnoliaceae 木莲属

生活型：常绿乔木。各部揉碎芳香。**高度**：达 35m。**株形**：卵形。**树皮**：灰色，光滑。**枝条**：小枝淡绿色。**冬芽**：顶芽椭圆柱形。**叶**：叶互生，薄革质，倒披针状长圆形，全缘，先端短渐尖，基部稍下延，两面无毛，侧脉每边 12~16 条，网脉稀疏。**花**：花单生枝顶，具粗梗；花被片 11~12，白色，4 轮排列，外轮 3 片近革质，内数轮厚肉质，倒卵状匙形；雄蕊约 100 枚；雌蕊群卵球形，心皮多数，无毛。**果实及种子**：聚合果近球形或卵状球形，直径 7~8cm，鲜红色，成熟蓇葖沿腹缝及背缝开裂。**花果期**：花期 5~6 月，果期 9~10 月。**分布**：产中国云南、广西。**生境**：生于山地、丘陵常绿阔叶林中，海拔 900~1600m。**用途**：观赏。

特征要点 各部揉碎芳香。叶薄革质，倒披针状长圆形，全缘，无毛。花单生枝顶；花被片 11~12，白色，4 轮排列。

桂南木莲（南方木莲）**Manglietia conifera** Dandy【Manglietia chingii Dandy】木兰科 Magnoliaceae 木莲属

生活型：常绿乔木。**高度**：达 20m。**株形**：卵形。**树皮**：灰色，光滑。**枝条**：小枝被红褐色短毛。**叶**：叶互生，革质，倒披针形或狭倒卵状椭圆形，全缘，先端短渐尖或钝，基部狭楔形，背面灰绿色，侧脉每边 12~14 条。**花**：花单生枝顶，向下弯垂；花蕾卵圆形；花被片 9~11 片，每轮 3 片，外轮 3 片常绿色，内数轮肉质，倒卵形；雄蕊多数；雌蕊群长 1.5~2cm，心皮多数。**果实及种子**：聚合果卵圆形，长 4~5cm；蓇葖具疣点凸起，顶端具短喙。**花果期**：花期 5~6 月，果期 9~10 月。**分布**：产中国广东、云南、广西、贵州。越南也有分布。**生境**：生于砂岩、页岩、山地，山谷潮湿处；海拔 700~1300m。**用途**：观赏。

特征要点 叶革质，倒披针形或狭倒卵状椭圆形，全缘，背面灰绿色。花单生枝顶，花梗细长，向下弯垂；花被片 9~11 片，外轮 3 片常绿色，内数轮肉质。

木莲 **Manglietia fordiana** Oliv. 木兰科 Magnoliaceae 木莲属

生活型：常绿乔木。**高度**：达 20m。**株形**：卵形。**树皮**：灰白色，微裂。**枝条**：小枝被红褐色短毛。**叶**：叶互生，革质，狭倒卵形至倒披针形，边缘稍内卷，先端短急尖，基部楔形，背面疏生红褐色短毛，侧脉每边 8~12 条。**花**：花单生枝顶，花梗短，被红褐色短柔毛；花被片 9，纯白色，长 5~7cm，外轮 3 片质薄，近革质，长圆状椭圆形，内二轮稍小，肉质，倒卵形；雄蕊多数；雌蕊群长约 1.5cm，心皮 23~30。**果实及种子**：聚合果卵球形，长 2~5cm，褐色；蓇葖具粗点状凸起，先端具短喙。**花果期**：花期 5 月，果期 10 月。**分布**：产中国江西、湖南、福建、广东、广西、贵州、云南。**生境**：生于花岗岩、砂岩山地丘陵，海拔约 1200m。**用途**：观赏。

特征要点 叶革质，狭倒卵形至倒披针形，边缘稍内卷。花单生枝顶；花被片 9，纯白色。

海南木莲 **Manglietia fordiana** var. **hainanensis** (Dandy) N. H. Xia

木兰科 Magnoliaceae 木莲属

生活型：常绿乔木。**高度**：达 20m。**株形**：卵形。**树皮**：淡灰褐色。**枝条**：小枝残留红褐色平伏短柔毛。**叶**：叶互生，薄革质，倒卵形至狭椭圆形，边缘波状起伏，先端渐尖，基部楔形，背面疏生红褐色平伏微毛，侧脉每边 12~16 条。**花**：花单生枝顶；苞片大，佛焰苞状，薄革质，阔圆形；花被片 9，长 4~6cm，每轮 3 片，外轮薄革质，倒卵形，外面绿色，内二轮纯白色，肉质，倒卵形；雄蕊群红色；雌蕊群长 1.5~2cm，心皮 18~32 枚。**果实及种子**：聚合果卵圆形，长 5~6cm，褐色。**花果期**：花期 4~5 月，果期 9~10 月。**分布**：产中国海南。**生境**：生于溪边、密林中，海拔 300~1200m。**用途**：观赏。

特征要点 叶薄革质，边缘波状起伏，背面疏生红褐色平伏微毛。花单生枝顶；苞片佛焰苞状；花被片 9，外轮倒卵形，外面绿色，内 2 轮纯白色，肉质，倒卵形。

红色木莲 **Manglietia insignis** (Wall.) Blume 木兰科 Magnoliaceae 木莲属

生活型：常绿乔木。**高度**：达 30m。**株形**：卵形。**树皮**：暗褐色，平滑。**枝条**：小枝近无毛。**叶**：叶互生，革质，倒披针形至长圆状椭圆形，先端渐尖，背面中脉具红褐色柔毛或散生平伏微毛，侧脉每边 12~24 条。**花**：花单生枝顶，花梗粗壮；花芳香；花被片 9~12，外轮 3 片褐色，腹面染红色，中内轮直立，乳白色染粉红色；雄蕊多数；雌蕊群圆柱形，长 5~6cm。**果实及种子**：聚合果卵状长圆形，长 7~12cm，熟时紫红色；蓇葖背缝全裂，具乳头状突起。**花果期**：花期 5~6 月，果期 8~9 月。**分布**：产中国湖南、广西、四川、贵州、云南、西藏。尼泊尔、印度、缅甸也有分布。**生境**：生于林间，海拔 900~1200m。**用途**：观赏。

特征要点 叶革质，先端渐尖，背面中脉具红褐色柔毛或散生平伏微毛。花单生枝顶；花被片 9~12，外轮 3 片褐色，腹面染红色，中内轮乳白色染粉红色。

巴东木莲 **Manglietia patungensis** Hu 木兰科 Magnoliaceae 木莲属

生活型：常绿乔木。**高度**：达 25m。**株形**：卵形。**树皮**：淡灰褐色带红色。**枝条**：小枝带灰褐色。**叶**：叶互生，薄革质，倒卵状椭圆形，先端尾状渐尖，基部楔形，两面无毛；侧脉每边 13~15 条，叶面中脉凹下；叶柄长 2.5~3cm，托叶痕显著。**花**：花单生枝顶，具花梗，白色，芳香，直径 8.5~11cm，花被片 9，外轮 3 片近革质，狭长圆形，中轮及内轮肉质，倒卵形，雄蕊花药紫红色，雌蕊群圆锥形，每心皮有胚珠 4~8。**果实及种子**：聚合果圆柱状椭圆形，淡紫红色，蓇葖露出面具点状凸起。**花果期**：花期 5~6 月，果期 7~10 月。**分布**：产中国湖北、湖南、四川、重庆。**生境**：生于密林中，海拔 600~1000m。**用途**：药用。

特征要点 叶大，薄革质，两面无毛。花具花梗，白色，芳香。聚合果大。

厚朴 **Houpoea officinalis** (Rehder & E. H. Wilson) N. H. Xia & C. Y. Wu

木兰科 Magnoliaceae 厚朴属

生活型: 常绿乔木。**高度**: 达 20m。**株形**: 狭卵形。**树皮**: 厚，褐色，粗糙。**枝条**: 小枝粗壮，淡黄色。**冬芽**: 顶芽大，狭卵状圆锥形。**叶**: 叶 7~9 片聚生枝端，大，近革质，长圆状倒卵形，全缘，具白粉；叶柄粗短。**花**: 花单生枝顶，直径 10~15cm，白色或粉红色，芳香；花被片 9~12，厚肉质；雄蕊约 72 枚，花丝红色；雌蕊群椭圆状卵圆形，长 2.5~3cm。**果实及种子**: 聚合果长圆状卵圆形，长 9~15cm；蓇葖具长 3~4mm 的喙；种子三角状倒卵形，红色。**花果期**: 花期 5~6 月，果期 8~10 月。**分布**: 产中国浙江、广东、福建、陕西、甘肃、河南、湖北、湖南、四川、贵州、广西、江西。**生境**: 生于山地林间，海拔 300~1500m。**用途**: 观赏。

特征要点 小枝粗壮，淡黄色。叶 7~9 片聚生枝端，大，近革质，长圆状倒卵形，具白粉。花大，单生枝顶，白色或粉红色。聚合果长圆状卵圆形；种子红色。

山玉兰 **Lirianthe delavayi** (Franch.) N. H. Xia & C. Y. Wu

木兰科 Magnoliaceae 长喙木兰属

生活型: 常绿乔木。**高度**: 达 12m。**株形**: 狭卵形。**树皮**: 灰黑色，粗糙开裂。**枝条**: 小枝榄绿色，被柔毛。**叶**: 叶互生，厚革质，大，卵形，先端圆钝，基部宽圆，边缘波状，叶背被白粉，侧脉每边 11~16 条。**花**: 花单生枝顶，具梗，直径 15~20cm，白色，芳香，杯状；花被片 9~10，肉质；雄蕊约 210 枚；雌蕊群卵圆形，长 3~4cm，雌蕊约 100，被细黄色柔毛。**果实及种子**: 聚合果卵状长圆体形，长 9~15cm；蓇葖狭椭圆体形，开裂，被柔毛。**花果期**: 花期 4~6 月，果期 8~10 月。**分布**: 产中国四川、贵州、云南。**生境**: 生于石灰岩山地阔叶林中、沟边较潮湿的坡地，海拔 1500~2800m。**用途**: 观赏。

特征要点 叶厚革质，大，先端圆钝，基部宽圆，边缘波状，叶背被白粉。花单生枝顶，具梗，直径 15~20cm，白色，芳香，杯状；花被片 9~10。聚合果卵状长圆体形。

荷花木兰（广玉兰） **Magnolia grandiflora** L.

木兰科 Magnoliaceae 北美木兰属 / 木兰属

生活型：常绿乔木。**高度**：达 30m。**株形**：卵形。**树皮**：淡褐色，薄鳞片状开裂。**枝条**：小枝粗壮，密被褐色短茸毛。**叶**：叶互生，厚革质，椭圆形，先端钝，基部楔形，叶面有光泽，背面褐色；叶柄长 1.5~4cm。**花**：花单生枝顶，直径 15~20cm，白色，芳香；花被片 9~12，厚肉质，倒卵形；雄蕊多数，花丝扁平，紫色；雌蕊群椭圆体形，密被长茸毛，心皮多数，卵形，花柱呈卷曲状。**果实及种子**：聚合果圆柱状长圆形或卵圆形，长 7~10cm，密被茸毛；蓇葖背裂，顶端外侧具长喙；外种皮红色。**花果期**：花期 5~6 月，果期 9~10 月。**分布**：原产北美洲；中国长江流域以南以及兰州、北京等地栽培。**生境**：生于路边或庭园中。**用途**：观赏。

特征要点 小枝密被褐色短茸毛。叶互生，厚革质，椭圆形，叶面有光泽，背面褐色。花单生枝顶，白色，芳香。聚合果圆柱状长圆形或卵圆形，密被茸毛；种子红色。

天女花（天女木兰） **Oyama sieboldii** (K. Koch) N. H. Xia & C. Y. Wu

【Magnolia sieboldii K. Koch】 木兰科 Magnoliaceae 天女花属 / 木兰属

生活型：常绿小乔木。**高度**：达 10m。**株形**：宽卵形。**树皮**：灰白色，平滑。**枝条**：小枝细长，淡灰褐色。**叶**：叶互生，膜质，倒卵形，先端急尖，基部阔楔形，背面苍白色，通常被褐色及白色多细胞毛，侧脉每边 6~8 条。**花**：花顶生，具梗，与叶同时开放，白色，芳香，杯状，直径 7~10cm；花被片 9，近等大，倒卵形；雄蕊紫红色，顶端微凹或药隔平，不伸出；雌蕊群椭圆形，绿色，长约 1.5cm。**果实及种子**：聚合果倒卵圆形，长 2~7cm，熟时红色；蓇葖狭椭圆体形，具喙。**花果期**：花期 6~7 月，果期 9 月。**分布**：产中国湖南、辽宁、安徽、浙江、江西、福建北部、广西。朝鲜、日本也有分布。**生境**：生于山地，海拔 1600~2000m。**用途**：观赏。

特征要点 叶倒卵形，背面苍白色，被毛。花顶生，具梗，白色，杯状，花被片 9，近等大，雄蕊紫红色，雌蕊群椭圆形，绿色。聚合果倒卵圆形，熟时红色。

玉兰(白玉兰) **Yulania denudata** (Desr.) D. L. Fu 【Magnolia denudata Desr.】 木兰科 Magnoliaceae 玉兰属 / 木兰属

生活型：常绿乔木。**高度**：达 25m。**株形**：卵形。**树皮**：深灰色，平滑，皮孔显著。**枝条**：小枝稍粗壮，灰褐色。**冬芽**：冬芽密被淡灰黄色长绢毛。**叶**：叶互生，纸质，倒卵形至椭圆形，全缘，先端宽圆至稍凹，背面被柔毛，侧脉每边 8~10 条。**花**：花蕾卵圆形；花先叶开放，顶生，直立，芳香，直径 10~16cm；花被片 9，白色；雄蕊多数；雌蕊群淡绿色，无毛，圆柱形，雌蕊狭卵形，花柱锥尖。**果实及种子**：聚合果圆柱形，长 12~15cm；蓇葖厚木质，褐色，具白色皮孔；种子心形，侧扁，外种皮红色，内种皮黑色。**花果期**：花期 3~4 月，果期 8~9 月。**分布**：产中国云南、湖北、河南、福建、江西、浙江、湖南、贵州。**生境**：生于林中，海拔 500~1000m。**用途**：观赏。

特征要点 枝具环状托叶痕。叶互生，倒卵形至椭圆形，全缘。花先叶开放，白色，芳香，花被片 9，排成 3 轮，花托柱状。聚合果圆柱形，蓇葖厚木质，种子具红色肉质种皮。

紫玉兰 **Yulania liliiflora** (Desr.) D. L. Fu 【Magnolia liliiflora Desr.】 木兰科 Magnoliaceae 玉兰属 / 木兰属

生活型：落叶灌木。**高度**：达 3m。**株形**：卵形。**茎皮**：深灰色，平滑。**枝条**：小枝淡褐紫色。**叶**：叶互生，纸质，椭圆状倒卵形，先端急尖或渐尖，背面被短柔毛，侧脉每边 8~10 条。**花**：花蕾卵圆形；花叶同放，瓶形，直立，稍有香气；花被片 9~12，外轮 3 片萼片状，紫绿色，披针形，常早落，内两轮肉质，外面紫色，内面带白色，花瓣状，椭圆状倒卵形；雄蕊紫红色；雌蕊群长约 1.5cm，淡紫色，无毛。**果实及种子**：聚合果深紫褐色，圆柱形，长 7~10cm；成熟蓇葖近圆球形，顶端具短喙。**花果期**：花期 3~4 月，果期 8~9 月。**分布**：产中国福建、湖北、四川、云南。**生境**：生于山坡林缘，海拔 300~1600m。**用途**：观赏。

特征要点 花叶同放，瓶形，直立；花被片 9~12，外轮 3 片萼片状，紫绿色，披针形，常早落，内两轮肉质，外面紫色，内面带白色。聚合果深紫褐色，圆柱形。

乐东拟单性木兰 **Parakmeria lotungensis** (Chun & C. Tsoong) Law

木兰科 Magnoliaceae 拟单性木兰属

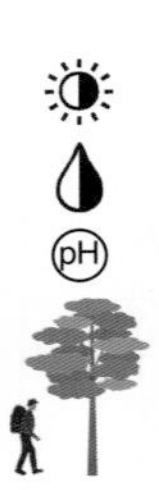

生活型：常绿乔木。**高度**：达 30m。**株形**：狭卵形。**树皮**：灰白色。**枝条**：小枝绿色，光滑无毛。**叶**：叶互生，革质，椭圆形，无毛，全缘，先端尖，基部楔形，侧脉每边 9~13 条。**花**：花杂性，雄花两性花异株；雄花花被片 9~14，外轮 3~4 片浅黄色，长 2.5~3.5cm，内 2~3 轮白色，雄蕊 30~70，花丝及药隔紫红色，心皮有时 1~5；两性花雄蕊 10~35，雌蕊群卵圆形，绿色，雌蕊 10~20。**果实及种子**：聚合果卵圆形，长 3~6cm；种子椭圆形，外种皮红色。**花果期**：花期 4~5 月，果期 8~9 月。**分布**：产中国江西、福建、湖南、广东、海南、广西、贵州。**生境**：生于肥沃的阔叶林中，海拔 700~1400m。**用途**：观赏。

特征要点　叶革质，椭圆形，全缘，无毛。花杂性，雄花两性花异株；外轮花被片 3~4 片浅黄色，内 2~3 轮白色；雌蕊群卵圆形，绿色。聚合果卵圆形。

白兰 **Michelia × alba** DC. 木兰科 Magnoliaceae 含笑属

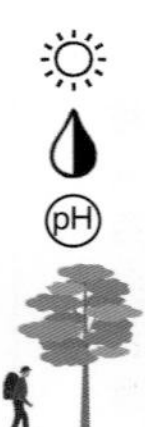

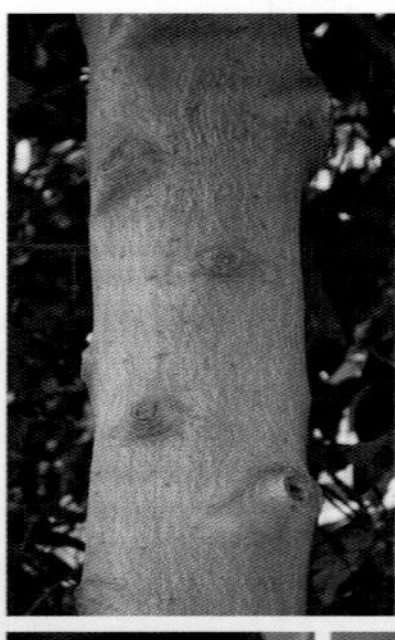

生活型：常绿乔木。**高度**：达 17m。**株形**：宽卵形。**树皮**：灰色，平滑。**枝条**：小枝被柔毛，渐脱落。**叶**：叶互生，薄革质，长椭圆形，全缘，背面疏生微柔毛。**花**：花单生叶腋；花白色，极香；花被片 10，披针形，长 3~4cm，宽 3~5mm；雄蕊多数，药隔伸出长尖头；雌蕊群被微柔毛，雌蕊群柄长约 4mm；心皮多数，通常部分不发育。**果实及种子**：聚合果，蓇葖疏生，熟时鲜红色。**花果期**：花期 4~9 月，常不结实。**分布**：原产印度尼西亚。中国福建、广东、广西、云南等地栽培。**生境**：生于庭园中。**用途**：观赏。

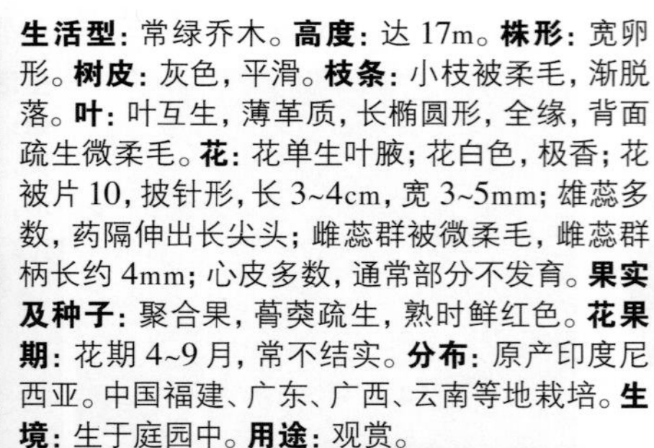

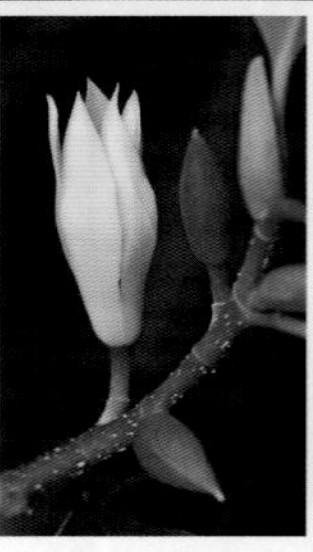

特征要点　叶薄革质，长椭圆形。花单生叶腋，白色，极香；花被片 10，披针形。聚合果，蓇葖疏生，熟时鲜红色。

乐昌含笑 **Michelia chapensis** Dandy 木兰科 Magnoliaceae 含笑属

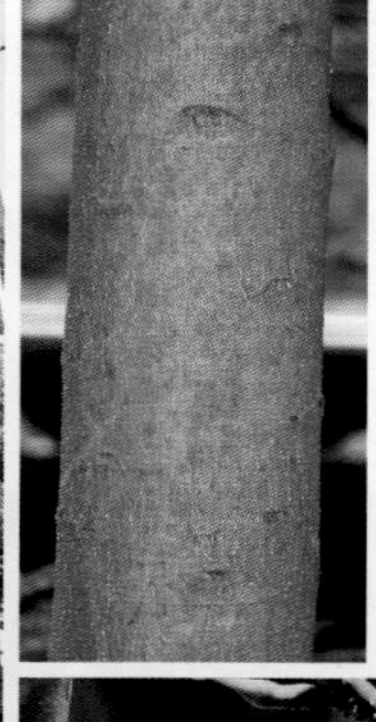

生活型: 常绿乔木。**高度**: 15~30m。**株形**: 卵形。**树皮**: 灰色至深褐色。**枝条**: 小枝无毛。**叶**: 叶互生，薄革质，倒卵形，先端短渐尖，基部楔形，两面无毛，侧脉每边 9~12 条，网脉稀疏。**花**: 花单生叶腋，花梗短，被柔毛；花被片 6，淡黄色，芳香，2 轮，外轮倒卵状椭圆形，长约 3cm，内轮较狭；雄蕊多数，药隔伸长成尖头；雌蕊群柄长约 7mm，密被银灰色平伏微柔毛；心皮卵圆形。**果实及种子**: 聚合果长约 10cm；蓇葖长圆形，顶端具尖头；种子红色。**花果期**: 花期 3~4 月，果期 8~9 月。**分布**: 产中国云南、江西、湖南、广东、广西。**生境**: 生于山地林间，海拔 500~1500m。**用途**: 观赏。

特征要点 叶薄革质，倒卵形，两面无毛，网脉稀疏。花单生叶腋；花被片 6，淡黄色，芳香，二轮；雄蕊药隔伸长成尖头；雌蕊群密被银灰色平伏微柔毛。

含笑 **Michelia figo** (Lour.) Spreng. 木兰科 Magnoliaceae 含笑属

生活型: 常绿灌木。**高度**: 2~3m。**株形**: 卵形。**茎皮**: 灰褐色，平滑。**枝条**: 小枝密被黄褐色茸毛。**叶**: 叶互生，革质，狭椭圆形或倒卵状椭圆形，全缘，背面中脉上留有褐色平伏毛；叶柄短。**花**: 花单生叶腋；花直立，长 1~2cm，淡黄色，具甜香；花被片 6，肉质，肥厚，长椭圆形；雄蕊多数，药隔伸出成急尖头，雌蕊群无毛，超出于雄蕊群；雌蕊群柄长约 6mm，被淡黄色茸毛。**果实及种子**: 聚合果长 2~3.5cm；蓇葖卵圆形或球形，顶端有短尖的喙。**花果期**: 花期 3~5 月，果期 7~8 月。**分布**: 产中国海南、广东。**生境**: 生于阴坡杂木林中、溪谷。**用途**: 观赏。

特征要点 小枝密被黄褐色茸毛。叶互生，革质，狭椭圆形。花单生叶腋，长 1~2cm，淡黄色，具甜香；花被片 6，肉质，肥厚，长椭圆形。聚合果长 2~3.5cm。

金叶含笑 **Michelia foveolata** Merr. ex Dandy 木兰科 Magnoliaceae 含笑属

生活型：常绿乔木。**高度**：达 30m。**株形**：卵形。**树皮**：淡灰或深灰色。**枝条**：小枝密被红褐色短茸毛。**叶**：叶互生，厚革质，长圆状椭圆形至阔披针形，先端渐尖，基部阔楔形，正面有光泽，背面被红铜色短茸毛，侧脉每边 16~26 条。**花**：花单生叶腋；花被片 9~12，淡黄绿色，基部带紫色，外轮 3 片阔倒卵形，长 6~7cm；雄蕊约 50，花丝深紫色；雌蕊群长 2~3cm，雌蕊群柄长 1.7~2cm。**果实及种子**：聚合果长 7~20cm；蓇葖长圆状椭圆形。**花果期**：花期 3~5 月，果期 9~10 月。**分布**：产中国贵州、湖北、湖南、江西、广西、广东、云南、海南、福建。越南也有分布。**生境**：生于阴湿林中，海拔 500~1800m。**用途**：观赏。

特征要点 叶厚革质，先端渐尖，基部阔楔形，背面被红铜色短茸毛。花单生叶腋；花被片 9~12，淡黄绿色，基部带紫色；雄蕊花丝深紫色；雌蕊群被银灰色短茸毛。

醉香含笑 **Michelia macclurei** Dandy 木兰科 Magnoliaceae 含笑属

生活型：常绿乔木。**高度**：达 30m。**株形**：卵形。**树皮**：灰白色，光滑不开裂。**枝条**：小枝密被红褐色短茸毛。**叶**：叶互生，革质，倒卵形至长圆状椭圆形，先端尖，基部楔形，正面初被短柔毛，背面被灰色毛，侧脉每边 10~15 条。**花**：花单生叶腋；花被片白色，通常 9 片，长 3~5cm，

内面的较狭小；雄蕊花丝红色；雌蕊群长 1.4~2cm，具雌蕊群柄，密被褐色短茸毛；心皮卵圆形，长 4~5mm。**果实及种子**：聚合果长 3~7cm；蓇葖长圆形，长 1~3cm，顶端圆。**花果期**：花期 3~4 月，果期 9~11 月。**分布**：产中国广东、海南、广西、湖南。越南也有分布。**生境**：生于密林中，海拔 500~1000m。**用途**：观赏。

特征要点 叶革质，倒卵形，先端尖，基部楔形，背面被灰色毛。花单生叶腋；花被片白色，通常 9 片；雄蕊花丝红色；雌蕊群密被褐色短茸毛。

深山含笑 **Michelia maudiae** Dunn 木兰科 Magnoliaceae 含笑属

生活型: 常绿乔木。**高度**: 达 20m。**株形**: 卵形。**树皮**: 薄,浅灰色或灰褐色。**枝条**: 小枝被白粉。**叶**: 叶互生,革质,长圆状椭圆形,先端钝尖,基部楔形,正面深绿色,有光泽,背面灰绿色,被白粉,侧脉每边 7~12 条。**花**: 花单生叶腋;苞片大,佛焰苞状,淡褐色,薄革质;花芳香;花被片 9,纯白色,外轮倒卵形,内两轮则渐狭小;雄蕊花丝淡紫色;雌蕊群长 1.5~1.8cm,具雌蕊群柄,心皮绿色,狭卵圆形。**果实及种子**: 聚合果长 7~15cm;蓇葖长圆形,顶端圆钝。**花果期**: 花期 2~3 月,果期 9~10 月。**分布**: 产中国浙江、福建、湖南、广东、广西、贵州。**生境**: 生于密林中,海拔 600~1500m。**用途**: 观赏。

特征要点 叶革质,长圆状椭圆形,先端钝尖,基部楔形,背面灰绿色,被白粉。花单生叶腋;苞片佛焰苞状;花被片 9,纯白色;雄蕊花丝淡紫色。

观光木 **Michelia odora** (Chun) Noot. & B. L. Chen 木兰科 Magnoliaceae 含笑属

生活型: 常绿乔木。**高度**: 达 25m。**株形**: 卵形。**树皮**: 淡灰褐色,具深皱纹。**枝条**: 小枝被黄棕色糙伏毛。**叶**: 叶互生,厚膜质,倒卵状椭圆形,正面绿色,有光泽,侧脉每边 10~12 条。**花**: 花单生叶腋;佛焰苞状苞片一侧开裂;花芳香;花被片象牙黄色,有红色小斑点,外轮长 17~20mm;雄蕊 30~45 枚;雌蕊 9~13 枚,雌蕊群柄粗壮,长约 2mm,密被糙伏毛。**果实及种子**: 聚合果长椭圆形,长达 13cm,悬垂;种子在每心皮内 4~6。**花果期**: 花期 3 月,果期 10~12 月。**分布**: 产中国江西、福建、广东、海南、广西、云南。越南也有分布。**生境**: 生于岩石山地常绿阔叶林中,海拔 500~1000m。**用途**: 观赏。

特征要点 叶倒卵状椭圆形,正面绿色,有光泽。花单生叶腋;花被片象牙黄色,有红色小斑点;雄蕊 30~45;雌蕊 9~13。聚合果长椭圆体形,悬垂。

鹅掌楸（马褂木） **Liriodendron chinense** (Hemsl.) Sarg.

木兰科 Magnoliaceae 鹅掌楸属

生活型：落叶乔木。**高度**：达40m。**株形**：卵形。**树皮**：灰褐色，方块状剥落。**枝条**：小枝粗壮，灰褐色。**叶**：叶互生，纸质，马褂状，近基部每边具1侧裂片，先端具2浅裂，无毛，背面苍白色，叶柄长4~8cm。**花**：花单生枝顶，杯状；花被片9，外轮3片绿色，萼片状，内两轮6片，花瓣状，绿色，具黄色纵条纹；雄蕊多数，黄色；雌蕊群无柄，心皮多数，黄绿色。**果实及种子**：聚合果纺锤状，长7~9cm；小坚果具翅，种子1~2。**花果期**：花期5月，果期9~10月。**分布**：产中国陕西、安徽、浙江、江西、福建、湖北、湖南、广西、四川、重庆、贵州、云南、台湾。越南北部也有分布。**生境**：生于山地林中，海拔900~10000m。**用途**：观赏。

特征要点 叶互生，马褂状，近基部每边具1侧裂片，先端具2浅裂。花单生枝顶，杯状；花被片9，外轮3片绿色，萼片状，内两轮6片，花瓣状。聚合果纺锤状，小坚果具翅。

北美鹅掌楸 **Liriodendron tulipifera** L. 木兰科 Magnoliaceae 鹅掌楸属

生活型：落叶大乔木。**高度**：达60m。**株形**：卵形。**树皮**：灰褐色，方块状剥落。**枝条**：小枝粗壮，紫褐色，光滑。**叶**：叶互生，纸质，马褂状，较小，宽与长相等，每边有1~2偶3~4短而渐尖的裂片；叶柄长3~7.5cm。**花**：花单生枝顶，郁金香状；花被片9，外轮3片灰绿色，萼片状，卵状披针形，张开而易落，内两轮6，直立，花瓣状，椭圆状倒卵形，长4~5cm，灰绿色，近基部有橙黄色宽边；雄蕊多数，黄色；雌蕊群无柄，心皮多数。**果实及种子**：聚合果纺锤形，长6~8cm；小坚果具翅，先端尖。**花果期**：花期5月，果期9~10月。**分布**：原产北美。中国山东、江西、江苏、广东、云南等地栽培。**生境**：生于庭园中或路边。**用途**：观赏。

特征要点 叶互生，较小，宽与长相等，每边有1~2偶3~4短而渐尖的裂片。花单生枝顶，郁金香状，内轮花被片近基部有橙黄色宽边。聚合果纺锤形，小坚果具翅。

红茴香 **Illicium henryi** Diels

五味子科 / 木兰科 / 八角科 Schisandraceae/Magnoliaceae/Illiciaceae 八角属

生活型：常绿灌木或乔木。**高度**：3~8m。**株形**：卵形。**树皮**：灰褐色至灰白色。**枝条**：小枝圆柱形，无毛。**叶**：叶互生或簇生，革质，倒披针形至倒卵状椭圆形，全缘，无毛，基部下延。**花**：花单生或 2~3 朵簇生，

红色；花梗长 1.5~5cm；花被片 10~15，肉质，椭圆形；雄蕊 11~14，药室明显凸起；心皮通常 7~9，花柱钻形。**果实及种子**：聚合果，蓇葖 7~9，长 1~2cm，先端明显钻形，细尖。**花果期**：花期 4~6 月，果期 8~10 月。**分布**：产中国陕西、甘肃、安徽、江西、福建、河南、湖北、湖南、广东、广西、四川、贵州、云南。**生境**：生于密林、疏林、灌丛中、悬崖峭壁上，海拔 300~2500m。**用途**：观赏，有毒。

特征要点 **叶互生或簇生，革质，全缘，无毛。花单生或簇生，红色；花被片 10~15，肉质；雄蕊 11~14；心皮 7~9。聚合果，蓇葖 7~9，先端钻形，细尖。**

红毒茴 **Illicium lanceolatum** A. C. Smith

五味子科 / 木兰科 / 八角科 Schisandraceae/Magnoliaceae/Illiciaceae 八角属

生活型：常绿灌木或小乔木。**高度**：3~10m。**株形**：卵形。**树皮**：浅灰色至灰褐色，平滑。**枝条**：小枝纤细。**叶**：叶互生或簇生，革质，披针形，先端尾尖，基部窄楔形，全缘，网脉不明显；叶柄短。**花**：花单生或 2~3 朵簇生，红色；花梗长 1.5~5cm；花被片 10~15，肉质，椭圆形；雄蕊 6~11；心皮 10~14，花柱钻形。**果实及种子**：聚合果直径 3.4~4cm，蓇葖 10~14，长 1.5~2cm，先端具向后弯曲的钩状尖头。**花果期**：花期 4~6 月，果期 8~10 月。**分布**：产中国江苏、安徽、浙江、江西、福建、湖北、湖南、贵州。**生境**：生于混交林中、疏林中、阴湿狭谷、溪流沿岸，海拔 300~1500m。**用途**：观赏，有毒。

特征要点 **叶革质，披针形，先端尾尖，全缘，网脉不明显。花具梗，红色；花被片 10~15，肉质。聚合果直径 3.4~4cm，蓇葖 10~14，先端具钩状尖头。**

八角 **Illicium verum** Hook. f.

五味子科 / 木兰科 / 八角科 Schisandraceae/Magnoliaceae/Illiciaceae 八角属

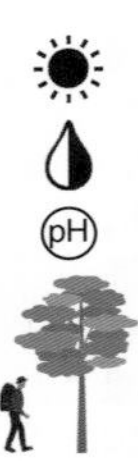

生活型: 常绿乔木。**高度**: 10~15m。**株形**: 卵形。**树皮**: 深灰色，平滑。**枝条**: 小枝密集。**叶**: 叶互生或簇生，革质，倒卵状椭圆形，先端骤尖，基部渐狭，全缘；叶柄短。**花**: 花单生，粉红至深红色；花梗长 1.5~4cm；花被片 7~12，宽椭圆形至宽卵圆形；雄蕊 11~20；心皮通常 8，有时 7 或 9，花柱钻形。**果实及种子**: 聚合果直径 3.5~4cm，饱满平直，蓇葖多为 8，呈八角形，长 1.5~2cm，先端钝或钝尖。**花果期**: 花期 3~5 月，果期 9~10 月；或花期 8~10 月，果期翌年 3~4 月。**分布**: 产中国广西、江西、福建、广东、云南。**生境**: 生于山坡上，海拔 200~1600m。**用途**: 果调料用，观赏。

特征要点 叶革质，倒卵状椭圆形，先端骤尖，全缘。花单生，粉红至深红色；花被片 7~12。聚合果直径 3.5~4cm，饱满平直，蓇葖多为 8，呈八角形，先端钝或钝尖。

番荔枝 **Annona squamosa** L. 番荔枝科 Annonaceae 番荔枝属

生活型: 落叶小乔木。**高度**: 3~5m。**株形**: 宽卵形。**树皮**: 平滑，薄，灰白色。**枝条**: 小枝暗灰色。**叶**: 叶互生，排成二列，薄纸质，椭圆状披针形或长圆形，全缘，侧脉每边 8~15 条。**花**: 花常单生叶腋，长约 2cm，青黄色，下垂；萼片 3，三角形；花瓣 6，二轮，肉质，外轮长圆形，内轮极小，鳞片状；雄蕊多数；心皮多数，长圆形，无毛，通常合生。**果实及种子**: 聚合浆果圆球状，直径 5~10cm，无毛，黄绿色，外面被白色粉霜；心皮多数，圆形或椭圆形，微相连，易分开。**花果期**: 花期 5~6 月，果期 6~11 月。**分布**: 原产热带美洲。中国浙江、台湾、福建、广东、广西、云南等地栽培。**生境**: 生于果园中。**用途**: 果食用。

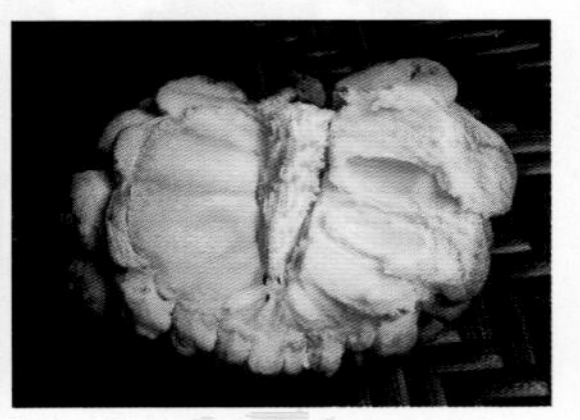

特征要点 叶互生，二列，全缘。花常单生叶腋，青黄色，下垂；花瓣 6，二轮，肉质。聚合浆果大，圆球状，黄绿色，被粉霜；心皮易分开。

囊瓣木 **Miliusa horsfieldii** (Benn.) Baill. ex Pierre 番荔枝科 Annonaceae 野独活属

生活型: 常绿乔木。**高度**: 达 25m。**株形**: 卵形。**树皮**: 淡黄褐色。**枝条**: 小枝纤细，密被褐色毛。**叶**: 叶互生，纸质，椭圆形至长圆形，全缘，正面被疏柔毛，背面密被长柔毛，侧脉每边 10~14 条。**花**: 花单生叶腋，长约 2cm，暗红色，密被长柔毛；萼片 3，阔三角形；花瓣 6，二轮，外轮小，萼片状，内轮甚大，长 2cm；雄蕊多数；心皮多数，离生，长圆形，密被长绢毛，每心皮有胚珠 8 颗，2 排。**果实及种子**: 果 15~30 个，卵状或近圆球状，直径 1~2cm，被微柔毛，熟时暗红色；种子 2~8，肾形。**花果期**: 花期 3~4 月，果期 7~8 月。**分布**: 产中国海南。**生境**: 生于山谷密林中。**用途**: 观赏，木材。

特征要点 叶纸质，椭圆形至长圆形，全缘，背面密被长柔毛。花单生叶腋，暗红色，密被长柔毛；花瓣 6，二轮，内轮大。果 15~30 个，被微柔毛，熟时暗红色；种子肾形。

细基丸 **Huberantha cerasoides** (Roxb.) Chaowasku【Polyalthia cerasoides (Roxb.) Benth. & Hook. f. ex Bedd.】番荔枝科 Annonaceae 细基丸属 / 暗罗属

生活型: 常绿乔木。**高度**: 达 20m。**株形**: 宽卵形。**树皮**: 暗灰黑色，粗糙。**枝条**: 小枝密被褐色长柔毛。**叶**: 叶互生，纸质，长圆形，全缘，顶端钝，叶背被柔毛，侧脉每边 7~8 条，网脉明显。**花**: 花单生叶腋，直径 1~2cm，绿色；萼片 3；花瓣 6，二轮，近等长，厚革质，长卵圆形；雄蕊多数；心皮多数，长圆形，被柔毛，每心皮有 1 颗胚珠，基生。**果实及种子**: 果近圆球状，直径约 6mm，熟时红色，浆果状，无毛。**花果期**: 花期 3~5 月，果期 4~10 月。**分布**: 产中国海南、广东、云南。越南、老挝、柬埔寨、缅甸、泰国、印度也有分布。**生境**: 生于丘陵山地或低海拔的山地疏林中，海拔 120~1100m。**用途**: 观赏。

特征要点 小枝密被毛。叶长圆形，全缘，叶背被柔毛，网脉明显。花单生叶腋，绿色；萼片 3；花瓣 6，二轮；雄蕊多数；心皮多数。果熟时红色，浆果状，无毛。

樟 **Cinnamomum camphora** (L.) J. Presl 樟科 Lauraceae 樟属

生活型：常绿大乔木。具樟脑气味。**高度**：达 30m。**株形**：广卵形。**树皮**：黄褐色，不规则纵裂。**枝条**：小枝淡褐色，无毛。**冬芽**：顶芽广卵形或圆球形。**叶**：叶互生，卵状椭圆形，先端急尖，边缘全缘，无毛，具离基三出脉；叶柄纤细。**花**：圆锥花序腋生，长 3.5~7cm；花绿白或带黄色；花被筒倒锥形；花被裂片 6，椭圆形；能育雄蕊 9，三轮；退化雄蕊 3；子房球形，无毛。**果实及种子**：浆果卵球形，直径 6~8mm，紫黑色；果托杯状。**花果期**：花期 4~5 月，果期 8~11 月。**分布**：产中国南方及西南各地。越南、朝鲜、日本也有分布。**生境**：生于山坡、沟谷中、庭园或路边，海拔 100~1500m。**用途**：观赏。

特征要点 木材具樟脑气味。叶互生，全缘，具离基三出脉。圆锥花序腋生；花小，绿白或带黄色；花被片 6；能育雄蕊 9，三轮；退化雄蕊 3。浆果卵球形，紫黑色；果托杯状。

云南樟 **Cinnamomum glanduliferum** (Wall.) Nees 樟科 Lauraceae 樟属

生活型：常绿乔木。**高度**：5~15m。**株形**：卵形。**树皮**：灰褐色，深纵裂，小片脱落。**枝条**：小枝粗壮，绿褐色，具棱角。**冬芽**：芽卵形，大，密被绢状毛。**叶**：叶互生，革质，椭圆形至披针形，全缘，无毛，羽状脉或偶有近离基三出脉，侧脉每边 4~5 条。**花**：圆锥花序腋生，长 4~10cm，无毛；花淡黄色；花被筒倒锥形；花被裂片 6，宽卵圆形；能育雄蕊 9，三轮；退化雄蕊 3；子房卵球形，无毛，柱头盘状。**果实及种子**：浆果球形，直径达 1cm，黑色；果托狭长倒锥形。**花果期**：花期 3~5 月，果期 7~9 月。**分布**：产中国云南、四川、贵州、西藏。印度、尼泊尔、缅甸、马来西亚也有分布。**生境**：生于山地常绿阔叶林中，海拔 1500~3000m。**用途**：观赏。

特征要点 叶互生，革质，两面近无毛，侧脉每边 4~5 条。圆锥花序腋生，长 4~10cm，无毛；花淡黄色。浆果球形，黑色；果托狭长倒锥形。

沉水樟 Cinnamomum micranthum (Hayata) Hayata 樟科 Lauraceae 樟属

生活型: 常绿乔木。**高度**: 14~20m。**株形**: 卵形。**树皮**: 坚硬，褐色，不规则纵向裂。**枝条**: 小枝茶褐色，稍压扁。**冬芽**: 顶芽大，卵球形。**叶**: 叶互生，坚纸质或近革质，长圆形至卵状椭圆形，叶缘内卷，两面无毛，羽状脉，侧脉每边 4~5 条。**花**: 圆锥花序顶生及腋生，长 3~5cm；花白色或紫红色，具香气；花被筒钟形；花被裂片 6；能育雄蕊 9，三轮；退化雄蕊 3；子房卵球形，柱头头状。**果实及种子**: 浆果椭圆形，长 1.5~2.2cm，光亮无毛；果托壶形。**花果期**: 花期 7~8 月，果期 10 月。**分布**: 产中国广西、广东、湖南、江西、福建、台湾。越南也有分布。**生境**: 生于山坡、山谷密林中、路边、河旁水边，海拔 300~1800m。**用途**: 观赏。

特征要点 叶互生，坚纸质或近革质，叶缘内卷，两面无毛，侧脉每边 4~5 条。圆锥花序长 3~5cm；花白色或紫红色，具香气。浆果椭圆形，光亮无毛；果托壶形。

黄樟 Cinnamomum parthenoxylon (Jack) Meisn. 樟科 Lauraceae 樟属

生活型: 常绿乔木。**高度**: 达 25m。**株形**: 卵形。**树皮**: 暗褐色，纵向深裂。**枝条**: 小枝具棱角，灰绿色，无毛。**叶**: 叶互生，薄革质，卵形或椭圆形，背面幼时沿叶脉有短绢毛，羽状脉或近离基三出脉，脉腋具腺体。**花**: 圆锥花序腋生，长 6~10cm，稍有绢状毛；花小，黄绿色；花被片 6，宽卵形；能育雄蕊 9，三轮；退化雄蕊 3；子房卵球形。**果实及种子**: 果实宽卵形，长 1cm；果托漏斗形。**花果期**: 花期 3~5 月，果期 8~10 月。**分布**: 产中国海南、广东、广西、福建、江西、湖南、贵州、四川、云南。马来西亚、巴基斯坦、印度、印度尼西亚也有分布。**生境**: 生于常绿阔叶林、灌木丛中，海拔 600~1500m。**用途**: 观赏。

特征要点 叶互生，薄革质，卵形或椭圆形，羽状脉或近离基三出脉，脉腋具腺体。圆锥花序腋生，长 6~10cm；花小，黄绿色。果实宽卵形；果托漏斗形。

猴樟 Cinnamomum bodinieri Lévl. 樟科 Lauraceae 樟属

生活型: 常绿乔木。**高度**: 达 16m。**株形**: 宽卵形。**树皮**: 灰褐色。**枝条**: 小枝圆柱形，紫褐色，无毛。**冬芽**: 芽小，卵圆形。**叶**: 叶互生，坚纸质，卵圆形，全缘，先端短渐尖，正面光亮，背面苍白，密被绢状微柔毛，侧脉每边 4~6 条。**花**: 圆锥花序侧生，长 10~15cm，无毛；花绿白色；花被筒倒锥形；花被裂片 6，卵圆形；能育雄蕊 9，三轮；退化雄蕊 3；子房卵球形，无毛，柱头头状。**果实及种子**: 浆果球形，直径 7~8mm，绿色；果托浅杯状。**花果期**: 花期 5~6 月，果期 7~8 月。**分布**: 产中国贵州、四川、湖北、湖南、云南。**生境**: 生于路旁、沟边、疏林、灌丛中，海拔 700~1480m。**用途**: 观赏。

特征要点 叶互生，坚纸质，卵圆形，正面光亮，背面苍白，密被毛，侧脉每边 4~6 条。圆锥花序侧生，长 10~15cm；花绿白色。浆果球形，绿色；果托浅杯状。

阴香 Cinnamomum burmannii (Nees & T. Nees) Blume 樟科 Lauraceae 樟属

生活型: 常绿乔木。**高度**: 达 14m。**株形**: 卵形。**树皮**: 光滑，褐色，内皮红色。**枝条**: 小枝纤细，绿色，具纵向细条纹。**叶**: 叶互生或近对生，革质，卵圆形至披针形，全缘，先端短渐尖，两面无毛，具离基三出脉。**花**: 圆锥花序腋生，长 3~6cm，被柔毛；花绿白色；花被筒短小，倒锥形；花被裂片 6，长圆状卵圆形；能育雄蕊 9，三轮；退化雄蕊 3；子房近球形，略被微柔毛，柱头盘状。**果实及种子**: 浆果卵球形，长约 8mm；果托具齿裂。**花果期**: 花期 3~4 月，果期 11 月至翌年 1 月。**分布**: 产中国广东、广西、云南、福建、海南。印度、缅甸、越南、印度尼西亚、菲律宾也有分布。**生境**: 生于疏林、密林、灌丛中、溪边、路旁，海拔 100~1400m。**用途**: 观赏。

特征要点 叶互生或近对生，革质，先端短渐尖，两面无毛，具离基三出脉。圆锥花序腋生，长 3~6cm，被柔毛；花绿白色。浆果卵球形；果托具齿裂。

肉桂 **Neolitsea cassia** (L.) Kosterm.【Cinnamomum cassia (L.) J. Presl】
樟科 Lauraceae 新木姜子属 / 樟属

生活型: 常绿乔木。**高度**: 2~4m。**株形**: 卵形。**树皮**: 灰褐色，厚。**枝条**: 小枝黑褐色，具纵条纹。**冬芽**: 顶芽小，先端渐尖。**叶**: 叶互生或近对生，革质，长椭圆形至近披针形，两端尖，边缘内卷，背面晦暗，离基三出脉；叶柄粗壮。**花**: 圆锥花序腋生，长 8~16cm，被黄色茸毛；花白色；花被筒倒锥形；花被裂片 6，卵状长圆形；能育雄蕊 9，三轮；退化雄蕊 3；子房卵球形，无毛，柱头小。**果实及种子**: 浆果椭圆形，长约 1cm，熟时黑紫色；果托浅杯状。**花果期**: 花期 6~8 月，果期 10~12 月。**分布**: 产中国广东、广西、福建、台湾、云南。印度、老挝、越南、印度尼西亚也有分布。**生境**: 生于山坡上，海拔 600m。**用途**: 树皮调料用，观赏。

特征要点 树皮灰褐色，厚。叶互生或近对生，革质，两端尖，边缘内卷，具离基三出脉。圆锥花序腋生，花白色。浆果椭圆形，长约 1cm，熟时黑紫色；果托浅杯状。

香桂 **Cinnamomum subavenium** Miq. 樟科 Lauraceae 樟属

生活型: 常绿乔木。**高度**: 达 20m。**株形**: 卵形。**树皮**: 灰色，平滑。**枝条**: 小枝纤细。**叶**: 叶互生或近对生，革质，椭圆形至披针形，正面光亮，背面晦暗，密被黄色平伏绢状短柔毛，三出脉或近离基三出脉。**花**: 圆锥花序腋生，短于叶；花淡黄色；花被筒倒锥形；花被裂片 6，披针形；能育雄蕊 9，三轮；退化雄蕊 3；子房球形，无毛，柱头增大，盘状。**果实及种子**: 果椭圆形，长约 7mm，熟时蓝黑色；果托杯状。**花果期**: 花期 6~7 月，果期 8~10 月。**分布**: 产中国华东、华南和西南地区。印度、缅甸、中南半岛、马来西亚也有分布。**生境**: 生于山坡、山谷的常绿阔叶林中，海拔 400~2500m。**用途**: 观赏。

特征要点 叶互生或近对生，革质，正面光亮，背面密被毛，具三出脉。圆锥花序腋生，短于叶；花淡黄色。果椭圆形，熟时蓝黑色；果托杯状。

川桂 **Cinnamomum wilsonii** Gamble 樟科 Lauraceae 樟属

生活型: 常绿乔木。**高度**: 达 25m。**株形**: 卵形。**树皮**: 褐色。**枝条**: 小枝圆柱形，褐色。**叶**: 叶互生或近对生，革质，卵圆形或卵圆状长圆形，边缘内卷，背面晦暗，幼时明显被白色丝毛，离基三出脉。**花**: 圆锥花序腋生，长 3~9cm；花白色；花被筒倒锥形；花被裂片 6，卵圆形；能育雄蕊 9，三轮；退化雄蕊 3；子房卵球形，柱头宽大，头状。**果实及种子**: 果托顶端截平。**花果期**: 花期 4~5 月，果期 7~10 月。**分布**: 产中国陕西、四川、湖北、湖南、广西、广东、江西。**生境**: 生于山谷、山坡阳处、沟边、疏林、密林中，海拔 30~2400m。**用途**: 观赏。

特征要点 叶互生或近对生，革质，边缘内卷，背面晦暗，离基三出脉。圆锥花序腋生，长 3~9cm；花白色。果托顶端截平。

毛叶油丹 **Alseodaphnopsis andersonii** (King ex Hook. f.) H. W. Li & J. Li 【Alseodaphne andersonii (King ex Hook. f.) Kosterm.】

樟科 Lauraceae 北油丹属 / 油丹属

生活型: 常绿乔木。**高度**: 达 25m。**株形**: 狭卵形。**树皮**: 平滑，深褐色。**枝条**: 小枝粗壮，近黑色。**叶**: 叶互生，近革质，椭圆形，长 12~24cm，全缘，背面幼时被锈色微柔毛，侧脉每边 9~11 条。**花**: 圆锥花序腋生，长 20~35cm，密被锈色微柔毛；花被裂片 6，二轮，卵圆形；能育雄蕊 9，排列成三轮；退化雄蕊 3，微小；子房卵球形，柱头头状。**果实及种子**: 浆果长圆形，长达 5cm，熟时紫黑色；果梗肉质，紫红色。**花果期**: 花期 7 月，果期 10 月至翌年 3 月。**分布**: 产中国云南、西藏。印度、缅甸、泰国、老挝、越南也有分布。**生境**: 生于潮湿沟底、山顶的常绿阔叶林中，海拔 1000~1900m。**用途**: 果榨油，观赏。

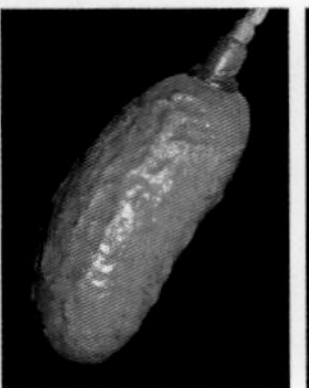

特征要点 叶大，互生，近革质，椭圆形，全缘，被锈色微柔毛。圆锥花序长而腋生；花小，淡黄色。浆果大，长圆形，熟时紫黑色；果梗肉质，紫红色。

闽楠 **Phoebe bournei** (Hemsl.) Y. C. Yang 樟科 Lauraceae 楠属

生活型：常绿大乔木。**高度**：15~20m。**株形**：宽卵形。**树皮**：灰白色，平滑。**枝条**：小枝有毛或近无毛。**叶**：叶互生，革质，披针形或倒披针形，长7~13cm，基部渐狭，背面有短柔毛，侧脉每边10~14条，网脉显著。**花**：圆锥花序生于新枝中下部，被毛，长3~7cm，通常3~4个；花被裂片6，卵形；能育雄蕊9，三轮；退化雄蕊三角形；子房近球形，柱头钻状或头状。**果实及种子**：浆果椭圆形或长圆形，长1.1~1.5cm；宿存花被片被毛，紧贴。**花果期**：花期4月，果期10~11月。**分布**：产中国江西、福建、浙江、广东、广西、湖南、湖北、贵州。**生境**：生于山地沟谷阔叶林中，海拔400~1700m。**用途**：观赏。

特征要点 叶革质，披针形或倒披针形，背面有短柔毛，网脉显著。圆锥花序；花被裂片6；能育雄蕊9，三轮。浆果椭圆形或长圆形；宿存花被片被毛，紧贴。

大果楠 **Phoebe macrocarpa** C. Y. Wu 樟科 Lauraceae 楠属

生活型：常绿大乔木。**高度**：15~20m。**株形**：宽卵形。**树皮**：黑褐色。**枝条**：小枝粗壮，密被黄褐色茸毛。**冬芽**：顶芽卵球形。**叶**：叶互生，常聚生枝顶，近革质，椭圆状倒披针形，长18~30cm，基部渐狭下延，背面疏被黄褐色短柔毛，侧脉每边23~34条。**花**：圆锥花序长10~21cm，密被黄褐色糙伏毛；花黄绿色；花被裂片6；能育雄蕊9，三轮；退化雄蕊箭头形；子房球形，花柱线状，柱头不明显或略扩张。**果实及种子**：浆果椭圆形，长3.5~3.8cm，无毛；宿存花被片革质，卵形，被毛，紧贴。**花果期**：花期4~5月，果期10~12月。**分布**：产中国云南。越南北部也有分布。**生境**：生于杂木林中，海拔1200~1800m。**用途**：观赏。

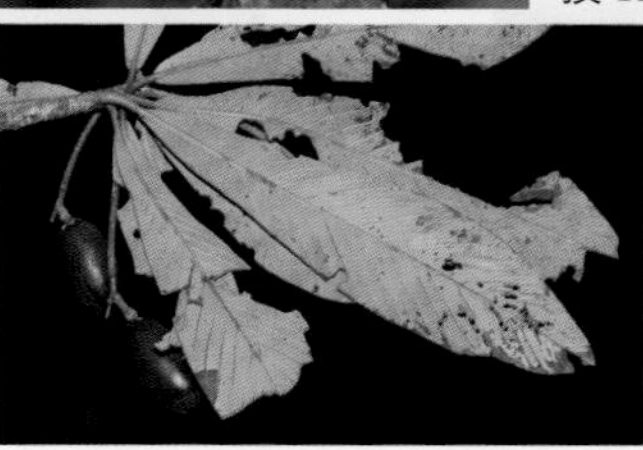

特征要点 叶常聚生枝顶，近革质，椭圆状倒披针形。圆锥花序密被黄毛；花黄绿色。浆果椭圆形，无毛；宿存花被片革质，卵形。

紫楠 **Phoebe sheareri** (Hemsl.) Gamble 樟科 Lauraceae 楠属

生活型: 常绿乔木。**高度**: 达 16m。**株形**: 宽卵形。**树皮**: 暗褐色。**枝条**: 小枝密被锈色茸毛。**叶**: 叶互生, 革质, 倒卵形至倒披针形, 全缘, 侧脉羽状弧形, 正面凹下, 背面隆起, 被锈色茸毛。**花**: 圆锥花序腋生, 密被锈色茸毛; 花被裂片 6, 相等, 卵形, 约长 3mm, 两面有毛; 能育雄蕊 9, 三轮; 退化雄蕊箭头形; 子房球形, 柱头头状。**果实及种子**: 浆果肉质, 卵形, 长约 9mm, 基部包围以带有宿存直立裂片的杯状花被管。**花果期**: 花期 5~6 月, 果期 10~11 月。**分布**: 产中国长江流域。**生境**: 生于山地阔叶林中, 海拔 1000m 以下。**用途**: 种子榨油, 木材, 观赏。

特征要点 小枝密被锈色茸毛。叶互生, 革质, 全缘, 侧脉羽状弧形。圆锥花序腋生, 密被锈色茸毛。浆果肉质, 卵形, 基部包围以带有宿存直立裂片的杯状花被管。

楠木(桢楠) **Phoebe zhennan** S. K. Lee & F. N. Wei 樟科 Lauraceae 楠属

生活型: 常绿大乔木。**高度**: 达 30m。**株形**: 宽卵形。**树皮**: 暗灰色, 平滑。**枝条**: 小枝具棱, 被黄褐色柔毛。**叶**: 叶互生, 革质, 椭圆形至披针形, 先端渐尖, 正面光亮无毛, 背面密被短柔毛, 侧脉每边 8~13 条。**花**: 聚伞状圆锥花序十分开展, 被毛, 长 7.5~12cm; 花长 3~4mm; 花被裂片 6, 卵形; 能育雄蕊 9, 三轮; 退化雄蕊三角形; 子房球形, 柱头盘状。**果实及种子**: 浆果椭圆形, 长 1.1~1.4cm; 宿存花被片卵形, 革质。**花果期**: 花期 4~5 月, 果期 9~10 月。**分布**: 产中国湖北、贵州、四川。**生境**: 生于阔叶林中, 海拔 1500m。**用途**: 木材, 观赏。

特征要点 小枝具棱, 被黄褐色柔毛。叶互生, 革质, 背面密被短柔毛。聚伞状圆锥花序十分开展。浆果椭圆形; 宿存花被片卵形, 革质。

华润楠 **Machilus chinensis** (Benth.) Hemsl. 樟科 Lauraceae 润楠属

生活型：常绿乔木。**高度**：8~11m。**株形**：狭卵形。**树皮**：灰白色，平滑。**枝条**：小枝秃净。**冬芽**：芽细小。**叶**：叶互生，革质，倒卵状长椭圆形至长椭圆状倒披针形，全缘，两面无毛，侧脉不明显，每边约8条。**花**：圆锥花序顶生，2~4个聚集，长约3.5cm，花6~10朵；花白色；花被裂片6，长椭圆状披针形；能育雄蕊9，三轮；退化雄蕊有毛；子房球形。**果实及种子**：浆果球形，直径8~10mm，花被裂片通常脱落。**花果期**：花期11月，果期翌年2月。**分布**：产中国广东、海南、广西。越南也有分布。**生境**：生于山坡阔叶混交疏林、矮林中，海拔800~1500m。**用途**：观赏。

特征要点 叶互生，革质，长椭圆形或披针形，无毛，侧脉不明显。圆锥花序顶生，2~4个聚集，花6~10朵；花白色。浆果球形，直径8~10mm，花被裂片通常脱落。

薄叶润楠 **Machilus leptophylla** Hand.-Mazz. 樟科 Lauraceae 润楠属

生活型：常绿大乔木。**高度**：达28m。**株形**：狭卵形。**树皮**：灰褐色。**枝条**：小枝粗壮，暗褐色，无毛。**冬芽**：顶芽近球形。**叶**：叶互生或轮生，坚纸质，倒卵状长圆形，全缘，幼时背面被贴伏银色绢毛，每边14~20条。**花**：圆锥花序6~10个，聚生嫩枝的基部，长8~12cm，柔弱，多花；花白色；花被裂片6，长圆状椭圆形；能育雄蕊9，三轮；退化雄蕊存在；子房球形。**果实及种子**：浆果球形，直径约1cm。**花果期**：花期3~4月，果期7~9月。**分布**：产中国福建、浙江、江苏、湖南、广东、广西、贵州。**生境**：生于阴坡谷，海拔300~1500m。**用途**：观赏。

特征要点 叶互生或轮生，坚纸质，倒卵状长圆形，幼时背面被贴伏银色绢毛。圆锥花序聚生嫩枝基部，柔弱，多花；花白色。浆果球形，直径约1cm。

刨花润楠 **Machilus pauhoi** Kaneh. 樟科 Lauraceae 润楠属

生活型: 常绿乔木。**高度**: 6.5~20m。**株形**: 狭卵形。**树皮**: 灰褐色, 有浅裂。**枝条**: 小枝绿带褐色。**冬芽**: 顶芽球形至近卵形。**叶**: 叶常集生小枝梢端, 革质, 椭圆形, 先端渐尖, 背面嫩时密被灰黄色贴伏绢毛, 侧脉纤细, 每边 12~17 条。**花**: 聚伞状圆锥花序生当年生枝下部, 疏花; 花梗纤细, 长 8~13mm; 花被裂片 6, 卵状披针形; 能育雄蕊 9, 三轮; 退化雄蕊约和腺体等长; 子房无毛, 近球形, 柱头头状。**果实及种子**: 浆果球形, 直径约 1cm, 熟时黑色。**花果期**: 花期 4~5 月, 果期 6~7 月。**分布**: 产中国浙江、福建、江西、湖南、广东、广西。**生境**: 生于土壤湿润肥沃的山坡灌丛、山谷疏林中, 海拔 300~600m。**用途**: 观赏。

特征要点 叶常集生小枝梢端, 革质, 椭圆形, 背面嫩时密被灰黄色贴伏绢毛。聚伞状圆锥花序; 花梗纤细。浆果球形, 直径约 1cm, 熟时黑色。

红楠 **Machilus thunbergii** Siebold & Zucc. 樟科 Lauraceae 润楠属

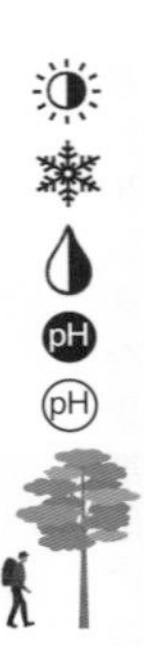

生活型: 常绿中等乔木。**高度**: 10~15m。**株形**: 卵形。**树皮**: 黄褐色, 平滑。**枝条**: 小枝紫红色, 基部芽鳞痕环状。**冬芽**: 顶芽卵形。**叶**: 叶互生, 倒卵形, 先端渐尖, 基部楔形, 革质, 背面粉白; 叶柄纤细, 带红色; 嫩叶红色。**花**: 花序顶生或在新枝上腋生, 无毛, 长 5~11.8cm, 多花; 苞片卵形; 花被裂片 6, 长圆形; 能育雄蕊 9, 三轮; 退化雄蕊基部有硬毛; 子房球形, 无毛, 柱头头状。**果实及种子**: 浆果扁球形, 直径 8~10mm, 熟时黑紫色; 果梗鲜红色。**花果期**: 花期 2 月, 果期 7 月。**分布**: 产中国江苏、浙江、安徽、台湾、福建、江西、湖南、广东、广西。日本、朝鲜也有分布。**生境**: 生于山地阔叶混交林中, 海拔 200~800m。**用途**: 观赏。

特征要点 小枝紫红色, 基部芽鳞痕环状。叶互生, 倒卵形, 革质, 背面粉白色; 嫩叶红色。花序无毛, 多花。浆果扁球形, 熟时黑紫色; 果梗鲜红色。

厚壳桂 **Cryptocarya chinensis** (Hance) Hemsl. 樟科 Lauraceae 厚壳桂属

生活型：常绿乔木。**高度**：达 20m。**株形**：卵形。**树皮**：暗灰色，粗糙。**枝条**：小枝圆柱形，具纵向细条纹。**叶**：叶互生或对生，革质，长椭圆形，正面光亮，背面苍白色，具离基三出脉。**花**：圆锥花序腋生及顶生，长 1.5~4cm，被黄色小茸毛；花淡黄色；花被筒陀螺形；花被裂片 6，近倒卵形；能育雄蕊 9，三轮；退化雄蕊 3；子房棍棒状，柱头不明显。**果实及种子**：核果球形，长 7.5~9mm，熟时紫黑色，约有纵棱 12~15 条。**花果期**：花期 4~5 月，果期 8~12 月。**分布**：产中国四川、广西、广东、福建、台湾、海南。**生境**：生于山谷荫蔽的常绿阔叶林中，海拔 300~1100m。**用途**：观赏。

特征要点 叶革质，长椭圆形，正面光亮，背面苍白色，具离基三出脉。圆锥花序被黄色小茸毛；花淡黄色。核果球形，熟时紫黑色，有纵棱 12~15 条。

毛豹皮樟 **Litsea coreana** var. **lanuginosa** (Migo) Y. C. Yang & P. H. Huang
樟科 Lauraceae 木姜子属

生活型：常绿乔木。**高度**：8~15m。**株形**：狭卵形。**树皮**：灰色，具豹皮斑痕。**枝条**：小枝密被灰黄色长柔毛。**叶**：叶互生，革质，倒卵状椭圆形，先端钝渐尖，基部楔形，正面无毛，背面沿脉被黄色柔毛，羽状脉，侧脉每边 7~10 条。**花**：伞形花序腋生，花 3~4 朵；苞片 4，近圆形，被柔毛；花被裂片 6，卵形或椭圆形；雄蕊 9，无退化雌蕊；子房近球形，柱头 2 裂；退化雄蕊丝状，有长柔毛。**果实及种子**：核果近球形，直径 7~8mm；果托扁平。**花果期**：花期 8~9 月，果期翌年 5 月。**分布**：产中国浙江、安徽、河南、江苏、福建、江西、湖南、湖北、四川、广东、广西、贵州、云南。**生境**：生于山谷杂木林中，海拔 300~2300m。**用途**：木材，观赏。

特征要点 树皮灰色，脱落后呈豹皮斑痕。叶互生，革质，背面沿脉被黄色柔毛，羽状脉。伞形花序腋生，花 3~4 朵；苞片 4；花被裂片 6。核果近球形；果托扁平。

山鸡椒（山苍子） **Litsea cubeba** (Lour.) Pers. 樟科 Lauraceae 木姜子属

生活型：落叶灌木或小乔木。**高度**：8~10m。**株形**：宽卵形。**树皮**：黄绿色至灰褐色，光滑。**枝条**：小枝细瘦。**叶**：叶互生，纸质，有香气，矩圆形或披针形，全缘，无毛，具羽状脉。**花**：伞形花序先叶而出，总花梗纤细，花 4~6 朵；雌雄异株，花小；花被片 6，椭圆形；能育雄蕊 9，花药 4 室；子房卵形，柱头头状。**果实及种子**：核果近球形，直径 4~5mm，熟时黑色。**花果期**：花期 2~3 月，果期 7~8 月。**分布**：产中国广东、广西、福建、台湾、浙江、江苏、安徽、湖南、湖北、江西、贵州、四川、云南、西藏、海南。东南亚各国也有分布。**生境**：生于向阳的山地、灌丛、疏林、林中路旁、水边，海拔 500~3200m。**用途**：种子榨油，木材，观赏。

特征要点 树皮黄绿色，光滑。小枝细瘦，无毛。叶互生，纸质，有香气，具羽状脉。伞形花序先叶而出，花 4~6 朵，黄色。核果近球形，熟时黑色。

黄丹木姜子 **Litsea elongata** (Nees) Hook. f. 樟科 Lauraceae 木姜子属

生活型：常绿乔木。**高度**：达 12m。**株形**：宽卵形。**树皮**：灰黄色或褐色。**枝条**：小枝密被褐色茸毛。**冬芽**：顶芽卵圆形。**叶**：叶互生，革质，长圆形至倒披针形，背面被短柔毛，羽状脉，侧脉每边 10~20 条。**花**：伞形花序单生，花 4~5 朵，密被褐色茸毛；花被裂片 6，卵形；雄花中能育雄蕊 9~12；退化雌蕊细小；雌花子房卵圆形，柱头盘状。**果实及种子**：核果长圆形，长 11~13mm，熟时黑紫色；果托杯状。**花果期**：花期 5~11 月，果期翌年 2~6 月。**分布**：产中国广东、广西、湖南、湖北、四川、贵州、云南、西藏、安徽、浙江、江苏、江西、福建。尼泊尔、印度也有分布。**生境**：生于山坡路旁、溪旁、杂木林下，海拔 500~2000m。**用途**：观赏。

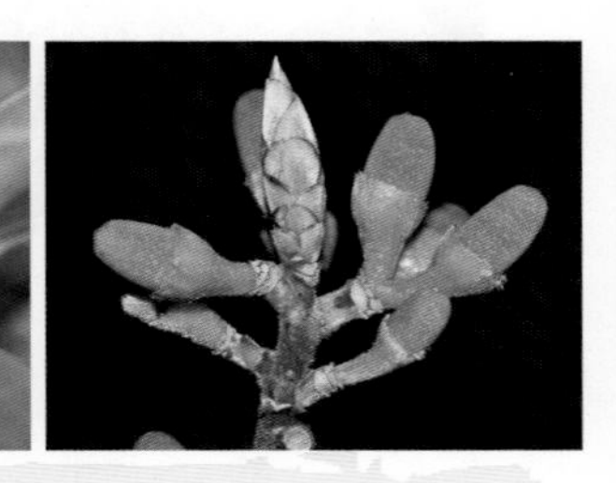

特征要点 叶互生，革质，长圆形至倒披针形，背面被短柔毛，羽状脉。伞形花序单生；花被裂片 6，卵形。核果长圆形，熟时黑紫色；果托杯状。

潺槁木姜子 **Litsea glutinosa** (Lour.) C. B. Rob. 樟科 Lauraceae 木姜子属

生活型：常绿乔木。**高度**：3~15m。**株形**：宽卵形。**树皮**：灰褐色，内皮有黏质。**枝条**：小枝被灰黄色茸毛。**冬芽**：顶芽卵圆形。**叶**：叶互生，革质，倒卵形至椭圆状披针形，先端钝圆，幼时两面均有茸毛，羽状脉，侧脉每边8~12条。**花**：伞形花序腋生，被灰黄色茸毛；苞片4；花被不完全或缺；能育雄蕊通常15，或更多；退化雌蕊椭圆，无毛；雌花中子房近圆形，柱头漏斗形；退化雄蕊有毛。**果实及种子**：核果球形，直径约7mm。**花果期**：花期5~6月，果期9~10月。**分布**：产中国广东、广西、福建、云南、海南。越南、菲律宾、印度也有分布。**生境**：生于山地林缘、溪旁、疏林、灌丛中，海拔500~1900m。**用途**：观赏。

特征要点 叶互生，革质，先端钝圆，幼时两面均有茸毛，羽状脉。伞形花序腋生；苞片4；花被不完全或缺。核果球形，直径约7mm。

豺皮樟 **Litsea rotundifolia** var. **oblongifolia** (Nees) Allen
樟科 Lauraceae 木姜子属

生活型：常绿灌木或小乔木。**高度**：达3m。**株形**：宽卵形。**树皮**：灰褐色，有褐色斑块。**枝条**：小枝灰褐色，纤细，近无毛。**冬芽**：顶芽卵圆形，被黄毛。**叶**：叶散生，卵状长圆形，先端钝或短渐尖，基部楔形或钝，薄革质，正面光亮无毛，背面粉绿色，羽状脉，侧脉每边通常3~4条；叶柄粗短。**花**：伞形花序常3个簇生叶腋，几无总梗；花3~4朵，小，近无梗；花被筒杯状；花被裂片6，能育雄蕊9；退化雌蕊细小，无毛。**果实及种子**：核果球形，几无果梗，熟时灰蓝黑色。**花果期**：花期8~9月，果期9~11月。**分布**：产中国广东、广西、湖南、江西、福建、台湾、浙江。越南也有分布。**生境**：生于丘陵灌木林中，海拔800m以下。**用途**：榨油，药用。

特征要点 叶小，卵状长圆形，先端钝或短渐尖，基部楔形或钝，薄革质，无毛；叶柄粗短。果几无果梗，熟时灰蓝黑色。

乌药 **Lindera aggregata** (Sims) Kosterm. 樟科 Lauraceae 山胡椒属

生活型: 常绿灌木或小乔木。**高度**: 达 5m。**株形**: 宽卵形。**树皮**: 灰褐色。**枝条**: 小枝青绿色，具条纹，被绢毛。**冬芽**: 顶芽长椭圆形。**叶**: 叶互生，革质，卵形至近圆形，全缘，先端长渐尖，背面苍白色，幼时密被棕褐色柔毛，基生三出脉极显著。**花**: 伞形花序腋生，花 7 朵；总苞片 4；花单性，雌雄异株，黄色或黄绿色；花被片 6；雄花能育雄蕊 9，三轮，退化雌蕊细小，坛状；雌花子房椭圆形，柱头头状。**果实及种子**: 核果卵形，长 0.6~1cm。**花果期**: 花期 3~4 月，果期 5~11 月。**分布**: 产中国浙江、江西、福建、安徽、湖南、广东、广西、台湾。越南、菲律宾也有分布。**生境**: 生于向阳坡地、山谷、疏林灌丛中，海拔 200~1000m。**用途**: 观赏。

特征要点 叶互生，革质，卵形至近圆形，全缘，背面苍白色，基生三出脉极显著。伞形花序腋生，花 7 朵；总苞片 4；花单性，黄色或黄绿色。核果卵形。

香叶树 **Lindera communis** Hemsl. 樟科 Lauraceae 山胡椒属

生活型: 常绿灌木或小乔木。**高度**: 3~4m。**株形**: 卵形。**树皮**: 淡褐色。**枝条**: 小枝纤细，平滑。**冬芽**: 顶芽卵形。**叶**: 叶互生，革质，披针形至椭圆形，先端尖，背面被黄褐色柔毛，边缘内卷。**花**: 伞形花序腋生，花 5~8 朵；总苞片 4；花被片 6，卵形，黄色；雄花雄蕊 9，三轮，退化雌蕊存在；雌花退化雄蕊 9，条形，三轮，子房椭圆形，柱头盾形。**果实及种子**: 核果卵形，长约 1cm，熟时红色。**花果期**: 花期 3~4 月，果期 9~10 月。**分布**: 产中国陕西、甘肃、湖南、湖北、江西、浙江、福建、台湾、广东、广西、云南、贵州、四川。中南半岛也有分布。**生境**: 生于干燥砂质土壤、混生常绿阔叶林中，海拔 100~2400m。**用途**: 观赏。

特征要点 小枝纤细，平滑。叶互生，革质，先端尖，边缘内卷。伞形花序腋生，花 5~8 朵，黄色。核果卵形，熟时红色。

山胡椒 **Lindera glauca** (Siebold & Zucc.) Blume 樟科 Lauraceae 山胡椒属

生活型: 落叶灌木或小乔木。**高度**: 达 8m。**株形**: 卵形。**树皮**: 平滑，灰白色。**枝条**: 小枝纤细，褐色。**冬芽**: 冬芽红色。**叶**: 叶互生或近对生，近革质，宽椭圆形或倒卵形，背面苍白色，具灰色柔毛，具羽状脉。**花**: 伞形花序腋生，花 3~8 朵；雌雄异株；花被片 6，黄色；雄蕊 9，三轮，花药 2 室，都内向瓣裂，退化雌蕊存在；雌花子房椭圆形，柱头盾形。**果实及种子**: 核果球形，直径约 7mm，有香气。**花果期**: 花期 3~4 月，果期 7~8 月。**分布**: 产中国山东、河南、陕西、甘肃、山西、江苏、安徽、浙江、江西、福建、台湾、广东、广西、湖北、湖南、四川。朝鲜、日本、中南半岛也有分布。**生境**: 生于山坡、林缘、路旁，海拔 370~900m。**用途**: 种子榨油，观赏。

特征要点 小枝纤细，褐色。叶近革质，背面苍白色，具灰色柔毛，具羽状脉。伞形花序腋生，花 3~8 朵，黄色。核果球形，有香气。

黑壳楠 **Lindera megaphylla** Hemsl. 樟科 Lauraceae 山胡椒属

生活型: 常绿乔木。**高度**: 达 25m。**株形**: 宽卵形。**树皮**: 灰白色。**枝条**: 小枝粗壮，具灰白色皮孔。**叶**: 叶互生，革质，矩圆形，长 15~23cm，全缘，正面有光泽，背面带绿苍白色，具羽状脉，侧脉 15~21 对。**花**: 伞形花序腋生，花 9~16 朵，被茸毛；雌雄异株；苞片 4，早落；花被片 6；能育雄蕊 9，花药 2 室；子房卵形，花柱较长，柱头头状。**果实及种子**: 核果椭圆形至卵形，长约 1.8cm。**花果期**: 花期 3~4 月，果期 9~10 月。**分布**: 产中国陕西、甘肃、四川、重庆、云南、贵州、湖北、湖南、安徽、江西、福建、广东、广西。**生境**: 生于山坡、谷地湿润常绿阔叶林、灌丛中，海拔 1600~2000m。**用途**: 种子榨油，木材，观赏。

特征要点 叶互生，革质，矩圆形，全缘，背面带绿苍白色，羽状脉。伞形花序腋生；雌雄异株；花被片 6；能育雄蕊 9。核果椭圆形至卵形。

三桠乌药 **Lindera obtusiloba** Blume 樟科 Lauraceae 山胡椒属

生活型: 落叶灌木或小乔木。**高度**: 3~10m。**株形**: 宽卵形。**树皮**: 灰色，块状剥落。**枝条**: 小枝纤细，绿色。**叶**: 叶互生，纸质，卵形，全缘或上部 3 裂，背面密生棕黄色绢毛，有三出脉。**花**: 伞形花序腋生，总梗极短；雌雄异株；苞片花后脱落；花黄色，于叶前开花；花被片 6；能育雄蕊 9，花药 2 室，皆内向瓣裂；花梗长 3~4mm，有绢毛。**果实及种子**: 核果球形，直径 7~8mm，熟时红色。**花果期**: 花期 3~4 月，果期 8~9 月。**分布**: 产中国辽宁、山东、安徽、江苏、河南、陕西、甘肃、浙江、江西、福建、湖南、湖北、四川、西藏。朝鲜、日本也有分布。**生境**: 生于山谷、密林灌丛中，海拔 20~3000m。**用途**: 种子榨油，木材，观赏。

特征要点 小枝纤细，绿色。叶互生，纸质，全缘或上部 3 裂，有三出脉。伞形花序腋生；花黄色。核果球形，熟时红色。

新木姜子 **Neolitsea aurata** (Hayata) Koidz. 樟科 Lauraceae 新木姜子属

生活型: 常绿乔木。**高度**: 达 14m。**株形**: 宽卵形。**树皮**: 灰褐色。**枝条**: 小枝红褐色，有锈色短柔毛。**冬芽**: 顶芽圆锥形。**叶**: 叶互生或聚生枝顶呈轮生状，长圆形，革质，背面密被金黄色绢毛，离基三出脉，侧脉每边 3~4 条。**花**: 雌雄异株；伞形花序 3~5 个簇生于枝顶或节间；每一花序有花 5 朵；花被裂片 4；雄花能育雄蕊 6，三轮；雌花退化雄蕊 6，棍棒状，子房上位，柱头盾状。**果实及种子**: 核果椭圆形，长 8mm；果托浅盘状。**花果期**: 花期 2~3 月，果期 9~10 月。**分布**: 产中国台湾、福建、江苏、江西、湖南、湖北、广东、广西、四川、贵州、云南。日本也有分布。**生境**: 生于山坡林缘、杂木林中，海拔 500~1700m。**用途**: 观赏。

特征要点 叶互生或聚生枝顶呈轮生状，长圆形，革质，背面密被金黄色绢毛，离基三出脉。伞形花序。核果椭圆形；果托浅盘状，果梗先端略增粗。

鸭公树 **Neolitsea chui** Merr. 樟科 Lauraceae 新木姜子属

生活型：常绿乔木。**高度**：8~18m。**株形**：长卵形。**树皮**：不裂，灰青色或灰褐色。**枝条**：小枝绿黄色，无毛。**冬芽**：顶芽卵圆形。**叶**：叶互生或聚生枝顶呈轮生状，椭圆形，先端渐尖，基部尖锐，革质，正面有光泽，背面粉绿色，离基三出脉，侧脉每边 3~5 条；叶柄长 2~4cm。**花**：伞形花序腋生或侧生，多个密集；总梗极短或无；苞片 4，宽卵形；花 5~6 朵；花被裂片 4，被柔毛；雄花能育雄蕊 6，雌花子房卵形，无毛。**果实及种子**：核果椭圆形或近球形，长约 1cm；果梗长约 7mm。**花果期**：花期 9~10 月，果期 12 月。**分布**：产中国广东、广西、湖南、江西、福建、云南。**生境**：生于山谷或丘陵地的疏林中，海拔 500~1400m。**用途**：榨油。

特征要点 树皮不裂，灰青色或灰褐色。小枝绿黄色，无毛。叶互生或聚生枝顶呈轮生状。

云南肉豆蔻 **Myristica yunnanensis** Y. H. Li
肉豆蔻科 Myristicaceae 肉豆蔻属

生活型：常绿乔木。**高度**：15~30m。**株形**：狭卵形。**树皮**：灰褐色。**枝条**：小枝密被锈色微柔毛。**叶**：叶互生，坚纸质，长圆状披针形，长 30~38cm，全缘，背面锈褐色，密被锈色树枝状毛，侧脉 20 对以上。**花**：雄花序腋生，假伞形排列，长 2.5~4cm，密被锈色茸毛；雄花壶形；花被裂片 3，暗紫色；小苞片卵状椭圆形；雄蕊 7~10，合生成柱状；子房一室。**果实及种子**：果序腋生，果 1~2 个；果椭圆形，长 4.5~5cm，果皮厚，假种皮成熟时深红色，撕裂成条裂状；种子卵状椭圆形。**花果期**：花期 9~12 月，果期翌年 3~6 月。**分布**：产中国云南。**生境**：生于山坡或沟谷斜坡的密林中，海拔 540~600m。**用途**：果调料用，观赏。

特征要点 叶坚纸质，长圆状披针形，全缘，背面被锈褐色毛。雄花序腋生，雄花壶形；花被裂片 3，暗紫色。果椭圆形，假种皮成熟时深红色，撕裂至基部或成条裂状。

马桑 **Coriaria nepalensis** Wall. 马桑科 Coriariaceae 马桑属

生活型：常绿灌木。**高度**：1.5~2.5m。**株形**：卵形。**茎皮**：灰白色，纵裂。**枝条**：小枝四棱形。**冬芽**：芽鳞膜质。**叶**：叶对生，椭圆形，全缘，两面无毛，基生三出脉，弧形；叶柄基部具垫状突起物。**花**：花单性，5基数，排成总状花序；雄花序先叶开放，萼片卵形，花瓣极小，雄蕊10；雌花序与叶同出，带紫色，花瓣肉质，龙骨状，心皮5，柱头紫红色。**果实及种子**：浆果状瘦果球形，果期花瓣肉质增大包于果外，成熟时由红色变紫黑色，直径4~6mm，种子卵状长圆形。**花果期**：花期5~6月，果期8~10月。**分布**：产中国云南、贵州、四川、湖北、陕西、甘肃、西藏。印度、尼泊尔也有分布。**生境**：生于灌丛中，海拔400~3200m。**用途**：观赏，有毒。

特征要点 小枝四棱形。叶对生，全缘，基生三出脉。总状花序，下垂；花小，5基数。浆果状瘦果球形，果期花瓣肉质增大包于果外，成熟时由红色变紫黑色。

五桠果 **Dillenia indica** L. 五桠果科 Dilleniaceae 五桠果属

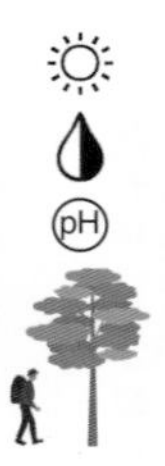

生活型：常绿乔木。**高度**：达25m。**株形**：宽卵形。**树皮**：红褐色，大块薄片状脱落。**枝条**：小枝粗壮，有柔毛。**叶**：叶互生，薄革质，矩圆形，先端圆，基部广楔形，边缘具明显锯齿，齿尖锐利，侧脉25~56对。**花**：花单生于枝顶叶腋，直径12~20cm；萼片5，肥厚肉质，近圆形；花瓣白色；雄蕊极多数；心皮16~20，花柱线形，外弯。**果实及种子**：果实圆球形，直径10~15cm，不裂开，宿存萼片肥厚，稍增大；种子压扁，边缘有毛。**花果期**：花期4~5月，果期6~7月。**分布**：产中国云南。印度、斯里兰卡、中南半岛、马来西亚、印度尼西亚也有分布。**生境**：喜生于山谷溪旁水湿地带，海拔120~900m。**用途**：观赏。

特征要点 叶互生，薄革质，矩圆形，边缘具明显锐锯齿。花单生于枝顶叶腋；萼片5，肥厚肉质；花瓣白色；雄蕊多数。果实大，圆球形，不裂开，宿存萼片肥厚。

中华绣线菊 **Spiraea chinensis** Maxim. 蔷薇科 Rosaceae 绣线菊属

生活型：落叶灌木。**高度**：1.5~3m。**株形**：宽卵形。**茎皮**：褐色。**枝条**：小枝细瘦，红褐色。**冬芽**：冬芽卵形。**叶**：叶互生，菱状卵形至倒卵形，先端急尖或圆钝，基部宽楔形或圆形，边缘具缺刻状粗锯齿，正面被短柔毛，背面密被黄色茸毛。**花**：伞形花序具花 16~25；萼筒钟状；萼片 5；花瓣 5，近圆形，白色；雄蕊 22~25；花盘波状圆环形；子房具短柔毛。**果实及种子**：蓇葖果开张，被茸毛。**花果期**：花期 3~6 月，果期 6~10 月。**分布**：产中国内蒙古、河北、河南、陕西、湖北、湖南、安徽、江西、江苏、浙江、贵州、四川、云南、福建、广东、广西。**生境**：生于山坡灌木丛中、山谷溪边、田野路旁，海拔 500~2040m。**用途**：观赏。

特征要点 叶互生，菱状卵形至倒卵形，边缘具缺刻状粗锯齿，背面密被黄色茸毛。伞形花序具花 16~25；花瓣 5，白色。蓇葖果开张，被茸毛。

粉花绣线菊 **Spiraea japonica** L. f. 蔷薇科 Rosaceae 绣线菊属

生活型：落叶直立灌木。**高度**：达 1.5m。**株形**：宽卵形。**茎皮**：褐色。**枝条**：小枝细长，开展。**冬芽**：冬芽卵形。**叶**：叶互生，卵形至卵状椭圆形，先端尖，基部楔形，边缘具缺刻状重锯齿或单锯齿，背面通常沿叶脉有短柔毛。**花**：复伞房花序顶生，密被短柔毛；花直径 4~7mm；萼筒钟状；萼片 5，三角形；花瓣 5，卵形至圆形，粉红色；雄蕊 25~30；花盘圆环形，约有 10 个不整齐的裂片；子房近无毛。**果实及种子**：蓇葖果半开张，无毛。**花果期**：花期 6~7 月，果期 8~9 月。**分布**：原产朝鲜、日本。中国安徽、北京、辽宁、河北、河南、山西、山东、陕西、甘肃、四川、湖北、湖南、江西、福建、江苏、浙江、广东、广西、贵州、云南、海南、台湾栽培。**生境**：生于灌丛、河谷、荒地、林缘、林中、路边、山坡或庭园中，海拔 400~4000m。**用途**：观赏。

特征要点 叶互生，卵形至卵状椭圆形，边缘具缺刻状重锯齿或单锯齿。复伞房花序顶生；花瓣 5，粉红色。蓇葖果半开张，无毛。

野山楂 **Crataegus cuneata** Siebold & Zucc. 蔷薇科 Rosaceae 山楂属

生活型: 落叶灌木。**高度**: 达 1.5m。**株形**: 宽卵形。**茎皮**: 粗糙。**枝条**: 分枝密, 具细刺。**冬芽**: 冬芽三角状卵形。**叶**: 叶互生, 宽倒卵形至倒卵状长圆形, 基部楔形, 边缘有不规则重锯齿, 顶端有 3~7 浅裂片; 叶柄两侧有叶翼; 托叶大形, 镰刀状。**花**: 伞房花序; 苞片披针形; 萼筒钟状, 萼片 5, 先端尾状渐尖; 花瓣 5, 白色; 雄蕊 20, 花药红色; 花柱 4~5。**果实及种子**: 梨果近球形, 红色或黄色, 宿萼反折; 小核 4~5, 平滑。**花果期**: 花期 5~6 月, 果期 9~11 月。**分布**: 产中国河南、湖北、江西、湖南、安徽、江苏、浙江、云南、贵州、广东、广西、福建。日本也有分布。**生境**: 生于山谷、多石湿地、山地灌木丛中, 海拔 250~2000m。**用途**: 观赏。

特征要点 落叶灌木, 具刺。叶宽倒卵形至倒卵状长圆形, 基部楔形, 顶端有 3~7 浅裂片。果实直径 1~1.2cm, 红色或黄色; 小核 4~5。

山楂 **Crataegus pinnatifida** Bunge 蔷薇科 Rosaceae 山楂属

生活型: 落叶乔木。**高度**: 达 6m。**株形**: 卵形。**树皮**: 粗糙, 暗灰色, 块状分裂。**枝条**: 小枝紫褐色, 无毛。**冬芽**: 冬芽三角状卵形, 紫色。**叶**: 叶互生, 卵形, 通常有 3~5 对羽状深裂片, 裂片卵状披针形或带形, 先端短渐尖, 边缘具重锯齿。**花**: 伞房花序顶生, 被柔毛; 萼筒钟状, 萼片 5, 三角卵形; 花瓣 5, 倒卵形, 白色; 雄蕊 20, 花药粉红色; 花柱 3~5。**果实及种子**: 梨果近球形或梨形, 深红色, 有浅色斑点; 小核 3~5。**花果期**: 花期 5~6 月, 果期 9~10 月。**分布**: 产中国黑龙江、吉林、辽宁、内蒙古、河北、河南、山东、山西、陕西、江苏。朝鲜、俄罗斯也有分布。**生境**: 生于山坡林边或灌木丛中, 海拔 100~1500m。**用途**: 果食用, 观赏。

特征要点 小枝紫褐色, 常具刺。叶宽卵形, 常有 3~5 对羽状深裂片, 边缘具重锯齿; 托叶显著。伞房花序顶生; 花白色; 子房下位。梨果近球形或梨形, 深红色, 有浅色斑点; 小核 3~5。

火棘 **Pyracantha fortuneana** (Maxim.) H. L. Li 蔷薇科 Rosaceae 火棘属

生活型：常绿灌木。**高度**：达 3m。**株形**：宽卵形。**树皮**：暗灰色。**枝条**：小枝短，先端成刺状。**冬芽**：芽小。**叶**：叶互生或簇生，倒卵形或倒卵状长圆形，无毛，先端圆钝或微凹，基部楔形，边缘有钝锯齿。**花**：花集成复伞房花序，直径 3~4cm；花直径约 1cm；萼筒钟状，萼片 5，三角状卵形；花瓣 5，白色，近圆形；雄蕊 20，花药黄色；花柱 5，离生。**果实及种子**：梨果近球形，直径约 5mm，橘红色或深红色。**花果期**：花期 3~5 月，果期 8~11 月。**分布**：产中国陕西、河南、江苏、浙江、福建、湖北、湖南、广西、贵州、云南、四川、西藏。**生境**：生于山地、丘陵地、阳坡灌丛、草地及河沟路旁，海拔 500~2800m。**用途**：果食用，观赏。

特征要点 小枝先端成刺状。叶互生或簇生，倒卵形或倒卵状长圆形，边缘有钝锯齿。花集成复伞房花序；花白色。梨果近球形，橘红色或深红色。

中华石楠 **Pourthiaea arguta** (Wall. ex Lindl.) Decne.【Photinia beauverdiana Schneid.】蔷薇科 Rosaceae 落叶石楠属 / 石楠属

生活型：落叶灌木或小乔木。**高度**：3~10m。**株形**：宽卵形。**树皮**：灰白色，平滑。**枝条**：小枝无毛，紫褐色。**叶**：叶互生，薄纸质，长圆形至卵状披针形，边缘疏生具腺锯齿，背面中脉疏生柔毛，侧脉 9~14 对。**花**：复伞房花序，直径 5~7cm；花直径 5~7mm；萼筒杯状，萼片 5；花瓣 5，白色，先端圆钝，无毛；雄蕊 20；花柱 3，基部合生。**果实及种子**：梨果卵形，长 7~8mm，紫红色，无毛，微有疣点，先端有宿存萼片。**花果期**：花期 5 月，果期 7~8 月。**分布**：产中国陕西、河南、江苏、安徽、浙江、江西、湖南、湖北、四川、重庆、云南、贵州、广东、广西、福建、台湾。**生境**：生于山坡或山谷林下，海拔 1000~1700m。**用途**：观赏。

特征要点 叶薄纸质，长圆形至卵状披针形，边缘疏生具腺锯齿。复伞房花序，花多数；花瓣 5，白色；雄蕊 20；花柱 3，基部合生。梨果卵形，紫红色，先端有宿存萼片。

贵州石楠（椤木石楠） **Stranvaesia bodinieri** (H.Lév.) Long Y.Wang, W.B.Liao & W.Guo 【Photinia bodinieri H. Lév.; Photinia davidsoniae Rehder & E. H. Wilson】 蔷薇科 Rosaceae 红果树属 / 石楠属

生活型：常绿乔木。**高度**：6~15m。**株形**：宽卵形。**树皮**：暗褐色，薄片剥落。**枝条**：小枝紫褐色，短枝常有刺。**叶**：叶互生，革质，矩圆形或倒披针形，先端尖，基部楔形，边缘具带腺细锯齿而略反卷，幼时沿中脉有贴生柔毛。**花**：复伞房花序顶生，被短柔毛，花多数；花直径10~12mm；萼筒浅杯状，外面有疏生平贴短柔毛，萼片5，宽三角形；花瓣5，圆形，白色，近圆形；雄蕊20，较花瓣稍短；花柱2~3，合生。**果实及种子**：梨果球形或卵形，直径7~10mm，黄红色，无毛。**花果期**：花期4~5月，果期10月。**分布**：产中国安徽、福建、广东、广西、贵州、湖北、湖南、江苏、陕西、四川、云南、浙江。印度尼西亚和越南也有分布。**生境**：生于山坡上。**用途**：观赏。

特征要点 叶革质，矩圆形或倒披针形，边缘具带腺细锯齿。复伞房花序顶生，花多数；花瓣5，白色；雄蕊20；花柱2~3，合生。梨果球形或卵形，黄红色，无毛。

桃叶石楠 **Photinia prunifolia** (Hook. & Arn.) Lindl. 蔷薇科 Rosaceae 石楠属

生活型：常绿乔木。**高度**：10~20m。**株形**：卵形。**树皮**：平滑。**枝条**：小枝无毛，灰黑色，具黄褐色皮孔。**叶**：叶互生，革质，长圆形，边缘密生具腺细锯齿，正面光亮，背面满布黑色腺点，侧脉13~15对；叶柄具多数腺体。**花**：花密集成顶生复伞房花序，直径12~16cm；萼筒杯状；萼片三角形，先端渐尖；花瓣白色，倒卵形，先端圆钝；雄蕊20；花柱2~3，离生。**果实及种子**：梨果椭圆形，长7~9mm，红色，内有2~3种子。**花果期**：花期3~4月，果期10~11月。**分布**：产中国广东、广西、福建、浙江、江西、湖南、贵州、云南。日本及越南也有分布。**生境**：生于疏林中，海拔900~1100m。**用途**：观赏。

特征要点 叶柄和叶缘有显著的具腺细锯齿，叶片背面满布黑色腺点。

石楠 **Photinia serratifolia** (Desf.) Kalkman 蔷薇科 Rosaceae 石楠属

生活型: 常绿灌木或小乔木。**高度**: 4~6m。**株形**: 卵形。**树皮**: 褐色。**枝条**: 小枝褐灰色，无毛。**叶**: 叶互生，革质，长椭圆形，先端尾尖，边缘疏生带腺细锯齿，无毛。**花**: 复伞房花序顶生，无毛，直径 10~16cm；花直径 6~8mm；萼筒杯状，萼片 5；花瓣 5，白色，近圆形；雄蕊 20，花药带紫色；花柱 2 或 3，基部合生。**果实及种子**: 梨果球形，直径 5~6mm，红色或褐紫色。**花果期**: 花期 4~5 月，果期 10 月。**分布**: 产中国陕西、甘肃、河南、江苏、安徽、浙江、江西、湖南、湖北、福建、台湾、广东、广西、四川、云南、贵州。印度尼西亚、日本也有分布。**生境**: 生于杂木林中，海拔 1000~2500m。**用途**: 观赏。

特征要点 叶革质，长椭圆形，先端尾尖，边缘疏生带腺细锯齿。复伞房花序顶生；花白色。梨果球形，直径 5~6mm，红色或褐紫色。

枇杷 **Eriobotrya japonica** (Thunb.) Lindl. 蔷薇科 Rosaceae 枇杷属

生活型: 常绿小乔木。**高度**: 达 10m。**株形**: 卵形。**树皮**: 灰白色，平滑。**枝条**: 小枝粗壮，密被茸毛。**叶**: 叶互生，革质，披针形或至椭圆状长圆形，上部边缘有疏锯齿，背面密生灰棕色茸毛。**花**: 圆锥花序顶生，密生锈色茸毛；萼筒浅杯状，萼片 5；花瓣 5，白色，长圆形或卵形；雄蕊 20；花柱 5，离生，柱头头状，子房顶端有锈色柔毛。**果实及种子**: 梨果球形或长圆形，直径 2~5cm，黄色，外有锈色柔毛；种子 1~5，球形或扁球形，光亮。**花果期**: 花期 10~12 月，果期翌年 5~6 月。**分布**: 产中国黄河以南地区。日本、印度及东南亚也有分布。**生境**: 生于村边、山谷、山坡路边疏林中、山坡杂木林中，海拔 250~2300m。**用途**: 果食用，观赏。

特征要点 叶大，革质，披针形至椭圆状长圆形，具疏锯齿，背面密生灰棕色茸毛。圆锥花序顶生；花白色。梨果球形或长圆形，直径 2~5cm，种子 1~5，光亮。

水榆花楸 **Micromeles alnifolia** (Siebold & Zucc.) Koehne【Sorbus alnifolia (Siebold & Zucc.) K. Koch】蔷薇科 Rosaceae 水榆属 / 花楸属

生活型：落叶乔木。**高度**：达 20m。**株形**：宽卵形。**树皮**：灰色，平滑。**枝条**：小枝无毛，具灰白色皮孔。**冬芽**：冬芽卵形。**叶**：单叶互生，卵形至椭圆状卵形，边缘有不整齐的尖锐重锯齿，无毛，侧脉 6~10 对，直达叶边齿尖。**花**：复伞房花序较疏松；花直径 10~14mm；萼筒钟状；萼片 5，三角形；花瓣 5，白色；雄蕊 20；花柱 2，光滑无毛，短于雄蕊。**果实及种子**：梨果椭圆形或卵形，直径 7~10mm，红色或黄色，萼片脱落。**花果期**：花期 5 月，果期 8~9 月。**分布**：产中国黑龙江、吉林、辽宁、河北、北京、山东、山西、陕西、甘肃、四川、重庆、湖北、安徽、江苏、浙江、江西、福建、湖南、台湾地区。朝鲜、日本也有分布。**生境**：生于山坡、山沟、山顶混交林或灌木丛中，海拔 500~2300m。**用途**：观赏。

特征要点 冬芽卵形，无毛。单叶，卵形至椭圆状卵形，边缘有不整齐的尖锐重锯齿，无毛，侧脉直达叶边齿尖。复伞房花序较疏松；花白色。梨果椭圆形或卵形，萼片脱落。

美脉花楸 **Micromeles caloneura** Stapf【Sorbus caloneura (Stapf) Rehder】蔷薇科 Rosaceae 水榆属 / 花楸属

生活型：落叶乔木或灌木。**高度**：达 10m。**株形**：宽卵形。**树皮**：褐色，纵裂。**枝条**：小枝圆柱形，暗红褐色。**冬芽**：冬芽卵形。**叶**：单叶互生，叶片长椭圆形至长椭圆状倒卵形，边缘有圆钝锯齿，正面无毛，背面叶脉上有稀疏柔毛，侧脉 10~18 对。**花**：复伞房花序有多花，被柔毛；花梗长 5~8mm；花直径 6~10mm；萼筒钟状；萼片 5，三角状卵形；花瓣 5，宽卵形，白色；雄蕊 20；花柱 4~5，无毛。**果实及种子**：梨果球形，直径约 1cm，褐色，外被显著斑点，萼片脱落。**花果期**：花期 4 月，果期 8~10 月。**分布**：产中国湖北、湖南、四川、贵州、云南、广东、广西。越南也有分布。**生境**：普遍生于杂木林内、河谷地或山地，海拔 600~2100m。**用途**：观赏。

特征要点 单叶互生，边缘有圆钝锯齿，背面叶脉上有稀疏柔毛。复伞房花序；花瓣 5，白色。梨果球形，直径约 1cm，褐色，外被显著斑点，萼片脱落。

石灰花楸 **Micromeles folgneri** C. K. Schneid.【**Sorbus folgneri** (Schneid.) Rehder】蔷薇科 Rosaceae 水榆属 / 花楸属

生活型：落叶乔木。**高度**：达 10m。**株形**：宽卵形。**树皮**：灰色，平滑。**枝条**：小枝圆柱形，具少数皮孔。**冬芽**：冬芽卵形。**叶**：单叶互生，卵形至椭圆状卵形，边缘有锯齿或浅裂片，背面密被白色茸毛，侧脉常 8~15 对，直达叶边齿尖。**花**：复伞房花序具多花，被白色茸毛；花梗长 5~8mm；花直径 7~10mm；萼筒钟状；萼片 5，三角状卵形；花瓣 5，卵形，白色；雄蕊 18~20；花柱 2~3，有茸毛。**果实及种子**：梨果椭圆形，直径 6~7mm，红色，萼片脱落。**花果期**：花期 4~5 月，果期 7~8 月。**分布**：产中国陕西、甘肃、河南、湖北、湖南、江西、安徽、广东、广西、贵州、四川、云南。**生境**：生于山坡杂木林中，海拔 800~2000m。**用途**：观赏。

特征要点　冬芽卵形。单叶互生，卵形至椭圆状卵形，边缘有锯齿或浅裂片，背面密被白色茸毛。梨果椭圆形，直径 6~7mm，红色，萼片脱落。

湖北花楸 **Sorbus hupehensis** Schneid. 蔷薇科 Rosaceae 花楸属

生活型：落叶乔木。**高度**：5~10m。**株形**：宽卵形。**树皮**：灰色，平滑。**枝条**：小枝圆柱形，暗灰褐色。**冬芽**：冬芽长卵形。**叶**：奇数羽状复叶互生，小叶 4~8 对，披针形，长 3~5cm，边缘具尖锐锯齿，近基部为全缘，两面近无毛。**花**：复伞房花序具多花；花梗长 3~5mm；花直径 5~7mm；萼筒钟状；萼片 5，三角形；花瓣 5，卵形，白色；雄蕊 20；花柱 4~5，基部有灰白色柔毛。**果实及种子**：梨果球形，直径 5~8mm，白色，先端具宿存闭合萼片。**花果期**：花期 5~7 月，果期 8~9 月。**分布**：产中国湖北、江西、安徽、山东、四川、重庆、贵州、陕西、甘肃、青海、西藏。**生境**：普遍生于高山阴坡或山沟密林内，海拔 1500~3500m。**用途**：观赏。

特征要点　奇数羽状复叶互生，小叶 4~8 对，披针形，边缘具尖锐锯齿，两面近无毛。复伞房花序具多花；花瓣 5，白色。梨果球形，白色，先端具宿存闭合萼片。

白梨 **Pyrus bretschneideri** Rehder 蔷薇科 Rosaceae 梨属

生活型：落叶乔木。**高度**：5~8m。**株形**：宽卵形。**树皮**：黑色，纵裂。**枝条**：小枝粗壮，紫褐色。**冬芽**：冬芽卵形，暗紫色。**叶**：叶互生或簇生，卵形或椭圆状卵形，边缘有尖锐锯齿，齿尖有刺芒，两面幼时均有茸毛，老叶无毛。**花**：伞形总状花序，嫩时有茸毛；花直径2~3.5cm；萼片5，三角形，边缘有腺齿；花瓣5，卵形，白色；雄蕊20，花药紫色；花柱5或4，无毛。**果实及种子**：梨果卵形或近球形，直径2~2.5cm，黄色，有细密斑点，先端萼片脱落。**花果期**：花期4月，果期8~9月。**分布**：产中国河北、河南、山东、山西、陕西、甘肃、青海、新疆。**生境**：适宜生长在干旱寒冷的地区或山坡阳处，海拔100~2000m。**用途**：果食用，观赏。

特征要点 叶卵形或椭圆状卵形，边缘有尖锐锯齿，齿尖有刺芒。花直径2~3.5cm；花柱5或4。梨果卵形或近球形，直径2~2.5cm，黄色，先端萼片脱落。

豆梨 **Pyrus calleryana** Decne. 蔷薇科 Rosaceae 梨属

生活型：落叶乔木。**高度**：5~8m。**株形**：宽卵形。**树皮**：深褐色。**枝条**：小枝粗壮，圆柱形。**冬芽**：冬芽三角卵形。**叶**：叶互生或簇生，卵形，长4~8cm，先端渐尖，边缘有钝锯齿，两面无毛。**花**：伞形总状花序，无毛；花梗长1.5~3cm；花直径2~2.5cm；萼片5，披针形；花瓣5，卵形，白色；雄蕊20，稍短于花瓣；花柱2，稀3，基部无毛。**果实及种子**：梨果球形，直径约1cm，黑褐色，有斑点，萼片脱落。**花果期**：花期4月，果期8~9月。**分布**：产中国山东、河南、江苏、浙江、江西、安徽、湖北、湖南、福建、广东、广西、台湾。越南也有分布。**生境**：喜温暖潮湿气候，生于山坡、平原或山谷杂木林中，海拔80~1800m。**用途**：观赏。

特征要点 叶卵形，边缘有钝锯齿，无毛。伞形总状花序；花直径2~2.5cm；花瓣5，白色；花柱2，稀3。梨果球形，直径约1cm，黑褐色，有斑点，萼片脱落。

沙梨 **Pyrus pyrifolia** (Burm. f.) Nakai 蔷薇科 Rosaceae 梨属

生活型：落叶乔木。**高度**：7~15m。**株形**：宽卵形。**树皮**：黑褐色，纵裂。**枝条**：小枝嫩时具黄褐色长柔毛或茸毛。**冬芽**：冬芽长卵形，先端圆钝。**叶**：叶互生或簇生，卵状椭圆形，长7~12cm，先端长尖，边缘有刺芒锯齿，两面无毛。**花**：伞形总状花序；花直径2.5~3.5cm；萼片5，边缘有腺齿；花瓣5，卵形，白色；雄蕊20，约为花瓣之半；花柱5稀4，无毛。**果实及种子**：梨果近球形，浅褐色，有斑点，萼片脱落。**花果期**：花期4月，果期8月。**分布**：产中国安徽、江苏、浙江、江西、湖北、湖南、贵州、四川、云南、广东、广西、福建。**生境**：适宜生长在温暖而多雨的地区，海拔100~1400m。**用途**：果食用，观赏。

特征要点 叶卵状椭圆形或卵形，具刺芒锯齿，无毛。伞形总状花序；花直径2.5~3.5cm；花瓣5，白色；花柱5稀4。梨果近球形，浅褐色，有斑点，萼片脱落。

台湾林檎 **Docynia doumeri** (Bois) C. K. Schneid.【Malus doumeri (Bois) A. Chev.】蔷薇科 Rosaceae 多依属/苹果属

生活型：落叶乔木。**高度**：达15m。**株形**：宽卵形。**树皮**：暗绿色，平滑，枝具刺。**枝条**：小枝圆柱形，被长柔毛。**冬芽**：冬芽卵形。**叶**：叶互生，长椭卵形至卵状披针形，边缘具不整齐尖锐锯齿，嫩时两面有白色茸毛。**花**：花序近似伞形，有花4~5朵，有白色茸毛；花直径2.5~3cm；萼筒倒钟形，外面有茸毛；萼片5，卵状披针形；花瓣5，卵形，黄白色；雄蕊约30；花柱4~5。**果实及种子**：梨果球形，直径4~5.5cm，黄红色，宿萼有短筒，萼片反折。**花果期**：花期5月，果期8~9月。**分布**：产中国广东、广西、贵州、湖南、江西、台湾、云南、浙江。越南、老挝也有分布。**生境**：生于阔叶林中、山坡混交林中，海拔1000~2000m。**用途**：观赏。

特征要点 枝具刺。叶长椭卵形至卵状披针形，边缘具不整齐尖锐锯齿。花序近似伞形；花直径2.5~3cm，黄白色；花柱4~5。梨果大，黄红色，宿萼有短筒，萼片反折。

垂丝海棠 **Malus halliana** Koehne 蔷薇科 Rosaceae 苹果属

生活型：落叶乔木。**高度**：达 5m。**株形**：宽卵形。**树皮**：灰白色，平滑。**枝条**：小枝细弱，紫褐色。**冬芽**：冬芽卵形。**叶**：叶互生，卵形至长椭卵形，先端长渐尖，边缘具圆钝细锯齿，中脉有时具短柔毛，正面深绿色，有光泽并常带紫晕。**花**：伞房花序，具花 4~6 朵；花梗细弱，下垂，有稀疏柔毛，紫色；花直径 3~3.5cm；萼筒外面无毛，萼片 5，三角状卵形；花瓣常 5 数以上，倒卵形，粉红色；雄蕊 20~25；花柱 4~5。**果实及种子**：梨果梨形或倒卵形，直径 6~8mm，略带紫色，萼片脱落。**花果期**：花期 3~4 月，果期 9~10 月。**分布**：产中国江苏、浙江、安徽、陕西、四川、云南。**生境**：生于山坡丛林中或山溪边，海拔 50~1200m。**用途**：观赏。

特征要点 叶卵形至长椭卵形，边缘具圆钝细锯齿，正面有光泽并常带紫晕。伞房花序，花梗细弱，下垂，紫色；花大，粉红色；花柱 4~5。梨果略带紫色，萼片脱落。

湖北海棠 **Malus hupehensis** (Pamp.) Rehder 蔷薇科 Rosaceae 苹果属

生活型：落叶乔木。**高度**：达 8m。**株形**：宽卵形。**树皮**：暗褐色，平滑。**枝条**：小枝紫褐色。**冬芽**：冬芽卵形。**叶**：叶互生，卵形至卵状椭圆形，先端渐尖，边缘有细锐锯齿，嫩时具稀疏短柔毛，常呈紫红色。**花**：伞房花序，具花 4~6 朵；花直径 3.5~4cm；萼筒外面无毛，萼片 5，三角状卵形；花瓣 5，倒卵形，粉白色或近白色；雄蕊 20；花柱 3，稀 4。**果实及种子**：梨果椭圆形或近球形，直径约 1cm，黄绿色，萼片脱落。**花果期**：花期 4~5 月，果期 8~9 月。**分布**：产中国湖北、湖南、江西、江苏、浙江、安徽、福建、广东、甘肃、陕西、河南、山西、山东、四川、重庆、云南、贵州。**生境**：生于山坡或山谷丛林中，海拔 50~2900m。**用途**：观赏。

特征要点 叶卵形至卵状椭圆形，边缘有细锐锯齿，常呈紫红色。伞房花序；花直径 3.5~4cm，粉白色或近白色；花柱 3，稀 4。梨果黄绿色，萼片脱落。

苹果 **Malus domestica** (Suckow) Borkh.【Malus pumila Mill.】
蔷薇科 Rosaceae 苹果属

生活型：落叶乔木。**高度**：达 15m。**株形**：宽卵形。**树皮**：暗褐色，浅裂。**枝条**：小枝短粗，紫褐色。**冬芽**：冬芽卵形。**叶**：叶互生，椭圆形，先端急尖，边缘具有圆钝锯齿；叶柄粗壮，长约 1.5~3cm。**花**：伞房花序顶生，具花 3~7 朵，密被茸毛；花直径 3~4cm；萼筒外面密被茸毛，萼片 5，三角状披针形；花瓣 5，倒卵形，白色，含苞未放时带粉红色；雄蕊 20；花柱 5。**果实及种子**：梨果扁球形，直径在 2cm 以上，萼片宿存。**花果期**：花期 5 月，果期 7~10 月。**分布**：产中国辽宁、河北、山西、山东、陕西、甘肃、四川、云南、西藏。欧洲、亚洲也有分布。**生境**：适生于山坡梯田、旷野以及黄土丘陵等处，海拔 50~2500m。**用途**：果食用，观赏。

特征要点　叶椭圆形，先端急尖，边缘具有圆钝锯齿。伞房花序，花 3~7 朵，密被茸毛；花白色。梨果扁球形，直径在 2cm 以上，萼片宿存。

木瓜 **Pseudocydonia sinensis** (Dum. Cours.) C. K. Schneid.【Chaenomeles sinensis (Thouin) Koehne】蔷薇科 Rosaceae 木瓜属 / 木瓜海棠属

生活型：落叶灌木或小乔木。**高度**：达 5~10m。**株形**：宽卵形。**树皮**：光滑，薄片状脱落。**枝条**：小枝无刺，圆柱形，紫红色。**冬芽**：冬芽半圆形，紫褐色。**叶**：叶互生，椭圆形，边缘有刺芒状尖锐锯齿；叶柄微被柔毛，有腺齿；托叶膜质，卵状披针形。**花**：花单生叶腋，具短梗；花直径 2.5~3cm；萼筒钟状，萼片 5，边缘有腺齿，反折；花瓣 5，淡粉红色；雄蕊多数；花柱 3~5，被柔毛。**果实及种子**：梨果长椭圆形，熟时暗黄色，长 10~15cm，木质，味芳香，果梗短。**花果期**：花期 4 月，果期 9~10 月。**分布**：产中国山东、陕西、湖北、江西、安徽、江苏、浙江、广东、广西、贵州。**生境**：生于村边、山谷，海拔 190~1200m。**用途**：果食用，观赏。

特征要点　树皮光滑。小枝无刺。叶椭圆形，边缘有刺芒状尖锐锯齿；托叶膜质。花单生叶腋，淡粉红色。梨果长椭圆形，长 10~15cm，木质，味芳香。

皱皮木瓜（贴梗海棠） **Chaenomeles lagenaria** (Loisel.) Koidz.

【Chaenomeles speciosa (Sweet) Nakai】蔷薇科 Rosaceae 木瓜海棠属 / 木瓜属

生活型：落叶灌木。小枝常具刺。**高度**：达 2m。**株形**：宽卵形。**茎皮**：光滑，暗灰色。**枝条**：小枝无毛，褐色，皮孔显著。**冬芽**：冬芽三角状卵形，紫褐色。**叶**：叶互生，卵形至椭圆形，边缘具尖锐锯齿；托叶大形，草质，肾形或半圆形。**花**：花 3~5 朵簇生于老枝上，近无梗，先叶开放；花直径 3~5cm；萼筒钟状，萼片 5；花瓣 5，猩红色；雄蕊 45~50；花柱 5，柱头头状。**果实及种子**：梨果球形或卵球形，熟时黄色或带黄绿色，直径 4~6cm，味芳香。**花果期**：花期 3~5 月，果期 9~10 月。**分布**：产中国陕西、甘肃、四川、重庆、贵州、云南、广东。缅甸也有分布。**生境**：生于村边、路边、山坡、山坡灌丛、宅边，海拔 600~3300m。**用途**：果食用，观赏。

特征要点 小枝常具刺。叶卵形至椭圆形，边缘具尖锐锯齿；托叶大形，肾形或半圆形。花 3~5 朵簇生，近无梗；花冠猩红色。梨果球形或卵球形，直径 4~6cm。

月季花 **Rosa chinensis** Jacq. 蔷薇科 Rosaceae 蔷薇属

生活型：落叶直立灌木。**高度**：1~2m。**株形**：宽卵形。**茎皮**：黑褐色。**枝条**：小枝粗壮，具皮刺。**叶**：羽状复叶互生，小叶常 3~5，宽卵形至卵状长圆形，边缘有锐锯齿，两面近无毛；叶轴具散生皮刺和腺毛。**花**：花几朵集生，稀单生，直径 4~5cm；花梗长 2.5~6cm，近无毛；萼片 5，卵形，先端尾状渐尖，有时呈叶状，边缘常有羽状裂片；花瓣重瓣至半重瓣，红色、粉红色至白色；雄蕊多数；花柱离生。**果实及种子**：蔷薇果卵球形或梨形，长 1~2cm，红色，萼片脱落。**花果期**：花期 4~9 月，果期 6~11 月。**分布**：原产中国贵州、湖北、四川。中国各地栽培。世界各地广泛栽培。**生境**：生于丘陵向阳地、山谷边、山坡路边，海拔 400~3550m。**用途**：观赏。

特征要点 小枝无毛，具皮刺。羽状复叶，小叶常 3~5，近无毛。花大，几朵集生；花瓣重瓣至半重瓣，红色、粉红色至白色。蔷薇果卵球形或梨形。

野蔷薇 **Rosa multiflora** Thunb. 蔷薇科 Rosaceae 蔷薇属

生活型: 落叶攀缘灌木。**高度**: 2~5m。**株形**: 蔓生形。**茎皮**: 黑褐色。**枝条**: 小枝圆柱形，具弯曲皮刺。**叶**: 羽状复叶互生，小叶 5~9，倒卵形或长圆形，边缘有尖锐单锯齿，背面有柔毛；托叶篦齿状。**花**: 花多朵，排成圆锥状花序；花梗长 1.5~2.5cm；花直径 1.5~2cm；萼片 5，披针形；花瓣 5，白色；雄蕊多数；花柱结合成束。**果实及种子**: 蔷薇果近球形，直径 6~8mm，褐色，有光泽，无毛，萼片脱落。**花果期**: 花期 5~7 月，果期 10 月。**分布**: 产中国河北、河南、山东、安徽、浙江、甘肃、陕西、江西、湖北、湖南、广东、贵州、福建、台湾等地。日本、朝鲜也有分布。**生境**: 生于山坡或庭园中，海拔 200~2900m。**用途**: 观赏。

特征要点 小枝具弯曲皮刺。羽状复叶互生，小叶 5~9，边缘有尖锐单锯齿，背面有柔毛；托叶篦齿状。圆锥状花序具多花；花瓣 5，白色。蔷薇果近球形，褐色，无毛，萼片脱落。

粉团蔷薇 **Rosa multiflora** var. **cathayensis** Rehder & E. H. Wilson

蔷薇科 Rosaceae 蔷薇属

生活型: 落叶攀缘灌木。**高度**: 2~5m。**株形**: 蔓生形。**茎皮**: 黑褐色。**枝条**: 小枝圆柱形，具弯曲皮刺。**叶**: 羽状复叶互生，小叶 5~9，倒卵形或长圆形，边缘有尖锐单锯齿，背面有柔毛；托叶篦齿状。**花**: 花多朵，排成圆锥状花序；花梗长 1.5~2.5cm；花直径 1.5~2cm；萼片 5，披针形；花瓣 5，白色；雄蕊多数；花柱结合成束。**果实及种子**: 蔷薇果近球形，直径 6~8mm，褐色，有光泽，无毛，萼片脱落。**花果期**: 花期 5~7 月，果期 10 月。**分布**: 在中国北方园林栽培应用较多。**生境**: 生于庭园中。**用途**: 观赏。

特征要点 小枝具弯曲皮刺。羽状复叶互生，小叶 5~9，边缘有尖锐单锯齿，背面有柔毛；托叶篦齿状。圆锥状花序具多花；花单瓣，粉红色。蔷薇果近球形，褐色，无毛，萼片脱落。

高粱藨 **Rubus lambertianus** Ser. 蔷薇科 Rosaceae 悬钩子属

生活型: 半常绿藤状灌木。**高度**: 达 3m。**株形**: 蔓生形。**茎皮**: 灰白色。**枝条**: 小枝具微弯小皮刺。**叶**: 单叶互生，宽卵形，被疏柔毛，中脉上常疏生小皮刺，边缘明显 3~5 裂或呈波状，有细锯齿。**花**: 圆锥花序顶生，被柔毛；萼片 5，被白色短柔毛；花瓣 5，倒卵形，白色；雄蕊多数；雌蕊 15~20，无毛。**果实及种子**: 聚合果近球形，直径 6~8mm，红色，无毛。**花果期**: 花期 7~8 月，果期 9~11 月。**分布**: 产中国河南、湖北、湖南、江西、江苏、浙江、福建、台湾、广东、广西、云南、四川、贵州。俄罗斯远东地区、日本也有分布。**生境**: 生于低海拔山坡、山谷、路旁灌木丛中阴湿处、林缘、草坪，海拔 100~2500m。**用途**: 果食用，观赏。

特征要点 小枝具微弯小皮刺。单叶互生，宽卵形，被疏柔毛，边缘明显 3~5 裂或呈波状。圆锥花序顶生；花白色。聚合果近球形，红色，无毛。

桃 **Amygdalus persica** L.【Prunus persica (L.) Batsch】
蔷薇科 Rosaceae 桃属 / 李属

生活型: 落叶小乔木。**高度**: 3~8m。**株形**: 宽卵形。**树皮**: 平滑，具环纹，暗红褐色。**枝条**: 小枝细长，无毛。**冬芽**: 冬芽圆锥形，被毛。**叶**: 叶互生，具柄，披针形，先端渐尖，基部宽楔形，背面稍具少数短柔毛或无毛，叶边具锯齿。**花**: 花单生，先叶开放，花梗极短；萼筒钟形，裂片卵形；花瓣粉红色；雄蕊 20~30，花药绯红色；心皮 1，被短柔毛。**果实及种子**: 核果变异大，直径 3~12cm，向阳面常具红晕，腹缝明显；果肉多汁有香味；核大，两侧扁平，顶端渐尖，表面具纵、横沟纹和孔穴。**花果期**: 花期 3~4 月，果期 8~9 月。**分布**: 原产中国。中国各地广泛栽培。世界各地也有栽培。**生境**: 生于果园或庭园中，海拔 200~2500m。**用途**: 果食用，观赏。

特征要点 叶披针形，有锯齿。花单生，先叶开放；花粉红色。核果变异大，直径 3~12cm，果肉多汁可食；核大，两侧扁平，表面具沟纹和孔穴。

梅 **Armeniaca mume** Siebold【Prunus mume (Siebold) Siebold & Zucc.】

蔷薇科 Rosaceae 杏属 / 李属

生活型：落叶小乔木。**高度**：4~10m。**株形**：宽卵形。**树皮**：平滑，浅灰色或带绿色。**枝条**：小枝绿色，无毛。**叶**：叶互生，卵形或椭圆形，先端尾尖，基部宽楔形至圆形，边缘常具小锐锯齿。**花**：花单生或 2 朵簇生，先叶开放，直径 2~2.5cm，香味浓；萼筒宽钟形，红褐色，裂片卵圆形；花瓣倒卵形，白色至粉红色；雄蕊多数；心皮 1，密被柔毛。**果实及种子**：核果近球形，直径 2~3cm，黄色或绿白色，被柔毛；果肉味酸，与核黏贴；核椭圆形，具蜂窝状孔穴。**花果期**：花期 3~4 月，果期 5~6 月。**分布**：原产中国西南地区（云南、四川）。中国各地有栽培，以长江以南为多。朝鲜、日本也有分布。**生境**：生于果园或庭园中，海拔 550~3000m。**用途**：果食用，观赏。

特征要点 小枝绿色。叶卵形或椭圆形，先端尾尖。花先叶开放，香味浓；花白色至粉红色。核果近球形；果肉味酸，与核黏贴；核椭圆形，有沟，具蜂窝状孔穴。

杏 **Armeniaca vulgaris** Lam.【Prunus armeniaca L.】

蔷薇科 Rosaceae 杏属 / 李属

生活型：落叶乔木。**高度**：5~8m。**株形**：宽卵形。**树皮**：灰褐色，纵裂。**枝条**：小枝浅红褐色，无毛。**叶**：叶互生，宽卵形，先端尖，基部圆形至近心形，叶边有圆钝锯齿。**花**：花单生，先叶开放，直径 2~3cm；花梗短；萼筒圆筒形，裂片卵形至圆形，花后反折；花瓣圆形至倒卵形，白色或带红色；雄蕊多数；心皮 1，密被柔毛。**果实及种子**：核果球形，直径约 2.5cm 以上，常具红晕，微被短柔毛；果肉多汁，不开裂；核卵形或椭圆形，两侧扁平，表面稍粗糙或平滑。**花果期**：花期 3~4 月，果期 6~7 月。**分布**：产中国北部地区。世界各地也有分布。**生境**：与野苹果林混生，海拔 900~3000m。**用途**：果食用，观赏。

特征要点 叶宽卵形，先端尖，叶边有圆钝锯齿。核果球形，直径约 2.5cm 以上；果肉多汁，不开裂；核卵形或椭圆形，两侧扁平，基部对称，表面稍粗糙或平滑。

李 **Prunus salicina** Lindl. 蔷薇科 Rosaceae 李属

生活型：落叶乔木。**高度**：9~12m。**株形**：宽卵形。**树皮**：灰褐色。**枝条**：小枝无毛。**冬芽**：冬芽卵圆形，紫红色。**叶**：叶互生，长圆状倒卵形，边缘有圆钝重锯齿，无毛；叶柄顶端有 2 个腺体或无。**花**：花通常 3 朵并生，具梗；萼筒钟状，萼片 5，长圆卵形，无毛；花瓣 5，白色，带紫色脉纹；雄蕊多数；心皮 1，无毛。**果实及种子**：核果球形至近圆锥形，直径 3.5~5cm，外被蜡粉；核卵圆形或长圆形，有皱纹。**花果期**：花期 4 月，果期 7~8 月。**分布**：产中国陕西、甘肃、四川、重庆、云南、贵州、湖南、湖北、江苏、浙江、江西、福建、广东、广西、台湾。世界各地也有分布。**生境**：生于山坡灌丛中、山谷疏林中，海拔 400~2600m。**用途**：果食用，观赏。

特征要点 叶长圆状倒卵形或长椭圆形，边缘有圆钝重锯齿。花通常 3 朵并生，有梗；花白色。核果球形至近圆锥形，外被蜡粉；核卵圆形或长圆形，有皱纹。

樱桃 **Cerasus pseudocerasus** (Lindl.) Anon.【Prunus pseudocerasus Lindl.】 蔷薇科 Rosaceae 樱属 / 李属

生活型：落叶乔木。**高度**：2~6m。**株形**：宽卵形。**树皮**：灰白色。**枝条**：小枝灰褐色，无毛。**冬芽**：冬芽卵形，无毛。**叶**：叶互生，卵形或长圆状卵形，边有尖锐重锯齿，齿端有小腺体；叶柄先端有 1 或 2 个大腺体；托叶具羽裂腺齿。**花**：伞房状或近伞形花序簇生，有花 3~6 朵，先叶开放；萼筒钟状，萼片 5，三角状卵圆形；花瓣 5，白色，卵圆形，先端下凹；雄蕊 30~35；花柱与雄蕊近等长，无毛。**果实及种子**：核果近球形，熟时红色，直径 0.9~1.3cm；核表面光滑。**花果期**：花期 3~4 月，果期 5~6 月。**分布**：产中国辽宁、河北、陕西、甘肃、山东、河南、江苏、浙江、江西、四川、云南、贵州、湖南、湖北。**生境**：生于山坡阳处、沟边，海拔 300~600m。**用途**：果食用，观赏。

特征要点 卵形或长圆状卵形，边有尖锐重锯齿；叶柄先端有 1 或 2 个大腺体；托叶具羽裂腺齿。伞房状或近伞形花序簇生；花白色。核果显著具梗，近球形，熟时红色；核表面光滑。

山樱花 **Cerasus serrulata** (Lindl.) Loudon 【*Prunus serrulata* Lindl.】
蔷薇科 Rosaceae 樱属 / 李属

生活型：落叶乔木。**高度**：3~8m。**株形**：宽卵形。**树皮**：灰褐色或灰黑色。**枝条**：小枝灰白色，无毛。**冬芽**：冬芽卵圆形，无毛。**叶**：叶互生，椭圆形，边有渐尖单锯齿及重锯齿，齿尖有小腺体；叶柄先端有 1~3 个圆形腺体；托叶线形，边有腺齿。**花**：伞房总状或近伞形花序腋生，有花 2~3 朵；总苞片褐红色；萼筒管状，萼片 5，三角状披针形，边全缘；花瓣 5，白色，稀粉红色，倒卵形，先端下凹；雄蕊约 38；花柱无毛。**果实及种子**：核果球形或卵球形，熟时紫黑色，直径 8~10mm；核表面光滑。**花果期**：花期 4~5 月，果期 6~7 月。**分布**：原产日本。中国各地栽培。**生境**：生于庭园中。**用途**：观赏。

特征要点 叶椭圆形，边有渐尖单锯齿及重锯齿；叶柄先端有 1~3 个圆形腺体；托叶线形，边有腺齿。伞房总状腋生；花瓣 5，白色，稀粉红色。核果球形或卵球形，熟时紫黑色。

日本晚樱 **Cerasus × lannesiana** Carrière 【*Prunus serrulata* var. *lannesiana* (Carrière) Makino】 蔷薇科 Rosaceae 樱属 / 李属

生活型：落叶乔木。**高度**：达 10m。**株形**：宽卵形。**树皮**：灰褐色，皮孔显著。**枝条**：小枝粗壮，淡褐色，光滑。**叶**：叶互生，卵状椭圆形，边缘具重锯齿，齿尖有长芒，无毛；叶柄先端具腺体；托叶线形，边有腺齿，早落。**花**：伞房总状或近伞形花序腋生，有花 2~3 朵；总苞片褐红色；萼筒管状，萼片 5，三角状披针形，边全缘；花瓣 5，白色，稀粉红色，倒卵形，先端下凹；雄蕊约 38 枚；花柱无毛。**果实及种子**：核果球形或卵球形，熟时紫黑色，直径 8~10mm；核表面光滑。**花果期**：花期 4~5 月，果期 6~7 月。**分布**：原产日本。中国各地栽培。**生境**：生于庭园中。**用途**：观赏。

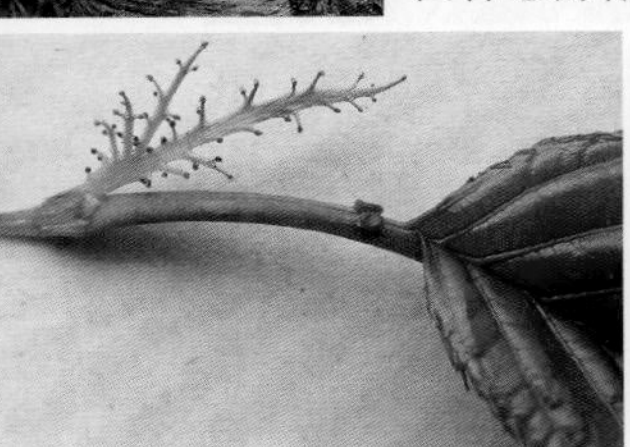

特征要点 花期较晚，花粉红色，常重瓣。

东京樱花 **Cerasus × yedoensis** (Matsum.) A. N. Vassiljeva 【Prunus × yedoensis Matsum.】 蔷薇科 Rosaceae 樱属 / 李属

生活型：落叶乔木。**高度**：4~16m。**株形**：宽卵形。**树皮**：灰褐色，皮孔明显。**枝条**：小枝紫褐色或灰褐色。**冬芽**：冬芽卵形。**叶**：叶互生，椭圆状卵形或倒卵形，边有尖锐重锯齿，齿端有小腺体；叶柄密被柔毛；托叶具羽裂腺齿。**花**：伞形总状花序腋生，有花 3~4 朵，先叶开放；花直径 3~3.5cm；总苞片褐色；萼筒管状，萼片 5，三角状长卵形，边有腺齿；花瓣 5，白色或粉红色，椭圆状卵形，先端下凹；雄蕊约 32；花柱基部有疏柔毛。**果实及种子**：核果近球形，熟时黑色，直径 0.7~1cm；核表面略具棱纹。**花果期**：花期 4 月，果期 5 月。**分布**：原产日本。中国陕西、山东、江苏、江西等地栽培。**生境**：生于庭园中。**用途**：观赏。

特征要点 叶椭圆状卵形或倒卵形，边有尖锐重锯齿；托叶具羽裂腺齿。伞形总状花序腋生，花 3~4 朵，白色或粉红色。核果近球形，熟时黑色；核表面略具棱纹。

橉木 **Padus buergeriana** (Miq.) T. T. Yü & T. C. Ku 【Prunus buergeriana Miq.】 蔷薇科 Rosaceae 稠李属 / 李属

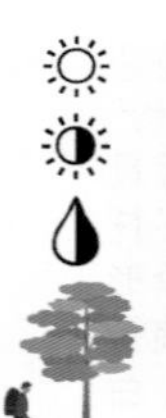

生活型：落叶乔木。**高度**：6~12m。**株形**：长卵形。**树皮**：黑褐色。**枝条**：小枝褐色，无毛。**冬芽**：冬芽卵圆形。**叶**：叶互生，椭圆形，先端尾状渐尖，边缘有贴生锐锯齿，无毛；叶柄无腺体；托叶线形，早落。**花**：总状花序长 6~9cm，花常 20~30 朵，基部无叶；萼筒钟状，萼片三角状卵形；花瓣白色；雄蕊 10；花盘圆盘形，紫红色；心皮 1。**果实及种子**：核果近球形，黑褐色，无毛；萼片宿存。**花果期**：花期 4~5 月，果期 5~10 月。**分布**：产中国甘肃、陕西、河南、安徽、江苏、浙江、江西、广西、湖南、湖北、四川、重庆、贵州等地。日本和朝鲜也有分布。**生境**：生于高山密林、山坡疏林、山谷斜坡，海拔 1000~2800m。**用途**：观赏。

特征要点 叶椭圆形，两面无毛；叶柄无腺体。总状花序长 6~9cm，基部无叶；雄蕊 10；花盘圆盘形，紫红色；心皮 1。果时萼片宿存。

灰叶稠李 **Padus grayana** (Maxim.) Schneid.【**Prunus grayana** Maxim.】

蔷薇科 Rosaceae 稠李属 / 李属

生活型：落叶小乔木。**高度**：8~10m。**株形**：宽卵形。**树皮**：灰白色，纵裂。**枝条**：小枝红褐色，被短茸毛。**冬芽**：冬芽卵圆形。**叶**：叶互生，灰绿色，卵状长圆形或长圆形，先端长渐尖，基部圆形，边缘具锯齿，两面无毛；叶柄无腺体。**花**：总状花序具多花，长 8~10cm；萼筒钟状，萼片 5；花瓣 5，白色；雄蕊 20~32，长花丝比花瓣稍长，花盘圆盘状；雌蕊 1，花柱长。**果实及种子**：核果卵球形，直径 5~6mm，黑褐色，光滑；核光滑。**花果期**：花期 4~5 月，果期 9~10 月。**分布**：产中国云南、四川、重庆、贵州、湖南、湖北、江西、浙江、福建、广西。日本也有分布。**生境**：生于山谷杂木林中、山坡半阴处、路旁，海拔 1000~3725m。**用途**：观赏。

特征要点 叶灰绿色，长圆形，边缘具锯齿，无毛；叶柄无腺体。总状花序；花瓣 5，白色，长圆倒卵形。核果卵球形，黑褐色，光滑；核光滑。

大叶桂樱 **Laurocerasus zippeliana** (Miq.) Browicz 蔷薇科 Rosaceae 桂樱属

生活型：常绿乔木。**高度**：10~25m。**株形**：宽卵形。**树皮**：暗褐色。**枝条**：小枝褐色，小皮孔明显。**叶**：叶互生，革质，宽卵形至宽长圆形，边缘具粗腺锯齿，两面无毛，侧脉明显，7~13 对。**花**：总状花序腋生，被短柔毛；萼筒钟形，萼片 5，卵状三角状形；花瓣 5，近圆形，白色；雄蕊 20~25；子房无毛，花柱几与雄蕊等长。**果实及种子**：核果长圆形，熟时黑褐色，无毛，顶端尖；核壁表面稍具网纹。**果实及种子**：核果长圆形，长 18~24mm，熟时黑褐色，无毛，顶端尖；核壁表面稍具网纹。**花果期**：花期 7~10 月，果期冬季。**分布**：产中国甘肃、陕西、湖北、湖南、江西、浙江、福建、台湾、广东、广西、贵州、四川、云南。日本、越南也有分布。**生境**：生于石灰岩、山地阳山坡、杂木林中、山坡混交林下，海拔 600~2400m。**用途**：观赏。

特征要点 叶互生，革质，宽卵形至宽长圆形，具粗腺锯齿，无毛。总状花序；萼筒钟形，萼片 5；花瓣 5，白色；雄蕊 20~25。核果长圆形，顶端尖；核壁表面稍具网纹。

山蜡梅 **Chimonanthus nitens** Oliv. 蜡梅科 Calycanthaceae 蜡梅属

生活型：常绿灌木。**高度**：1~3m。**株形**：宽卵形。**茎皮**：暗褐色。**枝条**：小枝四方形，被微毛。**叶**：叶对生，纸质至近革质，椭圆形至卵状披针形，两端尖，全缘，两面无毛，网脉不明显。**花**：花小，直径 7~10mm，黄色或黄白色；花被片多数，圆形、卵状披针形或长圆形；雄蕊 5~6，长 2mm，具退化雄蕊；心皮多数，离生，长 2mm，基部被疏硬毛。**果实及种子**：果托坛状，长 2~5cm，口部收缩，成熟时灰褐色，被短茸毛，内藏聚合瘦果。**花果期**：花期 10 至翌年 1 月，果期翌年 4~7 月。**分布**：产中国安徽、浙江、江苏、江西、福建、湖北、湖南、广西、云南、贵州、陕西等。**生境**：生于山地疏林中或石灰岩山地，海拔 300~2900m。**用途**：观赏。

特征要点 叶对生，纸质至近革质，两端尖，全缘，无毛。花小，直径 7~10mm，黄色或黄白色；花被片多数。果托坛状，口部收缩，被短茸毛，内藏聚合瘦果。

蜡梅 **Chimonanthus praecox** (L.) Link 蜡梅科 Calycanthaceae 蜡梅属

生活型：落叶灌木。**高度**：2~5m。**株形**：宽卵形。**茎皮**：灰白色，皮孔显著。**枝条**：小枝灰褐色，无毛。**叶**：叶对生，薄革质，长椭圆形，全缘。**花**：花先叶开放，芳香，直径 2~4cm，黄色；花被片多数，圆形、倒卵形至匙形；雄蕊 5~6，长 4mm，具退化雄蕊；心皮多数，离生，花柱长达子房 3 倍。**果实及种子**：果托坛状，长 2~5cm，口部收缩，被毛。**花果期**：花期 11 至翌年 3 月，果期翌年 4~11 月。**分布**：产中国山东、江苏、安徽、浙江、福建、江西、湖南、湖北、河南、陕西、四川、重庆、贵州、云南等。日本、朝鲜、欧洲、美洲也有分布。**生境**：生于山地林中，海拔 300~700m。**用途**：观赏。

特征要点 落叶灌木；枝条上密生皮孔。单叶对生，薄革质，长椭圆形，全缘，具芳香。花两性，单生腋生，花被片蜡质，黄色，有香气。聚合瘦果，生于坛状果托内。

柳叶蜡梅 **Chimonanthus salicifolius** S. Y. Hu 蜡梅科 Calycanthaceae 蜡梅属

生活型：落叶灌木。**高度**：3~5m。**株形**：卵形。**茎皮**：灰色。**枝条**：小枝四方形，被微毛。**叶**：叶对生，近革质，线状披针形或长圆状披针形，两端钝至渐尖，叶面粗糙，无毛，叶背浅绿色，被短柔毛及短硬毛。**花**：花单朵腋生，小，有短梗；花被片、雄蕊和心皮与山蜡梅特征相同。**花果期**：花期8~10月，果期翌年5月。**分布**：产中国江西、安徽、浙江等地栽培。**生境**：生于山地林中。**用途**：观赏。

特征要点 叶近革质，线状披针形或长圆状披针形，两端钝至渐尖，叶面粗糙，无毛，叶背浅绿色，被短柔毛及短硬毛。

云实 **Biancaea decapetala** (Roth) O. Deg.【Caesalpinia decapetala (Roth) Alston】豆科/云实科 Fabaceae/Leguminosae/Caesalpiniaceae 云实属

生活型：木质藤本。**高度**：3~10m。**株形**：宽卵形。**茎皮**：暗红色，皮孔显著。**枝条**：小枝被柔毛和钩刺。**叶**：二回羽状复叶互生，羽片3~10对，对生，具柄，小叶八至十二对，膜质，长圆形，被短柔毛。**花**：总状花序顶生，直立，长15~30cm；总花梗多刺；花梗具关节；萼片5；花瓣5，黄色，膜质；雄蕊10；子房无毛。**果实及种子**：荚果长圆状舌形，无毛，熟时开裂。**花果期**：花期5月，果期8~10月。**分布**：产中国广东、广西、云南、四川、重庆、贵州、湖南、湖北、江西、福建、浙江、江苏、安徽、河南、河北、陕西、甘肃。亚洲热带、温带地区也有分布。**生境**：生于山坡灌丛中、平原、丘陵、河旁，海拔150~2100m。**用途**：观赏。

特征要点 木质藤本。小枝被柔毛和钩刺。二回羽状复叶互生。总状花序顶生，直立；萼片5；花瓣5，黄色；雄蕊10，离生。荚果长圆状舌形。

凤凰木 **Delonix regia** (Boj.) Raf.

豆科 / 云实科 Fabaceae/Leguminosae 凤凰木属

生活型：高大落叶乔木。**高度**：达 20m 以上。**株形**：宽卵形。**树皮**：粗糙，灰褐色。**枝条**：小枝常被短柔毛，皮孔明显。**叶**：二回偶数羽状复叶互生，叶柄基部膨大呈垫状，羽片对生，15~20 对，小叶 25 对，长圆形，全缘，两面被绢毛。**花**：伞房状总状花序顶生或腋生；花大而美丽，直径 7~10cm，鲜红至橙红色；萼片 5；花瓣 5，匙形，红色，具黄及白色花斑；雄蕊 10；子房黄色，被柔毛。**果实及种子**：荚果带状，扁平，长 30~60cm，熟时黑褐色；种子 20~40，横长圆形，平滑，坚硬。**花果期**：花期 6~7 月，果期 8~10 月。**分布**：原产马达加斯加。中国云南、广西、广东、福建、台湾栽培。**生境**：生于庭园或路边。**用途**：观赏。

特征要点 二回偶数羽状复叶互生，叶柄基部膨大呈垫状，小叶 25 对。伞房状总状花序；花大而美丽，鲜红至橙红色。荚果带状，扁平，熟时黑褐色；种子横长圆形，坚硬。

滇皂荚（猪牙皂） **Gleditsia japonica** var. **delavayi** (Franch.) L. C. Li

【Gleditsia delavayi Franch.】 豆科 / 云实科 Fabaceae/Leguminosae 皂荚属

生活型：落叶乔木。**高度**：5~10m。**株形**：长卵形。**树皮**：灰色，具分枝枝刺。**枝条**：小枝褐色。**叶**：叶特征同山皂荚。**花**：雌花长 7~8(9)mm。**果实及种子**：荚果长 30~54mm，宽 4.5~7cm，常旋转扭曲。**分布**：产中国云南、贵州。**生境**：生于山坡林中或路边村旁，海拔 1200~2500m。**用途**：观赏。

特征要点 荚果长 30~54mm，宽 4.5~7cm，常旋转扭曲。

皂荚 **Gleditsia sinensis** Lam. 豆科 / 云实科 Fabaceae/Leguminosae 皂荚属

生活型：落叶乔木。**高度**：达 30m。**株形**：宽卵形。**树皮**：灰褐色，平滑，具刺。**枝条**：小枝灰褐色，枝刺粗壮分枝。**叶**：偶数羽状复叶互生或簇生，小叶 3~9 对，纸质，卵状披针形至长圆形，边缘具细锯齿，稍被柔毛。**花**：穗状花序，被短柔毛；花杂性，黄白色；雄花花托钟状，萼片 4，花瓣 4，雄蕊 8；两性花子房发育，柱头浅二裂。**果实及种子**：荚果带状，常稍厚而鼓起，劲直，褐棕色，被粉霜；种子长圆形，光亮。**花果期**：花期 3~5 月，果期 5~12 月。**分布**：产中国华北、华东、华中、华南和西南地区。**生境**：生于山坡林中、谷地、路旁，海拔 650~2500m。**用途**：观赏。

特征要点 枝刺粗壮分枝。偶数羽状复叶，小叶卵状披针形至长圆形，边缘具细锯齿。穗状花序；花杂性，黄白色。荚果带状，常稍厚而鼓起，长 12~37cm，劲直。

肥皂荚 **Gymnocladus chinensis** Baill.

豆科 / 云实科 Fabaceae/Leguminosae 肥皂荚属

生活型：落叶乔木。**高度**：达 5~12m。**株形**：宽卵形。**树皮**：灰褐色，白色皮孔明显。**枝条**：小枝被短柔毛。**叶**：二回偶数羽状复叶互生，羽片近对生，5~10 对，小叶互生，8~12 对，长圆形，两端圆钝，被绢质柔毛。**花**：总状花序顶生；花杂性，白色或带紫色，有长梗，下垂；花托深凹；萼片 5，钻形；花瓣 5，长圆形；雄蕊 10，分离，5 长 5 短，被柔毛；子房无毛，胚珠 4。**果实及种子**：荚果长圆形，长 7~10cm，扁平或膨胀，无毛，有种子 2~4。**花果期**：花期 4~5 月，果期 9~10 月。**分布**：产中国华东、华中和华南地区。**生境**：生于山坡、山腰、杂木林内、竹林中、岩边、村旁、宅旁、路边，海拔 150~1500m。**用途**：观赏。

特征要点 二回偶数羽状复叶互生，小叶长圆形，两端圆钝，被柔毛。总状花序顶生；花杂性，白色，下垂；花瓣 5，长圆形；雄蕊 10。荚果长圆形，有种子 2~4。

腊肠树 **Cassia fistula** L. 豆科 / 云实科 Fabaceae/Leguminosae 腊肠树属

生活型: 落叶乔木。**高度**: 达 15m。**株形**: 宽卵形。**树皮**: 粗糙，暗褐色。**枝条**: 小枝细长，灰色。**叶**: 偶数羽状复叶互生，小叶 3~4 对，对生，薄革质，阔卵形或长圆形，顶端短渐尖而钝，基部楔形，边全缘。**花**: 总状花序疏散，下垂；花直径约 4cm；萼片 5，长卵形，薄，反折；花瓣 5，黄色，倒卵形，近等大，具脉；雄蕊 10，3 枚长于花瓣，4 枚短而直，其余 3 枚小而不育；子房纤细。**果实及种子**: 荚果圆柱形，长 30~60cm，黑褐色，不开裂，具横膈膜，种子多数。**花果期**: 花期 6~8 月，果期 10 月。**分布**: 原产印度、缅甸、斯里兰卡。中国广东、广西、海南、云南栽培。**生境**: 生于路边或庭园中，海拔 1000m 以下。**用途**: 观赏。

特征要点 偶数羽状复叶互生，小叶 3~4 对，薄革质，全缘。总状花序下垂；花大，黄色。荚果圆柱形，长 30~60cm，形似腊肠。

格木 **Erythrophleum fordii** Oliv.

豆科 / 云实科 Fabaceae/Leguminosae 格木属

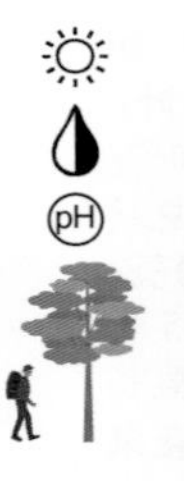

生活型: 常绿乔木。**高度**: 约 10m。**株形**: 宽卵形。**树皮**: 红褐色，皮孔显著，块状开裂。**枝条**: 小枝被铁锈色短柔毛。**叶**: 二回羽状复叶互生，无毛，羽片通常 3 对，对生，每羽片上小叶 8~12，互生，卵形或卵状椭圆形，全缘。**花**: 穗状花序，排成圆锥花序，被铁锈色柔毛；萼钟状，裂片 5，长圆形；花瓣 5，淡黄绿色，倒披针形；雄蕊 10 枚，无毛，长为花瓣的 2 倍；子房长圆形，具柄，被毛。**果实及种子**: 荚果长圆形，扁平，长 10~18cm，厚革质，有网脉。**花果期**: 花期 5~6 月，果期 8~10 月。**分布**: 产中国广西、广东、福建、台湾、浙江。越南也有分布。**生境**: 生于山地密林、疏林中，海拔 400~700m。**用途**: 观赏。

特征要点 二回羽状复叶互生，无毛。穗状花序，被铁锈色柔毛；花瓣 5，淡黄绿色，倒披针形；雄蕊 10 枚，长为花瓣 2 倍。荚果长圆形，扁平，厚革质，有网脉。

双荚决明 **Senna bicapsularis** (L.) Roxb.

豆科 / 云实科 Fabaceae/Leguminosae 决明属

生活型: 落叶直立灌木。**高度**: 2~4m。**株形**: 宽卵形。**茎皮**: 灰褐色。**枝条**: 小枝绿色，光滑无毛。**叶**: 偶数羽状复叶互生，叶轴具黑褐色线形钝头腺体 1 枚，小叶 3~4 对，倒卵形，膜质，顶端圆钝，基部渐狭，两面无毛。**花**: 总状花序腋生，常集成伞房状；花鲜黄色，直径约 2cm；萼片及花瓣均 5；雄蕊 10 枚，7 枚能育，3 枚退化而无花药，能育雄蕊中有 3 枚特大，高出于花瓣，4 枚较小，短于花瓣；子房无毛。**果实及种子**: 荚果圆柱状，膜质，直或微曲，长 13~17cm；种子二列。**花果期**: 花期 10~11 月，果期 11 至翌年 3 月。**分布**: 原产美洲热带。中国南方大部分地区露天栽培，北京、河北、山东等地温室有栽培。**生境**: 生于路边或庭园中。**用途**: 观赏。

特征要点 偶数羽状复叶互生，叶轴具腺体 1 枚，小叶 3~4 对，倒卵形，无毛。总状花序腋生，常集成伞房状；花鲜黄色。荚果圆柱状，膜质，长 13~17cm；种子二裂。

铁刀木 **Senna siamea** (Lam.) H. S. Irwin & Barneby

豆科 / 云实科 Fabaceae/Leguminosae 决明属

生活型: 常绿乔木。**高度**: 5~12m。**株形**: 宽卵形。**树皮**: 灰色，平滑。**枝条**: 小枝粗壮，灰色，光滑无毛。**叶**: 偶数羽状复叶互生，叶轴无腺体，小叶 10~20 枚，椭圆形，全缘，先端微凹，基部圆，仅背面疏生短毛。**花**: 伞房状腋生或顶生而排列为圆锥状；序轴密生黄色柔毛；萼片 5，稍肥厚；花瓣 5，黄色；雄蕊 10，上面 3 个不育，下面两个雄蕊的药较大；子房被白毛。**果实及种子**: 荚果条形，无翅，扁，长 15~30cm，宽 1~1.5cm，有种子 10~20 粒。**花果期**: 花期 10~11 月，果期 12 月至翌年 1 月。**分布**: 产中国云南，南方各地栽培。印度、缅甸、泰国也有分布。**生境**: 生于庭园中。**用途**: 观赏，木材。

特征要点 偶数羽状复叶互生，叶轴无腺体，小叶 10~20 枚，仅背面疏生短毛。伞房状总状花序排列为圆锥状，被黄毛；花黄色。荚果条形，无翅，扁，长 15~30cm。

黄槐决明 **Senna surattensis** (Burm. f.) H. S. Irwin & Barneby

豆科 / 云实科 Fabaceae/Leguminosae 决明属

生活型：常绿灌木或小乔木。**高度**：5~7m。**株形**：宽卵形。**树皮**：光滑，灰褐色。**枝条**：小枝绿色，光滑无毛。**叶**：偶数羽状复叶互生，叶轴扁四方形，具棍棒状腺体2~3枚，小叶7~9对，长椭圆形或卵形，全缘，背面粉白色，被长柔毛。**花**：总状花序腋生；花鲜黄至深黄色；萼片5，卵圆形，大小不等，有3~5脉；花瓣5，卵形至倒卵形；雄蕊10枚，全部能育，最下2枚较长；子房线形，被毛。**果实及种子**：荚果扁平，带状，开裂，长7~10cm；种子10~12颗。**花果期**：花果期几乎全年。**分布**：原产印度、斯里兰卡、印度尼西亚、菲律宾、澳大利亚、波利西亚。中国广西、广东、福建、台湾、海南栽培。**生境**：生于路边或庭园中。**用途**：观赏。

特征要点 偶数羽状复叶互生，叶轴扁四方形，具棍棒状腺体2~3枚，小叶7~9对，背面粉白色，被毛。总状花序腋生；花鲜黄至深黄色。荚果扁平，带状，开裂，长7~10cm。

油楠 **Sindora glabra** Merr. ex de Wit

豆科 / 云实科 Fabaceae/Leguminosae 油楠属

生活型：常绿乔木。**高度**：8~20m。**株形**：宽卵形。**树皮**：灰色，平滑。**枝条**：灰褐色，无毛。**叶**：偶数羽状复叶互生，小叶2~4对，对生，革质，椭圆状长圆形，侧脉不明显。**花**：圆锥花序腋生，密被黄色柔毛；苞片叶状；萼片4，二型，1枚阔卵形，背面具软刺21~23枚，其他3枚椭圆状披针形，背面具软刺6~10枚；花瓣1枚，包于最正面萼片内；能育雄蕊9枚；子房密被锈色粗伏毛，有胚珠4~5颗。**果实及种子**：荚果圆形或椭圆形，长5~8cm，外面有散生硬直的刺；种子1颗，扁圆形，黑色。**花果期**：花期4~5月，果期6~8月。**分布**：产中国海南。**生境**：生于山地的混交林内。**用途**：观赏。

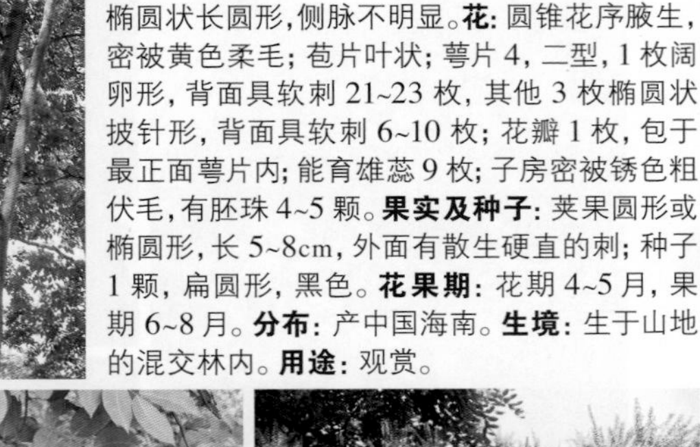

特征要点 偶数羽状复叶互生，小叶2~4对，革质。圆锥花序腋生，被黄毛；萼片4，二型，背面具软刺；花瓣1；能育雄蕊9。荚果大，圆形或椭圆形，具刺；种子1，扁圆形，黑色。

任豆(翅荚木) **Zenia insignis** Chun

豆科 / 云实科 Fabaceae/Leguminosae 任豆属

生活型: 落叶乔木。**高度**: 15~20m。**株形**: 宽卵形。**树皮**: 粗糙, 成片状脱落。**枝条**: 小枝黑褐色, 小皮孔黄白色。**冬芽**: 冬芽椭圆状纺锤形。**叶**: 奇数羽状复叶互生, 叶轴被黄色微柔毛, 小叶薄革质, 长圆状披针形, 全缘, 背面具灰白色糙伏毛。**花**: 圆锥花序顶生, 被黄色糙伏毛; 花红色, 长约 14mm; 萼片 5, 厚膜质, 长圆形; 花瓣 5, 稍长于萼片; 发育雄蕊通常 4 枚; 花盘小, 深波状分裂; 子房压扁, 胚珠 7~9 颗。**果实及种子**: 荚果长圆形, 长约 10cm, 红棕色; 种子圆形, 有光泽, 棕黑色。**花果期**: 花期 5 月, 果期 6~8 月。**分布**: 产中国广东、广西、湖南、贵州、云南。越南也有分布。**生境**: 生于山地密林、疏林中, 海拔 200~950m。**用途**: 观赏。

特征要点 奇数羽状复叶互生, 小叶薄革质, 长圆状披针形, 背面被毛。圆锥花序顶生; 花红色, 花瓣 5, 发育雄蕊通常 4 枚。荚果长圆形, 红棕色。

酸豆 **Tamarindus indica** L. 豆科 / 云实科 Fabaceae/Leguminosae 酸豆属

生活型: 常绿乔木。**高度**: 10~15m。**株形**: 宽卵形。**树皮**: 暗灰色, 不规则纵裂。**枝条**: 小枝灰色, 无毛。**叶**: 偶数羽状复叶互生, 小叶小, 10~20 余对, 长圆形, 先端圆钝或微凹, 基部圆而偏斜, 无毛。**花**: 花序顶生; 花少数, 黄色, 具紫纹; 萼管狭陀螺形, 檐部 4 裂; 花瓣仅后方 3 片发育, 倒卵形; 能育雄蕊 3, 退化雄蕊刺毛状; 子房圆柱形。**果实及种子**: 荚果圆柱状长圆形, 肿胀, 棕褐色, 长 5~14cm; 种子 3~14 颗, 褐色, 有光泽。**花果期**: 花期 5~8 月, 果期 12 月至翌年 5 月。**分布**: 原产非洲。中国台湾、福建、广东、广西、云南栽培或逸生。**生境**: 生于山坡、路边、庭园或沟谷中, 海拔 50~1400m。**用途**: 果食用。

特征要点 偶数羽状复叶互生, 小叶长圆形, 无毛。花序顶生; 花少数, 黄色, 具紫纹; 花瓣仅 3 片发育; 能育雄蕊 3 枚。荚果圆柱状长圆形, 肿胀; 种子褐色, 有光泽。

紫荆 **Cercis chinensis** Bunge 豆科 / 云实科 Fabaceae/Leguminosae 紫荆属

生活型：落叶乔木。**高度**：达 15m。**株形**：宽卵形。**树皮**：灰白色，皮孔显著。**枝条**：小枝纤细，无毛。**叶**：叶互生，近圆形，先端急尖或骤尖，基部深心形，两面无毛。**花**：花先叶开放，4~10 朵簇生于老枝上；花玫瑰红色；花梗纤细；花萼短钟状，微歪斜，红色，5 浅裂；花瓣 5，近蝶形，不等大；雄蕊 10 枚，分离；子房具短柄，有胚珠 6~7 颗。**果实及种子**：荚果条形，扁平，长 5~14cm，被毛。**花果期**：花期 3~4 月，果期 8~10 月。**分布**：产中国河北、广东、广西、云南、四川、重庆、陕西、浙江、江苏、山东、湖南、湖北、安徽。**生境**：生于庭园、路边、屋边，海拔 150~1400m。**用途**：观赏。

特征要点 皮孔显著。叶近圆形，先端尖，两面无毛。花先叶开放，簇生于老枝上；花玫瑰红色；花萼 5 浅裂；花瓣 5，近蝶形，不等大；雄蕊 10 枚，分离。荚果条形，扁平。

湖北紫荆 **Cercis glabra** Pamp. 豆科 / 云实科 Fabaceae/Leguminosae 紫荆属

生活型：落叶乔木。**高度**：高 6~16m。**株形**：宽卵形。**树皮**：灰黑色。**枝条**：小枝灰黑色。**叶**：叶互生，具柄，大，厚纸质或近革质，心脏形或三角状圆形，基部心形，幼叶常呈紫红色，成长后绿色，正面光亮；基脉 5~7 条。**花**：总状花序短，总轴长 0.5~1cm；花淡紫红色或粉红色，长 1.3~1.5cm。**果实及种子**：荚果狭长圆形，紫红色，长 9~14cm；种子 1~8 颗，近圆形，扁。**花果期**：花期 3~4 月，果期 9~11 月。**分布**：产中国湖北、河南、陕西、四川、云南、贵州、广西、广东、湖南、浙江、安徽。**生境**：生于山地疏林、密林中、山谷、路边、岩石上，海拔 600~1900m。**用途**：观赏。

特征要点 叶心脏形或三角状圆形，基部心形，幼叶常呈紫红色，基脉 5~7 条。总状花序短；花淡紫红色或粉红色。荚果狭长圆形，紫红色。

红花羊蹄甲 **Bauhinia × blakeana** Dunn

豆科 / 云实科 Fabaceae/Leguminosae 羊蹄甲属

生活型：落叶乔木。**高度**：6~10m。**株形**：卵形。**树皮**：平滑，皮孔细密，灰色。**枝条**：小枝细长，被毛。**叶**：叶互生，革质，近圆形或阔心形，基部心形，先端2裂，背面疏被短柔毛，基出脉11~13条；叶柄细瘦。**花**：总状花序顶生或侧生，被短柔毛；花大，美丽；花蕾纺锤形；花萼佛焰状；花瓣紫红色，具短柄，倒披针形，长5~8cm，近轴的1片中间至基部呈深紫红色；能育雄蕊5枚，其中3枚较长；退化雄蕊2~5枚，丝状，极细；子房具长柄，被短柔毛。**果实及种子**：常不结果。**花果期**：花期全年，常不结果。**分布**：世界各地热带地区广泛栽培。中国广东、福建、广西、云南、海南等地广泛栽培。**生境**：生于庭园或路边。**用途**：观赏。

特征要点 叶革质，基部心形，先端2裂，背面疏被短柔毛。花大；花瓣紫红色，近轴的1片中间至基部呈深紫红色；能育雄蕊5；退化雄蕊2~5。常不结果。

鞍叶羊蹄甲 **Bauhinia brachycarpa** Wall. ex Benth.

豆科 / 云实科 Fabaceae/Leguminosae 羊蹄甲属

生活型：常绿灌木。**高度**：1~3m。**株形**：宽卵形。**茎皮**：灰色。**枝条**：小枝有条棱，疏生短柔毛。**叶**：叶互生，纸质，常近圆肾形，先端二裂，背面密生红棕色短柔毛，基出脉7~9条。**花**：伞房状短总状花序顶生或与叶对生；萼筒短，长约2mm，具2个裂片；花冠白色；发育雄蕊10，5长5短；子房密生长柔毛。**果实及种子**：荚果条状倒披针形，扁平，长4~5cm，密生短柔毛。**花果期**：花期5~7月，果期8~10月。**分布**：产中国四川、云南、甘肃、湖北、贵州、广西。印度、缅甸、泰国也有分布。**生境**：生于山地草坡、河溪旁灌丛中，海拔310~3300m。**用途**：观赏。

特征要点 叶常近圆肾形，先端二裂，背面密生红棕色短柔毛。伞房状短总状花序；花冠白色。荚果条状倒披针形，密生短柔毛。

首冠藤 **Cheniella corymbosa** (Roxb. ex DC.) R. Clark & Mackinder

【Bauhinia corymbosa Roxb. ex DC.】

豆科 / 云实科 Fabaceae/Leguminosae 首冠藤属 / 羊蹄甲属

生活型: 常绿木质藤本。**高度**: 3~10m。**株形**: 蔓生形。**茎皮**: 褐色。**枝条**: 枝纤细，无毛；卷须单生或成对。**叶**: 叶互生，纸质，近圆形，先端二深裂，两面无毛，基出脉 7 条。**花**: 伞房状短总状花序顶生；花芳香；花托管状，长 18~25mm；萼片 5，长约 6mm；花瓣白色，有粉红色脉纹；能育雄蕊 3，退化雄蕊 2~5；子房具柄，无毛，柱头阔，截形。**果实及种子**: 荚果带状长圆形，扁平，长 10~16cm，无毛。**花果期**: 花期 4~6 月，果期 9~12 月。**分布**: 产中国广西、福建、广东、海南。世界热带、亚热带也有分布。**生境**: 生于山谷密林中、山坡阳处。**用途**: 观赏。

特征要点 叶近圆形，先端二深裂，两面无毛。伞房状短总状花序顶生；花冠白色，有粉红色脉纹。荚果带状长圆形，无毛。

羊蹄甲 **Bauhinia purpurea** L. 豆科 / 云实科 Fabaceae/Leguminosae 羊蹄甲属

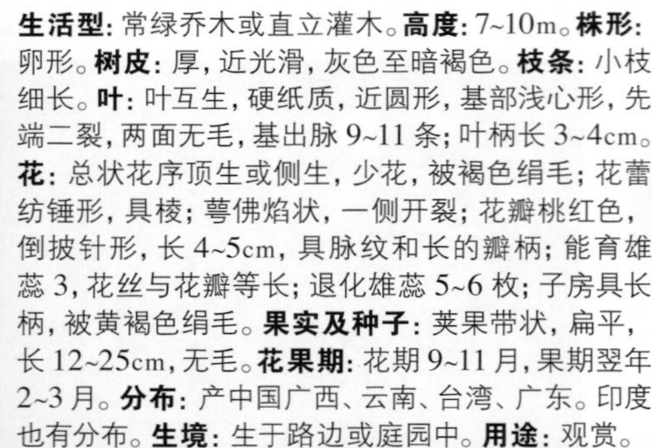

生活型: 常绿乔木或直立灌木。**高度**: 7~10m。**株形**: 卵形。**树皮**: 厚，近光滑，灰色至暗褐色。**枝条**: 小枝细长。**叶**: 叶互生，硬纸质，近圆形，基部浅心形，先端二裂，两面无毛，基出脉 9~11 条；叶柄长 3~4cm。**花**: 总状花序顶生或侧生，少花，被褐色绢毛；花蕾纺锤形，具棱；萼佛焰状，一侧开裂；花瓣桃红色，倒披针形，长 4~5cm，具脉纹和长的瓣柄；能育雄蕊 3，花丝与花瓣等长；退化雄蕊 5~6 枚；子房具长柄，被黄褐色绢毛。**果实及种子**: 荚果带状，扁平，长 12~25cm，无毛。**花果期**: 花期 9~11 月，果期翌年 2~3 月。**分布**: 产中国广西、云南、台湾、广东。印度也有分布。**生境**: 生于路边或庭园中。**用途**: 观赏。

特征要点 叶厚纸质，近圆形，基部浅心形，先端二裂，两面无毛。总状花序少花；萼佛焰状；花瓣桃红色，倒披针形；能育雄蕊 3；退化雄蕊 5~6。荚果带状，扁平。

洋紫荆 **Bauhinia variegata** L. 豆科 / 云实科 Fabaceae/Leguminosae 羊蹄甲属

生活型: 落叶乔木。**高度**: 5~8m。**株形**: 宽卵形。**树皮**: 灰色，平滑。**枝条**: 小枝有条棱，疏生短柔毛。**叶**: 叶互生，纸质，圆形至阔卵形，先端二裂，两面近无毛，基出脉 11~15 条。**花**: 短总状花序顶生或侧生，少花；花大，几无梗，粉红色或白色，具紫色线纹；花托管状，有茸毛；萼片 5，卵形；花瓣倒披针形或倒卵形；发育雄蕊 5 个；子房有毛。**果实及种子**: 荚果条形，扁平，长 15~25cm，被毛。**花果期**: 花期 11 至翌年 4 月，果期翌年 8~9 月。**分布**: 产中国福建、广东、广西、海南、云南、台湾。印度、中南半岛也有分布。**生境**: 生于路边或庭园中，海拔 150~1900m。**用途**: 观赏。

特征要点 叶圆形至阔卵形，先端二裂，两面近无毛。短总状花序顶生或侧生，少花；花大，几无梗，粉红色或白色，具紫色线纹。荚果条形，被毛。

大叶相思 **Acacia auriculiformis** A. Cunn. ex Benth.

豆科 / 含羞草科 Fabaceae/Leguminosae/Mimosaceae 相思树属 / 金合欢属

生活型: 常绿乔木。**高度**: 10~20m。**株形**: 宽卵形。**树皮**: 平滑，灰白色。**枝条**: 小枝无毛，皮孔显著。**叶**: 叶状柄互生，镰状长圆形，长达 10~20cm，全缘，无毛，两端渐狭，主脉 3~7 条。**花**: 穗状花序腋生，长 3.5~8cm；花橙黄色；花萼短小；花瓣长圆形；雄蕊多数，花丝细长，明显超出花冠之外。**果实及种子**: 荚果扁圆条状，卷曲成团，木质。**花果期**: 花期 7~8 月及 10~12 月，果期 12 月至翌年 5 月。**分布**: 原产澳大利亚、新西兰。中国广东、广西、福建、海南等地栽培。**生境**: 生于山坡、路边或庭园中。**用途**: 观赏。

特征要点 叶状柄镰状长圆形，长达 10~20cm，主脉 3~7 条。穗状花序腋生；花橙黄色，雄蕊多数，花丝细长。荚果扁圆条状，卷曲成团，木质。

台湾相思 **Acacia confusa** Merr.

豆科 / 含羞草科 Fabaceae/Leguminosae/Mimosaceae 相思树属 / 金合欢属

生活型：常绿乔木。**高度**：6~15m。**株形**：宽卵形。**树皮**：粗糙，褐色。**枝条**：小枝纤细。**叶**：叶状柄互生，革质，披针形，直或微呈弯镰状，两端渐狭，先端略钝，两面无毛，纵脉 3~8 条。**花**：头状花序腋生，球形，

直径约 1cm；总花梗纤弱；花金黄色，有微香；花萼及花瓣短小；雄蕊多数，明显超出花冠之外。**果实及种子**：荚果扁平，长 4~9cm，干时深褐色，有光泽；种子 2~8 颗，椭圆形，压扁。**花果期**：花期 3~10 月，果期 8~12 月。**分布**：产中国台湾、福建、广东、广西、云南、四川、海南、江西。菲律宾、印度尼西亚、斐济也有分布。**生境**：生于山坡上，海拔 400~1180m。**用途**：观赏。

特征要点 叶状柄披针形，纵脉 3~8 条。头状花序腋生，球形；花金黄色；雄蕊多数，明显超出花冠之外。荚果扁平。

马占相思 **Acacia mangium** Willd.

豆科 / 含羞草科 Fabaceae/Leguminosae/Mimosaceae 相思树属 / 金合欢属

生活型：常绿乔木。**高度**：达 18m。**株形**：宽卵形。**树皮**：粗糙，褐色。**枝条**：小枝有棱。**叶**：叶状柄互生，纺锤形，大型，长达 12~15cm，中部宽，两端收窄，纵脉 4 条。**花**：穗状花序腋生，短于叶状柄；花淡黄白色；花萼及花瓣短小；雄蕊多数，明显超出花冠之外。**果实及种子**：荚果扁平，扭曲。**花果期**：花期 3~10 月，果期 8~12 月。**分布**：原产澳大利亚、巴布亚新几内亚、印度尼西亚。中国海南、广东、广西、福建等地栽培。**生境**：生于山坡林地上。**用途**：观赏。

特征要点 叶状柄纺锤形，大型，长达 12~15cm，纵脉 4 条。穗状花序腋生，短于叶状柄；花淡黄白色。荚果扁平，扭曲。

黑荆 **Acacia mearnsii** De Wild.

豆科 / 含羞草科 Fabaceae/Leguminosae/Mimosaceae 相思树属 / 金合欢属

生活型: 常绿乔木。**高度**: 9~15m。**株形**: 宽卵形。**树皮**: 粗糙, 褐色。**枝条**: 小枝有棱, 被灰白色短茸毛。**叶**: 二回羽状复叶互生, 被短毛, 羽片 8~20 对, 具腺体, 小叶 30~40 对, 线形, 排列紧密。**花**: 头状花序圆球形, 直径 6~7mm, 在叶腋排成总状花序或在枝顶排成圆锥花序; 总花梗长 7~10mm; 花序轴被黄色稠密的短茸毛; 花淡黄或白色; 花萼及花瓣短小; 雄蕊多数, 明显超出花冠之外。**果实及种子**: 荚果长圆形, 扁压, 长 5~10cm, 被短柔毛, 老时黑色; 种子卵圆形, 黑色。**花果期**: 花期 6 月, 果期 8 月。**分布**: 原产澳大利亚。中国浙江、福建、台湾、广东、广西、云南、四川栽培。**生境**: 生于山坡上或庭园中。**用途**: 观赏。

特征要点 二回羽状复叶互生, 被短毛, 小叶 30~40 对, 线形。圆锥花序轴密被黄色短茸毛, 头状花序圆球形, 淡黄或白色。荚果长圆形, 扁压; 种子黑色。

海红豆 **Adenanthera microsperma** Teijsm. & Binn.

豆科 / 含羞草科 Fabaceae/Leguminosae/Mimosaceae 海红豆属

生活型: 落叶乔木。**高度**: 5~20m。**株形**: 卵形。**树皮**: 平滑, 微纵裂, 红褐色。**枝条**: 小枝被微柔毛。**叶**: 二回羽状复叶互生, 羽片 3~5 对, 小叶 4~7 对, 互生, 长圆形或卵形, 两端圆钝, 两面均被微柔毛, 具短柄。**花**: 总状花序单生于叶腋或在枝顶排成圆锥花序; 花小, 白色或黄色, 有香味; 花萼短小; 花瓣披针形; 雄蕊 10 枚; 子房被柔毛, 花柱丝状, 柱头小。**果实及种子**: 荚果狭长圆形, 盘旋, 长 10~20cm, 开裂后果瓣旋卷; 种子鲜红色, 有光泽。**花果期**: 花期 4~7 月, 果期 7~10 月。**分布**: 产中国云南、贵州、广西、广东、福建、台湾、海南。东南亚也有分布。**生境**: 生于山沟、溪边、林中或路边。**用途**: 观赏。

特征要点 二回羽状复叶互生, 小叶 4~7 对。总状花序; 花小, 白色或黄色。荚果狭长圆形, 盘旋, 开裂后果瓣旋卷; 种子鲜红色, 有光泽。

银合欢 **Leucaena leucocephala** (Lam.) de Wit

豆科 / 含羞草科 Fabaceae/Leguminosae/Mimosaceae 银合欢属

生活型: 常绿灌木或小乔木。**高度**: 2~6m。**株形**: 宽卵形。**树皮**: 暗灰色，粗糙。**枝条**: 小枝被短柔毛。**叶**: 二回羽状复叶互生，被柔毛，小羽片 4~8 对，小叶 5~15 对，线状长圆形，先端急尖，基部楔形，边缘被短柔毛。**花**: 头状花序通常 1~2 个腋生，直径 2~3cm; 花白色; 花萼顶端具 5 细齿，外面被柔毛; 花瓣狭倒披针形; 雄蕊 10 枚，长约 7mm; 子房具短柄，柱头凹下呈杯状。**果实及种子**: 荚果带状，长 10~18cm，熟时纵裂; 种子卵形，褐色，扁平，光亮。**花果期**: 花期 4~7 月，果期 8~10 月。**分布**: 产中国台湾、福建、广东、广西、云南、四川、海南。热带美洲也有分布。**生境**: 生于荒地或疏林中，海拔 1200~1500m。**用途**: 观赏。

特征要点 二回羽状复叶互生，被柔毛，小羽片 4~8 对，线状长圆形。头状花序腋生；花白色，花丝细长。荚果带状，纵裂；种子卵形，褐色，扁平，光亮。

楹树 **Albizia chinensis** (Osbeck) Merr.

豆科 / 含羞草科 Fabaceae/Leguminosae/Mimosaceae 合欢属

生活型: 落叶乔木。**高度**: 达 30m。**株形**: 宽卵形。**树皮**: 平滑，灰褐色。**枝条**: 小枝被黄色柔毛。**叶**: 二回羽状复叶互生，羽片 6~12 对，具腺体，小叶 20~40 对，无柄，长椭圆形，背面被长柔毛。**花**: 头状花序有花 10~20 朵，排成顶生圆锥花序; 花绿白色或淡黄色，密被黄褐色茸毛; 花萼漏斗状，有 5 短齿; 花冠裂片卵状三角形; 雄蕊长约 2.5cm; 子房被黄褐色柔毛。**果实及种子**: 荚果扁平，长 10~15cm。**花果期**: 花期 3~5 月，果期 6~12 月。**分布**: 产中国福建、湖南、广东、广西、云南、西藏、四川、贵州。南亚、东南亚也有分布。**生境**: 生于林中、旷野、谷地、河溪边，海拔 200~2200m。**用途**: 观赏。

特征要点 二回羽状复叶互生，小叶 20~40 对，叶背面被长柔毛。头状花序有花 10~20 朵，排成顶生圆锥花序；花绿白色或淡黄色。荚果扁平，长 10~15cm。

合欢 **Albizia julibrissin** Durazz.

豆科 / 含羞草科 Fabaceae/Leguminosae/Mimosaceae 合欢属

生活型: 落叶乔木。**高度**: 达 16m。**株形**: 宽卵形。**树皮**: 平滑, 褐色, 具多数小皮孔。**枝条**: 小枝有棱角, 被茸毛。**叶**: 二回羽状复叶互生, 羽片 4~12 对, 小叶 10~30 对, 线形至长圆形, 具缘毛。**花**: 头状花序于枝顶排成圆锥花序; 花粉红色; 花萼管状; 花冠长 8mm, 裂片三角形, 花萼、花冠外均被短柔毛; 花丝长 2.5cm, 粉红色。**果实及种子**: 荚果带状, 长 9~15cm, 嫩荚有柔毛, 老荚无毛。**花果期**: 花期 6~7 月, 果期 8~10 月。**分布**: 产中国东北、华南、西南、华北、华中、华东地区。非洲、中亚、东亚也有分布。**生境**: 生于山坡或庭园中, 海拔 100~2200m。**用途**: 观赏。

特征要点 二回羽状复叶互生, 小叶 10~30 对, 具缘毛。头状花序于枝顶排成圆锥花序; 花萼管状; 花丝长达 2.5cm, 粉红色。荚果带状。

山槐 **Albizia kalkora** (Roxb.) Prain

豆科 / 含羞草科 Fabaceae/Leguminosae/Mimosaceae 合欢属

生活型: 落叶小乔木或灌木。**高度**: 3~8m。**株形**: 宽卵形。**树皮**: 粗糙, 具深纵裂。**枝条**: 小枝暗褐色, 具显著皮孔。**叶**: 二回羽状复叶互生, 羽片 2~4 对, 小叶 5~14 对, 长圆形或长圆状卵形, 两面均被短柔毛。**花**: 头状花序腋生或顶生; 花初白色, 后变黄, 密被长柔毛; 花萼管状, 5 齿裂; 花冠中部以下连合呈管状, 裂片披针形; 雄蕊长 2.5~3.5cm, 基部连合呈管状。**果实及种子**: 荚果带状, 长 7~17cm, 嫩荚密被短柔毛; 种子 4~12 颗, 倒卵形。**花果期**: 花期 5~6 月, 果期 8~10 月。**分布**: 产中国西南、华北、西北、华东、华南地区。越南、缅甸、印度也有分布。**生境**: 生于山坡灌丛中、疏林中, 海拔 300~2200m。**用途**: 观赏。

特征要点 二回羽状复叶互生, 小叶 5~14 对, 被短柔毛。头状花序腋生或顶生; 花初白色, 后变黄, 密被长柔毛。荚果带状, 嫩荚密被短柔毛。

阔荚合欢 **Albizia lebbeck** (L.) Benth.

豆科 / 含羞草科 Fabaceae/Leguminosae/Mimosaceae 合欢属

生活型：落叶乔木。**高度**：8~12m。**株形**：宽卵形。**树皮**：粗糙，灰褐色。**枝条**：小枝密被短柔毛。**叶**：二回羽状复叶互生，具腺体，羽片 2~4 对，小叶 4~8 对，长椭圆形，两面无毛。**花**：头状花序一至数个聚生于叶腋，花时直径 3~4cm；花芳香；花萼管状，被微柔毛；花冠黄绿色，裂片三角状卵形；雄蕊多数，白色或淡黄绿色。**果实及种子**：荚果带状，长 15~28cm，扁平，麦秆色，光亮，无毛，常宿存；种子椭圆形，棕色。**花果期**：花期 5~9 月，果期 10 至翌年 5 月。**分布**：原产热带非洲。中国广东、广西、福建、台湾等地栽培。**生境**：生于庭园中或路边。**用途**：观赏。

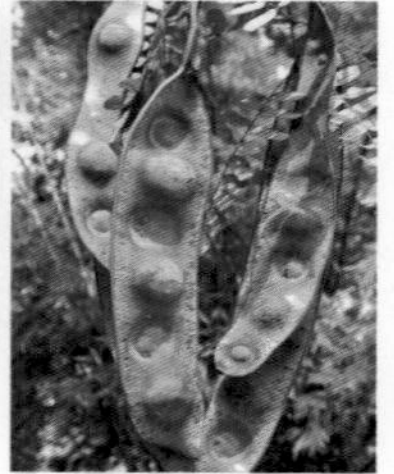

特征要点 二回羽状复叶互生，小叶 4~8 对，无毛。头状花序一至数个聚生于叶腋；花冠黄绿色，雄蕊多数，白色或淡黄绿色。荚果带状，长 15~28cm。

南洋楹 **Falcataria falcata** (L.) Greuter & R. Rankin【Falcataria moluccana (Miq.) Barneby & Grimes】豆科 / 含羞草科 Fabaceae/Leguminosae/Mimosaceae 南洋楹属

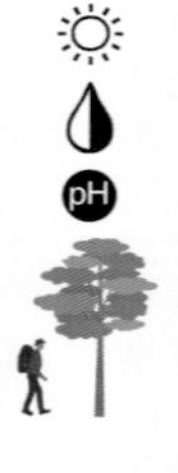

生活型：常绿大乔木。**高度**：达 45m。**株形**：宽卵形。**树皮**：灰色，平滑。**枝条**：小枝圆柱状或微有棱，被柔毛。**叶**：二回羽状复叶互生，具腺体，羽片 6~20 对，小叶 6~26 对，无柄，菱状长圆形，先端急尖，基部圆钝或近截形。**花**：穗状花序腋生，单生或数个组成圆锥花序；花初白色，后变黄；花萼钟状，长 2.5mm；花瓣长 5~7mm，密被短柔毛，仅基部连合。**果实及种子**：荚果带形，长 10~13cm，熟时开裂；种子多颗。**花果期**：花期 4~5 月，果期 7~9 月。**分布**：原产马六甲、印度尼西亚。中国云南、福建、广东、广西栽培。**生境**：生于庭园中。**用途**：观赏。

特征要点 二回羽状复叶互生，小叶菱状长圆形。穗状花序腋生，组成圆锥花序；花初白色，后变黄；花瓣密被短柔毛，仅基部连合。荚果带形，熟时开裂；种子多颗。

亮叶猴耳环 **Archidendron lucidum** (Benth.) I. C. Nielsen 【Abarema lucida (Benth.) Kosterm.】 豆科 / 含羞草科 Fabaceae/Leguminosae/Mimosaceae 猴耳环属 / 围涎树属

生活型: 常绿乔木。**高度**: 2~10m。**株形**: 宽卵形。**树皮**: 平滑，褐色。**枝条**: 小枝无刺，被褐色短茸毛。**叶**: 二回羽状复叶互生，羽片 1~2 对，具腺体，小叶对生，斜卵形或长圆形，顶生者大，基部略偏斜，无毛。**花**: 头状花序球形，有花 10~20 朵，总花梗短，排成圆锥花序；花萼小；花瓣 5，白色，长 4~5mm，中部以下合生；雄蕊多数，伸出花冠外；子房具短柄，无毛。**果实及种子**: 荚果旋卷成环状，宽 2~3cm，边缘在种子间缢缩；种子黑色。**花果期**: 花期 4~6 月，果期 7~12 月。**分布**: 产中国浙江、台湾、福建、广东、广西、云南、四川。越南、印度也有分布。**生境**: 生于疏密林中、林缘灌木丛中。**用途**: 观花、观果，行道树。

特征要点 二回羽状复叶互生，羽片 1~2 对，小叶不等大，基部略偏斜。头状花序球形，排成圆锥花序；花白色，花丝细长。荚果旋卷成环状；种子黑色。

花榈木 **Ormosia henryi** Prain

豆科 / 蝶形花科 Fabaceae/Leguminosae/Papilionaceae 红豆属

生活型: 常绿乔木。**高度**: 达 16m。**株形**: 宽卵形。**树皮**: 灰绿色，平滑。**枝条**: 小枝密被茸毛。**叶**: 奇数羽状复叶互生，小叶 2~3 对，革质，长椭圆形，长 4~15cm，背面及叶柄均密被黄褐色茸毛，侧脉 6~11 对。**花**: 圆锥花序顶生，密被毛；花萼钟形，萼齿 5，三角状卵形；花冠蝶形，中央淡绿色，边绿色；雄蕊 10，分离；子房扁。**果实及种子**: 荚果扁平，长椭圆形，果瓣革质，紫褐色，种子 4~8 粒，种皮鲜红色，有光泽。**花果期**: 花期 7~8 月，果期 10~11 月。**分布**: 产中国安徽、浙江、江西、湖南、湖北、广东、四川、贵州、云南。越南、泰国也有分布。**生境**: 生于山坡、溪谷两旁杂木林内，海拔 100~1300m。**用途**: 观赏。

特征要点 奇数羽状复叶互生，密被毛，小叶 2~3 对，革质，长椭圆形。圆锥花序顶生；花冠蝶形，中央淡绿色，边绿色。荚果扁平，长椭圆形，革质，种子 4~8，鲜红色，有光泽。

红豆树 **Ormosia hosiei** Hemsl. & E. H. Wilson

豆科 / 蝶形花科 Fabaceae/Leguminosae/Papilionaceae 红豆属

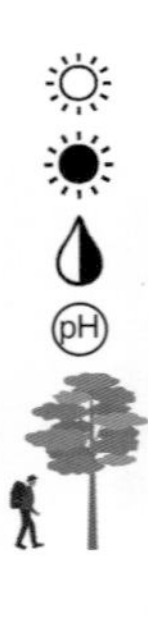

生活型: 常绿乔木。**高度**: 20~30m。**株形**: 宽卵形。**树皮**: 灰绿色, 平滑。**枝条**: 小枝绿色, 被黄褐色细毛。**叶**: 奇数羽状复叶互生, 小叶常 2 对, 薄革质, 卵形, 幼叶背面疏被细毛, 侧脉 8~10 对。**花**: 圆锥花序下垂; 花疏, 有香气; 花萼钟形, 5 浅裂; 花冠蝶形, 白色或淡紫色; 雄蕊 10, 分离, 花药黄色; 子房光滑无毛, 花柱紫色。**果实及种子**: 荚果近圆形, 扁平, 长 3.3~4.8cm, 果瓣近革质, 褐色, 种子 1~2, 种皮红色。**花果期**: 花期 4~5 月, 果期 10~11 月。**分布**: 产中国陕西、甘肃、江苏、安徽、浙江、江西、福建、湖北、四川、贵州、重庆。**生境**: 生于河旁、山坡、山谷林内, 海拔 200~900m。**用途**: 观赏。

特征要点 奇数羽状复叶互生, 小叶常 2 对, 薄革质, 卵形, 背面疏被毛。圆锥花序下垂; 花疏, 花冠蝶形, 白色或淡紫色。荚果近圆形, 扁平, 近革质, 种子 1~2, 红色。

海南红豆 **Ormosia pinnata** (Lour.) Merr.

豆科 / 蝶形花科 Fabaceae/Leguminosae/Papilionaceae 红豆属

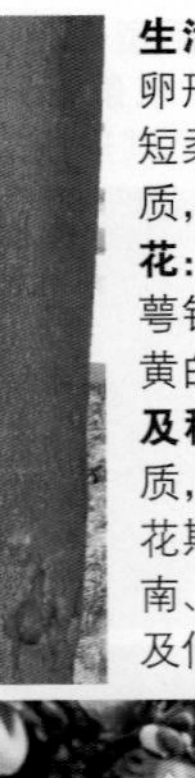

生活型: 常绿乔木或灌木。**高度**: 3~18m。**株形**: 宽卵形。**树皮**: 灰色或灰黑色。**枝条**: 小枝被淡褐色短柔毛。**叶**: 奇数羽状复叶互生, 小叶 3~4 对, 薄革质, 披针形, 长 12~15cm, 两面均无毛, 侧脉 5~7 对。**花**: 圆锥花序顶生, 长 20~30cm; 花长 1.5~2cm; 花萼钟状, 萼齿 5, 阔三角形; 花冠蝶形, 粉红色而带黄白色; 雄蕊 10, 分离; 子房密被褐色短柔毛。**果实及种子**: 荚果长 3~7cm, 有种子 1~4 粒, 果瓣厚木质, 熟时橙红色, 种子椭圆形, 种皮红色。**花果期**: 花期 7~8 月, 果期 11~12 月。**分布**: 产中国广东、海南、广西。越南、泰国也有分布。**生境**: 生于中海拔及低海拔的山谷、山坡、路旁森林中。**用途**: 观赏。

特征要点 奇数羽状复叶互生, 无毛, 小叶 3~4 对, 薄革质, 披针形。圆锥花序顶生; 花冠蝶形, 粉红色而带黄白色。荚果厚木质, 熟时橙红色, 种子椭圆形, 红色。

木荚红豆 **Ormosia xylocarpa** Chun ex L. Chen

豆科 / 蝶形花科 Fabaceae/Leguminosae/Papilionaceae 红豆属

生活型：常绿乔木。**高度**：12~20m。**株形**：宽卵形。**树皮**：灰色或棕褐色，平滑。**枝条**：小枝密被褐黄色短柔毛。**叶**：奇数羽状复叶互生，被黄毛，小叶 1~4 对，厚革质，长椭圆形，背面贴生褐黄色短毛。**花**：圆锥花序顶生，被短柔毛；花大，有芳香；花萼钟状，5 齿裂，萼齿长卵形；花冠蝶形，白色或粉红色；雄蕊 10，分离；子房密被褐黄色短绢毛。**果实及种子**：荚果倒卵形至长椭圆形，压扁，果瓣厚木质，种子横椭圆形，种皮红色，光亮。**花果期**：花期 6~7 月，果期 10~11 月。**分布**：产中国江西、福建、湖南、广东、海南、广西、贵州。**生境**：生于山坡、山谷、路旁、溪边疏林或密林内，海拔 230~1600m。**用途**：观赏。

特征要点 奇数羽状复叶互生，被黄毛，小叶 1~4 对，厚革质，长椭圆形。圆锥花序顶生；花大，花冠蝶形，白色或粉红色。荚果压扁，木质；种子横椭圆形，红色，光亮。

翅荚香槐 **Cladrastis platycarpa** (Maxim.) Makino

豆科 / 蝶形花科 Fabaceae/Leguminosae/Papilionaceae 香槐属

生活型：常绿大乔木。**高度**：达 30m。**株形**：宽卵形。**树皮**：暗灰色，多皮孔。**枝条**：小枝被褐色柔毛，后秃净。**叶**：奇数羽状复叶互生，小叶 3~4 对，互生或近对生，长椭圆形，基部稍偏斜，侧脉 6~8 对，小叶柄密被灰褐色柔毛。**花**：圆锥花序顶生，长 30cm，被疏短柔毛；花萼阔钟状，萼齿 5，三角形；花冠蝶形，白色，芳香；雄蕊 10，离生；子房线形，被淡黄白色疏柔毛，胚珠 5~6 粒。**果实及种子**：荚果扁平，长椭圆形，长 4~8cm，两侧具翅，种子 1~2 粒。**花果期**：花期 4~6 月，果期 7~10 月。**分布**：产中国江苏、浙江、湖南、广东、广西、贵州、云南。**生境**：生于山谷疏林中和村庄附近的山坡杂木林中，海拔 1000m 以下。**用途**：观赏。

特征要点 奇数羽状复叶互生，小叶 3~4 对，基部稍偏斜。圆锥花序顶生；花冠蝶形，白色；雄蕊 10，离生。荚果扁平，长椭圆形，两侧具翅，种子 1~2。

马鞍树 **Maackia hupehensis** Takeda

豆科 / 蝶形花科 Fabaceae/Leguminosae/Papilionaceae 马鞍树属

生活型：落叶乔木。**高度**：5~23m。**株形**：狭卵形。**树皮**：绿灰色或灰黑褐色，平滑。**枝条**：小枝被灰白色柔毛。**叶**：羽状复叶互生，小叶 4~6 对，卵形至椭圆形，背面密被平伏褐色短柔毛。**花**：总状花序 2~6 个集生，长 3.5~8cm，密被淡黄褐色柔毛；花萼钟状，萼齿 5；花冠蝶形，白色，旗瓣圆形；雄蕊 10，花丝基部稍连合；子房密被白色长柔毛，胚珠 6。**果实及种子**：荚果椭圆形，扁平，褐色，长 4.5~8.4cm，翅宽约占 2~5mm。**花果期**：花期 6~7 月，果期 8~9 月。**分布**：产中国陕西、安徽、浙江、江西、河南、湖北、湖南。**生境**：生于山坡、溪边、谷地，海拔 550~2300m。**用途**：观赏。

特征要点 羽状复叶互生，小叶 4~6 对。总状花序 2~6 个集生，密被淡黄褐色柔毛；花冠蝶形，白色；雄蕊 10，花丝基部稍连合。荚果椭圆形，扁平，褐色，具翅。

白刺花 **Sophora davidii** (Franch.) Skeels

豆科 / 蝶形花科 Fabaceae/Leguminosae/Papilionaceae 苦参属 / 槐属

生活型：落叶灌木或小乔木。**高度**：1~2m。**株形**：卵形。**树皮**：暗黑色，深纵裂。**枝条**：小枝细瘦，具刺。**叶**：羽状复叶互生，小叶 5~9 对，卵圆形，先端具芒尖；托叶钻状，部分变成刺，宿存。**花**：总状花序着生于小枝顶端；花萼钟状，稍歪斜，蓝紫色，萼齿 5；花冠蝶形，白色或淡黄色；雄蕊 10，等长，基部连合；子房密被黄褐色柔毛。**果实及种子**：荚果串珠状，干燥，稍压扁，长 6~8cm，熟时开裂，种子 3~5。**花果期**：花期 3~8 月，果期 6~10 月。**分布**：产中国河北、山西、陕西、甘肃、河南、江苏、浙江、湖北、湖南、广西、四川、贵州、云南、西藏。**生境**：生于河谷沙丘和山坡路边的灌木丛中，海拔可至 2500m。**用途**：观赏。

特征要点 小枝细瘦，具刺。羽状复叶，小叶卵圆形，背面疏被长柔毛。总状花序；花萼蓝紫色；花冠蝶形，白色或淡黄色。荚果串珠状，干燥，熟时开裂。

槐（国槐） **Styphnolobium japonicum** (L.) Schott【*Sophora japonica* L.】

豆科 / 蝶形花科 Fabaceae/Leguminosae/Papilionaceae 槐属

生活型：落叶乔木。**高度**：15~25m。**株形**：广卵形。**树皮**：暗灰色，纵裂。**枝条**：小枝绿色，皮孔显著。**叶**：羽状复叶互生，叶轴基部膨大，小叶 9~15，卵状矩圆形，背面灰白色，疏生短柔毛。**花**：圆锥花序顶生；萼钟状，具 5 小齿，疏被毛；花冠蝶形，乳白色，旗瓣阔心形，具短爪，有紫脉；雄蕊 10，不等长；子房无毛。**果实及种子**：荚果串珠状，肉质，长 2.5~5cm，无毛，不裂；种子 1~6，肾形。**花果期**：花期 6~8 月，果期 9~10 月。**分布**：普遍栽培于中国南北各地，尤以黄土高原及华北平原最常见；越南、朝鲜、日本也有。**生境**：生于庭园中、路边或村边。**用途**：观赏。

特征要点　乔木。小枝绿色，皮孔显著。羽状复叶，小叶卵状矩圆形。圆锥花序顶生；花冠蝶形，乳白色。荚果串珠状，肉质，无毛，不裂。

刺槐（洋槐） **Robinia pseudoacacia** L.

豆科 / 蝶形花科 Fabaceae/Leguminosae/Papilionaceae 刺槐属

生活型：落叶乔木。**高度**：10~25m。**株形**：狭卵形。**树皮**：黑褐色，深纵裂。**枝条**：小枝灰褐色，具托叶刺。**冬芽**：冬芽小，被毛。**叶**：羽状复叶互生，小叶 2~12 对，椭圆形至卵形，两端圆，先端芒尖。**花**：总状花序腋生，长 10~20cm，下垂；花多数，芳香；花萼斜钟状，萼齿 5，三角状形；花冠蝶形，白色，旗瓣近圆形，长 16mm；雄蕊二体（9+1）；子房线形，无毛。**果实及种子**：荚果线状长圆形，长 5~12cm，褐色，扁平，种子 2~15 粒。**花果期**：花期 4~6 月，果期 8~9 月。**分布**：原产美国，欧洲、非洲栽培。中国华北、西北地区栽培。**生境**：生于山坡、荒地或庭园中。**用途**：观赏。

特征要点　小枝灰褐色，具托叶刺。羽状复叶。总状花序腋生，下垂；花冠蝶形，白色；雄蕊二体（9+1）。荚果线状长圆形，褐色，扁平，开裂。

紫藤 **Wisteria sinensis** (Sims) Sweet

豆科 / 蝶形花科 Fabaceae/Leguminosae/Papilionaceae 紫藤属

生活型: 落叶藤本。**高度**: 2~10m。**株形**: 蔓生形。**茎皮**: 灰色。茎左旋。**枝条**: 小枝被白色柔毛，后秃净。**冬芽**: 冬芽卵形。**叶**: 奇数羽状复叶互生，小叶 3~6 对，纸质，卵状椭圆形至卵状披针形，嫩叶两面被平伏毛，后秃净。**花**: 总状花序生于老枝，长 15~30cm，被白色柔毛；花长 2~2.5cm，芳香；花萼杯状，萼齿 5；花冠蝶形，紫色，旗瓣圆形；雄蕊二体（9+1）；子房线形，密被茸毛，花柱无毛，上弯，胚珠 6~8。**果实及种子**: 荚果倒披针形，长 10~15cm，密被茸毛，种子 1~3 粒。**花果期**: 花期 4~5 月，果期 5~8 月。**分布**: 产中国湖北、湖南、福建、安徽、浙江、江苏、河北、河南、陕西、广西、贵州、云南，各地常有栽培。**生境**: 生于庭园中。**用途**: 观赏。

特征要点 木质藤本。奇数羽状复叶，小叶嫩叶两面被平伏毛，后秃净。总状花序下垂，被白色柔毛；花冠蝶形，紫色；雄蕊二体（9+1）。荚果倒披针形，密被茸毛。

紫檀 **Pterocarpus indicus** Willd.

豆科 / 蝶形花科 Fabaceae/Leguminosae/Papilionaceae 紫檀属

生活型: 常绿乔木。**高度**: 15~25m。**株形**: 宽卵形。**树皮**: 灰色。**枝条**: 小枝灰色，粗糙。**叶**: 奇数羽状复叶互生，小叶 3~5 对，互生，卵形，全缘，先端渐尖，基部圆形，两面无毛，叶脉纤细。**花**: 圆锥花序顶生或腋生，多花，被褐色短柔毛；花萼钟状，萼齿 5，阔三角状形；花冠蝶形，黄色，花瓣有长柄，旗瓣宽 10~13mm；雄蕊 10，单体，最后分为 5+5 的二体；子房具短柄，密被柔毛。**果实及种子**: 荚果圆形，扁平，偏斜，宽约 5cm，具宽翅，种子 1~2 粒。**花果期**: 花期 11~12 月，果期翌年 4~5 月。**分布**: 产中国台湾、广东、云南。**生境**: 生于坡地疏林中或庭园。**用途**: 观赏。

特征要点 奇数羽状复叶互生，小叶 3~5 对，卵形，无毛。圆锥花序多花；花冠蝶形，黄色，花瓣有长柄；雄蕊 10，单体，最后分为（5+5）的二体。荚果圆形，扁平，偏斜，具宽翅，种子 1~2。

南岭黄檀 **Dalbergia assamica** Benth.【Dalbergia balansae Prain】

豆科 / 蝶形花科 Fabaceae/Leguminosae/Papilionaceae 黄檀属

生活型：落叶乔木。**高度**：6~15m。**株形**：宽卵形。**树皮**：灰黑色，粗糙，有纵裂纹。**枝条**：小枝暗灰色。**叶**：羽状复叶互生，被短柔毛，小叶6~7对，纸质，长圆形，先端圆形，常微缺，基部阔楔形或圆形。**花**：圆锥花序腋生，长5~10cm，被柔毛；花萼钟状，萼齿5，最下1枚较长，余者三角状形；花冠蝶形，白色；雄蕊10，合生为5+5的二体；子房具柄，密被短柔毛。**果实及种子**：荚果舌状或长圆形，长5~6cm，种子常1粒。**花果期**：花期5~6月，果期10~11月。**分布**：产中国浙江、福建、广东、海南、广西、四川、贵州。越南也有分布。**生境**：生于山地杂木林中或灌丛中，海拔300~900m。**用途**：观赏。

特征要点 羽状复叶互生，被短柔毛，小叶6~7对。圆锥花序腋生；花冠蝶形，白色；雄蕊10，合生为5+5的二体。荚果舌状或长圆形，种子常1粒。

黄檀 **Dalbergia hupeana** Hance

豆科 / 蝶形花科 Fabaceae/Leguminosae/Papilionaceae 黄檀属

生活型：落叶乔木。**高度**：10~20m。**株形**：宽卵形。**树皮**：暗灰色，薄片状剥落。**枝条**：小枝淡绿色。**叶**：偶数羽状复叶互生，小叶3~5对，近革质，椭圆形，先端钝，无毛。**花**：圆锥花序长15~20cm，疏被锈色短柔毛；花萼钟状，萼齿5，不等大；花冠蝶形，白色或淡紫色；雄蕊10，成5+5的二体；子房具短柄，无毛。**果实及种子**：荚果长圆形或阔舌状，长4~7cm，果瓣薄革质，种子1~2粒。**花果期**：花期5~7月，果期8~10月。**分布**：产中国山东、江苏、安徽、浙江、江西、福建、湖北、湖南、广东、广西、四川、重庆、贵州、云南。**生境**：生于山地林中或灌丛中、山沟溪旁及有小树林的坡地，海拔600~1400m。**用途**：观赏。

特征要点 小枝淡绿色。偶数羽状复叶，小叶近革质，椭圆形。圆锥花序；花冠蝶形，白色或淡紫色；雄蕊10，成5+5的二体。荚果长圆形或阔舌状，薄革质，种子1~2。

钝叶黄檀 **Dalbergia obtusifolia** (Baker) Prain

豆科 / 蝶形花科 Fabaceae/Leguminosae/Papilionaceae 黄檀属

生活型: 落叶乔木。**高度**: 13~17m。**株形**: 宽卵形。**树皮**: 灰黑色，粗糙，纵棱显著。**枝条**: 小枝下垂，无毛。**叶**: 羽状复叶互生，小叶 2~3 对，近革质，椭圆形或倒卵形，两端圆形或先端有时微缺，基部阔楔形，两面无毛。**花**: 圆锥花序顶生或腋生，长 15~20cm，被黄色短柔毛；花萼钟状，萼齿 5，卵形，不等大；花冠蝶形，淡黄色；雄蕊 10，单体；子房具长柄，椭圆形，无毛，胚珠 3 粒。**果实及种子**: 荚果长圆形至带状，长 4~8cm，果瓣革质，种子 1~2 粒。**花果期**: 花期 3~4 月，果期 10~11 月。**分布**: 产中国云南。**生境**: 生于山地疏林或河谷灌丛中，海拔 800~1300m。**用途**: 观赏。

特征要点 羽状复叶互生，小叶 2~3 对，近革质，无毛。圆锥花序被黄色短柔毛；花冠蝶形，淡黄色；雄蕊 10，单体。荚果长圆形至带状，果瓣革质，种子 1~2。

降香（花梨木） **Dalbergia odorifera** T. C. Chen

豆科 / 蝶形花科 Fabaceae/Leguminosae/Papilionaceae 黄檀属

生活型: 常绿乔木。**高度**: 10~15m。**株形**: 宽卵形。**树皮**: 褐色，粗糙，有纵裂槽纹。**枝条**: 小枝绿色，无毛，有小而密集皮孔。**叶**: 羽状复叶互生，小叶 4~5 对，近革质，卵形或椭圆形，顶生小叶最大，往下渐小，先端尖，钝头，基部圆或阔楔形。**花**: 圆锥花序腋生，长 5~10cm；花萼钟状，萼齿 5，下方 1 枚披针形，余者阔卵形；花冠蝶形，乳白色或淡黄色；雄蕊 9，单体；子房狭椭圆形，具长柄，胚珠 1~2 粒。**果实及种子**: 荚果舌状长圆形，长 4.5~8cm，果瓣革质，对种子的部分明显凸起，状如棋子，种子常 1 粒。**花果期**: 花期 3~4 月，果期 10~11 月。**分布**: 产中国海南。**生境**: 生于中海拔的山坡疏林中、林缘或林边旷地上。**用途**: 观赏。

特征要点 羽状复叶互生，小叶 4~5 对，近革质，不等大。圆锥花序腋生；花冠蝶形，乳白色或淡黄色；雄蕊 9，单体。荚果舌状长圆形，果瓣革质，种子常 1 粒。

紫穗槐 **Amorpha fruticosa** L.

豆科 / 蝶形花科 Fabaceae/Leguminosae/Papilionaceae 紫穗槐属

生活型：落叶灌木。**高度**：1~4m。**株形**：宽卵形。**树皮**：粗糙，褐色。**枝条**：小枝灰褐色。**叶**：奇数羽状复叶互生，小叶11~25，卵形或椭圆形，先端具短尖刺，叶背有白色短柔毛。**花**：穗状花序常1至数个顶生和枝端腋生，长7~15cm，密被短柔毛；花萼长2~3mm，萼齿三角形；旗瓣心形，紫色，无翼瓣和龙骨瓣；雄蕊10，下部合生成鞘，上部分裂，包于旗瓣之中，伸出花冠外。**果实及种子**：荚果下垂，长6~10mm，微弯曲，棕褐色。**花果期**：花期5~6月，果期9~10月。**分布**：原产美国。中国东北、华北、西北地区及山东、安徽、江苏、河南、湖北、广西、四川等地栽培。**生境**：生于山坡、路边或庭园中。**用途**：观赏。

特征要点 奇数羽状复叶，叶背有白色短柔毛。穗状花序，密被短柔毛；旗瓣心形，紫色，无翼瓣和龙骨瓣；雄蕊10。荚果下垂，微弯曲，棕褐色。

刺桐 **Erythrina variegata** L.

豆科 / 蝶形花科 Fabaceae/Leguminosae/Papilionaceae 刺桐属

生活型：落叶大乔木。**高度**：达20m。**株形**：宽卵形。**树皮**：灰褐色。**枝条**：小枝粗壮，叶痕明显，具黑色直刺。**叶**：羽状复叶互生，具长柄，小叶3，膜质，宽卵形或菱状卵形，基部宽楔形或截形，基生三出脉，侧脉5对。**花**：总状花序顶生，长10~16cm；花萼佛焰苞状，口部偏斜，一边开裂；花冠蝶形，红色，旗瓣椭圆形，长5~6cm；雄蕊10，单体；子房被微柔毛；花柱无毛。**果实及种子**：荚果黑色，肥厚，种子间略缢缩，长15~30cm。**花果期**：花期3月，果期8月。**分布**：原产印度至大洋洲海岸林中。中国台湾、福建、广东、广西、海南、云南栽培。马来西亚、印度尼西亚、柬埔寨、老挝、越南也有栽培。**生境**：生于路旁、近海溪边或庭园中。**用途**：观赏。

特征要点 小枝粗壮，具黑色直刺。羽状复叶互生，具长柄，小叶3。总状花序顶生；花冠蝶形，红色，旗瓣椭圆形；雄蕊10，单体。荚果黑色，肥厚，长15~30cm。

美丽胡枝子 **Lespedeza thunbergii** subsp. **formosa** (Vogel) H. Ohashi

豆科 / 蝶形花科 Fabaceae/Leguminosae/Papilionaceae 胡枝子属

生活型：落叶直立灌木。**高度**：1~2m。**株形**：宽卵形。**茎皮**：暗褐色。**枝条**：小枝伸展，被疏柔毛。**叶**：羽状复叶互生，具托叶，小叶 3，椭圆形至卵形，全缘，被短柔毛，两端稍尖或稍钝。**花**：羽状复叶互生，具托叶，小叶 3，椭圆形至卵形，全缘，被短柔毛。**花**：总状花序腋生，超出叶；小苞片卵形；花萼钟状，5 裂；花冠蝶形，紫红色，长 1~1.5cm；雄蕊二体（9+1）；子房被疏毛，有柄。**果实及种子**：荚果斜卵形，长 8~10mm，锐尖头，贴生密柔毛。**花果期**：花期 7~9 月，果期 9~10 月。**分布**：产中国河北、陕西、甘肃、山东、江苏、安徽、浙江、江西、福建、河南、湖北、湖南、广东、广西、四川、重庆、云南。朝鲜、日本、印度也有分布。**生境**：生于山坡、路旁、林缘、灌丛中，海拔 150~2800m。**用途**：观赏。

特征要点 羽状复叶，小叶 3，椭圆形至卵形。总状花序超出叶；花冠蝶形，紫红色；雄蕊二体（9+1）。荚果斜卵形。

绣球（八仙花） **Hydrangea macrophylla** (Thunb.) Ser.

绣球科 / 虎耳草科 Hydrangeaceae/Saxifragaceae 光绣球属 / 绣球属

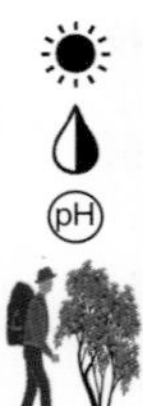

生活型：落叶灌木。**高度**：0.5~2m。**株形**：宽卵形。**茎皮**：灰色。**枝条**：小枝粗壮，光滑。**叶**：叶对生，肉质，卵圆形，顶端钝，基部圆形，边缘具粗齿，无毛，网脉明显；叶柄粗壮。**花**：伞房状聚伞花序近球形，直径 8~20cm；不育花密集多数，萼片 4，大型，花瓣状，卵圆形，粉红色、淡蓝色或白色；孕性花极少数，萼筒倒圆锥状，萼齿卵状三角状形；花瓣长圆形；雄蕊 10 枚；子房大半下位，花柱 3。**果实及种子**：蒴果长陀螺状。**花果期**：花期 6~8 月。**分布**：产中国山东、江苏、安徽、浙江、福建、河南、湖北、湖南、广东、广西、四川、贵州。日本、朝鲜也有分布。**生境**：生于山谷溪旁、山顶疏林中，海拔 380~1700m。**用途**：观赏。

特征要点 小枝粗壮，光滑。叶肉质，卵圆形，顶端钝，无毛。伞房状聚伞花序近球形；不育花密集多数，萼片 4，大型，花瓣状，卵圆形，粉红色、淡蓝色或白色。

圆锥绣球 **Hydrangea paniculata** Siebold

绣球科 / 虎耳草科 Hydrangeaceae/Saxifragaceae 光绣球属 / 绣球属

生活型：落叶灌木或小乔木。**高度**：1~5m。**株形**：宽卵形。**茎皮**：黄褐色。**枝条**：小枝褐色，具凹条纹和浅色皮孔。**叶**：叶对生或 3 叶轮生，纸质，卵形或椭圆形，先端尖，基部圆，边缘具细密锯齿，背面疏被紧贴长柔毛，侧脉 6~7 对。**花**：圆锥状聚伞花序尖塔形，长达 26cm；不育花较多，萼片 4，白色，不等大；孕性花萼筒陀螺状，萼齿短三角形，花瓣白色，卵形；雄蕊 10；子房半下位，花柱 3，钻状。**果实及种子**：蒴果椭圆形，突出部分圆锥形。**花果期**：花期 7~8 月，果期 10~11 月。**分布**：产中国西北、华东、华中、华南、西南地区。日本也有分布。**生境**：生于山谷、山坡疏林下、山脊灌丛中，海拔 360~2100m。**用途**：观赏。

特征要点　叶对生或 3 叶轮生，具柄，边缘具细密锯齿，背面疏被紧贴长柔毛。圆锥状聚伞花序尖塔形；不育花较多，萼片 4，白色，不等大；孕性花小，白色。蒴果椭圆形。

野茉莉（安息香）　**Styrax japonicus** Siebold & Zucc.

安息香科 Styracaceae 安息香属

生活型：落叶灌木或小乔木。**高度**：4~8m。**株形**：宽卵形。**茎皮**：灰褐色或暗紫色，平滑。**枝条**：小枝稍扁，灰色。**叶**：叶互生，纸质或近革质，椭圆形，顶端尖，常稍弯，基部楔形，边近全缘，两面近无毛，侧脉每边 5~7 条。**花**：总状花序顶生，有花 5~8 朵，长 5~8cm；花白色，长 2~3cm，下垂；花萼漏斗状，膜质；花冠裂片 5，卵形；雄蕊 10，花丝扁平，下部联合成管；子房上位。**果实及种子**：核果卵形，长 8~14mm，密被灰色星状茸毛；种子褐色，有深皱纹。**花果期**：花期 4~7 月，果期 9~11 月。**分布**：产中国山东、福建、云南、四川、广东、广西。朝鲜、日本也有分布。**生境**：生于林中，海拔 400~1800m。**用途**：观赏。

特征要点　叶互生，椭圆形，近全缘，两面近无毛。总状花序顶生；花白色，下垂，花冠裂片 5，雄蕊 10，子房上位。核果卵形，密被灰色星状茸毛。

栓叶安息香 **Styrax suberifolius** Hook. & Arn. 安息香科 Styracaceae 安息香属

生活型: 常绿乔木。**高度**: 4~20m。**株形**: 宽卵形。**树皮**: 红褐色或灰褐色，粗糙。**枝条**: 小枝被锈褐色星状茸毛。**叶**: 叶互生，革质，椭圆形至椭圆状披针形，边近全缘，正面无毛，背面密被黄褐色至灰褐色星状茸毛，侧脉每边 5~1 两条。**花**: 总状花序或圆锥花序；花白色；花萼杯状，萼齿 4~5，三角形或波状；花冠 4~5 裂；雄蕊 8~10 枚，花丝扁平，下部联合成管；花柱无毛。**果实及种子**: 核果卵状球形，密被星状茸毛，成熟时从顶端向下 3 瓣开裂；种子褐色。**花果期**: 花期 3~5 月，果期 9~11 月。**分布**: 产中国长江流域以南各地区。越南也有分布。**生境**: 生于山地、丘陵地常绿阔叶林中，海拔 100~3000m。**用途**: 观赏。

特征要点 叶互生，革质，椭圆形，近全缘，背面密被褐色星状茸毛。总状花序或圆锥花序；花白色，花冠 4~5 裂，雄蕊 8~10 枚；花柱无毛。核果卵状球形，密被星状茸毛。

越南安息香 **Styrax tonkinensis** (Pierre) Craib ex Hartw.
安息香科 Styracaceae 安息香属

生活型: 落叶乔木。**高度**: 6~30m。**株形**: 圆锥形。**树皮**: 灰褐色，有不规则纵裂纹。**枝条**: 小枝被褐色茸毛。**叶**: 叶互生，纸质至薄革质，椭圆形至卵形，近全缘，正面无毛，背面密被星状茸毛，侧脉每边 5~6 条。**花**: 圆锥花序，长 3~10cm，密被星状短柔毛；花白色，长 12~25mm；花萼杯状；花冠裂片 5，膜质；雄蕊 10，花丝扁平，下部联合成筒；花柱无毛。**果实及种子**: 核果近球形，直径 10~12mm，密被星状茸毛；种子卵形，栗褐色。**花果期**: 花期 4~6 月，果期 8~10 月。**分布**: 产中国云南、贵州、广西、广东、福建、湖南、江西。越南也有分布。**生境**: 生于山坡、山谷、林缘及疏林中，海拔 100~2000m。**用途**: 观赏。

特征要点 叶互生，椭圆形至卵形，近全缘，背面密被星状茸毛。圆锥花序；花白色，花冠裂片 5，雄蕊 10，花柱无毛。核果近球形，密被星状茸毛。

赤杨叶 **Alniphyllum fortunei** (Hemsl.) Makino 安息香科 Styracaceae 赤杨叶属

生活型：落叶乔木。**高度**：15~20m。**株形**：宽卵形。**树皮**：平滑，具细纵纹，灰褐色。**枝条**：小枝被褐色短柔毛。**叶**：叶互生，纸质，椭圆形，边缘具疏离硬质锯齿，两面被疏柔毛，侧脉每边 7~12 条。**花**：总状花序或圆锥花序；花白色或粉红色；花萼杯状，萼齿 5；花冠裂片 5；雄蕊 10，花丝下部联合成管；子房密被黄色长茸毛。**果实及种子**：蒴果长圆形，长 1~2cm，成熟时 5 瓣开裂；种子多数，具翅。**花果期**：花期 4~7 月，果期 8~10 月。**分布**：产中国安徽、江苏、浙江、湖南、湖北、江西、福建、台湾、广东、广西、贵州、四川、云南。印度、越南、缅甸也有分布。**生境**：生于常绿阔叶林中，海拔 200~2200m。**用途**：观赏。

特征要点 小枝被柔毛。叶对生，纸质，具锯齿。总状花序或圆锥花序；花白色或粉红色，5 数。蒴果长圆形，成熟时 5 瓣开裂；种子多数，具翅。

银钟花 **Perkinsiodendron macgregorii** (Chun) P. W. Fritsch 【Halesia macgregorii Chun】 安息香科 Styracaceae 银钟花属

生活型：落叶乔木。**高度**：达 24m。**株形**：宽卵形。**树皮**：光滑，灰色。**枝条**：小枝紫褐色。**冬芽**：冬芽长圆铅形。**叶**：叶互生，具细柄，纸质，椭圆形，顶端渐尖，边缘具锯齿，背面浅绿色，侧脉每边 10~24 条，纤细。**花**：花丛生叶腋，白色，下垂，直径约 1.5cm；花梗纤细；萼管倒圆锥形，有 4 棱；花冠 4 深裂；雄蕊 8，4 长 4 短，基部联合成管；花柱线形，柱头 4 裂，子房下位，2~4 室。**果实及种子**：核果长椭圆形，长 2.5~4cm，有 4 翅，萼齿常宿存。**花果期**：花期 3~4 月，果期 7~10 月。**分布**：产中国广东、广西、福建、江西、湖南、贵州、浙江。**生境**：生于山坡、山谷较阴湿的密林中，海拔 700~1200m。**用途**：观赏。

特征要点 叶具细柄，椭圆形，边缘具锯齿，背面浅绿色。花 2~7 朵丛生叶腋，白色，下垂；花冠 4 深裂；雄蕊 8；花柱线形，柱头 4 裂。核果长椭圆形，有 4 翅。

陀螺果 **Melliodendron xylocarpum** Hand.-Mazz.

安息香科 Styracaceae 陀螺果属

生活型：落叶乔木。**高度**：6~20m。**株形**：宽卵形。**树皮**：灰褐色，有不规则条状裂纹。**枝条**：小枝红褐色，被星状短柔毛。**冬芽**：冬芽卵形。**叶**：叶互生，纸质，卵状披针形至长椭圆形，基部楔形，边缘有细锯齿，侧脉每边 7~9 条。**花**：花有长梗，具关节，白色；萼管倒圆锥形，具 5 齿；花冠钟状，5 深裂；雄蕊 10，花丝线形，基部联合成管；花柱线形，柱头头状，子房 2/3 下位，不完全 5 室。**果实及种子**：核果大，木质，倒卵形，长 4~7cm，具 5~10 棱或脊；种子椭圆形，扁平。**花果期**：花期 4~5 月，果期 7~10 月。**分布**：产中国云南、四川、贵州、广西、湖南、广东、江西、福建。**生境**：生于山谷、山坡湿润林中，海拔 1000~1500m。**用途**：观赏。

特征要点 叶纸质，边缘有细锯齿，嫩时密被星状短柔毛。花有长梗，具关节；花白色。核果大，木质，倒卵形，具 5~10 棱或脊；种子椭圆形，扁平。

广东木瓜红 **Rehderodendron kwangtungense** Chun

安息香科 Styracaceae 木瓜红属

生活型：落叶乔木。**高度**：达 15m。**株形**：宽卵形。**树皮**：暗褐色。**枝条**：小枝褐色，有光泽。**冬芽**：冬芽红褐色。**叶**：叶互生，纸质至革质，椭圆形，无毛，顶端短尖，边缘具疏离锯齿，侧脉每边 7~11 条，紫红色。**花**：总状花序长约 7cm，有花 6~8 朵；花白色，先叶开放；花萼钟状，有 5 棱，萼齿 5；花冠裂片 5；雄蕊 10，5 长 5 短，基部合生成管；花柱比雄蕊长，子房下位，3~4 室。**果实及种子**：核果单生，木质，长圆形至椭圆形，长 4.5~8cm，熟时褐色，有 5~10 棱；种子长圆状线形，栗棕色。**花果期**：花期 3~4 月，果期 7~9 月。**分布**：产中国湖南、广东、广西、云南。**生境**：生于密林中，海拔 100~1300m。**用途**：观赏。

特征要点 叶互生，椭圆形，边缘具疏离锯齿，无毛，侧脉紫红色。总状花序长；花白色，5 数，先叶开放。核果单生，木质，长圆形至椭圆形，熟时褐色，有 5~10 棱。

小叶白辛树 **Pterostyrax corymbosus** Siebold & Zucc.

安息香科 Styracaceae 白辛树属

生活型: 落叶乔木。**高度**: 达 15m。**株形**: 宽卵形。**树皮**: 灰褐色。**枝条**: 小枝密被星状短柔毛。**叶**: 叶互生，纸质，倒卵形至椭圆形，长 6~14cm，顶端急尖，基部楔形，边缘有锐尖锯齿，背面淡绿色，被星状柔毛，侧脉每边 7~9 条；叶柄长 1~2cm。**花**: 圆锥花序伞房状，长 3~8cm；花白色；花梗极短；花萼钟状，顶端 5 齿，披针形；花冠裂片长圆形，近基部合生；雄蕊 10 枚，5 长 5 短，基部联合成管。**果实及种子**: 蒴果倒卵形，具 5 翅，密被星状茸毛，顶端具长喙。**花果期**: 花期 3~4 月，果期 5~9 月。**分布**: 产中国江苏、浙江、江西、湖南、福建。日本也有分布。**生境**: 生于河边、山坡，海拔 400~1600m。

特征要点 叶背面淡绿色，被星状柔毛。圆锥花序短小，长 3~8cm。果短小，具 5 翅。

白辛树 **Pterostyrax psilophyllus** Diels ex Perk.

安息香科 Styracaceae 白辛树属

生活型: 落叶乔木。**高度**: 达 15m。**株形**: 宽卵形。**树皮**: 灰褐色，呈不规则开裂。**枝条**: 小枝被星状毛。**叶**: 叶互生，硬纸质，长椭圆形或倒卵形，边缘具细锯齿，背面密被灰色星状茸毛，侧脉每边 6~11 条，近平行。**花**: 圆锥花序长 10~15cm，被黄色星状茸毛；花白色，长 12~14mm；花萼钟状，具 5 脉，萼齿 5，披针形；花瓣 5，长椭圆形；雄蕊 10，近等长，伸出；子房密被灰白色粗毛，柱头稍 3 裂。**果实及种子**: 核果近纺锤形，长约 2.5cm，具 5~10 棱，密被灰黄色疏展、丝质长硬毛。**花果期**: 花期 4~5 月，果期 8~10 月。**分布**: 产中国湖南、湖北、贵州、四川、广西、云南。**生境**: 生于湿润林中，海拔 600~2500m。**用途**: 观赏。

特征要点 叶互生，长椭圆形或倒卵形，具细锯齿，背面密被灰色星状茸毛。圆锥花序；花白色，5 数。核果近纺锤形，具 5~10 棱，密被长硬毛。

白檀 **Symplocos paniculata** (Thunb.) Miq. 山矾科 Symplocaceae 山矾属

生活型: 落叶灌木或小乔木。**高度**: 3~6m。**株形**: 宽卵形。**茎皮**: 灰白色。**枝条**: 小枝有灰白色柔毛。**叶**: 叶互生，膜质或薄纸质，阔倒卵形至卵形，边缘有细尖锯齿，叶背常有柔毛。**花**: 圆锥花序长 5~8cm，有柔毛；萼筒褐色，裂片 5，半圆形或卵形，淡黄色；花冠白色，5 深裂几达基部；雄蕊 40~60，子房 2 室，花盘具 5 凸起的腺点。**果实及种子**: 核果卵状球形，稍偏斜，长 5~8mm，熟时蓝色，顶端宿萼裂片直立。**花果期**: 花期 4~5 月，果期 9~10 月。**分布**: 产中国东北、华北、华中、华南、西南地区。朝鲜、日本、印度、北美也有分布。**生境**: 生于山坡、路边、疏林、密林中，海拔 760~2500m。**用途**: 观赏。

特征要点 小枝有灰白色柔毛。叶阔倒卵形至卵形，边缘有细尖锯齿。圆锥花序散开；花冠白色，5 深裂；雄蕊 40~60。核果卵状球形，稍偏斜，熟时蓝色。

山矾 **Symplocos sumuntia** Buch.-Ham. ex D. Don 山矾科 Symplocaceae 山矾属

生活型: 常绿乔木。**高度**: 3~8m。**株形**: 宽卵形。**树皮**: 暗灰色。**枝条**: 小枝褐色。**叶**: 叶互生，薄革质，卵形至倒披针状椭圆形，边缘具浅锯齿或波状齿，两面无毛，侧脉每边 4~6 条。**花**: 总状花序长 2.5~4cm，被柔毛；萼筒倒圆锥形，裂片 5，三角状卵形；花冠白色，5 深裂几达基部；雄蕊 25~35，花丝基部稍合生；花盘环状，无毛；子房 3 室。**果实及种子**: 核果卵状坛形，长 7~10mm，外果皮薄而脆，顶端宿萼裂片直立。**花果期**: 花期 2~3 月，果期 6~7 月。**分布**: 产中国江苏、浙江、福建、台湾、海南、广西、江西、湖南、湖北、四川、贵州、云南。尼泊尔、不丹、印度也有分布。**生境**: 生于山林间，海拔 200~1500m。**用途**: 观赏。

特征要点 叶互生，薄革质，边缘具浅齿，无毛。总状花序被柔毛；萼筒裂片 5；花冠白色，5 深裂；雄蕊 25~35；子房 3 室。核果卵状坛形，顶端宿萼裂片直立。

灯台树 **Cornus controversa** Hemsl.【Bothrocaryum controversum (Hemsl.) Pojark.】山茱萸科 Cornaceae 山茱萸属 / 灯台树属

生活型：落叶乔木。**高度**：6~15m。**株形**：卵形。**树皮**：暗灰色。**枝条**：小枝紫红色，无毛。**叶**：叶互生，宽卵形或宽椭圆形，背面疏被柔毛，侧脉 6~7 对；叶柄长 2~6.5cm。**花**：伞房状聚伞花序顶生；花小，白色；萼齿 4，三角形；花瓣 4，长披针形；雄蕊伸出，无毛；子房下位，倒卵圆形，密被灰色贴伏短柔毛。**果实及种子**：核果球形，紫红色至蓝黑色，直径 6~7mm。**花果期**：花期 5~6 月，果期 7~8 月。**分布**：产中国辽宁、河北、陕西、甘肃、山东、安徽、台湾、河南、广东、广西、台湾、云南、西藏、湖北、湖南、重庆、贵州、浙江、江苏、福建、江西、四川。朝鲜、日本、印度、尼泊尔、不丹也有分布。**生境**：生于常绿阔叶林、针叶阔叶混交林中，海拔 250~2600m。**用途**：观赏。

特征要点 树皮暗灰色。叶互生，宽卵形，背面疏被柔毛，弧形脉 6~7 对。伞房状聚伞花序顶生；花小，白色，4 数。核果球形，紫红色至蓝黑色。

毛梾 **Cornus walteri** Wangerin【Swida walteri (Wanger.) Sojak】山茱萸科 Cornaceae 山茱萸属 / 梾木属

生活型：落叶乔木。**高度**：6~14m。**株形**：卵形。**树皮**：黑灰色，长条状深纵裂。**枝条**：小枝灰绿色，有棱角。**冬芽**：冬芽狭长圆锥形。**叶**：

叶对生，椭圆形至长椭圆形，顶端渐尖，基部楔形，两面具贴伏柔毛，侧脉 4~5 对；叶柄长 0.9~3cm。**花**：伞房状聚伞花序顶生，长 5cm；花白色，直径 1.2cm；萼齿 4，三角形；花瓣披针形；雄蕊 4，稍长于花瓣；子房下位，密被灰色短柔毛，花柱棍棒形。**果实及种子**：核果球形，熟时黑色，直径 6mm。**花果期**：花期 5~6 月，果期 8~10 月。**分布**：产中国华北、华东、华中、华南、西南地区。**生境**：生于杂木林、密林中，海拔 300~1800m。**用途**：观赏。

特征要点 树皮长条状深纵裂。叶对生，椭圆形至长椭圆形，两面具贴伏柔毛，弧形脉 4~5 对。伞房状聚伞花序顶生；花 4 数，白色，子房下位。核果球形，熟时黑色。

光皮梾木 **Cornus wilsoniana** Wangerin【Swida wilsoniana (Wangerin) Soják】山茱萸科 Cornaceae 山山茱萸属 / 梾木属

生活型：落叶灌木或乔木。**高度**：5~18m。**株形**：卵形。**树皮**：光滑，带绿色。**枝条**：小枝黄绿色，皮孔明显。**叶**：叶对生，狭椭圆形至阔椭圆形，密被白色贴伏短柔毛及细乳头状凸起，侧脉 3~4 对，弓形弯曲。**花**：

圆锥状聚伞花序近于塔形，顶生，长 5~6cm；花白色，直径约 9mm；萼齿 4，宽三角形；花瓣 4，条状披针形至披针形；雄蕊 4；子房倒卵形，密被灰白色短柔毛。**果实及种子**：核果球形，熟时蓝黑色，直径 6mm。**花果期**：花期 5月，果期 10~11 月。**分布**：产中国陕西、甘肃、浙江、江西、福建、河南、湖北、湖南、广东、广西、四川、重庆、贵州。**生境**：生于森林中，海拔 130~1130m。**用途**：观赏，果榨油。

特征要点 树皮光滑，带绿色。叶对生，椭圆形，密被毛，具弧形脉。圆锥状聚伞花序近塔形，顶生；花白色，4 数。核果球形，熟时蓝黑色。

山茱萸 **Cornus officinalis** Siebold & Zucc. 山茱萸科 Cornaceae 山茱萸属

生活型：落叶乔木或灌木。**高度**：4~10m。**株形**：卵形。**树皮**：灰褐色，块状剥落。**枝条**：小枝细圆柱形。**冬芽**：冬芽卵形至披针形。**叶**：叶对生，纸质，卵状披针形或卵状椭圆形，全缘，背面浅绿色，侧脉 6~7 对；叶柄细圆柱形。**花**：伞形花序侧生；花小，两性，先叶开放；花萼裂片 4，阔三角形；花瓣 4，舌状披针形，黄色，反卷；雄蕊 4；花盘垫状；子房下位。**果实及种子**：核果长椭圆形，红色至紫红色。**花果期**：花期 3~4 月，果期 9~10 月。**分布**：产中国山西、陕西、甘肃、山东、江苏、浙江、安徽、江西、河南、湖南。朝鲜、日本也有分布。**生境**：生于林缘、森林中，海拔 400~2100m。**用途**：观赏，果药用。

特征要点 树皮块状剥落。叶对生，卵状披针形或卵状椭圆形，弧形脉 6~7 对。伞形花序侧生；花小，两性，先叶开放，4 数，黄色。核果长椭圆形，熟时红色。

头状四照花 **Cornus capitata** Wall.【Dendrobenthamia capitata (Wall.) Hutch.】山茱萸科 Cornaceae 山茱萸属 / 四照花属

生活型: 常绿小乔木。**高度**: 5~15m。**株形**: 卵形。**树皮**: 灰色，平滑。**枝条**: 小枝密被白色柔毛。**叶**: 叶对生，革质或薄革质，矩圆形或矩圆状披针形，全缘，两面均被贴生白色柔毛。**花**: 头状花序近球形；总苞片 4，花瓣状，白色，倒卵形，顶端尖，长 3~4cm；花萼筒状，4 裂，裂片圆钝；花瓣 4，黄色；雄蕊 4；花盘环状；子房下位，2 室。**果实及种子**: 果序扁球形，熟时紫红色。**花果期**: 花期 5~6 月，果期 9~10 月。**分布**: 产中国广西、四川、重庆、贵州、云南、西藏。印度、尼泊尔、巴基斯坦也有分布。**生境**: 生于混交林中，海拔 1300~3150m。**用途**: 观赏。

特征要点 叶对生，革质，矩圆形，全缘，被柔毛。头状花序近球形；总苞片 4，花瓣状，白色，倒卵形；花小，4 数，黄色。果序扁球形，熟时紫红色。

香港四照花 **Cornus hongkongensis** Hemsl.【Dendrobenthamia hongkongensis (Hemsl.) Hutch.】山茱萸科 Cornaceae 山茱萸属 / 四照花属

生活型: 常绿乔木或灌木。**高度**: 5~15m。**株形**: 宽卵形。**树皮**: 深灰色或黑褐色，平滑。**枝条**: 小枝绿色，疏被柔毛。**冬芽**: 冬芽小，圆锥形。**叶**: 叶对生，革质，椭圆形，先端短渐尖，基部宽楔形，侧脉 3~4 对，弓形内弯，老叶背面无毛；叶柄细圆柱形。**花**: 头状花序有柄，球形，直径 1cm，花 50~70 朵；总苞片 4，白色，宽椭圆形，基部狭窄；花小，4 数，花萼绿色，花瓣淡黄色。**果实及种子**: 果序球形，直径 2.5cm，被白色细毛，成熟时黄色或红色。**花果期**: 花期 5~6 月，果期 11~12 月。**分布**: 产中国浙江、江西、福建、湖南、广东、广西、四川、重庆、贵州、云南。**生境**: 生于密林中，海拔 350~1700m。**用途**: 木材，野果，观赏。

特征要点 常绿乔木。叶革质，椭圆形，侧脉 3~4 对，老叶背面无毛。果序球形。

喜树 **Camptotheca acuminata** Decne. 蓝果树科 Nyssaceae 喜树属

生活型：落叶乔木。**高度**：20~25m。**株形**：尖塔形。**树皮**：灰色。**枝条**：小枝圆柱形，光滑无毛。**叶**：叶互生，纸质，长卵形，全缘，先端渐尖，基部宽楔形，背面疏生短柔毛。**花**：花单性同株，多数排成球形头状花序，雌花顶生，雄花腋生；苞片3；花萼5裂；花瓣5，淡绿色；花盘微裂；雄花有雄蕊10，两轮，外轮较长；雌花子房下位，花柱2~3裂。**果实及种子**：瘦果窄矩圆形，长2~2.5cm，顶端有宿存花柱，有窄翅。**花果期**：花期5~7月，果期9~10月。**分布**：产中国江苏、浙江、福建、江西、湖北、湖南、四川、贵州、广东、广西、云南。**生境**：生于林边或溪边，海拔1000m以下。**用途**：木材，观赏。

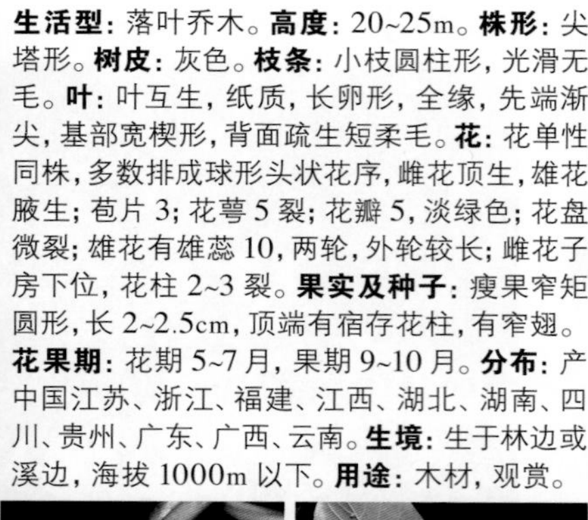

特征要点　叶互生，长卵形，全缘，背面疏生短柔毛。花单性同株，多数排成球形头状花序；花萼5裂；花瓣5，淡绿色；雄蕊10，两轮；子房下位。瘦果窄矩圆形。

蓝果树 **Nyssa sinensis** Oliv. 蓝果树科 Nyssaceae 蓝果树属

生活型：落叶乔木。**高度**：达20m。**株形**：宽卵形。**树皮**：深灰色，薄片脱落。**枝条**：小枝圆柱形，无毛，皮孔显著。**冬芽**：冬芽锥形。**叶**：叶互生，椭圆形，边缘略呈浅波状，背面淡绿色，具微柔毛，侧脉6~10对。

花：花序伞形或短总状；雄花生于无叶老枝，具长梗，萼裂片细小，花瓣早落，雄蕊5~10枚；雌花生于有叶幼枝，具短梗，萼裂片近全缘，花瓣鳞片状，花盘垫状肉质，子房下位。**果实及种子**：核果卵圆形，微扁，幼时紫绿色，成熟时深蓝色；种子3~4枚，外壳坚硬。**花果期**：花期4~5月，果期8~9月。**分布**：产中国江苏、浙江、安徽、江西、湖北、四川、湖南、贵州、福建、广东、广西、云南。**生境**：生于山谷或溪边潮湿混交林中，海拔300~1700m。**用途**：观赏。

特征要点　叶互生，质薄，椭圆形，背面淡绿色，具微柔毛。花序腋生；花单性；花瓣早落或鳞片状；花盘肉质。核果卵圆形，微扁，熟时深蓝色；种子3~4枚，外壳坚硬。

珙桐 **Davidia involucrata** Baill. 蓝果树科 Nyssaceae 珙桐属

生活型：落叶乔木。**高度**：15~20m。**株形**：卵形。**树皮**：深灰褐色，薄片状脱落。**枝条**：小枝暗褐色，无毛。**叶**：叶互生，纸质，宽卵形，先端渐尖，基部心形，边缘有粗锯齿，背面密生淡黄色粗毛；叶柄粗壮。**花**：花杂性，由多数雄花和一朵两性花组成顶生头状花序；苞片 2，大，白色，矩圆形或卵形，长 7~15cm；雄花有雄蕊 1~7；两性花子房下位，6~10 室，顶端有退化花被和雄蕊，花柱常有 6~10 分枝。**果实及种子**：核果长卵形，长 3~4cm，紫绿色，有黄色斑点。**花果期**：花期 4~5 月，果期 9~10 月。**分布**：产中国湖北、湖南、四川、重庆、贵州、云南。**生境**：生于润湿的常绿阔叶及落叶阔叶混交林中，海拔 1500~2200m。**用途**：观赏。

特征要点 叶互生，具长柄，宽卵形，边缘有粗锯齿。花杂性，组成顶生头状花序；大型苞片 2，白色，矩圆形或卵形。核果长卵形。

树参 **Dendropanax dentiger** (Harms) Merr. 五加科 Araliaceae 树参属

生活型：常绿乔木或灌木。**高度**：2~8m。**株形**：卵形。**树皮**：灰色。**枝条**：小枝绿色，光滑。**叶**：单叶互生，厚纸质或革质，叶形变异很大，不分裂至掌状分裂，边缘全缘或具牙齿，基生三出脉，侧脉 4~6 对。**花**：伞形花序顶生；小苞片三角形，宿存；萼近全缘或有 5 小齿；花瓣 5，三角形；雄蕊 5；子房 5 室，花柱 5，基部合生。**果实及种子**：核果长圆状球形，长 5~6mm，有 5 棱，花柱宿存。**花果期**：花期 8~10 月，果期 10~12 月。**分布**：产中国浙江、安徽、湖南、湖北、四川、重庆、贵州、云南、广西、广东、江西、福建、台湾。越南、老挝、柬埔寨也有分布。**生境**：生于常绿阔叶林中或灌丛中，海拔可至 1800m。**用途**：观赏。

特征要点 单叶互生，叶形变异大，不分裂至掌状分裂，无毛，基生三出脉。伞形花序顶生；花小，5 数。核果长圆状球形，有 5 棱，花柱宿存。

细柱五加 **Eleutherococcus nodiflorus** (Dunn) S. Y. Hu

五加科 Araliaceae 五加属

生活型：落叶灌木。**高度**：2~3m。**株形**：宽卵形。**茎皮**：暗灰色，粗糙，皮孔显著。**枝条**：小枝无刺，光滑。**叶**：掌状复叶互生或簇生，小叶常 5，倒卵形至披针形，边缘具钝细锯齿，两面近无毛。**花**：伞形花序腋生，或单生于短枝上；花黄绿色；萼边缘有 5 齿；花瓣 5；雄蕊 5；子房下位，2~3 室；花柱 2~3，丝状，分离，开展。**果实及种子**：浆果状核果几球形，侧扁，成熟时黑色，直径 5~6mm。**花果期**：花期 4~7 月，果期 7~10 月。**分布**：产中国华中、华东、华南和西南地区。**生境**：生于林缘、路边或灌丛中。**用途**：药用。

特征要点 小枝无刺。掌状复叶，小叶常 5，边缘具钝细锯齿。伞形花序腋生；花黄绿色。浆果状核果几球形，侧扁，熟时黑色。

刺五加 **Eleutherococcus senticosus** (Rupr. & Maxim.) Maxim.

五加科 Araliaceae 五加属

生活型：落叶灌木。**高度**：2~4m。**株形**：宽卵形。**茎皮**：灰白色，具细密刺。**枝条**：小枝常被密刺。**叶**：掌状复叶互生，小叶常 5，有时 3，纸质，椭圆状倒卵形至矩圆形，边缘有锐尖重锯齿。**花**：伞形花序单个顶生或 2~4 个聚生，具多花，直径 3~4cm；小花梗长 1~2cm；萼无毛，几无齿至不明显的 5 齿；花瓣 5，卵形，淡绿色；雄蕊 5；子房 5 室，花柱合生成柱状。**果实及种子**：浆果状核果几球形至卵形，长约 8mm，有 5 棱。**花果期**：花期 6~7 月，果期 8~10 月。**分布**：产中国四川、陕西、河南、黑龙江、辽宁、吉林、河北、山西及东北地区。朝鲜、俄罗斯、日本也有分布。**生境**：生于山坡林缘或沟谷中，海拔 700~1200m。**用途**：药用。

特征要点 小枝常被密刺。掌状复叶互生，小叶常 5，边缘有锐尖重锯齿。伞形花序；小花梗长 1~2cm；花 5 数，淡绿色。浆果状核果几球形至卵形，长约 8mm，有 5 棱。

忍冬 **Lonicera japonica** Thunb. 忍冬科 Caprifoliaceae 忍冬属

生活型：半常绿攀缘灌木。**高度**：2~4m。**株形**：蔓生形。**茎皮**：灰白色，纵裂。**枝条**：小枝密生柔毛和腺毛。**叶**：叶对生，宽披针形至卵状椭圆形，全缘，顶端短渐尖至钝，基部圆形至近心形，幼时两面有毛。**花**：双花总花梗单生上部叶腋；苞片大，叶状；萼筒无毛；花冠长 3~4cm，先白色略带紫色后转黄色，芳香，外面有柔毛和腺毛，唇形，上唇具 4 裂片而直立，下唇反转，约等长于花冠筒；雄蕊 5，和花柱均稍超过花冠。**果实及种子**：浆果球形，黑色。**花果期**：花期 5~7 月，果期 7~10 月。**分布**：产中国东北至南方各地区。朝鲜、日本也有分布。**生境**：生于山坡灌丛、疏林中，海拔 50~1500m。**用途**：花药用，观赏。

特征要点 叶对生，全缘。双花单生叶腋；苞片大，叶状；花冠长 3~4cm，先白色后转黄色，芳香，唇形，下唇反转，约等长于花冠筒。浆果球形，黑色。

水青树 **Tetracentron sinense** Oliv.

昆栏树科 / 水青树科 Trochodendraceae/Tetracentraceae 水青树属

生活型：落叶乔木。**高度**：10~12m。**株形**：狭卵形。**树皮**：红灰色。**枝条**：长枝顶生，细长，短枝侧生，距状。**叶**：叶互生或单生于短枝顶端，纸质，卵形，先端渐尖，基部心脏形，边缘密生具腺锯齿。**花**：穗状花序下垂，生于短枝顶端；花 4 朵成一簇；花被黄绿色，裂片 4；雄蕊 4，与花被片对生；心皮 4，腹缝连合，花柱 4，离生。**果实及种子**：蓇葖果 4 个轮生，长椭圆形，长 2~4mm，棕色，腹缝开裂，种子 4~6，条形。**花果期**：花期 6~7 月，果期 9~10 月。**分布**：产中国云南、西藏、甘肃、河南、陕西、湖北、湖南、贵州。尼泊尔、缅甸、越南也有分布。**生境**：生于阴湿山坡、沟谷林、溪边杂木林中，海拔 1000~3500m。**用途**：观赏。

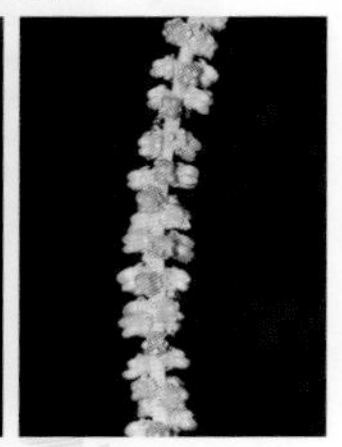

特征要点 具长短枝。叶纸质，卵形，基部心脏形，边缘密生具腺锯齿。穗状花序下垂；花小，4 朵成一簇，绿色，4 数。蓇葖果 4 个轮生，长椭圆形。

红花荷 **Rhodoleia championii** Hook. f. 金缕梅科 Hamamelidaceae 红花荷属

生活型：常绿乔木。**高度**：达 12m。**株形**：宽卵形。**树皮**：灰白色。**枝条**：小枝粗壮，无毛，暗褐色。**叶**：叶互生，厚革质，卵形，先端钝，基部阔楔形，具三出脉，正面深绿色，发亮，背面灰白色，无毛，侧脉 7~9 对。**花**：头状花序长 3~4cm，常弯垂；鳞状小苞片 5~6 片；总苞片卵圆形；萼筒短，先端平截；花瓣 2~5，匙形，红色；雄蕊 4~10；子房半下位，2 室，无毛。**果实及种子**：头状果序宽 2.5~3.5cm；蒴果 5 个，卵圆形，果皮薄木质，上半部 4 片裂开。**花果期**：花期 3~4 月，果期 10~11 月。**分布**：产中国广东。**生境**：生于常绿阔叶林中，海拔 500~2180m。**用途**：观赏。

特征要点 叶具柄，厚革质，卵形，具三出脉，无毛。头状花序常弯垂；总苞片卵圆形；花瓣 2~5，匙形，红色；雄蕊 4~10；子房半下位。蒴果卵圆形，上半部 4 片裂开。

马蹄荷 **Exbucklandia populnea** (R. Br. ex Griff.) R. W. Br.
金缕梅科 Hamamelidaceae 马蹄荷属

生活型：常绿乔木。**高度**：20m。**株形**：长卵形。**树皮**：灰色，平滑。**枝条**：小枝被短柔毛，节膨大。**叶**：叶互生，具柄，革质，阔卵圆形，全缘，先端尖锐，基部心形，正面发亮，无毛，掌状脉 5~7 条；托叶大，椭圆形。**花**：头状花序单生或数枝排成总状花序，有花 8~12 朵，花序柄长 1~2cm，被柔毛；花小，萼齿鳞片状，花丝纤细，子房半下位，被黄褐色柔毛。**果实及种子**：头状果序直径约 2cm，有蒴果 8~12 个；蒴果椭圆形，二裂，无小瘤状突起；种子具窄翅。**花果期**：花期 4~8 月，果期 10~11 月。**分布**：产中国西藏、云南、贵州、广西。缅甸、泰国、印度也有分布。**生境**：生于山地常绿林，海拔 350~2800m。**用途**：木材，观赏。

特征要点 叶互生，具柄，革质，阔卵圆形，基部心形，无毛，掌状脉 5~7 条。头状果序直径约 2cm；蒴果果皮表面平滑，不具小瘤状突起。

大果马蹄荷 **Exbucklandia tonkinensis** (Lec.) H. T. Chang

金缕梅科 Hamamelidaceae 马蹄荷属

生活型：常绿乔木。**高度**：达 30m。**株形**：宽卵形。**树皮**：灰色，浅纵裂。**枝条**：小枝节膨大，有环状托叶痕。**叶**：叶互生，具长柄，革质，阔卵形，先端渐尖，基部阔楔形，全缘，两面无毛，掌状脉 3~5 条。**花**：头状花序单生，或数个排成总状花序；花 7~9 朵，花序柄长 1~1.5cm；花两性，稀单性，萼齿鳞片状；无花瓣；雄蕊约 13 个；子房有黄褐色柔毛。**果实及种子**：头状果序宽 3~4cm，有蒴果 7~9 个；蒴果卵圆形，表面有小瘤状突起。**花果期**：花期 3~4 月，果期 10~11 月。**分布**：产中国福建、江西、湖南、广东、海南、广西、云南。越南也有分布。**生境**：生于山地常绿林，海拔 1500~1500m。**用途**：观赏。

特征要点 节膨大，有环状托叶痕。托叶 2 片，大而对合，苞片状；叶具长柄，革质，阔卵形，掌状脉 3~5 条。花序头状；花 7~9 朵，无花瓣。果序头状，蒴果 7~9 个，卵圆形。

枫香树 **Liquidambar formosana** Hance

蕈树科 / 金缕梅科 Altingiaceae/Hamamelidaceae 枫香树属

生活型：落叶乔木。**高度**：达 30m。**株形**：宽卵形。**树皮**：灰褐色，纵裂。**枝条**：小枝灰色。**冬芽**：冬芽卵形。**叶**：叶互生，薄革质，掌状 3 裂，裂片尾状渐尖，基部心形，掌状脉 3~5 条，边缘有锯齿；叶柄细长。**花**：雄花序短穗状，常多个排成总状，雄蕊多数；雌花序具长花序柄，头状，有花 24~43 朵，萼齿 4~7 个，针形，花柱紫红色。**果实及种子**：头状果序圆球形，木质，直径 3~4cm；蒴果下半部藏于花序轴内，有宿存花柱及针刺状萼齿。**花果期**：花期 3~4 月，果期 9~10 月。**分布**：产中国河南、山东、台湾、四川、云南、广西、海南、湖北、浙江、江苏、江西、安徽、广东。越南、老挝也有分布。**生境**：生于平地、村落附近及次生林中，海拔 220~2000m。**用途**：木材，观赏。

特征要点 叶互生，薄革质，掌状 3 裂，掌状脉 3~5 条，边缘有锯齿。雄花序短穗状，常多个排成总状；雌花序头状，花柱紫红色，卷曲。头状果序圆球形，木质。

壳菜果 **Mytilaria laosensis** Lec. 金缕梅科 Hamamelidaceae 壳菜果属

生活型：常绿乔木。**高度**：达 30m。**株形**：宽卵形。**树皮**：暗灰色，平滑。**枝条**：小枝粗壮，无毛，节膨大。**叶**：叶互生，具长柄，革质，阔卵圆形，全缘，两面无毛，掌状脉 5 条。**花**：肉穗状花序单生，长 4cm；萼筒藏在肉质花序轴中，与子房壁连生，萼片 5~6 个，卵圆形；花瓣 5，带状舌形，白色；雄蕊 10~13；子房下位，2 室，柱头有乳状突。**果实及种子**：蒴果卵圆形，长 1.5~2cm，上半部 2 片裂开，外果皮较疏松，稍带肉质，内果皮木质。**花果期**：花期 4~5 月，果期 10~11 月。**分布**：产中国云南、广西、广东、海南。老挝、越南也有分布。**生境**：生于丘陵、山谷、山谷常绿阔叶林中，海拔 1100~1800m。**用途**：观赏。

特征要点 叶具长柄，革质，阔卵圆形，掌状脉 5 条。肉穗状花序；萼筒藏在肉质花序轴中，与子房壁连生；花瓣 5，白色。蒴果卵圆形，上半部 2 片裂开，内果皮木质。

蕈树 **Liquidambar chinensis** Champ. ex Benth.【Altingia chinensis (Champ.) Oliv. ex Hance】蕈树科 / 金缕梅科 Altingiaceae/Hamamelidaceae 枫香树属 / 蕈树属

生活型：常绿乔木。**高度**：达 20m。**株形**：狭卵形。**树皮**：稍粗糙，灰色。**枝条**：小枝无毛，暗褐色。**冬芽**：冬芽卵形。**叶**：叶互生，革质，倒卵状矩圆形，边缘有钝锯齿，两面无毛，侧脉约 7 对。**花**：雄花序短穗状，长约 1cm；雄蕊多数，花药倒卵形；雌花序头状，有花 15~26；苞片 4~5；萼筒与子房连合，萼齿乳突状；子房藏在花序轴内，花柱有柔毛。**果实及种子**：头状果序近球形，基底平截，宽 1.7~2.8cm。**花果期**：花期 3~4 月，果期 10~11 月。**分布**：产中国广东、广西、贵州、云南、湖南、福建、江西、浙江。越南也有分布。**生境**：生于亚热带常绿林中，是一种常见的乔木，海拔 600~1000m。**用途**：观赏。

特征要点 叶互生，革质，边缘有钝锯齿，无毛。雄花序短穗状，排成圆锥花序；雌花序头状。头状果序近球形，基底平截，宽 1.7~2.8cm。

檵木 **Loropetalum chinense** (R. Br.) Oliv. 金缕梅科 Hamamelidaceae 檵木属

生活型: 常绿灌木。**高度**: 1~4m。**株形**: 卵形。**茎皮**: 暗灰色。**枝条**: 小枝密集, 被星毛。**叶**: 叶互生, 革质, 卵形, 基部不等侧, 背面被星毛, 全缘; 叶柄短。**花**: 花 3~8 朵簇生, 具短梗, 两性, 4 数, 常先叶开放; 萼筒杯状, 萼齿 4, 花后脱落; 花瓣 4, 带状, 白色; 雄蕊 4, 退化雄蕊 4, 鳞片状; 子房完全下位, 被星毛。**果实及种子**: 蒴果卵圆形, 长 7~8mm, 先端圆, 被褐色星状茸毛; 萼筒长为蒴果的 2/3, 种子圆卵形, 黑色, 发亮。**花果期**: 花期 3~4 月, 果期 9~10 月。**分布**: 产中国中部、南部、西南地区。日本、印度也有分布。**生境**: 喜生向阳的丘陵及山地、马尾松林及杉林下, 海拔 450~1500m。**用途**: 观赏。

特征要点 小枝被星毛。叶互生, 革质, 卵形, 全缘。花 3~8 朵簇生, 两性, 4 数; 萼筒杯状; 花瓣带状, 白色; 子房完全下位, 胚珠 1。蒴果卵圆形, 萼筒长为蒴果的 2/3。

红花檵木 **Loropetalum chinense** var. **rubrum** Yieh
金缕梅科 Hamamelidaceae 檵木属

生活型: 常绿灌木。**高度**: 1~4m。**株形**: 卵形。**茎皮**: 暗灰色。**枝条**: 小枝密集, 被星毛。**叶**: 叶互生, 革质, 卵形, 常呈紫红色, 基部不等侧, 背面被星毛, 全缘; 叶柄短。**花**: 花紫红色, 长 2cm。**果实及种子**: 蒴果卵圆形。**花果期**: 花期 3~6 月, 果期 9~10 月。**分布**: 原产中国湖南, 在中国南方各地广为栽培。**生境**: 生于路边或庭院中。**用途**: 观赏。

特征要点 叶常呈红色, 花紫红色, 长 2cm。

瑞木（大果蜡瓣花）**Corylopsis multiflora** Hance

金缕梅科 Hamamelidaceae 蜡瓣花属

生活型：落叶灌木。**高度**：达 3m。**株形**：卵形。**茎皮**：灰白色，平滑。**枝条**：小枝被茸毛，灰褐色。**冬芽**：芽体有灰白色茸毛。**叶**：叶互生，薄革质，倒卵形至卵圆形，正面脉上常有柔毛，背面有星毛，侧脉 7~9 对，边缘有锯齿，齿尖突出。**花**：总状花序长 2~4cm，被灰白色柔毛；总苞状鳞片卵形；花 5 数；萼筒无毛，萼齿卵形；花瓣倒披针形；雄蕊 5，退化雄蕊 5；子房半下位，2 室，下部与萼筒合生。**果实及种子**：蒴果硬木质，果皮厚，长 1.2~2cm。**花果期**：花期 5~6 月，果期 7~8 月。**分布**：产中国福建、台湾、广东、广西、贵州、湖南、湖北、云南。**生境**：生于灌丛、林缘、山谷溪边密林、山坡、疏林、杂木林中，海拔 200~1550m。**用途**：观赏。

特征要点 叶互生，薄革质，背面有星毛，边缘有锯齿，齿尖突出。总状花序；总苞状鳞片卵形；花 5 数；子房半下位。蒴果硬木质，果皮厚。

一球悬铃木 **Platanus occidentalis** L. 悬铃木科 Platanaceae 悬铃木属

生活型：落叶大乔木。**高度**：达 40m。**株形**：卵形。**树皮**：有浅沟，呈小块状剥落。**枝条**：小枝被黄褐色茸毛。**冬芽**：侧芽包藏于柄下，无顶芽。**叶**：叶互生，大，阔卵形，基部截形或阔心形，上部通常 3 浅裂，边缘具粗齿，两面幼时被灰黄色茸毛，掌状脉 3 条。**花**：花序球形，常单生，稀为 2 个；花单性，雌雄同株，4~6 数；雄花花丝极短，花药伸长；雌花基部有长茸毛，花瓣比萼片长 4~5 倍，心皮 4~6 个，花柱伸长。

果实及种子：聚花果圆球形，直径约 3cm，宿存花柱极短；小坚果先端钝，基部茸毛长为坚果之半。**花果期**：花期 5 月，果期 9~10 月。**分布**：原产北美洲。中国北部及中部地区栽培。**生境**：生于路边或庭园中。**用途**：观赏，行道树。

特征要点 托叶长于 2cm，喇叭形；叶多为 3 浅裂；花 4~6 数；果序常单生，稀 2 个；坚果之间的毛不突出。

三球悬铃木 **Platanus orientalis** L. 悬铃木科 Platanaceae 悬铃木属

生活型：落叶大乔木。**高度**：达 30m。**株形**：卵形。**树皮**：灰白色，光滑，薄片状脱落。**枝条**：小枝被黄褐色茸毛。**冬芽**：侧芽包藏于柄下，无顶芽。**叶**：叶互生，大，阔卵形，基部浅三角状心形，上部掌状 5~7 裂，边缘具粗齿，掌状脉 5~3 条。**花**：花序球形，3~5(稀 2) 个生一串上；花单性，雌雄同株，4 数；雄性球状花序无柄，雄蕊花药伸长；雌性球状花序常有柄，心皮 4，花柱伸长，先端卷曲。**果实及种子**：聚花果圆球形，宿存花柱突出呈刺状，长 3~4mm；小坚果之间有黄色茸毛。**花果期**：花期 5 月，果期 9~10 月。**分布**：原产欧洲东南部及亚洲西部。新疆和田、陕西户县和上海有栽培。**生境**：生于路边或庭园中。**用途**：观赏，行道树。

特征要点　托叶小于 1cm；叶深裂，中央裂片长度大于宽度；花 4 数；果枝有球状果序 3 个以上；坚果之间有突出的茸毛。

二球悬铃木 **Platanus × acerifolia** (Aiton) Willd. 悬铃木科 Platanaceae 悬铃木属

生活型：落叶乔木。**高度**：约 30m。**株形**：卵形。**树皮**：光滑，大片块状脱落。**枝条**：嫩枝密生灰黄色茸毛。**冬芽**：侧芽包藏于柄下，无顶芽。**叶**：叶互生，大，阔卵形，基部截形或微心形，上部掌状 5 裂，有时 7 裂或 3 裂，边缘全缘或有 1~2 个粗大锯齿，掌状脉 3 条。**花**：花通常 4 数；雄花的萼片卵形，被毛；花瓣矩圆形，长为萼片的 2 倍；雄蕊比花瓣长，盾形药隔有毛。**果实及种子**：果枝有头状果序 1~2 个，稀为 3 个，常下垂；头状果序直径约 2.5cm，宿存花柱长 2~3mm，刺状，坚果之间无突出的茸毛。**花果期**：花期 5 月，果期 9~10 月。**分布**：杂交种，久经栽培，东北、华东、华北、西北、华中及华南地区常见栽培。**生境**：生于路边。**用途**：行道树，观赏。

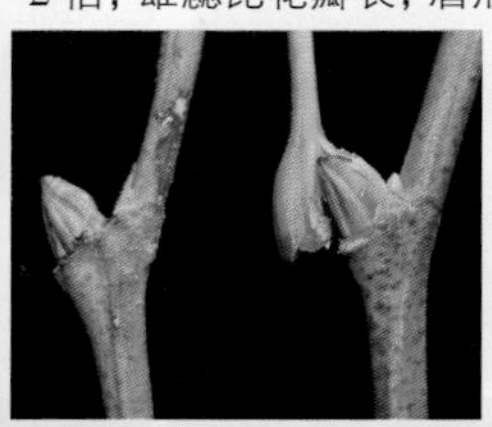

特征要点　托叶长约 1.5cm，叶 5~7 掌状深裂；花 4 数；果序常为 2，稀 1 或 3 个；坚果之间的毛不突出。中国栽培的悬铃木以该杂种为主，其中该杂种栽培最多，最常见。具三个果序的类型常被误认为三球悬铃木。

黄杨 **Buxus sinica** (Rehder & E. H. Wilson) M. Cheng 黄杨科 Buxaceae 黄杨属

生活型: 常绿灌木或小乔木。**高度**: 1~6m。**株形**: 圆球形。**茎皮**: 暗灰色，具纵条纹。**枝条**: 小枝纤细，四棱形。**叶**: 叶对生，小而革质，椭圆形或长圆形，先端圆钝，光亮。**花**: 花序腋生，头状；花单性，同株；雄花约10朵，生花序下方，无梗，萼片4，雄蕊4，不育雌蕊1；雌花1朵，生花序顶端，萼片6，子房3室，花柱3。**果实及种子**: 蒴果近球形，长6~8mm，熟时沿室背裂为三片，宿存花柱角状，长2~3mm。**花果期**: 花期3月，果期5~6月。**分布**: 产中国云南、福建、台湾、陕西、甘肃、湖北、四川、重庆、贵州、广西、广东、江西、浙江、安徽、江苏、山东。**生境**: 生于山谷、溪边、林下，海拔1200~2600m。**用途**: 观赏。

特征要点 小枝纤细，四棱形。叶对生，小而革质，光亮。花序腋生，头状，花密集；雄花生花序下方，4数；雌花1朵顶生，花柱3。蒴果近球形，熟时开裂，宿存花柱三角状。

交让木 **Daphniphyllum macropodum** Miq.

虎皮楠科 / 交让木科 Daphniphyllaceae 虎皮楠属

生活型: 常绿灌木或小乔木。**高度**: 3~10m。**株形**: 卵形。**树皮**: 褐色，平滑。**枝条**: 小枝粗壮，具圆形大叶痕。**叶**: 叶互生，革质，长圆形至倒披针形，先端渐尖，基部楔形，叶面具光泽，叶背淡绿色，侧脉细密，12~18对；叶柄紫红色，粗壮。**花**: 雄花序长5~7cm；花萼不育，雄蕊8~10；雌花序长4.5~8cm，子房卵形，被白粉，花柱极短，柱头2，外弯，扩展。**果实及种子**: 核果椭圆形，先端具宿存柱头，被白粉，具疣状皱褶。**花果期**: 花期3~5月，果期8~10月。**分布**: 产中国云南、四川、重庆、贵州、广西、广东、台湾、湖南、湖北、江西、浙江、安徽。日本和朝鲜亦有分布。**生境**: 生于阔叶林中，海拔600~1900m。**用途**: 观赏。

特征要点 叶大，长圆形至倒披针形，中脉粗，侧脉12~18对，叶柄紫红色，粗壮。花萼不育。核果椭圆形，先端具宿存柱头。

虎皮楠 **Daphniphyllum pentandrum** Hayata【Daphniphyllum oldhamii (Hemsl.) Rosenthal】虎皮楠科 / 交让木科 Daphniphyllaceae 虎皮楠属

生活型: 常绿乔木或小乔木。**高度**: 5~10m。**株形**: 卵形。**树皮**: 褐色，平滑。**枝条**: 小枝粗壮，暗褐色，无毛。**叶**: 叶互生，纸质，披针形，上部最宽，先端尖，基部楔形或钝，边缘反卷，叶背被白粉，侧脉纤细，8~15 对。**花**: 单性异株；雄花序长 2~4cm，花萼小，不整齐 4~6 裂，三角状卵形，具细齿，雄蕊 7~10；雌花序长 4~6cm，萼片 4~6，披针形，具齿，子房长卵形，被白粉，柱头 2，叉开。**果实及种子**: 核果椭圆或倒卵圆形，长约 8mm，柱头宿存。**花果期**: 花期 3~5 月，果期 8~11 月。**分布**: 产中国长江以南各地。朝鲜、日本也有分布。**生境**: 生于阔叶林中，海拔 150~1400m。**用途**: 观赏。

特征要点 叶具柄，纸质，披针形，边缘反卷，叶背被白粉。单性异株；花序总状。核果椭圆形或倒卵圆形，柱头宿存。

加杨 **Populus × canadensis** Moench 杨柳科 Salicaceae 杨属

生活型: 大乔木。**高度**: 达 30m。**株形**: 卵形。**树皮**: 粗厚，深沟裂，灰色。**枝条**: 小枝稍有棱角。**冬芽**: 芽大，富黏质。**叶**: 叶互生，三角形或三角状卵形，先端渐尖，边缘半透明，有圆锯齿；叶柄侧扁而长，带红色。**花**: 雄花序下垂，长 7~15cm，花序轴光滑；雄蕊 15~25；苞片淡绿褐色，丝状深裂；雌花序有花 45~50 朵，柱头 4 裂。**果实及种子**: 果序长达 27cm；蒴果卵圆形，长约 8mm，2~3 瓣裂。**花果期**: 花期 4 月，果期 5~6 月。**分布**: 杂交种，除中国广东、广西、海南、新疆、青海、福建、贵州、台湾、海南外，各地引种栽培。**生境**: 生于山坡、庭园或路边，海拔 2500m 以下。**用途**: 木材，观赏。

特征要点 树冠卵圆形。树皮粗厚，深沟裂。芽大，富黏质。叶三角形或三角状卵形，有圆锯齿；叶柄侧扁而长，带红色。果序长达 27cm；蒴果大，卵圆形，2~3 瓣裂。

响叶杨 **Populus adenopoda** Maxim. 杨柳科 Salicaceae 杨属

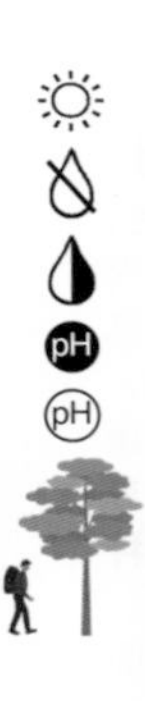

生活型：落叶乔木。**高度**：15~30m。**株形**：宽卵形。**树皮**：深灰色，纵裂。**枝条**：小枝棕色，被柔毛。**冬芽**：冬芽圆锥形，有黏质。**叶**：叶互生，卵圆形，长 5~8cm，先端长渐尖，边缘有内弯钝锯齿，背面灰绿色，幼时被柔毛；叶柄扁平，顶端有 2 显著腺体。**花**：雄花序下垂，长 6~10cm；苞片边缘条裂，有长睫毛。**果实及种子**：果序长 12~16cm；蒴果椭圆形，锐尖，无毛，有短果梗。**花果期**：花期 3~4 月，果期 4~5 月。**分布**：产中国陕西、河南、安徽、江苏、浙江、福建、江西、湖北、湖南、广西、四川、重庆、贵州、云南。**生境**：生于阳坡灌丛中、杂木林中、沿河两旁，海拔 300~2500m。**用途**：木材，观赏。

特征要点 树皮深灰色，纵裂。冬芽圆锥形，有黏质。叶卵圆形，先端长渐尖，边缘有内弯钝锯齿；叶柄扁平，顶端有 2 显著腺体。果序长 12~16cm；蒴果椭圆形，锐尖。

山杨 **Populus tremula** subsp. **davidiana** (Dode) Hultén 【Populus davidiana Dode】 杨柳科 Salicaceae 杨属

生活型：落叶乔木。**高度**：达 25m。**株形**：尖塔形。**树皮**：灰绿色或灰白色，光滑，皮孔菱形。**枝条**：小枝圆柱形，无毛。**冬芽**：冬芽卵形，略有黏液。**叶**：叶互生，三角状圆形或圆形，无毛，边缘有波状钝齿。**花**：雄花序下垂，长 5~9cm；花序轴有疏柔毛；苞片深裂，有疏柔毛；雄蕊 6~11；雌花序长 4~7cm；柱头 2，2 深裂。**果实及种子**：蒴果椭圆状纺锤形，二瓣裂开。**花果期**：花期 3~4 月，果期 4~5 月。**分布**：产中国东北、华北、西北、华中、西南地区。朝鲜、俄罗斯东部也有分布。**生境**：生于山坡、山脊、沟谷地带，海拔 1200~3800m。**用途**：木材，观赏。

特征要点 树皮灰绿色或灰白色，光滑，皮孔菱形。叶三角状圆形或圆形，无毛，边缘有波状钝齿。蒴果椭圆状纺锤形，二瓣裂开。

钻天杨 **Populus nigra** var. **italica** (Moench) Koehne 杨柳科 Salicaceae 杨属

生活型: 落叶乔木。**高度:** 达 30m。**株形:** 圆柱形。**树皮:** 暗灰色，老时沟裂，黑褐色。**枝条:** 侧枝成 20°~30° 角开展，小枝无毛。**冬芽:** 冬芽长卵形，先端长渐尖，淡红色，富黏质。**叶:** 叶互生，薄革质，扁三角形，通常宽大于长，先端短渐尖，基部截形或阔楔形，边缘具钝圆锯齿；叶柄两侧扁。**花:** 雄花序长 4~8cm，雄蕊 15~30；雌花序长 10~15cm。**果实及种子:** 果序长 5~10cm，轴无毛；蒴果卵圆形，先端尖，有柄，长 5~7mm，二瓣裂。**花果期:** 花期 4~5 月，果期 6 月。**分布:** 中国长江、黄河流域各地广为栽培。北美、欧洲、高加索、地中海、西亚及中亚等地区均有栽培。**生境:** 生于路边、庭园或河边。**用途:** 木材，行道树，观赏。

特征要点 树冠圆柱形。树皮暗灰色，老时沟裂，黑褐色。侧枝成 20°~30° 角开展。其余特征同加杨。

小叶杨 **Populus simonii** Carrière 杨柳科 Salicaceae 杨属

生活型: 落叶乔木。**高度:** 达 20m。**株形:** 卵形。**树皮:** 灰绿色，老时色暗，纵裂。**枝条:** 小枝有棱，无毛。**冬芽:** 冬芽细长，稍有黏质。**叶:** 叶互生，菱状卵形至菱状倒卵形，中部以上较宽，先端渐尖，基部楔形，边缘具小钝齿，无毛；叶柄短，带红色。**花:** 雄花序下垂，长 2~7cm；苞片边缘条裂；雄蕊 8~9；雌花序长 2.5~6cm。**果实及种子:** 果序长达 15cm，蒴果 2~3 瓣裂开。**花果期:** 花期 4 月，果期 5 月。**分布:** 产中国东北、华北、华中、西北、西南地区。**生境:** 生于沿溪沟边，海拔 35~2500m。**用途:** 木材，观赏。

特征要点 树皮灰绿色，老时色暗，纵裂。叶菱状卵形至菱状倒卵形，基部楔形，边缘具小钝齿。果序长达 15cm，蒴果 2~3 瓣裂开。

川杨 **Populus szechuanica** Schneid. 杨柳科 Salicaceae 杨属

生活型: 落叶乔木。**高度**: 达 40m。**株形**: 卵形。**树皮**: 灰白色，粗糙，开裂。**枝条**: 小枝有棱，粗壮，无毛。**冬芽**: 冬芽淡紫色，有黏质。**叶**: 叶互生，宽卵形至卵状披针形，边缘具圆腺齿，初时有缘毛，两面无毛。**花**: 雄花序下垂。**果实及种子**: 果序长 10~20cm，轴光滑；蒴果卵状球形，长 7~9mm，近无柄，光滑，3~4 瓣裂。**花果期**: 花期 4~5 月，果期 5~6 月。**分布**: 产中国四川、云南、甘肃、陕西、西藏。**生境**: 常与云杉混交，海拔 1100~4600m。**用途**: 木材，观赏。

特征要点 树皮灰白色，粗糙，开裂。冬芽淡紫色，有黏质。叶宽卵形至卵状披针形，边缘具圆腺齿，两面无毛。果序长 10~20cm；蒴果 3~4 瓣裂。

毛白杨 **Populus tomentosa** Carrière 杨柳科 Salicaceae 杨属

生活型: 落叶乔木。**高度**: 达 30m。**株形**: 卵形。**树皮**: 暗灰色，纵裂，皮孔粗大显著。**枝条**: 小枝初被灰毡毛，后光滑。**冬芽**: 冬芽卵形，微被毡毛。**叶**: 叶互生，阔卵形至三角状卵形，先端短渐尖，边缘具深牙齿或波状齿，背面幼时密生毡毛；叶柄上部侧扁。**花**: 雄花序下垂，长 10~14cm，苞片约具 10 个尖头，密生长毛；雄蕊 6~12，花药红色；雌花序长 4~7cm，苞片褐色，尖裂；子房长椭圆形，柱头二裂，粉红色。**果实及种子**: 果序长达 14cm；蒴果圆锥形或长卵形，二瓣裂。**花果期**: 花期 3 月，果期 4~5 月。**分布**: 产中国西北、华北和华东地区。**生境**: 生于温和平原地区，海拔 130~1500m。**用途**: 木材，观赏。

特征要点 树皮具显著粗大皮孔。叶互生，阔卵形至三角状卵形，边缘深牙齿或波状齿，背面幼时密生毡毛。果序长达 14cm；蒴果圆锥形或长卵形，二瓣裂。

滇杨 **Populus yunnanensis** Dode 杨柳科 Salicaceae 杨属

生活型：落叶乔木。**高度**：达 20m。**株形**：宽卵形。**树皮**：灰色，纵裂。**枝条**：小枝有棱，黄棕色，无毛。**冬芽**：冬芽椭圆形，有黏质。**叶**：叶互生，纸质，卵形，边缘有具腺体的细圆齿，正面有光泽，在中脉上稍有柔毛，背面带灰白色，无毛。**花**：雄花序下垂，长 12~20cm，雄蕊 20~40；雌花序长 10~15cm。**果实及种子**：蒴果 3~4 瓣裂开，近无梗。**花果期**：花期 3~4 月，果期 5 月。**分布**：产中国云南、贵州、四川。**生境**：生于山地，海拔 1300~2700m。**用途**：木材，观赏。

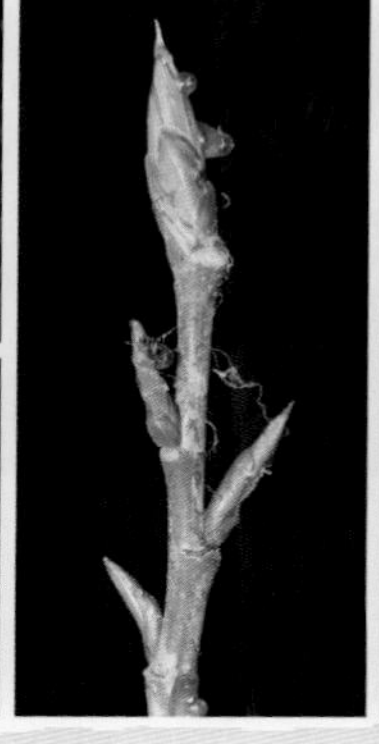

特征要点 树皮灰色，纵裂。冬芽有黏质。叶卵形，边缘有具腺体的细圆齿，正面有光泽，背面带灰白色，无毛。蒴果 3~4 瓣裂开，近无梗。

垂柳 **Salix matsudana** 'Babylonica'【Salix babylonica L.】 杨柳科 Salicaceae 柳属

生活型：落叶乔木。**高度**：10~15m。**株形**：下垂形。**树皮**：暗灰色，不规则纵裂。**枝条**：小枝细长，下垂，无毛。**叶**：叶互生，矩圆形或披针形，边缘有细锯齿，两面无毛，背面带白色。**花**：花序轴有短柔毛；雄花序长 1.5~2cm；苞片椭圆形，有睫毛；雄蕊 2，有 2 腺体；雌花序长达 5cm；苞片狭椭圆形，腹面有 1 腺体；子房无毛，柱头 2 裂。**果实及种子**：蒴果长 3~4mm，带黄褐色。**花果期**：花期 3~4 月，果期 4~5 月。**分布**：产中国长江流域、黄河流域地区。亚洲、欧洲、美洲也有分布。**生境**：生于道旁、水边，海拔 20~3800m。**用途**：观赏。

特征要点 乔木。小枝细长，下垂，无毛。叶矩圆形或披针形，边缘有细锯齿，两面无毛，背面带白色。苞片狭椭圆形；腺体 1；雄蕊 2。蒴果二瓣裂开。

云南柳 **Salix cavaleriei** Lévl. 杨柳科 Salicaceae 柳属

生活型: 落叶乔木。**高度**: 达 18m。**株形**: 宽卵形。**树皮**: 灰褐色, 有沟裂。**枝条**: 小枝细, 红褐色, 被短茸毛。**叶**: 叶互生, 宽披针形, 长 4~11cm, 宽 2~4cm, 先端渐尖, 边缘有细腺锯齿, 两面无毛, 叶柄短, 密生柔毛。**花**: 花与叶同时开放, 有长花序梗, 着生 2~3 叶; 雄花序长 3~4.5cm, 具毛; 雄蕊 6~8; 腺体 2; 雌花序长 2~3.5cm; 子房卵形; 腹腺宽, 包子房柄, 背腺常 2~3 裂。**果实及种子**: 蒴果卵形, 长约 6mm; 果柄比蒴果稍短。**花果期**: 花期 3~4 月, 果期 4~5 月。**分布**: 产中国云南、广西、贵州、四川。**生境**: 生于路旁、河边、林缘等湿润处, 海拔 1800~2500m。**用途**: 观赏。

特征要点 叶互生, 宽披针形, 先端渐尖, 边缘有细腺锯齿, 两面无毛。花与叶同时开放, 有长花序梗, 着生 2~3 叶。蒴果卵形; 果柄比蒴果稍短。

旱柳 **Salix matsudana** Koidz. 杨柳科 Salicaceae 柳属

生活型: 落叶乔木。**高度**: 8~15m。**株形**: 卵形。**树皮**: 暗灰色, 不规则纵裂。**枝条**: 小枝黄褐色, 光滑。**叶**: 叶互生, 披针形, 边缘具明显锯齿, 背面苍白色, 具伏生绢状毛。**花**: 花序被白色茸毛; 苞片卵形; 腺体 2; 雄花序长 1~1.5cm; 雄蕊 2; 雌花序长 12mm; 子房长椭圆形, 无毛, 无花柱或很短。**果实及种子**: 蒴果二瓣裂开。**花果期**: 花期 4 月, 果期 4~5 月。**分布**: 产中国东北、华北平原、西北黄土高原及甘肃、青海, 淮河流域及浙江、江苏等地。朝鲜、日本、远东地区也有分布。**生境**: 生于干旱地、水湿地, 海拔 10~3600m。**用途**: 观赏。

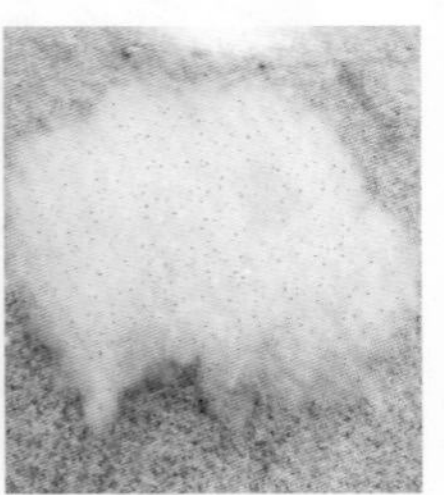

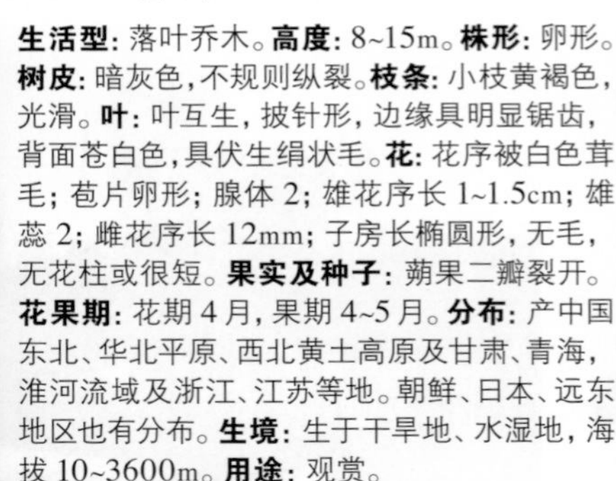

特征要点 乔木。树皮不规则纵裂。小枝黄褐色, 光滑。叶披针形, 边缘具明显锯齿, 背面苍白色, 具伏生绢状毛。苞片卵形; 腺体 2; 雄蕊 2。蒴果二瓣裂开。

毛杨梅 **Morella esculenta** (Buch.-Ham. ex D. Don) I. M. Turner 【*Myrica esculenta* Buch.-Ham. ex D. Don】杨梅科 Myricaceae 杨梅属

生活型：常绿小乔木。**高度**：4~10m。**株形**：长卵形。**树皮**：灰色。**枝条**：小枝密被毡毛，具皮孔。**冬芽**：顶芽密被毡毛。**叶**：叶互生，革质，长圆状倒卵形，顶端钝，全缘，基部楔形，背面有金黄色腺体。**花**：雌雄异株。雄花穗复合成圆锥状花序，红色；雌花穗单生叶腋，直立，亦为复合的圆锥状花序，具数个孕性雌花。**果实及种子**：核果常椭圆状，熟时红色，具乳头状凸起，长 1~2cm，外果皮肉质；核具厚而硬的木质内果皮。**花果期**：花期 9~10 月，果期翌年 3~4 月。**分布**：产中国贵州、广东、广西、云南。中南半岛也有分布。**生境**：生于稀疏杂木林内、干燥的山坡上，海拔 280~2500m。**用途**：果食用，观赏。

特征要点 小枝及顶芽密被毡毛。叶长圆状倒卵形，基部楔形，背面有金黄色腺体。雄花穗圆锥状，长 6~8cm；果序较长，有数个红色具乳头状突起的果实。

杨梅 **Morella rubra** Lour. 【*Myrica rubra* (Lour.) Siebold & Zucc.】杨梅科 Myricaceae 杨梅属

生活型：常绿乔木。**高度**：3~10m。**株形**：宽卵形。**树皮**：灰色。**枝条**：小枝粗壮，无毛。**叶**：叶互生，革质，楔状倒卵形至长楔状倒披针形，全缘，无毛，背面有金黄色腺体。**花**：雌雄异株；穗状雄花序腋生，苞片覆瓦状，雄蕊 4~6；雌花序常单生叶腋，子房卵形，有极短花柱及 2 细长花柱枝。**果实及种子**：核果球形，直径 10~15mm，有乳头状凸起，熟时肉质多汁，深红色或紫红色。**花果期**：花期 3~4 月，果期 6~7 月。**分布**：产中国江苏、浙江、台湾、福建、江西、湖南、贵州、四川、云南、广西、广东、海南。菲律宾、日本、朝鲜也有分布。**生境**：生于山坡、山谷林中，海拔 125~1500m。**用途**：果食用，观赏。

特征要点 叶革质，楔状倒卵形，全缘，无毛。穗状雄花序腋生；雌花序常单生叶腋。核果球形，有乳头状凸起，熟时肉质多汁，深红色或紫红色。

桤木 **Alnus cremastogyne** Burk. 桦木科 Betulaceae 桤木属

生活型: 落叶乔木。**高度**: 达 30~40m。**株形**: 卵形。**树皮**: 平滑，灰色。**枝条**: 小枝褐色，近无毛。**冬芽**: 芽具柄，有 2 枚芽鳞。**叶**: 叶互生，倒卵形至矩圆形，顶端尖，基部楔形或微圆，边缘具钝齿，背面密生腺点，几无毛；叶柄无毛。**花**: 花单性，雌雄同株；雄花序单生，下垂，长 3~4cm；雌花序聚生于短枝上，圆柱形，直立，带紫色。**果实及种子**: 果序单生叶腋，矩圆形，长 1~3.5cm；序梗细瘦，柔软，下垂，长 4~8cm，无毛；果苞木质，顶端具 5 枚浅裂片；小坚果卵形，膜质翅宽为果的 1/2。**花果期**: 花期 2~3 月，果期 11 月。**分布**: 产中国四川、重庆、贵州、陕西、甘肃。**生境**: 生于山坡、岸边的林中，海拔 500~3000m。**用途**: 观赏。

特征要点 叶倒卵形至矩圆形，顶端尖，基部楔形或微圆，边缘具钝齿。雄花序单生，下垂。果序单生叶腋，矩圆形，长 1~3.5cm；序梗细长，柔软，下垂。

尼泊尔桤木 **Alnus nepalensis** D. Don 桦木科 Betulaceae 桤木属

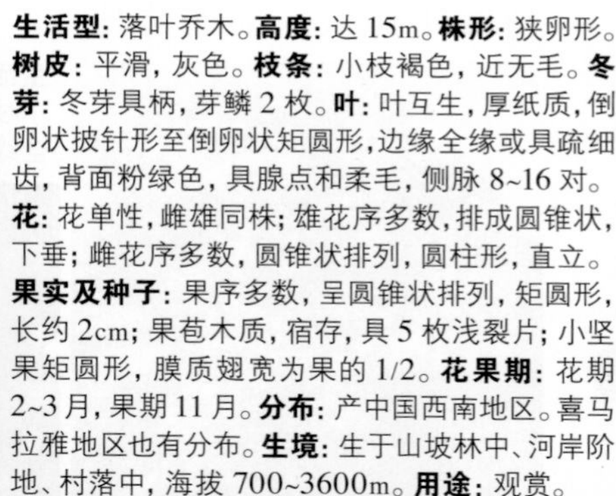

生活型: 落叶乔木。**高度**: 达 15m。**株形**: 狭卵形。**树皮**: 平滑，灰色。**枝条**: 小枝褐色，近无毛。**冬芽**: 冬芽具柄，芽鳞 2 枚。**叶**: 叶互生，厚纸质，倒卵状披针形至倒卵状矩圆形，边缘全缘或具疏细齿，背面粉绿色，具腺点和柔毛，侧脉 8~16 对。**花**: 花单性，雌雄同株；雄花序多数，排成圆锥状，下垂；雌花序多数，圆锥状排列，圆柱形，直立。**果实及种子**: 果序多数，呈圆锥状排列，矩圆形，长约 2cm；果苞木质，宿存，具 5 枚浅裂片；小坚果矩圆形，膜质翅宽为果的 1/2。**花果期**: 花期 2~3 月，果期 11 月。**分布**: 产中国西南地区。喜马拉雅地区也有分布。**生境**: 生于山坡林中、河岸阶地、村落中，海拔 700~3600m。**用途**: 观赏。

特征要点 树皮平滑，灰色。叶互生，全缘或具疏细齿。雄花序多数排成圆锥状，下垂。果序多数，直立，呈圆锥状排列，矩圆形，长约 2cm。

江南桤木 **Alnus trabeculosa** Hand.-Mazz. 桦木科 Betulaceae 桤木属

生活型：落叶乔木。**高度**：约 10m。**株形**：狭卵形。**树皮**：平滑，灰色。**枝条**：小枝黄褐色。**冬芽**：冬芽具柄，芽鳞 2 枚。**叶**：叶互生，矩圆形至倒披针形，基部近圆形，边缘具不规则疏细齿，背面具腺点，脉腋间簇生髯毛，侧脉 6~13 对。**花**：花单性，雌雄同株；雄花序下垂；雌花序直立。**果实及种子**：果序 2~4 枚呈总状排列，矩圆形，长 1~2.5cm；序梗长 1~2cm；果苞木质，顶端圆楔形，具 5 枚浅裂片；小坚果宽卵形，膜质翅厚纸质，极狭，宽及果的 1/4。**花果期**：花期 3 月，果期 7 月。**分布**：产中国安徽、江苏、浙江、江西、福建、广东、湖南、湖北、河南、贵州。日本也有分布。**生境**：生于山谷、河谷的林中，海拔 200~1000m。**用途**：观赏。

特征要点 树皮平滑，灰色。叶互生，边缘具不规则疏细齿，背面脉腋间簇生髯毛。果序 2~4 枚呈总状排列，矩圆形，长 1~2.5cm。

西桦 **Betula alnoides** Buch.-Ham. ex D. Don 桦木科 Betulaceae 桦木属

生活型：落叶乔木。**高度**：达 16m。**株形**：宽卵形。**树皮**：灰白色，平滑。**枝条**：小枝纤细，褐色。**叶**：叶互生，矩圆状卵形，边缘具不规则刺毛状疏生锯齿，背面疏生长柔毛和腺点，侧脉 10~13 对。**花**：花单性，雌雄同株；雄花序长可达 12cm，下垂；雌花序直立。**果实及种子**：果序 3~5 个排成总状，长圆柱状，下垂，长 5~10cm；果序柄密生短柔毛；果苞小，中裂片矩圆形，侧裂片通常不甚发育；翅果倒卵形，膜质翅与果等宽或比果稍宽。**花果期**：花期 3 月，果期 8 月。**分布**：产中国云南、广东、广西、四川、福建、海南、湖南。越南、尼泊尔也有分布。**生境**：生于山坡杂林中，海拔 700~2100m。**用途**：观赏，木材。

特征要点 树皮灰白色，平滑。叶矩圆状卵形，边缘具不规则刺毛状疏生锯齿。果序 3~5 个排成总状，长圆柱状，下垂；果苞小，侧裂片不甚发育。

亮叶桦（光皮桦）**Betula luminifera** H. J. P. Winkl. 桦木科 Betulaceae 桦木属

生活型：落叶乔木。**高度**：达35m。**株形**：宽卵形。**树皮**：暗褐色，具环纹。**枝条**：小枝灰色，纤细，无毛。**叶**：叶互生，纸质，卵形至矩圆形，边缘具不规则重锯齿，正面几无毛，背面沿脉疏生毛，侧脉12~14对。**花**：花单性，雌雄同株；雄花序下垂；雌花序直立。**果实及种子**：果序单生，长圆柱状，下垂，长3~9cm；果序柄长1~2cm；果苞长2~3mm，中裂片矩圆形；翅果倒卵形，膜质翅宽为果的2~3倍。**花果期**：花期3~4月，果期5月。**分布**：产中国云南、贵州、四川、重庆、陕西、甘肃、湖北、江西、浙江、广东、广西、河南、福建。**生境**：生于阳坡杂木林内，海拔500~2500m。**用途**：观赏，木材。

特征要点 树皮暗褐色，具环纹。小枝纤细，无毛。叶卵形至矩圆形，边缘具不规则重锯齿。果序单生，长圆柱状，下垂，长3~9cm；果苞中裂片矩圆形。

香桦 **Betula kweichowensis** Hu【Betula insignis Franch.】
桦木科 Betulaceae 桦木属

生活型：落叶乔木。**高度**：10~25m。**株形**：宽卵形。**树皮**：灰色。**枝条**：小枝密生淡黄色短柔毛。**叶**：叶互生，厚纸质，矩圆状卵形，边缘具不规则细重锯齿，背面密生腺点，沿脉密生长柔毛，侧脉12~15对。**花**：花单性，雌雄同株；雄花序下垂；雌花序直立。**果实及种子**：果序单生，矩圆状圆筒形，直立或下垂，长2.5~4cm；果序柄几不显明；果苞脱落后常以纤维与果序轴相连，裂片披针形，为侧裂片的二倍；翅果狭矩圆形，膜质翅极窄。**花果期**：花期5~6月，果期8~9月。**分布**：产中国四川、贵州、湖北、湖南、广东。**生境**：生于山坡林中，海拔1400~3400m。**用途**：观赏，木材。

特征要点 树皮灰色。小枝密被毛。叶矩圆状卵形，边缘具不规则细重锯齿。果序单生，矩圆状圆筒形，直立或下垂，长2.5~4cm；果苞中裂片长为侧裂片的二倍。

白桦 **Betula platyphylla** Suk. 桦木科 Betulaceae 桦木属

生活型：落叶乔木。**高度**：10~20m。**株形**：宽卵形。**树皮**：灰白色，近光滑。**枝条**：小枝红褐色，无毛。**叶**：叶互生，卵状三角形至菱形，边缘具重锯齿，无毛；叶柄较长。**花**：花单性，雌雄同株；雄柔荑花序下垂；雌花序直立。**果实及种子**：果序单生，圆柱状，显著下垂；果苞中裂片三角状形，侧裂片通常开展至向下弯；翅果狭椭圆形，膜质翅与果等宽或较果稍宽。**花果期**：花期5~6月，果期8~9月。**分布**：产中国东北、华北地区及河南、陕西、宁夏、甘肃、青海、四川、云南、西藏。远东地区、西伯利亚、蒙古、朝鲜、日本也有分布。**生境**：生于山坡、林中、阔叶落叶林、针叶阔叶混交林中，海拔400~4100m。**用途**：观赏，木材。

特征要点 树皮灰白色，近光滑。小枝无毛。叶卵状三角形至菱形，边缘具重锯齿。雄花序下垂；雌花序直立。果序圆柱状，下垂；果苞中裂片三角形；翅果膜质，翅与果近等宽。

米心水青冈 **Fagus engleriana** Seem. 壳斗科 Fagaceae 水青冈属

生活型：落叶乔木。**高度**：达25m。**株形**：宽卵形。**树皮**：灰白色，平滑。**枝条**：小枝皮孔近圆形。**冬芽**：冬芽细长。**叶**：叶互生，菱状卵形，顶部短尖，基部略偏斜，叶缘波浪状，侧脉每边9~14条；叶柄短。**花**：花单性同株；雄花序头状，下垂，多花；雌花序腋生，头状，具总梗，雌花常2朵，花被裂片5~6，子房3室，花柱3，紫红色。**果实及种子**：果梗长2~7cm，无毛；壳斗4瓣裂，长1.5~2cm；下部小苞片狭倒披针形，叶状，绿色，无毛，上部线状而弯钩，被毛；坚果2，顶部具薄翅。**花果期**：花期4~5月，果期8~10月。**分布**：产中国湖北、四川、重庆、广西、河南、浙江、安徽、贵州。**生境**：生于山地林中，海拔1500~2500m。**用途**：种子含淀粉，木材，观赏。

特征要点 树皮平滑。冬芽细长。叶互生，叶缘波浪状，侧脉每边9~14条。雄花序头状，下垂；雌花序腋生，头状，花柱紫红色。果梗较长；壳斗4瓣裂，小苞片叶状，狭倒披针形。

水青冈 **Fagus sinensis** Oliv.【Fagus longipetiolata Seem.】
壳斗科 Fagaceae 水青冈属

生活型: 落叶乔木。**高度**: 达 25m。**株形**: 宽卵形。**树皮**: 灰白色，平滑。**枝条**: 小枝皮孔近圆形。**冬芽**: 冬芽细长。**叶**: 叶互生，卵形，先端渐尖，基部略偏斜，边缘疏有锯齿，侧脉 9~14 对，直达齿端；叶柄显著。**花**: 花单性同株；雄花序头状，下垂，多花；雌花序腋生，头状，具总梗，雌花常 2 朵，花被裂片 5~6，子房 3 室，花柱 3，紫红色。**果实及种子**: 果梗细，长 1.5~7cm，无毛；壳斗 4 瓣裂，长 1.8~3cm，密被褐色茸毛；苞片钻形，下弯或呈“S”形；坚果具三棱，有黄褐色微柔毛。**花果期**: 花期 4~5 月，果期 9~10 月。**分布**: 产中国秦岭以南地区。**生境**: 生于山地杂木林、向阳坡地，海拔 300~2400m。**用途**: 种子含淀粉，木材，观赏。

特征要点 叶卵形，边缘疏有锯齿，侧脉直达齿端。果梗细，长 1.5~7cm，无毛；壳斗 4 瓣裂，密被褐色茸毛；小苞片钻形。

光叶水青冈 **Fagus lucida** Rehder & E. H. Wilson 壳斗科 Fagaceae 水青冈属

生活型: 落叶乔木。**高度**: 达 25m。**株形**: 卵形。**树皮**: 灰色，平滑。**枝条**: 小枝紫褐色，有长椭圆形皮孔。**叶**: 叶互生，卵形，叶缘有锐齿，侧脉每边 9~12 条，直达齿端，嫩叶被黄棕色长柔毛，老叶毛全部脱落。**花**: 花单性同株；雄花序头状，下垂，多花；雌花序腋生，头状，具总梗，雌花常 2 朵，花被裂片 5~6，子房 3 室，花柱 3，紫红色。**果实及种子**: 果梗长 0.5~1.5cm，初时被毛，后期无毛；壳斗 4 瓣裂，长 1~1.5cm；小苞片钻尖状，伏贴，被褐锈色微柔毛；坚果具三棱。**花果期**: 花期 4~5 月，果期 9~10 月。**分布**: 产中国长江北岸、五岭南坡。**生境**: 生于山地林中，海拔 750~2000m。**用途**: 种子含淀粉，木材，观赏。

特征要点 叶卵形，叶缘有锐齿，侧脉直达齿端。雄花序头状，下垂，多花；雌花序腋生，头状，具总梗。壳斗 4 瓣裂；小苞片钻尖状；坚果具三棱。

栲 **Castanopsis fargesii** Franch. 壳斗科 Fagaceae 锥属

生活型：常绿乔木。**高度**：10~30m。**株形**：卵形。**树皮**：灰白色，浅纵裂。**枝条**：小枝被红锈色细片状蜡鳞，无毛。**叶**：叶互生，厚纸质，长椭圆形或披针形，近全缘，叶背蜡鳞层颇厚且呈粉末状，老时黄棕色，侧脉每边11~15条。**花**：雄花穗状或圆锥花序，雄蕊10枚；雌花序轴无毛，雌花单朵散生。**果实及种子**：壳斗圆球形，直径2.5~3cm，瓣裂；苞片长刺状，被微柔毛；坚果圆锥形，直径0.8~1.2cm。**花果期**：花期4~6月，果期翌年4~6月。**分布**：产中国长江以南地区。**生境**：生于坡地或山脊杂木林中，海拔200~2100m。**用途**：种子含淀粉，木材，观赏。

特征要点 叶厚纸质，长椭圆形或披针形，近全缘，叶背蜡鳞层颇厚且呈粉末状。壳斗圆球形，瓣裂；苞片长刺状，被微柔毛；坚果圆锥形。

红锥（刺栲） **Castanopsis purpurella** (Miq.) N. P. Balakr.【Castanopsis hystrix Miq.】壳斗科 Fagaceae 锥属

生活型：常绿乔木。**高度**：达25m。**株形**：卵形。**树皮**：灰白色，浅纵裂。**枝条**：小枝紫褐色，纤细。**叶**：叶互生，纸质或薄革质，披针形，全缘或有少数浅裂齿，背面被短柔毛兼和蜡鳞，侧脉每边9~15条。**花**：雄花序穗状或圆锥花序；雌花序轴被微柔毛，花柱3或2枚，斜展。**果实及种子**：果序长达15cm，壳斗卵圆形，直径2.5~4cm，4瓣裂；苞片长刺状；坚果宽圆锥形。**花果期**：花期4~6月，果期翌年8~11月。**分布**：产中国福建、湖南、广东、海南、广西、贵州、云南、西藏。越南、老挝、柬埔寨、缅甸、印度也有分布。**生境**：生于山地常绿阔叶林中、稍干燥及湿润地方，海拔30~1600m。**用途**：种子含淀粉，木材，观赏。

特征要点 叶纸质或薄革质，披针形，全缘或有少数浅裂齿，背面被短柔毛兼和蜡鳞。果序长达15cm，壳斗卵圆形，4瓣裂；苞片长刺状；坚果宽圆锥形。

吊皮锥(青钩栲) **Castanopsis kawakamii** Hayata 壳斗科 Fagaceae 锥属

生活型:常绿乔木。**高度**:15~28m。**株形**:卵形。**树皮**:脱落前为长条(长达 20cm)如蓑衣状吊在树干上。**枝条**:小枝暗红褐色,散生暗皮孔。**叶**:叶互生,革质,卵形或披针形,几全缘,网状叶脉明显,两面同色,侧脉每边 9~12 条。**花**:雄花序多为圆锥花序,雄蕊 10~12 枚;雌花序无毛,长 5~10cm。**果实及种子**:果序短,壳斗圆球形,直径 6~8cm,4 瓣裂;苞片刺状,刺长 2~3cm;壳斗内壁密被灰黄色长茸毛;坚果扁圆形,密被黄棕色伏毛。**花果期**:花期 3~4 月,果期翌年 8~10 月。**分布**:产中国台湾、福建、江西、广东、广西。**生境**:生于山地疏林或密林中,海拔 200~1000m。**用途**:种子含淀粉,木材,观赏。

特征要点 树皮脱落前为长条(长达 20cm)如蓑衣状吊在树干上。叶革质,几全缘。果序短,壳斗圆球形,4 瓣裂;苞片刺状;壳斗内壁及坚果密被黄棕色伏毛。

鹿角锥(鹿角栲) **Castanopsis lamontii** Hance 壳斗科 Fagaceae 锥属

生活型:常绿乔木。**高度**:8~15m。**株形**:卵形。**树皮**:灰白色,浅纵裂。**枝条**:小枝褐黑色,无毛。**叶**:叶互生,革质,宽椭圆形至长椭圆形,基部稍斜,全缘或顶端有数个浅锯齿,两面无毛,侧脉 12~14 对。**花**:雄花序圆锥状或穗状,花单生,密集;雌花 3 朵生于总苞内,有时在花序下部的为 4~5 朵。**果实及种子**:壳斗近球形,直径 4~5cm,不开裂,壁厚;苞片三角状钻形;坚果常为 2 枚,三角锥形,直径 1.7~2.5cm,密生棕色长茸毛。**花果期**:花期 3~5 月,果期翌年 9~11 月。**分布**:产中国福建、江西、湖南、贵州、广东、广西、云南。越南也有分布。**生境**:生于山地疏林或密林中,海拔 500~2500m。**用途**:种子可生食,木材,观赏。

特征要点 叶革质,基部稍斜,全缘或顶端有数个浅锯齿,无毛。壳斗近球形,不开裂,壁厚;苞片三角状钻形;坚果常为 2 枚,三角锥形,密生棕色长茸毛。

钩锥（钩栲）**Castanopsis tibetana** Hance 壳斗科 Fagaceae 锥属

生活型：常绿乔木。**高度**：达 30m。**株形**：卵形。**树皮**：灰褐色，粗糙。**枝条**：小枝黑褐色，无毛。**叶**：叶互生，革质，卵状椭圆形，叶缘近顶部有锯齿状锐齿，侧脉每边 15~18 条，直达齿端，叶背老时淡棕灰或银灰色。**花**：雄花序穗状或圆锥花序，花序轴无毛，雄蕊常 10 枚；雌花序长 5~25cm，花柱 3 枚。**果实及种子**：壳斗圆球形，直径 6~8cm，整齐 4 瓣裂；苞片长刺状，刺长 1.5~2.5cm；坚果扁圆锥形，被毛。**花果期**：花期 4~5 月，果期翌年 8~10 月。**分布**：产中国浙江、安徽、湖北、江西、福建、湖南、广东、广西、贵州、云南。**生境**：生于山地杂木林中，海拔 200~1500m。**用途**：种子含淀粉，木材，观赏。

特征要点 叶革质，卵形，叶缘近顶部有锯齿状锐齿，直达齿端。壳斗圆球形，整齐 4 瓣裂；苞片长刺状；坚果扁圆锥形，被毛。

包果柯（包石栎）**Lithocarpus cleistocarpus** (Seem.) Rehder & E. H. Wilson 壳斗科 Fagaceae 柯属

生活型：常绿乔木。**高度**：达 20m。**株形**：狭卵形。**树皮**：灰黑色，粗糙开裂。**枝条**：小枝粗壮，无毛。**叶**：叶互生，厚纸质，长椭圆形，先端渐尖，基部楔形，全缘，背面灰白色，略有细鳞秕，侧脉 9~13 对。**花**：雄花序穗状。**果实及种子**：果序长 10~12cm，轴粗壮，果密集；壳斗近球形，几全包坚果，高 1.5~2cm；苞片和壳斗合生，近环状排列；坚果球形或扁球形，下部和壳斗愈合。**花果期**：花期 6~10 月，果期翌年 10~12 月。**分布**：产中国陕西、四川、湖北、安徽、浙江、江西、福建、湖南、贵州、云南。**生境**：生于山地乔木或灌木林中，海拔 1000~1900m。**用途**：种子含淀粉，木材，观赏。

特征要点 叶厚纸质，长椭圆形，全缘，背面灰白色。果序长 10~12cm，果密集；壳斗近球形，几全包坚果；苞片和壳斗合生，近环状排列；坚果下部和壳斗愈合，顶部圆形。

烟斗柯（烟斗石栎） **Lithocarpus corneus** (Lour.) Rehder 壳斗科 Fagaceae 柯属

生活型：常绿小乔木。**高度**：2~5m。**株形**：狭卵形。**树皮**：暗灰色，纵裂。**枝条**：小枝淡黄灰色，散生皮孔。**叶**：叶互生，革质，长椭圆形至披针形，先端短尾尖，基部宽楔形，边缘具锯齿或为波状，两面无毛，侧脉9~15对。**花**：雄花序穗状，下部常有3朵成一簇的雌花。**果实及种子**：壳斗陀螺形，除顶部外全包坚果，直径2.5~3.5cm；苞片仅顶端和壳斗分离；坚果半球形或陀螺形，顶端平截或隆起，有微柔毛。**花果期**：花期5~7月，果期翌年5~7月。**分布**：产中国海南、福建、湖南、贵州、广西、广东、云南。越南也有分布。**生境**：生于山地常绿阔叶林中、阳坡或较干燥地方，海拔400~1000m。**用途**：种子含淀粉，木材，观赏。

特征要点 叶革质，长椭圆形至披针形，边缘具锯齿或为波状，无毛。壳斗陀螺形，除顶部外全包坚果；苞片仅顶端和壳斗分离；坚果顶端平截或隆起，其余全和壳斗愈合。

白柯（滇石栎） **Lithocarpus dealbatus** (Hook. f. & Thoms. ex Miq.) Rehder 壳斗科 Fagaceae 柯属

生活型：常绿乔木。**高度**：达20m。**株形**：狭卵形。**树皮**：灰色，深纵裂。**枝条**：小枝被黄色柔毛。**叶**：叶互生，厚纸质或革质，卵形至披针形，顶部尖，基部楔形，全缘，背面被稀疏短毛，具蜡鳞层，侧脉每边9~15条。**花**：雄穗状花序多穗聚生于枝的顶部，长很少达15cm；雌花序稀长20cm，有时雌雄同序；雌花每3朵一簇。**果实及种子**：果序长5~8cm；壳斗碗状，包着坚果一半至大部分，直径1~2cm；小苞片三角形；坚果扁圆形。**花果期**：花期8~10月，果期翌年8~10月。**分布**：产中国四川、重庆、贵州、云南。印度、缅甸、老挝也有分布。**生境**：生于山地杂木林中，海拔1200~3200m。**用途**：种子含淀粉，木材，观赏。

特征要点 叶顶部尖，基部楔形，全缘，背面被稀疏短毛，具蜡鳞层。果序长5~8cm；壳斗碗状，包着坚果一半至大部分；小苞片三角形；坚果扁圆形，下部1/3和壳斗愈合。

柯(石栎) **Lithocarpus glaber** (Thunb.) Nakai 壳斗科 Fagaceae 柯属

生活型: 常绿乔木。**高度**: 达 15m。**株形**: 卵形。**树皮**: 灰色, 平滑。**枝条**: 小枝密被灰黄色短茸毛。**叶**: 叶互生, 革质或厚纸质, 倒卵形至椭圆形, 叶缘有 2~4 个浅裂齿或全缘, 侧脉多数, 背面具蜡鳞层; 叶柄短。**花**: 雄穗状花序多排成圆锥花序或单穗腋生, 长达 15cm; 雌花序常着生少数雄花, 雌花每 3 朵一簇。**果实及种子**: 果序轴被短柔毛; 壳斗碟状或浅碗状, 直径 1~1.5cm, 硬木质; 小苞片三角形, 甚细小, 紧贴, 密被灰色微柔毛; 坚果椭圆形, 具白色粉霜。**花果期**: 花期 7~11 月, 果期翌年 7~11 月。**分布**: 产中国秦岭南坡以南各地。**生境**: 生于坡地杂木林中、阳坡较常见, 海拔 1500m。**用途**: 种子含淀粉, 木材, 观赏。

特征要点 小枝密被灰黄色短茸毛。叶革质, 叶缘有 2~4 个浅裂齿或全缘, 背面具蜡鳞层。壳斗碟状或浅碗状, 直径 1~1.5cm, 硬木质; 坚果椭圆形, 具白色粉霜。

硬壳柯(硬斗石栎) **Lithocarpus hancei** (Benth.) Rehder 壳斗科 Fagaceae 柯属

生活型: 常绿乔木。**高度**: 达 15m。**株形**: 狭卵形。**树皮**: 暗灰色, 平滑。**枝条**: 小枝灰色, 具蜡层。**叶**: 叶互生, 革质, 卵形至披针形, 基部下延, 边缘全缘, 侧脉纤细而密, 两面同色。**花**: 雄穗状花序常排成圆锥花序, 长很少超过 10cm; 雌花序 2 至多穗聚生于枝顶部, 花柱 2~4 枚。**果实及种子**: 壳斗浅碗状至浅碟状, 直径 10~20mm, 包着坚果不到 1/3; 小苞片鳞片状三角形, 紧贴; 坚果扁圆形, 直径 0.8~2cm, 无毛。**花果期**: 花期 4~6 月, 果期翌年 9~12 月。**分布**: 产中国秦岭南坡以南各地。**生境**: 生于山坡上, 海拔 500~3200m。**用途**: 种子含淀粉, 木材, 观赏。

特征要点 叶革质, 卵形至披针形, 全缘, 侧脉纤细而密, 两面同色。壳斗浅碗状至浅碟状, 包着坚果不到 1/3; 小苞片鳞片状三角形; 坚果扁圆形, 直径 0.8~2cm。

港柯(东南石栎) **Lithocarpus harlandii** (Hance ex Walp.) Rehder

壳斗科 Fagaceae 柯属

生活型: 常绿乔木。**高度**: 约 18m。**株形**: 狭卵形。**树皮**: 灰白色, 平滑。**枝条**: 新生小枝紫褐色, 无毛。**叶**: 叶互生, 硬革质, 披针形或椭圆形, 先端常尾尖并弯向一侧, 基部狭, 边缘上部具钝裂齿, 侧脉每边 8~13 条, 叶背具蜡鳞层。**花**: 雄圆锥花序由多个穗状花序组成; 雌花每 3 朵一簇或单花, 花柱 3 或 2 枚。**果实及种子**: 壳斗浅碗状, 直径 1.5~2cm, 基部短柄状; 小苞片鳞片状, 三角形或四边菱形, 被微柔毛; 坚果长圆锥形或宽椭圆形, 高 2~3cm。**花果期**: 花期 5~6 月, 果期翌年 9~10 月。**分布**: 产中国江西、台湾、广东、香港、广西、海南、浙江、福建、湖南、贵州、广西。**生境**: 生于山地常绿阔叶林中, 海拔 400~700m。**用途**: 种子含淀粉, 木材, 观赏。

特征要点 叶硬革质, 先端常尾尖并弯向一侧, 边缘上部具钝裂齿, 叶背具蜡鳞层。壳斗浅碗状, 直径基部短柄状; 小苞片鳞片状。

灰柯(绵石栎) **Lithocarpus henryi** (Seem.) Rehder & E. H. Wilson

壳斗科 Fagaceae 柯属

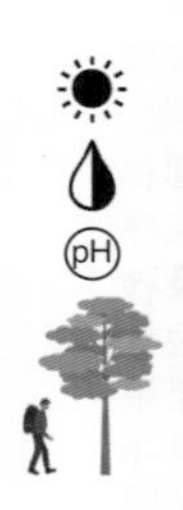

生活型: 常绿乔木。**高度**: 达 20m。**株形**: 卵形。**树皮**: 暗灰色, 平滑。**枝条**: 小枝紫褐色, 被蜡粉, 无毛。**叶**: 叶互生, 革质或硬纸质, 狭长椭圆形, 全缘, 侧脉多数, 叶背灰色, 具蜡鳞层; 叶柄短。**花**: 雄穗状花序单穗腋生; 雌花序长达 20cm, 花序轴被灰黄色毡毛状微柔毛, 其顶部常着生少数雄花; 雌花每 3 朵一簇。**果实及种子**: 壳斗浅碗斗, 直径 1.5~2.5cm, 包着坚果很少到一半, 近木质; 小苞片三角形, 伏贴; 坚果高 1~2cm, 常有淡薄白粉。**花果期**: 花期 8~10 月, 果期翌年 8~10 月。**分布**: 产中国陕西、湖北、湖南、贵州、四川、安徽、江西、重庆。**生境**: 生于山地杂木林中, 海拔 1400~2100m。**用途**: 种子含淀粉, 木材, 观赏。

特征要点 小枝被蜡粉, 无毛。叶革质或硬纸质, 狭长椭圆形, 全缘, 叶背具蜡鳞层。壳斗浅碗斗, 直径 1.5~2.5cm, 近木质; 坚果高 1~2cm, 常有淡薄白粉。

饭甑青冈 **Quercus macrocalyx** Hickel & A. Camus【Cyclobalanopsis fleuryi (Hick. & A. Camus) Chun ex Q. F. Zheng】壳斗科 Fagaceae 栎属 / 青冈属

生活型：常绿乔木。**高度**：达 25m。**株形**：卵形。**树皮**：灰白色，平滑。**枝条**：小枝粗壮，密生皮孔。**冬芽**：芽大，卵形，具 6 棱。**叶**：叶互生，革质，长椭圆形，常全缘，叶背粉白色，侧脉每边 10~15 条。**花**：雄花序长 10~15cm，被褐色茸毛；雌花序长 2.5~3.5cm，花 4~5 朵，花柱 4~8。**果实及种子**：果序短，壳斗钟形或近圆筒形，包着坚果约 2/3，高 3~4cm，被茸毛；小苞片合生成 10~13 条同心环带；坚果柱状长椭圆形，密被黄棕色茸毛。**花果期**：花期 3~4 月，果期 10~12 月。**分布**：产中国江西、福建、广东、海南、广西、贵州、云南。越南也有分布。**生境**：生于山地密林中，海拔 500~1500m。**用途**：种子含淀粉，木材，观赏。

特征要点 叶革质，全缘，叶背粉白色。果序短，壳斗钟形或近圆筒形，包着坚果约 2/3，被黄棕色毡状长茸毛；同心环带 10~11 条；坚果柱状长椭圆形。

赤皮青冈 **Quercus gilva** Blume【Cyclobalanopsis gilva (Blume) Oerst.】壳斗科 Fagaceae 栎属 / 青冈属

生活型：常绿乔木。**高度**：达 30m。**株形**：卵形。**树皮**：暗褐色。**枝条**：小枝密生灰黄色星状茸毛。**叶**：叶互生，革质，倒披针形或倒卵状长椭圆形，长 6~12cm，叶缘中部以上有短芒状锯齿，叶背被灰黄色星状短茸毛，侧脉每边 11~18 条。**花**：雌花序长约 1cm，通常有花 2 朵，花序及苞片密被灰黄色茸毛。**果实及种子**：果序短，壳斗碗形，包着坚果约 1/4，高不及 1cm，被灰黄色薄毛；小苞片合生成 6~7 条同心环带；坚果倒卵状椭圆形，顶端有微柔毛。**花果期**：花期 5 月，果期 10 月。**分布**：产中国浙江、福建、台湾、湖南、广东、贵州。日本也有分布。**生境**：生于山地，海拔 300~1500m。**用途**：种子含淀粉，木材，观赏。

特征要点 叶革质，叶缘中部以上有锯齿，叶背被星状短茸毛。果序短，壳斗碗形，包着坚果约 1/4，被灰黄色薄毛；同心环带 6~7 条；坚果倒卵状椭圆形。

青冈 **Quercus glauca** Thunb.【**Cyclobalanopsis glauca** (Thunb.) Oerst.】

壳斗科 Fagaceae 栎属 / 青冈属

生活型：常绿乔木。**高度**：达 20m。**株形**：卵形。**树皮**：暗灰色，长条状深裂。**枝条**：小枝无毛。**叶**：叶互生，革质，椭圆形，顶端渐尖，基部圆形，叶缘中部以上有疏锯齿，叶背被白毛及鳞秕；叶柄短。**花**：雄花序长 5~6cm，花序轴被苍色茸毛。**果实及种子**：果序长 1.5~3cm，着生果 2~3 个，壳斗碗形，包着坚果 1/3~1/2，高 0.6~0.8cm，被薄毛；小苞片合生成 5~6 条同心环带；坚果卵形或椭圆形，高 1~1.6cm。**花果期**：花期 4~5 月，果期 10 月。**分布**：产中国秦岭以南地区。朝鲜、日本也有分布。**生境**：生于山坡、沟谷，海拔 60~2600m。**用途**：种子含淀粉，木材，观赏。

特征要点 小枝无毛。叶革质，椭圆形，叶缘中部以上有疏锯齿，叶背被白毛及鳞秕。果序着生果 2~3 个，壳斗碗形，包着坚果 1/3~1/2；小苞片合生成 5~6 条同心环带。

细叶青冈 **Quercus ciliaris** C. C. Huang & Y. T. Chang【**Cyclobalanopsis gracilis** (Rehder & E.H.Wilson) W. C. Cheng & T. Hong】壳斗科 Fagaceae 栎属 / 青冈属

生活型：常绿乔木。**高度**：达 15m。**株形**：卵形。**树皮**：灰褐色。**枝条**：小枝幼时被茸毛。**叶**：叶互生，革质，长卵形，长 4.5~9cm，叶缘 1/3 以上有细尖锯齿，叶背灰白色，侧脉每边 7~13 条。**花**：雄花序长 5~7cm；雌花序长 1~1.5cm，顶端着生 2~3 朵花。**果实及种子**：果序短，壳斗碗形，包着坚果 1/3~1/2，高不及 1cm，被黄茸毛；小苞片合生成 6~9 条同心环带；坚果椭圆形。**花果期**：花期 3~4 月，果期 10~11 月。**分布**：产中国河南、陕西、甘肃、江苏、安徽、浙江、江西、福建、湖北、湖南、广东、广西、四川、重庆、贵州。**生境**：生于山地杂木林中，海拔 500~2600m。**用途**：种子含淀粉，木材，观赏。

特征要点 叶革质，长 4.5~9cm，叶缘 1/3 以上有细尖锯齿，叶背灰白色。果序短，壳斗碗形，包着坚果 1/3~1/2，外壁被伏贴灰黄色茸毛；同心环带 6~9 条；坚果椭圆形。

大叶青冈 **Quercus jenseniana** Hand.-Mazz.【Cyclobalanopsis jenseniana (Hand.-Mazz.) W. C. Cheng & T. Hong ex Q. F. Zheng】

壳斗科 Fagaceae 栎属 / 青冈属

生活型: 常绿乔木。**高度**: 达 30m。**株形**: 卵形。**树皮**: 灰褐色，粗糙。**枝条**: 小枝粗壮，有沟槽，无毛。**叶**: 叶互生，薄革质，长椭圆形，长 15~30cm，全缘，无毛，侧脉每边 12~17 条。**花**: 雄花序密集，长 5~8cm；雌花序长 3~5cm，花柱 4~5 裂。**果实及种子**: 壳斗杯形，包着坚果 1/3~1/2，高 0.8~1cm，无毛；小苞片合生成 6~9 条同心环带；坚果长卵形或倒卵形。**花果期**: 花期 4~6 月，果期翌年 10~11 月。**分布**: 产中国浙江、江西、福建、湖北、湖南、广东、广西、贵州、云南。泰国也有分布。**生境**: 生于山坡、山谷、沟边杂木林中，海拔 300~1700m。**用途**: 种子含淀粉，木材，观赏。

特征要点 叶薄革质，长 15~30cm，全缘，无毛。壳斗杯形，包着坚果 1/3~1/2，无毛；同心环带 6~9 条；坚果长卵形或倒卵形。

小叶青冈（细叶青冈） **Quercus myrsinifolia** Blume【Cyclobalanopsis myrsinifolia (Blume) Oerst.】壳斗科 Fagaceae 栎属 / 青冈属

生活型: 常绿乔木。**高度**: 20m。**株形**: 卵形。**树皮**: 灰褐色。**枝条**: 小枝无毛，具皮孔。**叶**: 叶披针形，叶缘中部以上有细锯齿，侧脉每边 9~14 条，常不达叶缘，叶面绿色，叶背粉白色，无毛；叶柄长 1~2.5cm。**花**: 雄花序长 4~6cm；雌花序长 1.5~3cm。**果实及种子**: 壳斗杯形，包着坚果 1/3~1/2，高 5~8mm，壁薄，外壁被灰白色细柔毛；小苞片合生成 6~9 条同心环带，环带全缘。坚果卵形或椭圆形，直径 1~1.5cm，无毛。**花果期**: 花期 6 月，果期 10 月。**分布**: 产中国秦岭、大别山以南各地。越南、老挝、日本均有分布。**生境**: 生于山谷、阴坡杂木林中，海拔 200~2500m。**用途**: 木材。

特征要点 叶披针形，叶缘中部以上有细锯齿，侧脉不达叶缘，叶背粉白色，无毛。壳斗杯形，包着坚果 1/3~1/2，壁薄；小苞片合生成 6~9 条同心环带，环带全缘。

麻栎 **Quercus acutissima** Carruth. 壳斗科 Fagaceae 栎属

生活型：落叶乔木。**高度**：15~20m。**株形**：宽卵形。**树皮**：暗灰褐色，深纵裂。**枝条**：小枝被黄色茸毛。**叶**：叶互生，长椭圆状披针形，边缘具芒状锯齿，幼时叶背被黄色短茸毛；叶柄长2~3cm。**花**：花单性，雌雄同株；雄花序为下垂柔荑花序；雌花单生，单生于总苞内，子房3室。**果实及种子**：壳斗杯形，包围坚果约1/2，直径2~3cm；苞片披针形，反曲，有灰白色茸毛；坚果卵状球形。**花果期**：花期3~4月，果期翌年9~10月。**分布**：产中国华北、华东、华中、华南和西南地区。朝鲜、日本、越南、印度也有分布。**生境**：生于山地阳坡，海拔60~2200m。**用途**：种子含淀粉，木材，观赏。

特征要点 木栓层不发达。幼枝被毛。成长叶两面无毛或仅叶背脉上有柔毛。壳斗杯状；小苞片钻形，反曲。

槲栎 **Quercus aliena** Blume 壳斗科 Fagaceae 栎属

生活型：落叶乔木。**高度**：达20m。**株形**：宽卵形。**树皮**：暗灰褐色，深纵裂。**枝条**：小枝无毛。**叶**：叶互生，长椭圆状倒卵形至倒卵形，边缘具疏波状钝齿，背面密生灰白色星状细茸毛；叶柄长1~3cm。**花**：花单性，雌雄同株；雄花序为下垂柔荑花序；雌花簇生，单生于总苞内，子房3室。**果实及种子**：壳斗杯形，包围坚果约1/2，直径1.2~2cm；苞片小，卵状披针形，伸直；坚果椭圆状卵形。**花果期**：花期3~4月，果期10~11月。**分布**：产中国陕西、山东、江苏、安徽、浙江、江西、河南、河北、湖南、广东、广西、四川、重庆、贵州、云南。日本也有分布。**生境**：生于向阳山坡，海拔100~2000m。**用途**：种子含淀粉，木材，观赏。

特征要点 小枝无毛。叶较小，显著具柄，边缘具疏波状钝齿，背面密生灰白色星状细茸毛。壳斗杯形；小苞片小，卵状披针形，伸直。

小叶栎 **Quercus chenii** Nakai 壳斗科 Fagaceae 栎属

生活型：落叶乔木。**高度**：达 30m。**株形**：宽卵形。**树皮**：黑褐色，纵裂。**枝条**：小枝纤细。**叶**：叶互生，披针形，顶端渐尖，基部圆形，叶缘具刺芒状锯齿，幼时被黄色柔毛，侧脉每边 12~16 条。**花**：花单性，雌雄同株；雄花序为下垂柔荑花序，长 4cm，被柔毛；雌花簇生，单生于总苞内，子房 3 室。**果实及种子**：壳斗杯形，包着坚果约 1/3，直径约 1.5cm；小苞片线形，直伸或反曲，下部小苞片长三角形，紧贴壳壁；坚果椭圆形。**花果期**：花期 3~4 月，果期翌年 9~10 月。**分布**：产中国江苏、安徽、浙江、江西、福建、河南、湖南、湖北、四川。**生境**：生于丘陵地区，海拔 500~600m。**用途**：种子含淀粉，木材，观赏。

特征要点 叶披针形，顶端渐尖，基部圆形，叶缘具刺芒状锯齿。壳斗杯形，包着坚果约 1/3；小苞片线形；坚果椭圆形。

巴东栎 **Quercus engleriana** Seem. 壳斗科 Fagaceae 栎属

生活型：常绿或半常绿乔木。**高度**：达 25m。**株形**：宽卵形。**树皮**：灰褐色，条状开裂。**枝条**：小枝幼时被灰黄色茸毛。**叶**：叶互生，椭圆形，叶缘中部以上有锯齿，幼时两面密被棕黄色短茸毛，侧脉每边 10~13 条。**花**：花单性，雌雄同株；雄花序为下垂柔荑花序，长约 7cm，被茸毛；雌花簇生于总苞内，子房 3 室。**果实及种子**：壳斗碗形，包着坚果 1/3~1/2；小苞片小，卵状披针形，顶端紫红色；坚果长卵形。**花果期**：花期 4~5 月，果期 11 月。**分布**：产中国陕西、江西、福建、河南、湖北、湖南、广西、四川、重庆、贵州、云南、西藏。印度也有分布。**生境**：生于山坡、山谷疏林中，海拔 700~2700m。**用途**：种子含淀粉，木材，观赏。

特征要点 叶椭圆形至卵状披针形，叶缘中部以上有锯齿，幼时两面密被棕黄色短茸毛。壳斗碗形，包着坚果 1/3~1/2；小苞片小，顶端紫红色；坚果长卵形。

白栎 **Quercus fabri** Hance 壳斗科 Fagaceae 栎属

生活型：落叶乔木或灌木。**高度**：达 20m。**株形**：宽卵形。**树皮**：灰褐色，深纵裂。**枝条**：小枝密生灰褐色茸毛。**冬芽**：冬芽卵状圆锥形。**叶**：叶互生，倒卵形，叶缘具锯齿，幼时两面被灰黄色星状毛；叶柄长 3~5mm。**花**：花单性，雌雄同株；雄花序为下垂柔荑花序，被茸毛；雌花 2~4 朵排成短穗状，单生于总苞内，子房 3 室。**果实及种子**：壳斗杯形，包着坚果约 1/3；小苞片卵状披针形，排列紧密；坚果长椭圆形。**花果期**：花期 4 月，果期 10 月。**分布**：产中国陕西、江苏、安徽、浙江、江西、福建、河南、湖北、湖南、广东、广西、四川、重庆、贵州、云南。朝鲜也有分布。**生境**：生于山地杂木林中、丘陵，海拔 50~1900m。**用途**：种子含淀粉，木材，观赏。

特征要点 小枝密生灰褐色茸毛。叶具短柄，倒卵形，叶缘具波状锯齿或粗钝锯齿，幼时两面被灰黄色星状毛。壳斗杯形，包着坚果约 1/3；小苞片卵状披针形，排列紧密。

乌冈栎 **Quercus phillyreoides** A. Gray 壳斗科 Fagaceae 栎属

生活型：常绿灌木至小乔木。**高度**：4~7m。**株形**：宽卵形。**树皮**：暗灰色，平滑。**枝条**：小枝被灰色星状短茸毛。**叶**：叶互生，卵形，先端钝圆，基部浅心形，基部以上有小锯齿，侧脉纤细。**花**：花单性，雌雄同株；雄花序为下垂柔荑花序；雌花簇生，单生于总苞内，子房 3 室。**果实及种子**：壳斗杯形，包围坚果 1/3~1/2，内面有灰色丝质茸毛；苞片宽卵形，顶端钝尖；坚果两年成熟，卵状椭圆形。**花果期**：花期 3~4 月，果期 9~10 月。**分布**：产中国陕西、浙江、江西、安徽、福建、河南、湖北、湖南、广东、广西、四川、重庆、贵州、云南。日本也有分布。**生境**：生于山坡、山顶、山谷密林中，海拔 300~1200m。**用途**：种子含淀粉，木材，观赏。

特征要点 叶卵形至长椭圆状倒卵形，基部以上有小锯齿，无毛。壳斗杯形，包围坚果 1/3~1/2；苞片宽卵形；坚果两年成熟，卵状椭圆形。

高山栎 Quercus semecarpifolia Sm. 壳斗科 Fagaceae 栎属

生活型：常绿乔木。**高度**：达 30m。**株形**：宽卵形。**树皮**：暗灰色。**枝条**：小枝幼时被星状毛。**叶**：叶互生，椭圆形，顶端圆钝，基部浅心形，全缘或具刺状锯齿，叶背被棕色星状毛及糠秕状粉末，侧脉每边 8~14 条。**花**：花单性，雌雄同株；雄花序为下垂葇荑花序，长 3~5cm，被灰褐色；雌花排成穗状，单生于总苞内，子房 3 室。**果实及种子**：果序长 2~7cm，着生坚果 1~2 个；壳斗浅碗形或碟形，包着坚果基部，直径 1.5~2.5cm；小苞片披针形，被灰白色短茸毛；坚果近球形。**花果期**：花期 5~6 月，果期 9~10 月。**分布**：产中国西藏。**生境**：生于山坡、山谷栎林或松栎林中，海拔 2600~4000m。**用途**：种子含淀粉，木材，观赏。

特征要点　叶椭圆形，全缘或具刺状锯齿，叶背被毛及糠秕状粉末。果序长 2~7cm，着生坚果 1~2 个；壳斗浅碗形或碟形，包着坚果基部；小苞片披针形；坚果近球形。

栓皮栎 Quercus variabilis Blume 壳斗科 Fagaceae 栎属

生活型：落叶乔木。**高度**：达 30m。**株形**：宽卵形。**树皮**：黑褐色，深纵裂，木栓层发达。**枝条**：小枝无毛，灰棕色。**冬芽**：冬芽圆锥形。**叶**：叶互生，卵状披针形或长椭圆形，叶缘具刺芒状锯齿，背面密被灰白色星状茸毛；叶柄长 1~3cm。**花**：花单性，雌雄同株；雄花序为下垂柔荑花序，长达 14cm；雌花簇生于总苞内，子房 3 室。**果实及种子**：壳斗杯形，包着坚果 2/3；小苞片钻形，反曲，被短毛；坚果近球形或宽卵形。**花果期**：花期 3~4 月，果期翌年 9~10 月。**分布**：产中国华北、华中、华东、华南和西南地区。**生境**：生于阳坡，海拔 800~3000m。**用途**：种子含淀粉，木材，观赏。

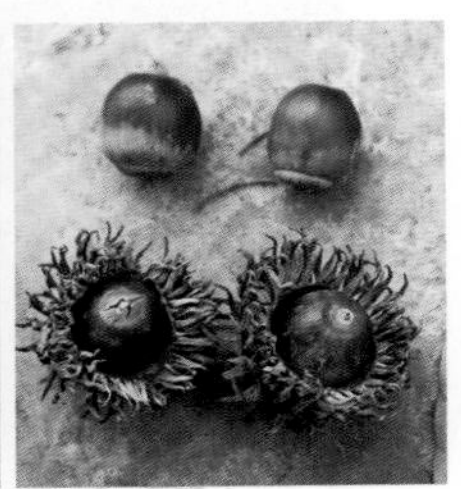

特征要点　木栓层发达。小枝无毛。叶披针形，叶缘具刺芒状锯齿，背面密被灰白色星状茸毛。雄柔荑花序下垂；雌花簇生。壳斗杯形；小苞片钻形，反曲。

革叶铁榄 **Sideroxylon wightianum** Hook. & Arn. 【Sinosideroxylon wightianum (Hook. & Arn.) Aubr.】 山榄科 Sapotaceae 久榄属 / 铁榄属

生活型: 常绿乔木。**高度**: 4~8m。**株形**: 宽卵形。**树皮**: 褐色。**枝条**: 小枝被锈色茸毛。**叶**: 叶互生，革质，椭圆形至披针形，基部下延，两面光滑无毛，侧脉 12~17 对，弧形，近边缘互相网结，网脉明显。**花**: 花单生或 2~5 朵簇生于叶腋，绿白色，芳香；花梗纤细，被茸毛；萼片 5，淡绿色；花冠白绿色；能育雄蕊 5，花药淡黄色；退化雄蕊 5；子房卵形，5 室。**果实及种子**: 浆果椭圆形，长 1~1.5cm，绿色转深紫色，无毛，果皮薄；种子 1，椭圆形。**花果期**: 花果期 8~11 月。**分布**: 产中国广东、广西、贵州、云南。越南也有分布。**生境**: 生于石灰岩小山、灌丛及混交林中，海拔 500~1500m。**用途**: 观赏。

特征要点 叶互生，革质，基部下延，两面无毛，网脉明显。花具梗，单生或 2~5 朵簇生于叶腋；萼片 5；花冠白绿色；退化雄蕊 5，近花瓣状。浆果椭圆形；种子 1。

三桠苦 **Melicope pteleifolia** (Champ. ex Benth.) Hartley 芸香科 Rutaceae 蜜茱萸属

生活型: 常绿灌木或小乔木。**高度**: 2~8m。**株形**: 宽卵形。**树皮**: 灰白色。**枝条**: 小枝四棱形，光滑无毛。**叶**: 羽状复叶对生，具长柄，小叶 3，纸质，矩圆状披针形，全缘，两面无毛，有腺点。**花**: 伞房状圆锥花序腋生，被毛；花单性，黄白色，小，略有芳香，4 数；雄花雄蕊较花瓣长；雌花子房密被毛，退化雄蕊较花瓣短。**果实及种子**: 蓇葖果 2~3，顶端无喙，半透明，有腺点；种子黑色，卵状球形。**花果期**: 花期 4~6 月，果期 7~10 月。**分布**: 产中国台湾、福建、江西、广东、海南、广西、贵州、云南、西藏。越南、老挝、泰国也有分布。**生境**: 常见于较荫蔽的山谷湿润地方、阳坡灌木丛中偶有生长，海拔 2000m 以下。**用途**: 药用，观赏。

特征要点 小枝四棱形。羽状复叶对生，具长柄，小叶 3，矩圆状披针形。伞房状圆锥花序腋生；花单性，黄白色，小，4 数。蓇葖果 2~3，无喙，有腺点；种子黑色，卵状球形。

华榛 Corylus chinensis Franch. 桦木科 Betulaceae 榛属

生活型: 落叶乔木。**高度**: 达 20m。**株形**: 尖塔形。**树皮**: 灰褐色，纵裂。**枝条**: 小枝褐色，密被长柔毛和刺状腺体。**叶**: 叶互生，椭圆形或宽卵形，基部偏斜，边缘具不规则的钝锯齿，背面沿脉疏被淡黄色长柔毛，侧脉 7~11 对。**花**: 雄花序 2~8 枚排成总状，长 2~5cm，苞鳞三角形，顶端具 1 枚刺状腺体；雌花序簇生成头状，花柱红色。**果实及种子**: 果 2~6 枚簇生成头状，长 2~6cm；果苞管状，较果长 2 倍，上部深裂，裂片镰状披针形，分叉成小裂片。**花果期**: 花期 3~4 月，果期 9~10 月。**分布**: 产中国云南、四川、重庆、甘肃。**生境**: 生于湿润山坡林中，海拔 2000~3500m。**用途**: 观赏，木材。

特征要点 树皮纵裂。叶基部偏斜，边缘具不规则的钝锯齿，背面被长柔毛。果 2~6 枚簇生成头状，长 2~6cm；果苞管状，较果长 2 倍。

榛 Corylus heterophylla Fisch. ex Trautv. 桦木科 Betulaceae 榛属

生活型: 落叶灌木或小乔木。**高度**: 1~7m。**株形**: 卵形。**树皮**: 灰色，平滑。**枝条**: 小枝黄褐色，密被短柔毛。**叶**: 叶互生，矩圆形或宽倒卵形，顶端凹缺或截形，具突尖，边缘具不规则重锯齿，中部以上具浅裂。**花**: 雄花序单生，长约 4cm；雌花序单生或簇生成头状，花柱红色。**果实及种子**: 果单生或 2~6 枚簇生成头状；果苞钟状，具棱，被毛及腺体，较果长，上部浅裂，裂片三角形；坚果近球形。**花果期**: 花期 4 月，果期 9~10 月。**分布**: 产中国黑龙江、吉林、辽宁、河北、山西、陕西、四川、贵州、山东、湖北、安徽、甘肃。朝鲜、日本、西伯利亚、远东地区也有分布。**生境**: 生于山地阴坡灌丛中，海拔 200~1000m。**用途**: 果食用，观赏。

特征要点 叶矩圆形或宽倒卵形，顶端凹缺或截形。雄柔荑花序单生；雌花序单生，花柱红色。果苞钟状，上部浅裂，裂片三角形；坚果近球形。

川榛 **Corylus heterophylla** var. **sutchuenensis** Franch. 桦木科 Betulaceae 榛属

生活型: 落叶灌木或小乔木。**高度:** 达 7m。**株形:** 卵形。**树皮:** 灰白色。**枝条:** 小枝黄褐色，密被短柔毛。**叶:** 叶互生，椭圆形、宽卵形或几圆形，顶端尾状。**花:** 雄花序单生，长约 4cm，花药红色；雌花序单生或簇生，花柱红色。**果实及种子:** 果单生或 2~6 枚簇生成头状；果苞钟状，具棱，被毛及腺体，较果长，上部浅裂，裂片三角形，边缘具疏齿，很少全缘；坚果近球形。**花果期:** 花期 4 月，果期 9~10 月。**分布:** 产中国贵州、四川、陕西、甘肃、河南、山东、江苏、安徽、浙江、江西。**生境:** 生于山地林间，海拔 700~2500m。**用途:** 果食用，观赏。

特征要点 叶顶端尾状。果单生或 2~6 枚簇生成头状；果苞钟状，具棱，被毛及腺体，较果长，上部浅裂，裂片三角形，边缘具疏齿；坚果近球形。

滇榛 **Corylus yunnanensis** (Franch.) A. Camus 桦木科 Betulaceae 榛属

生活型: 落叶灌木或小乔木。**高度:** 1~7m。**株形:** 卵形。**树皮:** 暗灰色。**枝条:** 小枝褐色，密被长柔毛和刺状腺体。**叶:** 叶互生，厚纸质，几圆形或宽卵形，基部近心形，边缘具不规则锯齿，背面密被茸毛，侧脉 5~7 对。**花:** 雄花序 2~3 枚排成总状，下垂，长 2.5~3.5cm，苞鳞背面密被短柔毛；雌花序单生或簇生，花柱红色。**果实及种子:** 果单生或 2~3 枚簇生成头状；果苞钟状，被毛和腺体，通常与果等长或较果短，上部浅裂，裂片三角形，边缘具疏齿；坚果球形，密被茸毛。**花果期:** 花期 3~4 月，果期 9~10 月。**分布:** 产中国云南、四川、贵州。**生境:** 生于山坡灌丛中，海拔 2000~3700m。**用途:** 果食用，观赏。

特征要点 叶厚纸质，几圆形或宽卵形，背面密被茸毛。雄花序 2~3 枚排成总状，下垂。果单生或 2~3 枚簇生成头状；果苞钟状，被毛和腺体；坚果球形，密被茸毛。

千金榆 **Carpinus cordata** Blume 桦木科 Betulaceae 鹅耳枥属

生活型: 落叶乔木。**高度**: 5~15m。**株形**: 宽卵形。**树皮**: 灰色。**枝条**: 小枝棕色或橘黄色，具沟槽。**叶**: 叶互生，厚纸质，卵形或矩圆状卵形，顶端渐尖，基部斜心形，边缘具重锯齿，疏被短柔毛，侧脉 15~20 对。**花**: 花单性，雌雄同株；雄花序生老枝上，下垂，黄褐色；雌花序生新枝顶端，稍下垂，绿色。**果实及种子**: 果序长 5~12cm，序轴被柔毛；果苞宽卵状矩圆形，无毛，完全遮盖小坚果，边缘具齿；小坚果矩圆形，无毛。**花果期**: 花期 5 月，果期 9~10 月。**分布**: 产中国东北、华北地区及河南、陕西、甘肃、湖北、安徽。朝鲜、日本也有分布。**生境**: 生于较湿润肥沃的阴山坡或山谷杂木林中，海拔 500~2500m。**用途**: 观赏，木材。

特征要点 叶卵形或矩圆状卵形，基部斜心形，侧脉 15~32 对。雄柔荑花序黄褐色。果序下垂，长 5~12cm；果苞宽卵状矩圆形，两侧近对称，完全遮盖小坚果。

川黔千金榆 **Carpinus fangiana** Hu 桦木科 Betulaceae 鹅耳枥属

生活型: 落叶乔木。**高度**: 达 20m。**株形**: 宽卵形。**树皮**: 暗灰色或灰棕色。**枝条**: 小枝紫褐色，无毛。**叶**: 叶互生，厚纸质，长卵形至长椭圆形，边缘具不规则刺毛状重锯齿，两面沿脉有长柔毛，侧脉 24~34 对。**花**: 花单性，雌雄同株；雄花序生老枝上，下垂，黄褐色；雌花序生新枝顶端，稍下垂，绿色。**果实及种子**: 果序长可达 45~50cm，序轴密被短柔毛；果苞纸质，椭圆形，部分遮盖小坚果，边缘具疏细齿，具 5 条基出脉，网脉显著；小坚果矩圆形，无毛，具不明显细肋。**花果期**: 花期 2~3 月，果期 8 月。**分布**: 产中国四川、云南、贵州、广西。**生境**: 生于山坡林中，海拔 700~2100m。**用途**: 观赏，木材。

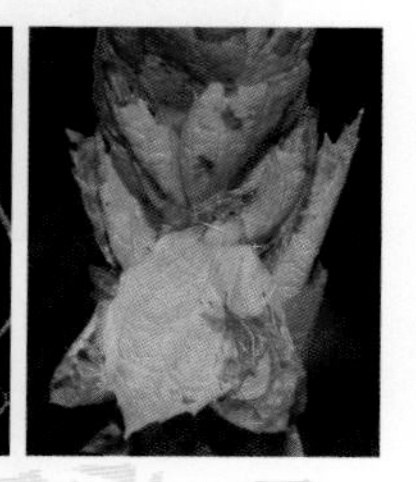

特征要点 叶边缘具不规则刺毛状重锯齿，两面沿脉有长柔毛。果序长可达 45~50cm，被毛；果苞部分遮盖小坚果，边缘具疏细齿。

雷公鹅耳枥 **Carpinus viminea** Lindl. 桦木科 Betulaceae 鹅耳枥属

生活型：常绿乔木。**高度**：10~20m。**株形**：宽卵形。**树皮**：深灰色。**枝条**：小枝密生白色皮孔。**叶**：叶互生，厚纸质，椭圆形至卵状披针形，边缘具重锯齿，近无毛，侧脉12~15对，叶柄较细长。**花**：雄花序生老枝上，下垂，黄褐色；雌花序生新枝顶端，稍下垂，绿色。**果实及种子**：果序长5~15cm，序轴纤细，无毛；果苞内外侧基部均具1裂片，中裂片外侧边缘具齿牙状粗齿；小坚果宽卵圆形，具少数细肋。**花果期**：花期5月，果期8~9月。**分布**：产中国西藏、云南、贵州、四川、重庆、湖北、湖南、广西、江西、福建、浙江、江苏、安徽。尼泊尔、印度、中南半岛也有分布。**生境**：生于山坡杂木林中，海拔700~2600m。**用途**：观赏，木材。

特征要点 叶边缘具重锯齿，近无毛。果序长5~15cm，无毛；果苞内外侧基部均具1裂片，中裂片外侧边缘具齿牙状粗齿。

黄杞 **Alfaropsis roxburghiana** (Lindl.) Iljinsk.【Engelhardia roxburghiana Wall.】胡桃科 Juglandaceae 黄杞属

生活型：半常绿乔木。**高度**：达10m。**株形**：卵形。**树皮**：暗褐色。**枝条**：小枝细瘦，褐色。**叶**：偶数羽状复叶互生，小叶3~5对，近对生，革质，长椭圆形，全缘，基部歪斜。**花**：圆锥状花序顶生，上雌下雄；雄花无柄，花被片4枚，兜状，雄蕊10~12枚；雌花具短柄，苞片3裂而不贴于子房，花被片4枚，子房近球形，柱头4裂。**果实及种子**：果序长达15~25cm，果实坚果状，球形，3裂的苞片托于果实基部，中间裂片长约为两侧裂片长的2倍。**花果期**：花期5~6月，果期8~9月。**分布**：产中国台湾、广东、广西、湖南、贵州、四川、重庆、云南、海南。印度、缅甸、泰国、越南也有分布。**生境**：生于林中，海拔200~1500m。**用途**：观赏。

特征要点 树皮厚。偶数羽状复叶互生，小叶3~5对，革质，全缘。雌雄同株，常形成顶生圆锥状花序束。果序长达15~25cm，果实坚果状，苞片3裂。

毛叶黄杞 **Engelhardia spicata** var. **colebrookeana** (Lindl. ex Wall.) Koord. & Valeton 胡桃科 Juglandaceae 毛黄杞属 / 黄杞属

生活型: 落叶小乔木。**高度**: 4~7m。**株形**: 宽卵形。**树皮**: 暗褐色。**枝条**: 小枝淡灰褐色, 密被短柔毛。**叶**: 偶数羽状复叶互生, 密被短柔毛; 小叶 2~4 对, 卵圆形, 全缘, 侧脉通常 7~9 对。**花**: 雄性葇荑花序多条形成圆锥状花序束, 雄花密集, 苞片 3 裂, 被柔毛。雌性葇荑花序生于圆锥花序束顶端或单生; 雌花几无柄。**果实及种子**: 果序俯垂, 序柄粗壮, 密被短柔毛, 苞片基部被刚毛, 贴生至果实近中部, 裂片矩圆形; 果实密生刚毛, 球状。**花果期**: 花期 2~3 月, 果期 4~5 月。**分布**: 产中国云南、贵州、广西、广东、海南。越南、缅甸、印度、尼泊尔也有分布。**生境**: 生于山腰或山谷疏林中, 海拔常 800~1400m。**用途**: 栲胶, 观赏。

特征要点 叶、枝、叶、果密被毛; 果下部与苞片合生。

山核桃 **Carya cathayensis** Sarg. 胡桃科 Juglandaceae 山核桃属

生活型: 落叶乔木。**高度**: 10~20m。**株形**: 狭卵形。**树皮**: 平滑, 灰白色。**枝条**: 小枝细瘦, 皮孔圆形, 稀疏。**叶**: 奇数羽状复叶互生, 叶柄无毛, 小叶 5~7, 对生, 披针形, 边缘具细锯齿, 背面具橙黄色腺体。**花**: 雄性柔荑花序被柔毛及腺体, 长 10~15cm; 雌性穗状花序直立, 密被腺体, 雌花 1~3, 卵圆形。**果实及种子**: 假核果倒卵形, 具 4 狭翅状纵棱, 被橙黄色腺体; 外果皮干燥后 4 瓣裂; 果核倒卵形; 子叶 2 深裂。**花果期**: 花期 4~5 月, 果期 9 月。**分布**: 产中国浙江、安徽、贵州。**生境**: 生于山麓疏林中或腐殖质丰富的山谷, 海拔 400~1200m。**用途**: 果食用, 观赏。

特征要点 奇数羽状复叶互生, 叶柄无毛, 小叶 5~7, 披针形, 边缘具细锯齿。雄性柔荑花序被柔毛及腺体。假核果倒卵形, 具 4 狭翅状纵棱, 外果皮干燥后 4 瓣裂。

美国山核桃（薄壳山核桃） **Carya illinoinensis** (Wangenh.) K. Koch

胡桃科 Juglandaceae 山核桃属

生活型：落叶乔木。**高度**：达 50m。**株形**：长卵形。**树皮**：粗糙，深纵裂。**枝条**：小枝被柔毛，后变无毛，灰褐色。**冬芽**：冬芽黄褐色，被柔毛。**叶**：奇数羽状复叶互生，小叶 9~17，披针形，常成镰状，边缘具锯齿。**花**：雄性葇荑花序 3 条一束，长 8~14cm；雌性穗状花序直立，花序轴密被柔毛，具 3~10 雌花，雌花子房长卵形。**果实及种子**：假核果矩圆状或长椭圆形，有 4 条纵棱，外果皮 4 瓣裂，内果皮平滑，木质，薄；基部不完全 2 室。**花果期**：花期 5 月，果期 9~11 月。**分布**：原产北美洲。中国北京、河北、河南、江苏、浙江、福建、江西、湖南、四川等地栽培。**生境**：生于庭院中。**用途**：果仁可食，观赏。

特征要点 具鳞芽。奇数羽状复叶互生，小叶 9~17，披针形，常成镰状，边缘具锯齿；果核长卵状，平滑，壳薄。

化香树 **Platycarya strobilacea** Siebold & Zucc. 胡桃科 Juglandaceae 化香树属

生活型：落叶小乔木。**高度**：2~6m。**株形**：宽卵形。**树皮**：暗灰色，不规则纵裂。**枝条**：小枝暗褐色，具细小皮孔。**冬芽**：冬芽卵形。**叶**：奇数羽状复叶互生，小叶 7~23 枚，纸质，披针形，不对称，基部歪斜，顶端长渐尖，边缘有锯齿。**花**：花序近穗状，黄绿色，顶生，排成伞房状，直立；两性花序 1，生中央，下雌上雄；雄花序数个，生于四周。**果实及种子**：果序球果状，卵状椭圆形；果苞木质；果实小坚果状，具狭翅；种子卵形。**花果期**：花期 5~6 月，果期 7~8 月。**分布**：产中国黄河流域以南地区。朝鲜、日本也有分布。**生境**：生于向阳山坡、杂木林中，海拔 600~2200m。**用途**：观赏。

特征要点 奇数羽状复叶互生，小叶披针形，基部歪斜，边缘有锯齿。两性花序和雄花序在小枝顶端排列成伞房状花序束，直立，黄色。果序球果状，长 2.5~5cm，宿存苞片木质。

胡桃楸(野核桃) **Juglans mandshurica** Maxim.【Juglans cathayensis Dode】 胡桃科 Juglandaceae 胡桃属

生活型: 落叶乔木。**高度**: 达 20m。**株形**: 宽卵形。**树皮**: 灰色，具浅纵裂。**枝条**: 小枝粗壮，被短茸毛。**叶**: 奇数羽状复叶互生，大型，小叶多数，椭圆形，边缘具细锯齿，背面被贴伏短柔毛及星芒状毛；叶柄基部膨大。**花**: 雄性柔荑花序被短柔毛，长 9~20cm，雄蕊 12 枚；雌性穗状花序被茸毛，具 4~10 雌花，花被片披针形，柱头鲜红色。**果实及种子**: 果序长 10~15cm，俯垂；假核果 5~7 个，椭圆状，顶端尖，密被腺质短柔毛；果核具纵棱。**花果期**: 花期 5 月，果期 8~9 月。**分布**: 产中国除西北外的大部分地区，以东北、华北、华中地区为多。**生境**: 生于土质肥厚湿润、排水良好的沟谷两旁或山坡阔叶林中，海拔 500~800m。**用途**: 观赏。

特征要点 小枝被短茸毛。奇数羽状复叶大型，小叶多数，边缘具细锯齿。雌性穗状花序具 4~10 雌花，柱头鲜红色。果序长 10~15cm，俯垂；假核果 5~7 个，果核具纵棱。

胡桃(核桃) **Juglans regia** L. 胡桃科 Juglandaceae 胡桃属

生活型: 落叶乔木。**高度**: 10~25m。**株形**: 宽卵形。**树皮**: 幼时灰绿色，老时则灰白色而纵向浅裂。**枝条**: 小枝粗壮，无毛，具光泽。**叶**: 奇数羽状复叶互生，小叶 1~9 枚，椭圆状卵形至长椭圆形，边缘全缘，背面腋内具簇短柔毛。**花**: 雄性柔荑花序被腺毛，长 5~10cm，雄蕊 6~30 枚；雌性穗状花序被极短腺毛，具 1~3 雌花，柱头浅绿色。**果实及种子**: 果序短，俯垂；假核果具 1~3 个，近球状，直径 4~6cm，无毛；果核具纵棱。**花果期**: 花期 5 月，果期 10 月。**分布**: 原产欧洲及亚洲西部。中国华北、西北、西南、华中、华南、华东地区广为栽培。中亚、西亚、南亚、欧洲也有分布。**生境**: 生于山坡、丘陵地带，海拔 400~1800m。**用途**: 果食用，观赏。

特征要点 小枝无毛。奇数羽状复叶互生，小叶 1~9 枚。雄性柔荑花序下垂，被腺毛；雌性穗状花序具 1~3 雌花，柱头浅绿色。假核果 1~3 个，近球状，直径 4~6cm，果核具纵棱。

湖北枫杨 Pterocarya hupehensis Skan 胡桃科 Juglandaceae 枫杨属

生活型：落叶乔木。**高度**：10~20m。**株形**：宽卵形。**树皮**：灰色。**枝条**：小枝深灰褐色，皮孔灰黄色。**冬芽**：冬芽具柄，裸出。**叶**：奇数羽状复叶互生，小叶5~11枚，纸质，长椭圆形至卵状椭圆形，边缘具单锯齿，基部歪斜。**花**：雄柔荑花序3~5条，长8~10cm，雄蕊10~13枚；雌花序顶生，下垂，长20~40cm，无毛。**果实及种子**：果序长达30~45cm；果翅阔，椭圆状卵形。**花果期**：花期4~5月，果期8~9月。**分布**：产中国湖北、四川、陕西、贵州。**生境**：生于河溪岸边、湿润的森林中，海拔500~1500m。**用途**：观赏。

特征要点 奇数羽状复叶互生，小叶5~11枚。雄柔荑花序3~5条，长8~10cm；雌花序顶生，下垂。果序长达30~45cm；果翅阔，椭圆状卵形。

枫杨 Pterocarya stenoptera C. DC. 胡桃科 Juglandaceae 枫杨属

生活型：落叶大乔木。**高度**：达30m。**株形**：宽卵形。**树皮**：暗灰色，深纵裂。**枝条**：小枝灰褐色，具孔灰黄色。**冬芽**：冬芽具柄，裸出。**叶**：羽状复叶互生，叶轴具翅，小叶10~16枚，长椭圆形，基部歪斜，边缘具细锯齿。**花**：雄柔荑花序单生，长6~10cm，雄蕊5~12枚；雌花序顶生，下垂，

长10~15cm，密被毛和腺体。**果实及种子**：果序长20~45cm；果翅狭，条形或阔条形。**花果期**：花期4~5月，果期8~9月。**分布**：产中国陕西、河南、山东、安徽、江苏、浙江、江西、福建、台湾、广东、广西、湖南、湖北、四川、重庆、贵州、云南、辽宁、河北、山西等。**生境**：生于沿溪涧河滩、阴湿山坡地的林中，海拔150~1500m。**用途**：观赏。

特征要点 冬芽具柄，裸出。羽状复叶互生，叶轴具翅，小叶10~16枚，基部歪斜，边缘具细锯齿。雄柔荑花序单生；雌花序顶生，下垂。果序长20~45cm；果翅狭，条形或阔条形。

青钱柳 **Cyclocarya paliurus** (Batal.) Iljinsk. 胡桃科 Juglandaceae 青钱柳属

生活型: 落叶乔木。**高度**: 达 10~30m。**株形**: 宽卵形。**树皮**: 灰色，粗糙。**枝条**: 小枝黑褐色。**冬芽**: 芽密被腺体。**叶**: 奇数羽状复叶互生，小叶 7~9, 纸质，长椭圆状卵形至阔披针形，基部歪斜，叶缘具锐锯齿，两面具腺体。**花**:雄性柔荑花密被短柔毛及腺体序,长 7~18cm; 雌性柔荑花序单独顶生,密被短柔毛。**果实及种子**: 果序轴长 25~30cm，果实坚果状，扁球形，顶端具 4 枚宿存花被片及花柱，四周具翅；翅革质，圆盘状。**花果期**: 花期 4~5 月，果期 7~9 月。**分布**: 产中国安徽、江苏、浙江、江西、福建、台湾、湖北、湖南、四川、贵州、广西、广东、云南。**生境**: 生于山地湿润的森林中，海拔 500~2500m。**用途**: 观赏。

特征要点 奇数羽状复叶互生，小叶 7~9，叶缘具锐锯齿。雄性柔荑花序下垂；雌性柔荑花序单独顶生。果序长而下垂，果实坚果状，扁球形，四周具宽翅。

木麻黄 **Casuarina equisetifolia** L. 木麻黄科 Casuarinaceae 木麻黄属

生活型: 常绿乔木。**高度**: 达 30m。**株形**: 狭长圆锥形。**树皮**: 深褐色，纵裂，内皮深红色。**枝条**: 小枝灰绿色，纤细。**叶**: 叶轮生，每轮通常 7 枚，鳞片状，披针形或三角形，长 1~3mm，紧贴。**花**: 花雌雄同株或异株；雄花序棒状圆柱形，被白色柔毛；花被片 2；花丝长 2~2.5mm，花药两端深凹入；雌花序常顶生于侧生短枝。**果实及种子**: 球果状果序椭圆形，长 1.5~2.5cm；小苞片变木质，阔卵形；小坚果连翅长 4~7mm。**花果期**: 花期 4~5 月，果期 7~10 月。**分布**: 原产澳大利亚和太平洋岛屿，美洲和亚洲东南部沿海地区栽培。中国广西、广东、福建、台湾、云南等地栽培。**生境**: 生于山坡、路边、海边或庭园中。**用途**: 观赏。

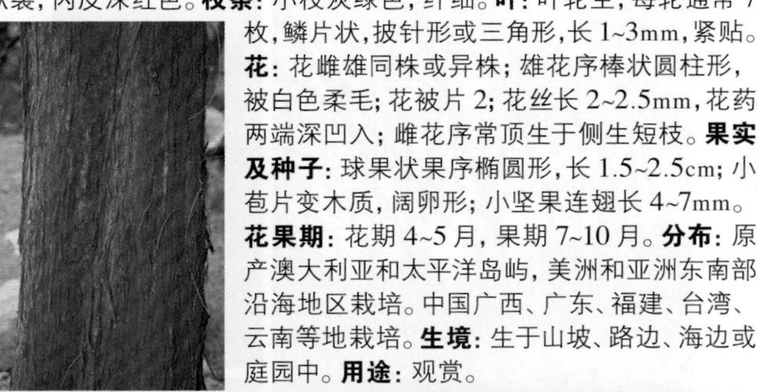

特征要点 树皮深褐色，内皮深红色。小枝灰绿色，纤细。叶轮生，每轮通常 7 枚，鳞片状。球果状果序椭圆形，长 1.5~2.5cm；小苞片变木质，阔卵形。

多脉榆 **Ulmus castaneifolia** Hemsl. 榆科 Ulmaceae 榆属

生活型: 落叶乔木。**高度**: 达 20m。**株形**: 宽卵形。**树皮**: 厚，灰褐色，纵裂。**枝条**: 小枝较粗，被长柔毛。**冬芽**: 冬芽卵圆形。**叶**: 叶互生，纸质，长圆形或椭圆形，质厚，先端长尖，基部偏斜，叶背密被长柔毛，边缘具重锯齿，侧脉每边 16~35 条。**花**: 聚伞花序簇生，先叶开放；花被钟形，4~5 浅裂，膜质；雄蕊 4~5；子房扁平，1 室，柱头 2。**果实及种子**: 翅果长圆状倒卵形，长 1.5~3cm，几无毛，果核位于翅果上部。**花果期**: 花期 3~4 月，果期 4~6 月。**分布**: 产中国湖北、重庆、云南、贵州、湖南、广西、广东、江西、安徽、福建、浙江。**生境**: 生于山地、山谷的阔叶林中，海拔 500~1600m。**用途**: 纤维，木材，观赏。

特征要点 树皮厚，灰褐色，纵裂。小枝被长柔毛。叶先端长尖，叶背密被长柔毛，侧脉多而密。翅果长圆状倒卵形，几无毛，果核位于翅果上部。

杭州榆 **Ulmus changii** W. C. Cheng 榆科 Ulmaceae 榆属

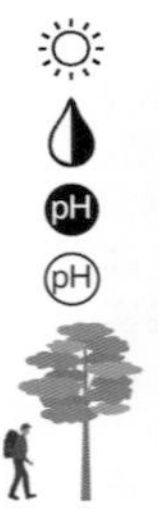

生活型: 落叶乔木。**高度**: 达 10m。**株形**: 宽卵形。**树皮**: 暗褐色，纵裂。**枝条**: 小枝褐色或红褐色，被毛。**叶**: 叶互生，纸质，椭圆状倒卵形或卵状披针形，侧脉 12~24 对，正面粗糙，边缘具钝单锯齿。**花**: 聚伞状或短总状花序簇生，先叶开放；花被钟形，4~6 浅裂，膜质；雄蕊 4~6；子房扁平，1 室，柱头 2。**果实及种子**: 翅果长圆状倒卵形，长 1.5~2.5cm，有疏毛及缘毛，果核位于翅果中部。**花果期**: 花期 3~4 月，果期 4~6 月。**分布**: 产中国江苏、浙江、安徽、福建、江西、湖南、湖北、四川、云南、广西。**生境**: 生于山坡、谷地、溪旁之阔叶林中，海拔 200~800m。**用途**: 纤维，木材，观赏。

特征要点 树皮暗褐色，纵裂。叶正面粗糙，边缘具钝单锯齿。翅果长圆状倒卵形，有疏毛及缘毛，果核位于翅果中部。

榔榆 **Ulmus parvifolia** Jacq. 榆科 Ulmaceae 榆属

生活型：落叶乔木。**高度**：达 25m。**株形**：广圆形。**树皮**：灰色，薄片剥落，内皮红褐色，皮孔红色。**枝条**：小枝密被短柔毛。**冬芽**：冬芽卵圆形，红褐色。**叶**：叶互生，小而质厚，披针状卵形或窄椭圆形，叶面有光泽，边缘具单锯齿，侧脉 10~15 对。**花**：聚伞花序簇生叶腋，秋季开放；花被片 4；雄蕊 4；子房扁平，1 室，柱头 2。**果实及种子**：翅果椭圆形，长 1~1.3cm，几无毛，果核位于翅果中上部。**花果期**：花期 8~9 月，果期 10 月。**分布**：产中国北京、河北、山东、江苏、安徽、浙江、福建、台湾、江西、广西、湖南、湖北、贵州、四川、重庆、陕西、广东、甘肃、河南。朝鲜、日本也有分布。**生境**：生于平原、丘陵、山坡谷地，海拔 500~800m。**用途**：木材，观赏。

特征要点 树皮灰色，薄片剥落。叶互生，小而质厚，边缘具单锯齿，侧脉 10~15 对。花秋季开放。翅果椭圆形，几无毛，果核位于翅果中上部。

榆树（白榆、家榆） **Ulmus pumila** L. 榆科 Ulmaceae 榆属

生活型：落叶乔木。**高度**：达 25m。**株形**：宽卵形。**树皮**：暗灰色，深纵裂，粗糙。**枝条**：小枝纤细，有散生皮孔。**冬芽**：冬芽近球形。**叶**：叶互生，椭圆状卵形至卵状披针形，先端渐尖，边缘具重锯齿或单锯齿，侧脉每边 9~16 条。**花**：聚伞花序簇生叶腋，具短梗，先叶开放；花被钟形，4 浅裂，膜质；雄蕊 4；子房扁平，1 室，柱头 2。**果实及种子**：翅果近圆形，长 1.2~2cm，几无毛，果核位于翅果中部。**花果期**：花期 3~4 月，果期 4~6 月。**分布**：产中国东北、华北、西北、西南地区。朝鲜、俄罗斯、蒙古也有分布。**生境**：生于山坡、山谷、川地、丘陵、沙岗、庭园或路边，海拔 1000~2500m。**用途**：果、皮食用，纤维，木材，观赏。

特征要点 树皮深纵裂。小枝纤细。叶互生，边缘具重锯齿或单锯齿，侧脉每边 9~16 条。花小，先叶开放，4 数。翅果近圆形，几无毛，果核位于翅果中部。

大叶榉树（榉树） **Zelkova schneideriana** Hand.-Mazz. 榆科 Ulmaceae 榉属

生活型：落叶乔木。**高度**：达 35m。**株形**：卵形。**树皮**：灰褐色，不规则片状剥落。**枝条**：小枝灰绿色。**冬芽**：冬芽 2 个并生，球形。**叶**：叶互生，厚纸质，卵形至椭圆状披针形，叶正面被糙毛，叶背面密被柔毛，边缘具圆齿状锯齿，侧脉 8~15 对。**花**：花杂性，单生（雌花或两性花）或簇生（雄花）叶腋，与叶同放；雄花具短梗，雄蕊 6~7；雌花近无梗，子房无柄，柱头 2。**果实及种子**：核果小，斜卵状圆锥形，淡绿色，偏斜，凹陷。**花果期**：花期 4 月，果期 9~11 月。**分布**：产中国陕西、甘肃、江苏、安徽、浙江、江西、福建、河南、湖北、湖南、广东、广西、四川、贵州、云南、西藏。**生境**：生于溪间水旁、山坡土层较厚的疏林中，海拔 200~2800m。**用途**：木材，观赏。

特征要点 小枝纤细。叶互生，厚纸质，叶正面被糙毛，叶背密被柔毛，边缘具圆齿状锯齿。花小，黄绿色，生于叶腋，与叶同放。核果小，斜卵状圆锥形，偏斜，凹陷。

榉树（光叶榉） **Zelkova serrata** (Thunb.) Makino 榆科 Ulmaceae 榉属

生活型：落叶乔木。**高度**：达 30m。**株形**：卵形。**树皮**：灰褐色，不规则片状剥落。**枝条**：小枝紫褐色或棕褐色。**冬芽**：冬芽圆锥状卵形。**叶**：叶互生，纸质，卵形，叶面毛被脱落后变平滑，叶背毛被成熟后脱落，边缘具圆齿状锯齿，侧脉 7~14 对。**花**：花单性，与叶同放；雄花具短梗，花被钟形，雄蕊 6~7；雌花近无梗，花被 4~5 深裂，子房无柄，花柱短，柱头 2。**果实及种子**：核果斜卵状圆锥形，几无梗，淡绿色，偏斜，凹陷。**花果期**：花期 4 月，果期 9~11 月。**分布**：产中国辽宁、陕西、甘肃、山东、江苏、安徽、浙江、江西、福建、台湾、河南、湖北、广东、贵州。日本、朝鲜也有分布。**生境**：生于河谷、溪边疏林中，海拔 500~1900m。**用途**：木材，观赏。

特征要点 小枝纤细。叶互生，纸质，叶面毛被脱落后变平滑，叶背毛被成熟后脱落，边缘具圆齿状锯齿。

白颜树 **Gironniera subaequalis** Planch.

大麻科 / 榆科 Cannabaceae/Ulmaceae 白颜树属

生活型: 常绿乔木。**高度**: 10~20m。**株形**: 卵形。**树皮**: 灰或深灰色,较平滑。**枝条**: 小枝黄绿色,具环状托叶痕。**叶**: 叶互生,革质,椭圆形,先端渐尖,边缘近全缘,背面疏生长糙伏毛,侧脉 8~12 对。**花**: 雌雄异株,聚伞花序成对腋生;雄花花被片 5,外面被糙毛,雄蕊 5;雌花被片 5,子房无柄,花柱短,柱头 2,条形。**果实及种子**: 核果具短梗,阔卵状,直径 4~5mm,侧向压扁,熟时橘红色,花柱宿存。**花果期**: 花期 2~4 月,果期 7~11 月。**分布**: 产中国广东、海南、广西、云南。印度、斯里兰卡、缅甸、中南半岛、马来半岛、印度尼西亚也有分布。**生境**: 生于山谷、溪边的湿润林中,海拔 100~800m。**用途**: 木材,观赏。

特征要点 小枝具环状托叶痕。叶革质,椭圆形,近全缘,背面疏生长糙伏毛。聚伞花序成对腋生,成总状;花小,5 数。核果阔卵状,侧向压扁,熟时橘红色,花柱宿存。

糙叶树 **Aphananthe aspera** (Thunb.) Planch.

大麻科 / 榆科 Cannabaceae/Ulmaceae 糙叶树属

生活型: 落叶乔木。**高度**: 4~10m。**株形**: 宽卵形。**树皮**: 平滑,灰白色。**枝条**: 小枝暗褐色。**叶**: 叶互生,卵形,先端渐尖,具三出脉,边缘具单锯齿,两面均有糙伏毛,正面粗糙,侧脉直伸至锯齿先端。**花**: 花单性,雌雄同株;雄花成伞房花序;雌花单生新枝上部叶腋,有梗;花被 5 或 4 裂,宿存;雄蕊与花被片同数;子房被毛,1 室,柱头 2。**果实及种子**: 核果近球形或卵球形,长 8~10mm,被平伏硬毛;果柄较叶柄短,稀近等长,被毛。**花果期**: 花期 3~5 月,果期 8~10 月。**分布**: 产中国华东、华中、华南和西南地区。日本、朝鲜、越南也有分布。**生境**: 生于山谷、溪边林中,海拔 500~1000m。**用途**: 观赏。

特征要点 小枝暗褐色。叶互生,卵形,三出脉,边缘具单锯齿,两面均有糙伏毛,粗糙。雄花成伞房花序;雌花单生叶腋。核果近球形,被平伏硬毛。

紫弹树 **Celtis biondii** Pamp. 大麻科 / 榆科 Cannabaceae/Ulmaceae 朴属

生活型：落叶乔木。**高度**：达 18m。**株形**：宽卵形。**树皮**：暗灰色。**枝条**：小枝褐色。**冬芽**：冬芽黑褐色。**叶**：叶互生，宽卵形至卵状椭圆形，基部稍偏斜，先端渐尖，在中部以上疏具浅齿，薄革质。**花**：花小，两性，有柄，1~3 朵集成小聚伞花序；花被片 4，被毛；雄蕊 4；柱头 2。**果实及种子**：果序单生叶腋，通常具 2 果，由于总梗极短，很像果梗双生于叶腋；核果黄色至橘红色，近球形。**花果期**：花期 4~5 月，果期 9~10 月。**分布**：产中国广东、广西、贵州、云南、四川、甘肃、陕西、河南、湖北、福建、浙江、台湾、江西、浙江、江苏、安徽。日本、朝鲜也有分布。**生境**：生于山地灌丛或杂木林中、石灰岩上，海拔 50~2000m。**用途**：木材，观赏。

特征要点 叶薄革质，基部稍偏斜，先端渐尖。果序单生叶腋，通常具 2 果，由于总梗极短，很像果梗双生于叶腋；核果黄色至橘红色，近球形。

珊瑚朴 **Celtis julianae** Schneid. 大麻科 / 榆科 Cannabaceae/Ulmaceae 朴属

生活型：落叶乔木。**高度**：达 30m。**株形**：宽卵形。**树皮**：淡灰色至深灰色。**枝条**：小枝深褐色，密生褐黄色茸毛。**冬芽**：冬芽褐棕色。**叶**：叶互生，厚纸质，宽卵形至尖卵状椭圆形，基部不对称，先端短渐尖至尾尖，叶面粗糙，叶背密生短柔毛，近全缘。**花**：花小，杂性，1~3 朵生于当年枝的叶腋；花被片 4，被毛；雄蕊 4；柱头 2。**果实及种子**：核果单生叶腋，椭圆形至近球形，长 10~12mm，熟时黄色；果梗粗壮。**花果期**：花期 3~4 月，果期 9~10 月。**分布**：产中国四川、贵州、湖南、广东、福建、江西、浙江、安徽、河南、湖北、陕西、云南。**生境**：生于山坡、山谷林中、林缘，海拔 300~1300m。**用途**：木材，观赏。

特征要点 叶厚纸质，基部不对称，先端短渐尖至尾尖，粗糙，叶背密生短柔毛。核果单生叶腋，椭圆形至近球形，熟时黄色。

朴树 **Celtis sinensis** Pers. 大麻科 / 榆科 Cannabaceae/Ulmaceae 朴属

生活型: 落叶乔木。**高度**: 达 15m。**株形**: 宽卵形。**树皮**: 平滑, 灰色。**枝条**: 小枝被密毛。**叶**: 叶互生, 革质, 宽卵形至狭卵形, 中部以上边缘有浅锯齿, 三出脉。**花**: 花小, 杂性, 1~3 朵生于当年枝的叶腋; 花被片 4, 被毛; 雄蕊 4; 柱头 2。**果实及种子**: 核果近球形, 直径 4~5mm, 红褐色; 果柄较叶柄近等长; 果核有穴和突肋。**花果期**: 花期 4~5 月, 果期 9~11 月。**分布**: 产中国山东、河南、江苏、安徽、浙江、福建、江西、湖南、湖北、四川、贵州、广西、广东、台湾。**生境**: 生于路旁、山坡、林缘, 海拔 100~1500m。**用途**: 木材, 观赏。

特征要点 小枝被密毛。叶互生, 革质, 中部以上边缘有浅锯齿, 三出脉。核果近球形, 熟时红褐色。

青檀(翼朴) **Pteroceltis tatarinowii** Maxim.
大麻科 / 榆科 Cannabaceae/Ulmaceae 青檀属

生活型: 落叶乔木。**高度**: 达 20m。**株形**: 宽卵形。**树皮**: 灰色, 不规则长片状剥落。**枝条**: 小枝黄绿色, 皮孔明显。**冬芽**: 冬芽卵形。**叶**: 叶互生, 纸质, 宽卵形至长卵形, 先端渐尖, 边缘具锯齿, 基部不对称, 具三出脉。**花**: 花单性; 雄花簇生, 花被 5 深裂, 雄蕊 5; 雌花单生叶腋, 花被 4 深裂, 子房侧向压扁, 花柱短, 柱头 2, 条形。**果实及种子**: 翅果状坚果近四方形, 直径 10~17mm, 黄绿色, 翅宽, 顶端有凹缺。**花果期**: 花期 3~5 月, 果期 8~20 月。**分布**: 产中国华北、西北、华东、华中和华南地区。蒙古也有分布。**生境**: 生于石灰岩山地、庭园或村旁, 海拔 100~1500m。**用途**: 纤维造纸, 观赏。

特征要点 树皮灰色, 不规则长片状剥落。小枝黄绿色, 皮孔明显。叶互生, 纸质, 边缘具锯齿, 具三出脉。花小, 单性; 雄花簇生; 雌花单生叶腋。翅果状坚果近四方形, 黄绿色。

见血封喉（箭毒木） **Antiaris toxicaria** Lesch. 桑科 Moraceae 见血封喉属

生活型：常绿乔木。**高度**：25~40m。**株形**：狭卵形。**树皮**：略粗糙灰色。**枝条**：小枝被棕色柔毛。**叶**：叶互生，长椭圆形，达缘具锯齿，先端渐尖，背面密被长粗毛，侧脉 10~13 对。**花**：雄花序托盘状，雄花花被裂片 4，雄蕊与裂片同数而对生，花药椭圆形；雌花单生，藏于梨形花托内，为多数苞片包围，无花被，子房 1 室，柱头钻形。**果实及种子**：核果梨形，直径 2cm，具宿存苞片，鲜红至紫红色；种子坚硬。**花果期**：花期 3~4 月，果期 5~6 月。**分布**：产中国广东、海南、广西、云南。斯里兰卡、印度、缅甸、泰国、中南半岛、马来西亚、印度尼西亚也有分布。**生境**：生于雨林中，海拔 1500~1500m。**用途**：有毒，观赏。

特征要点 植株具乳汁。叶互生，长椭圆形，具锯齿，背面密被长粗毛。雄花序托盘状；雌花单生，藏于梨形花托内。核果梨形，红色；种子坚硬。

桑 **Morus alba** L. 桑科 Moraceae 桑属

生活型：落叶灌木或小乔木。**高度**：达 15m。**株形**：宽卵形。**树皮**：灰白色，块状浅裂。**枝条**：小枝灰色，皮孔显著。**叶**：叶互生，卵形，边缘有粗锯齿，有时不规则分裂，网脉显著，背面脉上有疏毛，并具腋毛。**花**：花单性，雌雄异株，均排成腋生穗状花序；雄花花被片 4，雄蕊 4，中央有不育雌蕊；雌花花被片 4，结果时变肉质，无花柱或花柱极短，柱头 2 裂，宿存。**果实及种子**：聚花果（桑椹）长 1~2.5cm，黑紫色或白色。**花果期**：花期 4~5 月，果期 5~8 月。**分布**：原产中国中部和北部，现中国南北各地广泛栽培。朝鲜、日本、蒙古、中亚各国、俄罗斯、欧洲、印度、越南也有分布。**生境**：生于山坡上，海拔 50~2900m。**用途**：果食用，观赏。

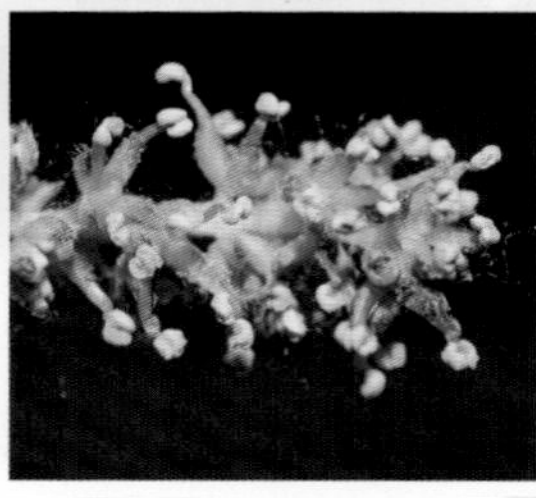

特征要点 小枝灰色，皮孔显著。叶纸质，边缘有粗锯齿，网脉显著。花单性，排成腋生穗状花序，花 4 数。聚花果（桑椹）长 1~2.5cm，熟时黑紫色或白色。

构树 **Broussonetia papyrifera** (L.) L' Hér. ex Vent.　桑科 Moraceae 构属

生活型：落叶乔木。**高度**：10~20m。**株形**：宽卵形。**树皮**：暗灰色，皮孔显著。**枝条**：小枝密生柔毛。**叶**：叶互生，卵形，先端渐尖，基部心形，边缘具粗锯齿，不分裂或3~5裂，表面粗糙，基生三出脉。**花**：花雌雄异株；雄柔荑花序粗壮，长3~8cm；花被4裂，雄蕊4；雌花序球形头状，苞片棍棒状，顶端被毛，花被管状，子房卵圆形，柱头线形，被毛。**果实及种子**：聚花果球形，直径1.5~3cm，肉质，熟时橙红色。**花果期**：花期4~5月，果期6~7月。**分布**：产中国南北各地。印度北部、缅甸、泰国、越南、马来西亚、日本、朝鲜也有分布。**生境**：生于村边、河边、林中、平原、丘陵、山谷、山坡，海拔200~2800m。**用途**：观赏。

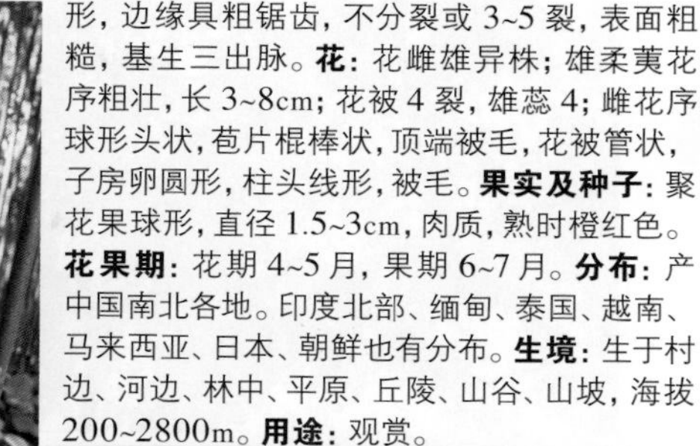

特征要点　树皮具显著皮孔。叶互生，不分裂或3~5裂，背面密被茸毛，基生三出脉。雄柔荑花序下垂，粗壮；雌花序球形头状。聚花果球形，肉质，成熟时橙红色。

波罗蜜（木波罗）**Artocarpus heterophyllus** Lam.　桑科 Moraceae 波罗蜜属

生活型：常绿乔木。具板状根。**高度**：10~20m。**株形**：宽卵形。**树皮**：平滑，厚，灰白色。**枝条**：小枝粗壮，无毛，环状托叶痕显著。**叶**：叶互生，螺旋状排列，革质，椭圆形或倒卵形，全缘，无毛，有光泽。**花**：花雌雄同株，花序生老茎或短枝上；雄花序圆柱形，雄花花被管状，雄蕊1枚；雌花花被管状，子房1室。**果实及种子**：聚花果椭圆形至球形，长30~100cm，熟时黄褐色，表面有坚硬六角形瘤状凸体和粗毛；核果长椭圆形，长约3cm。**花果期**：花期2~3月，果期6~11月。**分布**：产中国广东、海南、广西、云南。尼泊尔、印度北部、不丹、马来西亚也有分布。**生境**：生于庭园或路边，海拔50~600m。**用途**：果食用，观赏。

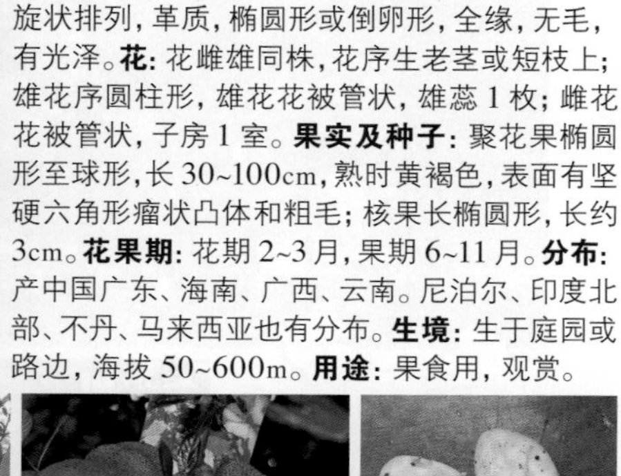

特征要点　小枝有乳汁，具显著环状托叶痕。叶互生，革质，全缘，有光泽。花序生老茎或短枝上。聚花果大型，长30~100cm，瘤状凸起显著。

白桂木 **Artocarpus hypargyreus** Hance 桑科 Moraceae 波罗蜜属

生活型：落叶大乔木。**高度**：10~25m。**株形**：宽卵形。**树皮**：片状剥落，深紫色。**枝条**：小枝粗壮，褐色，粗糙。**叶**：叶互生，革质，椭圆形至倒卵形，先端渐尖，基部楔形，全缘，背面被粉末状柔毛。**花**：花序单生叶腋；雄花序椭圆形至倒卵圆形，长 1.5~2cm，雄花花被 4 裂，裂片匙形，与盾形苞片紧贴，密被微柔毛，雄蕊 1 枚，花药椭圆形。**果实及种子**：聚花果近球形，直径 3~4cm，浅黄色至橙黄色，表面被褐色柔毛，微具乳头状凸起；果柄长 3~5cm，被短柔毛。**花果期**：花期 4~5 月，果期 7~8 月。**分布**：产中国广东、海南、福建、江西、湖南、云南。**生境**：生于常绿阔叶林中，海拔 160~1630m。**用途**：观赏。

特征要点 叶互生，革质，全缘，背面被粉末状柔毛。花序单生叶腋。聚花果近球形，直径 3~4cm，白色至淡黄色，被毛，微具乳头状凸起。

高山榕 **Ficus altissima** Blume 桑科 Moraceae 榕属

生活型：常绿大乔木。**高度**：25~30m。**株形**：宽卵形。**树皮**：灰色，平滑。**枝条**：小枝绿色，被微柔毛。**叶**：叶互生，厚革质，广卵形至广卵状椭圆形，长 10~19cm，全缘，先端钝，基部宽楔形，两面光滑无毛，侧脉 5~7 对。**花**：榕果成对腋生，椭圆状卵圆形，直径 1.5~3cm，成熟时红色或带黄色，顶部脐状凸起。**果实及种子**：瘦果表面有瘤状凸体，花柱延长。**花果期**：花期 3~4 月，果期 5~7 月。**分布**：产中国海南、广西、云南、四川。尼泊尔、不丹、印度、缅甸、泰国、马来西亚、印度尼西亚、菲律宾也有分布。**生境**：生于山地或平原，海拔 100~1600m。**用途**：观赏。

特征要点 小枝绿色，被微柔毛。叶厚革质，广卵形，长 10~19cm，无毛。榕果成对腋生，椭圆状卵圆形，直径 1.5~3cm，成熟时红色或带黄色，顶部脐状凸起。

无花果 **Ficus carica** L. 桑科 Moraceae 榕属

生活型: 落叶灌木。**高度**: 3~10m。**株形**: 宽卵形。**树皮**: 灰褐色，皮孔明显。**枝条**: 小枝直立，粗壮。**叶**: 叶互生，厚纸质，粗糙，广卵圆形，常 3~5 裂，边缘具钝齿，背面密被柔毛；叶柄粗壮；托叶红色。**花**: 榕果单生叶腋，大而梨形，直径 3~5cm，顶部下陷，成熟时紫红色或黄色，基生苞片 3，卵形。**果实及种子**: 瘦果透镜状。**花果期**: 花果期 5~7 月。**分布**: 原产地中海沿岸,分布于土耳其至阿富汗。中国南北均有栽培,新疆南部尤多。**生境**: 生于果园或庭园中。**用途**: 果食用，观赏。

特征要点 树皮灰褐色，皮孔明显。小枝粗壮。叶粗糙，常 3~5 裂，边缘具钝齿，背面密被柔毛。榕果单生叶腋，大而梨形，直径 3~5cm，顶部下陷，成熟时紫红色或黄色。

雅榕（小叶榕） **Ficus concinna** (Miq.) Miq. 桑科 Moraceae 榕属

生活型: 常绿乔木。**高度**: 15~20m。**株形**: 宽卵形。**树皮**: 深灰色，有皮孔。**枝条**: 小枝粗壮，无毛。**叶**: 叶互生，狭椭圆形，长 5~10cm，全缘，先端尖，基部楔形，两面光滑无毛，侧脉 4~8 对。**花**: 榕果无梗，成对腋生或 3~4 个簇生，球形，直径 4~5mm。**果实及种子**: 瘦果。**花果期**: 花果期 3~6 月。**分布**: 产中国广东、广西、浙江、福建、江西、湖南、贵州、云南。不丹、印度、中南半岛、马来西亚、菲律宾、北加里曼丹也有分布。**生境**: 生于密林中或村寨附近，海拔 900~1600m。**用途**: 观赏。

特征要点 小枝粗壮，无毛。叶狭椭圆形，长 5~10cm，先端尖，基部楔形，光滑无毛。榕果无梗，成对腋生或 3~4 个簇生，球形，直径 4~5mm。

印度榕（橡皮树） **Ficus elastica** Roxb. ex Hornem. 桑科 Moraceae 榕属

生活型: 常绿乔木。**高度**: 20~30m。**株形**: 卵形。**树皮**: 灰白色，平滑。**枝条**: 幼小时附生，小枝粗壮。**叶**: 叶互生，厚革质，长圆形至椭圆形，光滑无毛，全缘，侧脉不显；叶柄粗壮；托叶膜质，深红色。**花**: 榕果成对腋生，卵状长椭圆形，长 1cm，黄绿色。**果实及种子**: 瘦果卵圆形，表面有小瘤体，花柱长，宿存，柱头膨大，近头状。**花果期**: 花果期 9~11 月。**分布**: 原产不丹、尼泊尔、印度、缅甸、马来西亚、印度尼西亚。中国云南有野生，各地区常见栽培，南方地区北方温室内常见盆栽。**生境**: 生于庭园或温室。**用途**: 观赏。

特征要点 树皮灰白色，平滑。叶厚革质，长圆形至椭圆形，光滑无毛，全缘，侧脉不显。榕果成对腋生，卵状长椭圆形，长 1cm，黄绿色。

榕树 **Ficus microcarpa** L. f. 桑科 Moraceae 榕属

生活型: 常绿大乔木。具气生根。**高度**: 10~30m。**株形**: 宽卵形。**树皮**: 灰白色。**枝条**: 小枝灰褐色，具环状托叶痕。**叶**: 叶互生，革质，倒卵形或卵状椭圆形，顶端钝或急尖，全缘，基出脉 3 条；叶柄短；托叶披针形。**花**: 榕果腋生，无梗，球形或扁球形，直径 5~10mm，成熟时黄色或淡红色。**果实及种子**: 瘦果卵形。**花果期**: 花果期 5~6 月。**分布**: 产中国台湾、浙江、福建、广东、广西、湖北、贵州、云南、海南。斯里兰卡、印度、缅甸、泰国、越南、马来西亚、菲律宾、日本、巴布亚新几内亚、澳大利亚也有分布。**生境**: 生于常绿阔叶林中、村边、庭园或路边，海拔 174~1900m。**用途**: 观赏。

特征要点 树干具气生根。小枝具环状托叶痕。叶互生，革质，全缘，基出脉 3 条。榕果腋生，无梗，球形或扁球形，直径 5~10mm，成熟时黄色或淡红色。

笔管榕 **Ficus subpisocarpa** Gagnep. 桑科 Moraceae 榕属

生活型: 落叶乔木。**高度**: 5~9m。**株形**: 宽卵形。**树皮**: 黑褐色。**枝条**: 小枝淡红色，无毛。**叶**: 叶互生或簇生，近纸质，椭圆形至长圆形，长 10~15cm，先端短渐尖，基部圆形，全缘，两面无毛，侧脉 7~9 对；叶柄长 3~7cm。

花: 榕果单生或簇生叶腋，有梗，扁球形，直径 5~8mm，成熟时紫黑色。**果实及种子**: 瘦果。**花果期**: 花果期 4~6 月。**分布**: 产中国台湾、福建、浙江、广东、广西、海南、云南。缅甸、泰国、中南半岛、马来西亚、日本也有分布。**生境**: 生于平原或村庄，海拔 140~1400m。**用途**: 观赏。

特征要点 小枝淡红色。叶具柄，椭圆形至长圆形，长 10~15cm，无毛。榕果腋生，有梗，扁球形，直径 5~8mm，成熟时紫黑色。

黄葛树（黄桷树） **Ficus virens** Aiton 桑科 Moraceae 榕属

生活型: 常绿乔木。具气生根。**高度**: 5~9m。**株形**: 宽卵形。**树皮**: 红褐色。**枝条**: 小枝粗壮，绿色，无毛。**叶**: 叶互生，坚纸质，矩圆形，全缘，具基生三出脉，侧脉 7~10 对；叶柄长 2~5cm；托叶早落。**花**: 榕果球形，腋生或簇生于枝干上，有斑点，熟时橙红色。**果实及种子**: 瘦果。**花果期**: 花果期 8~10 月。**分布**: 产中国云南、广东、海南、广西、福建、台湾、浙江、四川、贵州、湖南。东南亚至罗门群岛、澳大利亚也有分布。**生境**: 生于山坡林中或河岸，常栽培为行道树，海拔 300~1000m。**用途**: 观赏。

特征要点 树干常具气生根。小枝粗壮。叶大，互生，矩圆形，具基生三出脉。榕果球形，腋生或簇生于枝干上。

杜仲 **Eucommia ulmoides** Oliv. 杜仲科 Eucommiaceae 杜仲属

生活型: 落叶乔木。**高度**: 达 20m。**株形**: 宽卵形。**树皮**: 灰褐色，粗糙，内含橡胶，折断拉开有多数细丝。**枝条**: 小枝有明显皮孔。**冬芽**: 冬芽卵圆形。**叶**: 叶互生，椭圆形，薄革质，网脉显著，边缘有锯齿，叶柄短。**花**: 花雌雄异株，无花被，先叶开放；雄花簇生，雄蕊 5~10 个，线形；雌花单生，子房无毛，1 室，扁而长，先端 2 裂。**果实及种子**: 翅果扁平，长椭圆形，长 3~3.5cm，先端 2 裂，基部楔形，周围具薄翅；坚果位于中央，种子扁平，线形。**花果期**: 花期 4~5 月，果期 9 月。**分布**: 产中国陕西、甘肃、河南、湖北、四川、重庆、云南、贵州、湖南、浙江、河北、河南、北京等地有栽培。**生境**: 生于低山、谷地、疏林、庭园或路边，海拔 300~500m。**用途**: 药用，观赏。

特征要点 树皮及叶含橡胶，折断拉开有多数细丝。叶互生，网脉显著，边缘有锯齿。花无花被；雄花簇生，雄蕊 5~10 个，线形；雌花单生，扁而长。翅果扁平。

海南大风子 **Hydnocarpus hainanensis** (Merr.) Sleum.

青钟麻科 / 大风子科 Achariaceae/Flacourtiaceae 大风子属

生活型: 常绿乔木。**高度**: 6~9m。**株形**: 狭卵形。**树皮**: 灰褐色。**枝条**: 小枝圆柱形，无毛。**叶**: 叶互生，薄革质，长圆形，先端短渐尖，基部楔形，边缘具不规则浅波状锯齿，两面无毛，侧脉 7~8 对。**花**: 总状花序腋生或顶生，长 1.5~2.5cm；花 15~20 朵，被毛；萼片 4；花瓣 4，鳞片肥厚，不规则 4~6 齿裂；雄花具雄蕊约 12 枚；雌花具退化雄蕊约 15 枚，子房卵状椭圆形，1 室，侧膜胎座 5，胚珠多数。**果实及种子**: 浆果球形，直径 4~5cm，密生棕褐色茸毛，果皮革质，种子约 20 粒。**花果期**: 花期 4~6 月，果期 8~9 月。**分布**: 产中国海南、广西、云南。越南也有分布。**生境**: 生于常绿阔叶林中，海拔 100~1000m。**用途**: 观赏。

特征要点 叶互生，薄革质，长圆形，边缘具不规则浅波状锯齿，无毛。总状花序；萼片 4；花瓣 4，鳞片肥厚。浆果大，球形，密生棕褐色茸毛，果皮革质，种子约 20 粒。

斯里兰卡天料木(红花天料木) **Homalium ceylanicum** (Gardn.) Benth.【Homalium hainanense Gagnep.】

杨柳科 / 大风子科 Salicaceae/Flacourtiaceae 天料木属

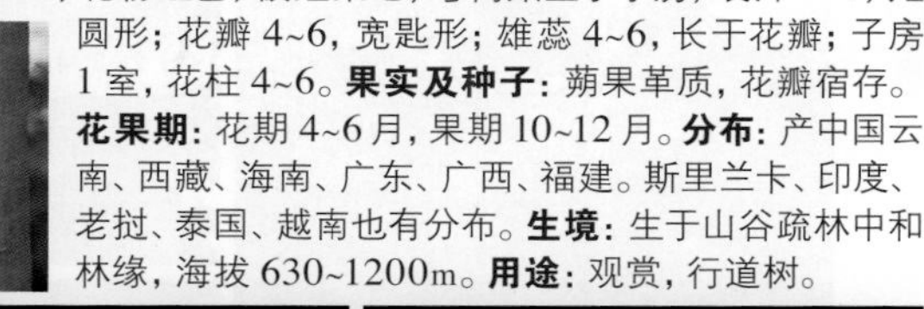

生活型: 常绿乔木。**高度**: 8~15m。**株形**: 宽卵形。**树皮**: 灰褐色。**枝条**: 小枝纤细, 无毛。**叶**: 叶互生, 椭圆状矩圆形至宽矩圆形, 顶端短渐尖, 基部宽楔形, 边缘浅波状或近全缘, 两面无毛。**花**: 总状花序腋生, 长 5~15cm; 花粉红色, 被短柔毛; 萼筒贴生于子房, 裂片 4~6, 矩圆形; 花瓣 4~6, 宽匙形; 雄蕊 4~6, 长于花瓣; 子房 1 室, 花柱 4~6。**果实及种子**: 蒴果革质, 花瓣宿存。**花果期**: 花期 4~6 月, 果期 10~12 月。**分布**: 产中国云南、西藏、海南、广东、广西、福建。斯里兰卡、印度、老挝、泰国、越南也有分布。**生境**: 生于山谷疏林中和林缘, 海拔 630~1200m。**用途**: 观赏, 行道树。

特征要点 叶互生, 矩圆形, 边缘浅波状或近全缘, 两面无毛。总状花序腋生; 花粉红色, 被短柔毛; 萼裂片 4~6; 花瓣 4~6; 雄蕊 4~6; 花柱 4~6。蒴果革质, 花瓣宿存。

柞木 **Xylosma congesta** (Lour.) Merr.

杨柳科 / 大风子科 Salicaceae/Flacourtiaceae 柞木属

生活型: 常绿大灌木或小乔木。**高度**: 4~15m。**株形**: 宽卵形。**树皮**: 棕灰色, 平滑或分裂。**枝条**: 小枝细瘦, 曲折, 常具刺。**叶**: 叶互生, 薄革质, 菱状椭圆形至卵状椭圆形, 边缘具锯齿, 两面无毛; 叶柄短。**花**: 总状花序腋生, 长 1~2cm; 花小, 黄绿色; 花萼 4~6, 卵形; 花瓣缺; 雄花有多数雄蕊; 雌花子房椭圆形, 无毛, 1 室, 侧膜胎座 2, 花柱短, 柱头 2 裂, 花盘圆形。**果实及种子**: 浆果球形, 黑色, 直径 4~5mm, 花柱宿存; 种子 2~3 粒, 卵形。**花果期**: 花期 6~8 月, 果期 11~12 月。**分布**: 产中国秦岭以南和长江以南各地。日本、朝鲜也有分布。**生境**: 生于林边、丘陵和平原或村边附近灌丛中, 海拔 800m 以下。**用途**: 观赏。

特征要点 小枝曲折, 常具刺。叶互生, 薄革质, 具锯齿, 无毛; 叶柄短。总状花序腋生; 花小, 黄绿色。浆果球形, 黑色。

山桐子 **Idesia polycarpa** Maxim.

杨柳科 / 大风子科 Salicaceae/Flacourtiaceae 山桐子属

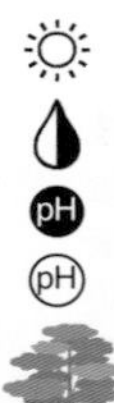

生活型：落叶乔木。**高度**：10~15m。**株形**：卵形。**树皮**：平滑，灰白色。**枝条**：小枝褐色，粗壮。**叶**：叶近对生，宽卵形至卵状心形，基部心形，叶缘具疏锯齿，掌状基出脉 5~7 条；叶柄顶端有 2 枚突起腺体。**花**：圆锥花序长 12~20cm，下垂；花黄绿色；萼片通常 5；无花瓣；雄花有多数雄蕊；雌花子房球形，1 室，胚珠多数。**果实及种子**：浆果球形，红色，直径约 9mm，有多数种子。**花果期**：花期 4~5 月，果期 10~11 月。**分布**：产中国华北、华东、华南至西南地区。朝鲜、日本也有分布。**生境**：生于低山区的山坡、山洼、落叶阔叶林和针阔叶混交林中，海拔 400~2500m。**用途**：种子榨油，观赏。

特征要点 叶近对生，基部心形，叶缘具疏锯齿，掌状基出脉 5~7 条；叶柄顶端有 2 枚突起腺体。圆锥花序下垂；花黄绿色。浆果球形，红色，有多数种子。

结香 **Edgeworthia chrysantha** Lindl. 瑞香科 Thymelaeaceae 结香属

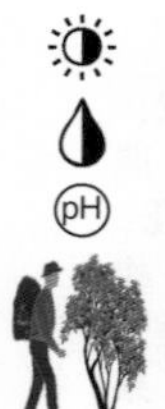

生活型：落叶灌木。**高度**：0.7~1.5m。**株形**：卵形。**树皮**：暗灰色。**枝条**：小枝被短柔毛，韧皮极坚韧。**叶**：叶互生，花前凋落，长圆形至倒披针形，先端短尖，基部楔形或渐狭，两面均被银灰色绢状毛，背面较多。**花**：头状花序绒球状；花序梗长 1~2cm；花芳香，无梗；花萼内面黄色，顶端 4 裂；花瓣缺；雄蕊 8，二列；花盘浅杯状，膜质；子房卵形，柱头棒状。**果实及种子**：核果椭圆形，绿色，长约 8mm，直径约 3.5mm，顶端被毛。**花果期**：花期 3~4 月，果期 6~7 月。**分布**：产中国河南、陕西及长江流域以南各地；日本、美国也有栽培。**生境**：生于灌丛中、林中、山谷、田边、庭园或宅边，海拔 100~2800m。**用途**：观赏。

特征要点 叶互生，两面均被银灰色绢状毛。头状花序成绒球状；花芳香，无梗，黄色，4 裂。核果椭圆形，绿色。

了哥王 **Wikstroemia indica** (L.) C. A. Mey. 瑞香科 Thymelaeaceae 荛花属

生活型: 常绿灌木。**高度**: 0.5~2m。**株形**: 宽卵形。**树皮**: 褐色，光滑。**枝条**: 小枝红褐色，无毛。**叶**: 叶对生，纸质至近革质，倒卵形或披针形，全缘，两面无毛，侧脉细密，极倾斜。**花**: 头状总状花序顶生；花黄绿色；花萼近无毛，裂片4，宽卵形至长圆形；雄蕊8，二列；花盘鳞片通常2或4枚；子房倒卵形或椭圆形，花柱极短或近于无，柱头头状。**果实及种子**: 浆果状核果椭圆形，长约7~8mm，成熟时红色至暗紫色。**花果期**: 花期5~9月，果期6~12月。**分布**: 产中国广东、海南、广西、福建、台湾、湖南、四川、贵州、云南、浙江。越南、印度、菲律宾也有分布。**生境**: 生于开旷地或石山上，海拔1500m以下。**用途**: 药用，观赏。

特征要点 叶对生，全缘，无毛，侧脉细密。头状总状花序顶生；花黄绿色；花萼裂片4；雄蕊8。浆果状核果椭圆形，成熟时红色至暗紫色。

银桦 **Grevillea robusta** A. Cunn. ex R. Br. 山龙眼科 Proteaceae 银桦属

生活型: 常绿乔木。**高度**: 10~25m。**株形**: 卵形。**树皮**: 暗灰色，浅皱纵裂。**枝条**: 小枝被锈色茸毛。**叶**: 叶互生，二回羽状深裂，裂片披针形，背面被褐色茸毛和银灰色绢状毛。**花**: 总状花序腋生；花两性，橙色或黄褐色；花被管长约1cm，顶部卵球形，下弯；雄蕊4枚，花药卵球状；花盘半环状；子房具子房柄，柱头锥状。**果实及种子**: 蓇葖果卵状椭圆形，稍偏斜，长约1.5cm，果皮革质，黑色；种子长盘状，边缘具窄薄翅。**花果期**: 花期3~5月，果期6~8月。**分布**: 产中国云南、四川、广西、广东、福建、江西、浙江、台湾。澳大利亚、全球热带、亚热带也有分布。**生境**: 生于路边、庭园中，海拔可达2000m。**用途**: 观赏。

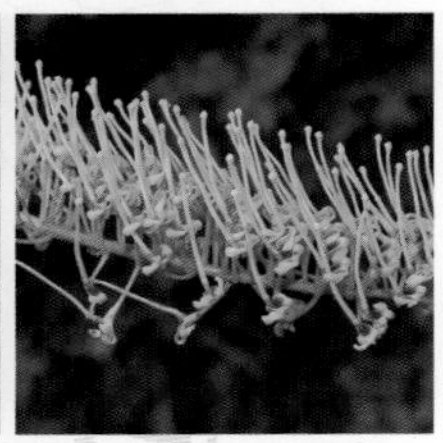

特征要点 叶二回羽状深裂，裂片披针形，背面被毛，边缘背卷。总状花序腋生；花两性，橙色或黄褐色；花被管顶部卵球形，下弯；雄蕊4；子房具子房柄。蓇葖果。

小果山龙眼（红叶树）**Helicia cochinchinensis** Lour.

山龙眼科 Proteaceae 山龙眼属

生活型：常绿乔木或灌木。**高度**：4~20m。**株形**：卵形。**树皮**：灰褐色或暗褐色。**枝条**：小枝无毛。**叶**：叶互生，薄革质或纸质，长圆形或披针形，顶端短渐尖，基部楔形，全缘或疏生浅锯齿，侧脉6~7对。**花**：总状花序腋生，长8~20cm；花梗常双生；花被管长10~12mm，白色或淡黄色；腺体4枚；子房无毛。**果实及种子**：坚果椭圆状，长1~1.5cm，直径0.8~1cm，薄革质，蓝黑色或黑色。**花果期**：花期6~10月，果期11月至翌年3月。**分布**：产中国云南、四川、广西、广东、湖南、江西、福建、浙江、台湾。越南，日本也有分布。**生境**：生于山地湿润常绿阔叶林中，海拔20~1300m。**用途**：木材，种子榨油。

特征要点 叶薄革质或纸质，长圆形或披针形，无毛，网脉不显著。总状花序腋生，花被管白色或淡黄色。坚果小，长仅1~1.5cm，蓝黑色或黑色。

网脉山龙眼 **Helicia reticulata** W. T. Wang 山龙眼科 Proteaceae 山龙眼属

生活型：常绿乔木或灌木。**高度**：3~10m。**株形**：宽卵形。**树皮**：灰色。**枝条**：小枝无毛。**叶**：叶互生，革质，长圆形至倒披针形，基部楔形，边缘疏生锯齿或细齿，侧脉6~10对，两面隆起。**花**：总状花序腋生，长10~15cm，无毛；花梗常双生；苞片披针形；花两性，辐射对称；花被管长13~16mm，白色或浅黄色；雄蕊4枚，花药长3mm；花盘4裂；子房无毛，花柱细长，顶部棒状。**果实及种子**：坚果椭圆状，长1.5~1.8cm，顶端具短尖，果皮干后革质，黑色。**花果期**：花期5~7月，果期10~12月。**分布**：产中国云南、贵州、广西、广东、湖南、江西、福建。**生境**：生于山地湿润常绿阔叶林中，海拔300~2100m。**用途**：观赏。

特征要点 叶革质，长圆形至倒披针形，边缘疏生锯齿，侧脉两面隆起。总状花序腋生；花梗常双生；花两性，辐射对称，白色或浅黄色，雄蕊4，花盘4裂。坚果椭圆状。

四数木 **Tetrameles nudiflora** R. Br.

四数木科 / 野麻科 Tetramelaceae/Datiscaceae 四数木属

生活型：落叶大乔木。板状根显著。**高度**：25~45m。**株形**：卵形。**树皮**：表面灰色，粗糙。**枝条**：小枝肥壮，叶痕突起。**叶**：叶互生，具柄，心形至近圆形，先端尖，边缘具粗糙锯齿，掌状脉 5~7，正面近无毛，背面脉上被疏的短柔毛。**花**：单性异株，先叶开放；雄花微香，组成圆锥花序，4 数，无花瓣；雌花组成穗状花序，花几无梗，花柱 4，柱头肥厚。**果实及种子**：蒴果圆球状坛形，熟时棕黄色，外面具 8~10 脉；种子细小，多数，微扁。**花果期**：花期 3~4 月，果期 4~5 月。**分布**：产中国云南。印度、斯里兰卡、缅甸、越南、马来半岛、印度尼西亚也有分布。**生境**：生于石灰岩山雨林中或沟谷雨林中，海拔 500~700m。**用途**：观赏。

特征要点 板状根显著。叶互生，具柄，心形至近圆形，具粗糙锯齿，掌状脉 5~7。花 4 数；雄花组成圆锥花序；雌花组成穗状花序。蒴果圆球状坛形；种子细小，多数。

白毛椴 **Tilia endochrysea** Hand.-Mazz.

锦葵科 / 椴树科 Malvaceae/Tiliaceae 椴属

生活型：落叶乔木。**高度**：达 12m。**株形**：宽卵形。**树皮**：暗灰色，深纵裂。**枝条**：小枝无毛或有微毛。**冬芽**：顶芽秃净。**叶**：叶互生，卵形或阔卵形，长 9~16cm，正面无毛，背面被灰白色星状茸毛，侧脉 5~6 对，边缘有疏齿。**花**：聚伞花序长 9~16cm，有花 10~18 朵，无毛；苞片窄长圆形，长 7~10cm，被毛，下部 1~1.5cm 与花序柄合生；萼片 5，长卵形；花瓣 5，长 1~1.2cm；退化雄蕊花瓣状；雄蕊多数；子房被毛，无毛，先端 5 浅裂。**果实及种子**：核果球形，5 爿裂开。**花果期**：花期 7~8 月，果期 10~11 月。**分布**：产中国广西、广东、湖南、江西、福建、浙江。**生境**：生于山地常绿林中，海拔 600~1150m。**用途**：木材，观赏。

特征要点 叶具柄，卵形，背面被灰白色星状茸毛，边缘有疏齿。聚伞花序有花 10~18 朵，无毛；苞片窄长圆形。核果球形，5 爿裂开。

毛糯米椴 **Tilia henryana** Szyszyl. 锦葵科 / 椴树科 Malvaceae/Tiliaceae 椴属

生活型: 落叶乔木。**高度**: 达 10m。**株形**: 宽卵形。**树皮**: 灰色。**枝条**: 小枝被黄色星状茸毛。**冬芽**: 顶芽被黄色茸毛。**叶**: 叶互生, 圆形, 长 6~10cm, 先端宽而圆, 正面无毛, 背面被黄色星状茸毛, 侧脉 5~6 对, 边缘有锯齿。**花**: 聚伞花序长 10~12cm, 有花 30~40 朵以上, 被毛; 苞片狭窄倒披针形, 长 7~10cm; 萼片 5; 花瓣 5; 退化雄蕊花瓣状; 雄蕊多数; 子房有毛。**果实及种子**: 核果倒卵形, 长 7~9mm, 被星状毛, 有棱 5 条。**花果期**: 花期 6 月, 果期 9 月。**分布**: 产中国河南、陕西、湖北、湖南、江西、安徽、浙江。**生境**: 生于山谷阔叶林中、山坡林中、山坡杂木林中, 海拔 600~1300m。**用途**: 木材, 观赏。

特征要点 叶具柄, 圆形, 先端宽而圆, 背面被黄色星状茸毛, 边缘有锯齿。聚伞花序多花, 被毛; 苞片狭窄倒披针形; 退化雄蕊花瓣状。核果倒卵形, 被星状毛, 有棱 5 条。

粉椴 **Tilia oliveri** Szyszyl. 锦葵科 / 椴树科 Malvaceae/Tiliaceae 椴属

生活型: 落叶乔木。**高度**: 达 8m。**株形**: 宽卵形。**树皮**: 灰白色。**枝条**: 小枝通常无毛。**冬芽**: 顶芽秃净。**叶**: 叶互生, 卵形或阔卵形, 长 9~12cm, 正面无毛, 背面被白色星状茸毛, 侧脉 7~8 对, 边缘密生细锯齿。**花**: 聚伞花序长 6~9cm, 有花 6~15 朵, 有毛; 苞片窄倒披针形, 长 6~10cm; 萼片 5; 花瓣 5, 长 6~7mm; 退化雄蕊比花瓣短; 雄蕊多数; 子房有星状茸毛。**果实及种子**: 核果椭圆形, 被毛, 有棱。**花果期**: 花期 7~8 月, 果期 10~11 月。**分布**: 产中国甘肃、陕西、四川、重庆、湖北、湖南。**生境**: 生于山谷阔叶林中、山坡林缘、阳坡草丛中, 海拔 600~2200m。**用途**: 木材, 观赏。

特征要点 叶具柄, 卵形, 背面被白色星状茸毛, 边缘密生细锯齿。聚伞花序有毛; 苞片窄倒披针形。核果椭圆形, 被毛, 有棱。

少脉椴 **Tilia paucicostata** Maxim. 锦葵科 / 椴树科 Malvaceae/Tiliaceae 椴属

生活型: 落叶乔木。**高度**: 达 13m。**株形**: 宽卵形。**树皮**: 灰白色, 纵裂。**枝条**: 小枝纤细, 无毛。**冬芽**: 顶芽细小, 无毛。**叶**: 叶互生, 薄革质, 卵圆形, 长 6~10cm, 基部斜心形或斜截形, 正面无毛, 背面秃净或有稀疏微毛, 边缘有细锯齿。**花**: 聚伞花序长 4~8cm, 有花 6~8 朵, 无毛; 苞片狭窄倒披针形, 长 5~8.5cm; 萼片 5; 花瓣 5; 退化雄蕊比花瓣短小; 子房被星状茸毛。**果实及种子**: 核果倒卵形, 长 6~7mm。**花果期**: 花期 7 月, 果期 8 月。**分布**: 产中国甘肃、陕西、河南、四川、云南、湖南、湖北。**生境**: 生于沟边疏林中、林缘、山谷阔叶林中、山坡林中, 海拔 1200~3000m。**用途**: 木材, 观赏。

特征要点 叶具柄, 薄革质, 卵圆形, 背面秃净或有稀疏微毛, 边缘有细锯齿。聚伞花序无毛; 苞片狭窄倒披针形。核果倒卵形, 长 6~7mm。

椴树 **Tilia tuan** Szyszyl. 锦葵科 / 椴树科 Malvaceae/Tiliaceae 椴属

生活型: 落叶乔木。**高度**: 达 20m。**株形**: 宽卵形。**树皮**: 灰色, 纵裂。**枝条**: 小枝近秃净。**冬芽**: 顶芽无毛或有微毛。**叶**: 叶互生, 卵圆形, 正面无毛, 背面初时有星状茸毛, 侧脉 6~7 对, 边缘上半部有疏而小的齿突。**花**: 聚伞花序长 8~13cm, 无毛; 苞片狭窄倒披针形, 下半部与花序柄合生; 萼片 5; 花瓣 5; 退化雄蕊长 6~7mm; 雄蕊多数; 子房有毛。**果实及种子**: 核果球形, 宽 8~10mm, 被星状茸毛, 无棱, 有小突起。**花果期**: 花期 7 月, 果期 9 月。**分布**: 产中国湖北、四川、云南、贵州、广西、湖南、江西, 浙江、安徽。非洲、南亚次大陆、中南半岛、越南北部也有分布。**生境**: 生于潮湿山坡林中, 海拔 500~2700m。**用途**: 木材, 观赏。

特征要点 叶具柄, 卵圆形, 背面初时有星状茸毛, 边缘上半部有疏而小的齿突。聚伞花序无毛; 苞片狭窄倒披针形。核果球形, 被星状茸毛, 无棱。

中华杜英 **Elaeocarpus chinensis** (Gardn. & Champ.) Hook. f. ex Benth.

杜英科 Elaeocarpaceae 杜英属

生活型: 常绿小乔木。**高度**: 3~7m。**株形**: 卵形。**树皮**: 灰白色，平滑。**枝条**: 小枝有柔毛，老枝秃净，干后黑褐色。**叶**: 叶互生，薄革质，卵状披针形或披针形，长 5~8cm，先端渐尖，基部圆形，背面有细小黑腺点，侧脉 4~6 对，网脉不明显，边缘有波状小钝齿；叶柄纤细。**花**: 总状花序生于无叶的去年生枝条上，长 3~4cm；萼片 5，披针形；花瓣 5，长圆形，不分裂；雄蕊 8~10；子房 2 室。**果实及种子**: 核果椭圆形，长不到 1cm。**花果期**: 花期 5~6 月，果期 9~11 月。**分布**: 产中国广东、广西、浙江、福建、江西、贵州、云南。老挝、越南也有分布。**生境**: 生于常绿林中，海拔 350~850m。**用途**: 观赏。

特征要点 叶卵状披针形或披针形，长 5~8cm，边缘有波状小钝齿。花瓣不分裂，雄蕊 8~10。果青绿色。

杜英 **Elaeocarpus decipiens** Hemsl. 杜英科 Elaeocarpaceae 杜英属

生活型: 常绿乔木。**高度**: 5~15m。**株形**: 卵形。**树皮**: 灰白色，平滑，具条纹。**枝条**: 小枝粗糙，黑褐色。**叶**: 叶互生，革质，披针形，边缘有小钝齿，两面无毛，先端渐尖，基部楔形，侧脉 7~9 对。**花**: 总状花序腋生，长 5~10cm；花白色；萼片 5；花瓣 5，倒卵形，上半部撕裂，裂片 14~16 条；雄蕊 25~30；花盘 5 裂；子房 3 室，胚珠每室 2 颗。**果实及种子**: 核果椭圆形，长 2~2.5cm，无毛，内果皮坚骨质，表面有多数沟纹，1 室，种子 1。**花果期**: 花期 6~7 月，果期 10~11 月。**分布**: 产中国广东、广西、福建、台湾、浙江、江西、湖南、贵州、云南。日本也有分布。**生境**: 生于林中，海拔 400~700m。**用途**: 观赏。

特征要点 叶互生，革质，披针形，边缘有小钝齿，无毛。总状花序腋生；花白色；花瓣上半部撕裂，裂片 14~16 条。核果椭圆形，无毛，内果皮坚骨质。

秃瓣杜英 **Elaeocarpus glabripetalus** Merr. 杜英科 Elaeocarpaceae 杜英属

生活型：常绿乔木。**高度**：4~8m。**株形**：卵形。**树皮**：灰色，平滑，具细密条纹。**枝条**：小枝暗褐色，粗糙。**叶**：叶互生，较大，长椭圆形至倒卵状披针形，边缘具钝齿，侧脉 9~11 对，叶柄短。**花**：总状花序常生于无叶老枝，长 5~10cm；萼片 5，披针形；花瓣 5，白色，撕裂为 14~18 条；雄蕊 20~30；花盘 5 裂，被毛；子房 2~3 室，被毛。**果实及种子**：核果椭圆形，长 1~1.5cm，内果皮薄骨质，表面有浅沟纹。**花果期**：花期 7 月，果期 10 月。**分布**：产中国广东、广西、江西、福建、浙江、贵州、云南。**生境**：生于常绿林里，海拔 400~750m。**用途**：观赏。

特征要点 叶互生，长椭圆形至倒卵状披针形，边缘具钝齿。总状花序；花瓣 5，白色，撕裂为 14~18 条。核果椭圆形，内果皮薄骨质，表面有浅沟纹。

日本杜英 **Elaeocarpus japonicus** Siebold & Zucc.

杜英科 Elaeocarpaceae 杜英属

生活型：常绿乔木。**高度**：5~15m。**株形**：卵形。**树皮**：灰白色。**枝条**：小枝秃净无毛。**叶**：叶互生，革质，常为卵形，边缘有疏锯齿，先端尖锐，基部圆钝，初时正背两面密被银灰色绢毛，侧脉 5~6 对。**花**：总状花序腋生，长 3~6cm；萼片 5；花瓣 5，先端全缘或有数个浅齿；雄蕊 15；花盘 10 裂；子房有毛，3 室；雄花萼片 5~6，花瓣 5~6，雄蕊 9~14。**果实及种子**：核果椭圆形，长 1~1.3cm，1 室，具 1 种子。**花果期**：花期 4~5 月，果期 9~10 月。**分布**：产中国长江以南各地区，西至四川及云南西部，南至海南。越南也有分布。**生境**：生于常绿林中，海拔 400~1300m。**用途**：观赏。

特征要点 叶互生，革质，卵形，边缘有疏锯齿，初时被银灰色绢毛。总状花序腋生；花瓣先端全缘或有数个浅齿。核果椭圆形，1 室，具 1 种子。

节花蚬木（蚬木） **Excentrodendron tonkinense** (A. Chev.) H. T. Chang & R. H. Miao【Excentrodendron hsienmu (Chun & How) H. T. Chang & R. H. Miao】 锦葵科 / 椴树科 Malvaceae/Tiliaceae 蚬木属

生活型：常绿乔木。**高度**：达 20m。**株形**：宽卵形。**树皮**：暗褐色，浅纵裂。**枝条**：小枝及顶芽均无毛。**叶**：叶互生，革质，卵形，先端渐尖，基部圆形，基出脉 3 条，全缘；叶柄长 3~6cm。**花**：圆锥花序或总状花序长 4~5cm，有花 3~6 朵；花柄常有节；萼片 5，长圆形，有时具 2 个球形腺体；花瓣 4~5，倒卵形，无柄；雄蕊 18~35，花丝基部略相连，分为 5 组；子房 5 室，每室有胚珠 2 颗，具中轴胎座，花柱 5 条，离生，极短。**果实及种子**：蒴果纺锤形，长 3.5~4cm，5 室，有 5 条薄翅，室间开裂，每室有 1 种子；果柄有节。**花果期**：花期 4~5 月，果期 6 月。**分布**：产中国云南、广西。越南也有分布。**生境**：生于石灰岩的常绿林里。**用途**：木材，观赏。

特征要点 叶革质，卵形，先端渐尖，基部圆形或楔形，基出脉 3 条，全缘。圆锥花序或总状花序。蒴果纺锤形，长 3.5~4cm，5 室，有 5 条薄翅，室间开裂。

仿栗 **Sloanea hemsleyana** (Ito) Rehder & E. H. Wilson 杜英科 Elaeocarpaceae 猴欢喜属

生活型：常绿乔木。**高度**：达 25m。**株形**：宽卵形。**树皮**：灰色。**枝条**：小枝秃净无毛，有皮孔。**叶**：叶簇生枝顶，薄革质，狭倒卵形或倒披针形，边缘有不规则钝齿，无毛，侧脉 7~9 对。**花**：花生于枝顶，多朵排成总状花序，被柔毛；萼片 4；花瓣 4，白色，先端撕裂状齿刻；雄蕊多数；子房被褐色茸毛。**果实及种子**：蒴果圆球形或卵形，表面多针刺，大小不一，4~5 爿裂开；针刺长 1~2cm；内果皮紫红色或黄褐色；种子黑褐色，发亮，下半部有黄褐色假种皮。**花果期**：花期 7 月，果期 8~9 月。**分布**：产中国湖南、湖北、四川、重庆、云南、贵州、广西。越南也有分布。**生境**：生于常绿林里，海拔 1110~1400m。**用途**：观赏。

特征要点 叶簇生枝顶，边缘有不规则钝齿。花多朵排成总状花序；花瓣 4，白色，先端撕裂状齿刻。蒴果表面多针刺，4~5 爿裂开；内果皮紫红色或黄褐色。

猴欢喜 **Sloanea sinensis** (Hance) Hemsl. 杜英科 Elaeocarpaceae 猴欢喜属

生活型: 常绿乔木。**高度**: 达 20m。**株形**: 宽卵形。**树皮**: 灰白色。**枝条**: 小枝无毛。**叶**: 叶互生，薄革质，长圆形或狭窄倒卵形，常全缘，背面秃净无毛，侧脉 5~7 对。**花**: 花多朵簇生于枝顶叶腋；花柄长 3~6cm；萼片 4；花瓣 4 片，白色，先端撕裂，有齿刻；雄蕊多数，花药长为花丝的 3 倍；子房被毛，卵形，花柱连合。**果实及种子**: 蒴果圆球形或卵形，表面多针刺，3~7 爿裂开；针刺长 1~1.5cm；内果皮紫红色；种子黑色，假种皮黄色。**花果期**: 花期 9~11 月，果期翌年 6~7 月。**分布**: 产中国广东、海南、广西、贵州、湖南、江西、福建、台湾、浙江。越南也有分布。**生境**: 生于常绿林中，海拔 700~1000m。**用途**: 观赏。

特征要点 叶具柄，薄革质，全缘，无毛。花具柄，多朵簇生于枝顶叶腋；花瓣 4，白色，先端撕裂。蒴果表面多针刺，3~7 爿裂开，内果皮紫红色。

假苹婆 **Sterculia lanceolata** Cav. 锦葵科 / 梧桐科 Malvaceae/Sterculiaceae 苹婆属

生活型: 常绿乔木。**高度**: 达 15m。**株形**: 宽卵形。**树皮**: 灰白色，纵裂。**枝条**: 小枝粗壮。**叶**: 叶互生，椭圆形，顶端急尖，基部钝圆，两面几无毛，侧脉每边 7~9 条，弯拱；叶柄两端膨大。**花**: 圆锥花序腋生，长 4~10cm；花淡红色；萼片 5，向外开展如星状；无花瓣；雄花雌雄蕊柄长 2~3mm，花药约 10 个；雌花子房圆球形，被毛，柱头不明显 5 裂。**果实及种子**: 蓇葖果鲜红色，长卵形或长椭圆形，长 5~7cm，成熟时开裂；种子黑褐色，椭圆状卵形。**花果期**: 花期 4~5 月，果期 9~10 月。**分布**: 产中国广东、广西、云南、海南、贵州、四川。缅甸、泰国、越南、老挝也有分布。**生境**: 生于山谷溪旁，海拔 400~600m。**用途**: 观赏。

特征要点 叶互生，椭圆形，无毛；叶柄两端膨大。圆锥花序腋生；花淡红色；萼片 5，向外开展如星状；无花瓣。蓇葖果鲜红色，成熟时开裂；种子黑褐色，椭圆状卵形。

梧桐 **Firmiana simplex** (L.) W. Wight

锦葵科 / 梧桐科 Malvaceae/Sterculiaceae 梧桐属

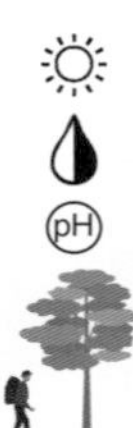

生活型: 落叶乔木。**高度**: 达 16m。**株形**: 卵形。**树皮**: 青绿色，平滑。**枝条**: 小枝粗壮，绿色，光滑。**叶**: 叶互生，心形，顶端渐尖，基部心形，无毛，基生脉 7 条，掌状 3~5 裂，裂片三角形，叶柄与叶片等长。**花**: 大型圆锥花序顶生，长约 20~50cm；花单性，淡黄绿色；萼 5 深裂，萼片条形，向外卷曲；雄花的雌雄蕊柄与萼等长，花药 15 个不规则地聚集在雌雄蕊柄的顶端，退化子房梨形且甚小；雌花的子房圆球形，被毛。**果实及种子**: 蓇葖果膜质，有柄，成熟前开裂成叶状，长 6~11cm；种子 2~4 个，圆球形，表面有皱纹。**花果期**: 花期 5~6 月，果期 9~10 月。**分布**: 产中国华北以南各地，多以人工栽培。日本也有分布。**生境**: 生于村边、山坡、石灰岩山坡、宅边，海拔 180~1900m。**用途**: 木材，观赏。

特征要点 树皮青绿色。叶具长柄，掌状 3~5 裂，基部心形。大型圆锥花序顶生；花单性，淡黄绿色。蓇葖果膜质，成熟前开裂成叶状；种子 2~4 个，圆球形。

火绳树 **Eriolaena spectabilis** (DC.) Planch. ex Mast.

锦葵科 / 梧桐科 Malvaceae/Sterculiaceae 火绳树属

生活型: 落叶灌木或小乔木。**高度**: 3~8m。**株形**: 宽卵形。**树皮**: 暗褐色。**枝条**: 小枝被星状短柔毛。**叶**: 叶互生，卵形或广卵形，边缘具不规则浅齿，背面密被星状茸毛，基生脉 5~7 条；叶柄长 2~5cm。**花**: 聚伞花序腋生，被茸毛；小苞片条状披针形；萼片 5，条状披针形；花瓣 5，白色或带淡黄色，倒卵状匙形；雄蕊多数；子房卵圆形，多室，柱头多数。**果实及种子**: 蒴果木质，卵形，长约 5cm，具瘤状突起和棱脊；种子具翅。**花果期**: 花期 4~7 月，果期 7~9 月。**分布**: 产中国云南、贵州、四川、广西。印度也有分布。**生境**: 生于山坡上疏林中或稀树灌丛中，海拔 500~1300m。**用途**: 观赏。

特征要点 小枝被星状短柔毛。叶具柄，卵形，具浅齿，基生脉 5~7 条。聚伞花序腋生；花白色或带淡黄色。蒴果木质，卵形，具瘤状突起和棱脊；种子具翅。

翻白叶树（异叶翅子树） **Pterospermum heterophyllum** Hance

锦葵科 / 梧桐科 Malvaceae/Sterculiaceae 翅子树属

生活型：常绿乔木。**高度**：达 20m。**株形**：宽卵形。**树皮**：灰色或灰褐色。**枝条**：小枝被黄褐色短柔毛。**叶**：叶互生，二型，幼树或萌蘖枝叶具长柄，盾形，大，掌状 3~5 裂，背面密被黄褐色星状短柔毛；成年树叶具短柄，矩圆形，较小，全缘，背面银白色。**花**：花单生或为聚伞花序；花青白色；萼片 5，条形；花瓣 5，倒披针形；雌雄蕊柄长 2.5mm；雄蕊 15，退化雄蕊 5；子房卵圆形，5 室，被长柔毛，花柱无毛。**果实及种子**：蒴果木质，矩圆状卵形，长约 6cm，被茸毛；种子具膜质翅。**花果期**：花期 6~7 月，果期 9~10 月。**分布**：产中国广东、福建、海南、广西。**生境**：生于山谷、山坡林中、石灰岩山坡，海拔 300~1100m。**用途**：观赏。

特征要点 叶二型，幼树叶大而具长柄，盾形，掌状 3~5 裂；成年树叶小而具短柄，矩圆形，不裂，背面银白色。花小，青白色。蒴果木质，矩圆状卵形，被毛；种子具翅。

梭罗树 **Reevesia pubescens** Mast.

锦葵科 / 梧桐科 Malvaceae/Sterculiaceae 梭罗树属

生活型：常绿乔木。**高度**：达 20m。**株形**：卵形。**树皮**：灰白色，平滑。**枝条**：小枝密生黄褐色星状柔毛。**叶**：叶互生，革质，椭圆形，先端渐尖，基部圆形，正面近无毛，背面密生星状短柔毛；叶柄两端膨大。**花**：圆锥花序伞房状，长 3~9cm；花萼钟状，长 6~8mm，5 浅裂；花瓣 5，白色，长约 1cm，外面被短柔毛；雄雌蕊柱长 2~3.5cm；雄蕊 15，花药聚集成头状。**果实及种子**：蒴果木质，梨形，长 2.5~3.5cm，密生褐色短柔毛。**花果期**：花期 5~6 月，果期 9~10 月。**分布**：产中国海南、广西、云南、贵州、四川；不丹、泰国、印度、老挝、越南、印度北部也有分布。**生境**：生于山坡上或山谷疏林中，海拔 550~2500m。**用途**：观赏。

特征要点 叶革质，椭圆形，先端渐尖，基部圆形，背面密生星状短柔毛；叶柄两端膨大。圆锥花序伞房状；花瓣 5，白色；具雄雌蕊柱。蒴果木质，梨形，密生褐色短柔毛。

两广梭罗 **Reevesia thyrsoidea** Lindl.

锦葵科 / 梧桐科 Malvaceae/Sterculiaceae 梭罗树属

生活型：常绿乔木。**高度**：4~7m。**株形**：卵形。**树皮**：红褐色，起伏不平。**枝条**：小枝灰色，无毛。**叶**：叶互生，近革质，狭卵形或卵状椭圆形，全缘，先端尖，基部圆形，两面无毛，侧脉约 7 对；叶柄两端膨大。**花**：圆锥花序伞房状，长 3~4cm；花萼钟状，长约 6mm，5 浅裂；花瓣 5，白色，长约 8mm；雄雌蕊柱长达 2cm；雄蕊 15，花药聚集成头状。**果实及种子**：蒴果木质，梨形，长达 3.5cm，密生星状毛；种子每室 2 个，具翅。**花果期**：花期 3~4 月，果期 8~9 月。**分布**：产中国海南、广东、广西、云南。柬埔寨、越南也有分布。**生境**：生于山坡上或山谷溪旁，海拔 500~1500m。**用途**：观赏。

特征要点 叶近革质，先端尖，基部圆形，无毛；叶柄两端膨大。圆锥花序伞房状；花瓣 5，白色；具雄雌蕊柱。蒴果木质，梨形，密生星状毛；种子具翅。

蝴蝶树 **Heritiera parvifolia** Merr. 锦葵科 / 梧桐科 Malvaceae/Sterculiaceae 银叶树属

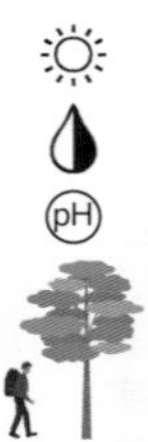

生活型：常绿乔木。**高度**：达 30m。**株形**：宽卵形。**树皮**：灰褐色。**枝条**：小枝纤细，密被鳞秕。**叶**：叶互生，椭圆状披针形，全缘，顶端渐尖，基部短尖或近圆形，正面无毛，背面密被银白色或褐色鳞秕，侧脉约 6 对。**花**：圆锥花序腋生，密被锈色星状短柔毛；花小，白色；萼 5~6 裂，裂片矩圆状卵形；雄花的雌雄蕊柄长约 1mm，花盘厚，围绕在雌雄蕊柄的基部，花药 8~10 个，排成 1 环，有不发育的雌蕊；雌花的子房长约 2mm，被毛，不育花药位于子房基部。**果实及种子**：蒴果革质，长 4~6cm，有长翅，翅鱼尾状；种子椭圆形。**花果期**：花期 5~6 月，果期 10~12 月。**分布**：产中国海南。**生境**：生于热带雨林。**用途**：观赏。

特征要点 树皮灰褐色。叶具柄，椭圆状披针形，全缘，背面密被鳞秕。圆锥花序腋生；花小，单性，白色，萼 5~6 裂，具雌雄蕊柄。蒴果革质，有长翅，翅鱼尾状；种子椭圆形。

木棉 **Bombax ceiba** L. 锦葵科/木棉科 Malvaceae/Bombacaceae 木棉属

生活型: 落叶大乔木。**高度**: 达 25m。**株形**: 宽卵形。**树皮**: 灰白色，具圆锥状粗刺。**枝条**: 小枝粗壮，灰色。**叶**: 掌状复叶互生，小叶 5~7 片，长圆形，全缘，无毛；叶柄长 10~20cm。**花**: 花大型，单生枝顶叶腋，红色；萼杯状，萼齿 3~5；花瓣肉质，倒卵状长圆形；雄蕊多数，合生成管，最外轮集生为 5 束；子房 5 室，胚珠多数，柱头 5 裂。**果实及种子**: 蒴果长圆形，大型，开裂为 5 爿，内有丝状绵毛；种子小，黑色。**花果期**: 花期 3~4 月，果期 5~6 月。**分布**: 产中国福建、广东、广西、海南、四川、台湾、贵州、云南。南亚、东南亚至澳大利亚北部也有分布。**生境**: 生于干热河谷、稀树草原、沟谷季雨林、庭园或路边，海拔 1400m 以下。**用途**: 观赏，花食用，种子榨油。

特征要点 树干具圆锥状粗刺。掌状复叶互生，小叶 5~7 片，长圆形。花大，单生枝顶叶腋，红色；雄蕊多数，合生成管。蒴果大，长圆形，开裂为 5 爿，室背内有丝状绵毛。

木芙蓉 **Hibiscus mutabilis** L. 锦葵科 Malvaceae 木槿属

生活型: 落叶灌木或小乔木。**高度**: 2~5m。**株形**: 宽卵形。**树皮**: 灰白色。**枝条**: 小枝具星状毛及短柔毛。**叶**: 叶互生，具长柄，卵圆状心形，常 5~7 裂，裂片三角形，边缘钝齿，两面均具星状毛，主脉 7~11 条。**花**: 花单生枝端叶腋，花梗长 5~8cm，近端有关节；小苞片 8，条形；萼钟形，5 裂；花冠白色至深红色，直径 8cm；雄蕊柱无毛；花柱枝 5，疏被毛。**果实及种子**: 蒴果扁球形，被刚毛及绵毛，果瓣 5；种子多数，肾形。**花果期**: 花期 9~10 月，果期 12 月。**分布**: 产中国华东、华中、华南及西南地区。日本、东南亚也有分布。**生境**: 生于村边、山谷溪边、山坡，海拔 300~670m。**用途**: 观赏。

特征要点 叶具长柄，常 5~7 裂，具钝齿，被星状毛。花单生枝端叶腋，具长梗；花冠白色至深红色，直径 8cm；雄蕊柱无毛；花柱枝 5。蒴果扁球形，果瓣 5；种子肾形。

木槿 **Hibiscus syriacus** L. 锦葵科 Malvaceae 木槿属

生活型: 落叶灌木。**高度**: 3~4m。**株形**: 卵形。**树皮**: 暗灰色，具皮孔。**枝条**: 小枝灰色，粗糙。**叶**: 叶互生，粗糙，菱状卵圆形，常 3 裂，基部楔形，边缘具粗齿；叶柄短。**花**: 花单生叶腋，具梗，有星状短毛；小苞片 6 或 7，条形，有星状毛；萼钟形，裂片 5；花冠钟形，淡紫、白、红等色，直径 5~6cm；雄蕊柱长约 3cm；花柱枝无毛。**果实及种子**: 蒴果卵圆形，直径 12mm，密生星状茸毛。**花果期**: 花期 7~10 月，果期 9~10 月。**分布**: 原产中国，台湾、福建、广东、广西、云南、贵州、四川、重庆、湖南、湖北、安徽、江西、浙江、江苏、山东、河北、河南、西藏、陕西。**生境**: 生于村边、沟边、山坡路边，海拔 300~1000m。**用途**: 观赏。

特征要点 叶粗糙，菱状卵圆形，常 3 裂，边缘具粗齿。花单生叶腋；萼钟形；花冠钟形，淡紫、白、红等色；雄蕊柱长约 3cm。蒴果卵圆形，密生星状茸毛；种子被黄白色长柔毛。

石栗 **Aleurites moluccanus** (L.) Willd. 大戟科 Euphorbiaceae 石栗属

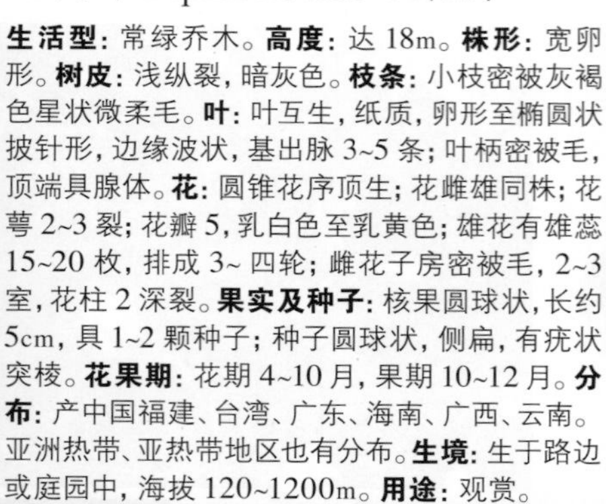

生活型: 常绿乔木。**高度**: 达 18m。**株形**: 宽卵形。**树皮**: 浅纵裂，暗灰色。**枝条**: 小枝密被灰褐色星状微柔毛。**叶**: 叶互生，纸质，卵形至椭圆状披针形，边缘波状，基出脉 3~5 条；叶柄密被毛，顶端具腺体。**花**: 圆锥花序顶生；花雌雄同株；花萼 2~3 裂；花瓣 5，乳白色至乳黄色；雄花有雄蕊 15~20 枚，排成 3~ 四轮；雌花子房密被毛，2~3 室，花柱 2 深裂。**果实及种子**: 核果圆球状，长约 5cm，具 1~2 颗种子；种子圆球状，侧扁，有疣状突棱。**花果期**: 花期 4~10 月，果期 10~12 月。**分布**: 产中国福建、台湾、广东、海南、广西、云南。亚洲热带、亚热带地区也有分布。**生境**: 生于路边或庭园中，海拔 120~1200m。**用途**: 观赏。

特征要点 小枝密被毛。叶互生，具柄，基出脉 3~5 条。圆锥花序顶生；花瓣 5，乳白色至乳黄色。核果圆球状，长约 5cm；种子大，有疣状突棱。

油桐 **Vernicia fordii** (Hemsl.) Airy Shaw 大戟科 Euphorbiaceae 油桐属

生活型: 落叶乔木。**高度**: 达 10m。**株形**: 宽卵形。**树皮**: 灰色，近光滑。**枝条**: 小枝粗壮，无毛，具明显皮孔。**叶**: 叶互生，卵圆形，全缘至 3 浅裂，背面被贴伏微柔毛，掌状脉 5~7 条；叶柄顶端有 2 枚无柄扁平腺体。**花**: 花雌雄同株；花萼 2~3 裂；花瓣白色，有脉纹；雄花雄蕊 8~12 枚，二轮；雌花子房密被柔毛，3~5 室，花柱 2 裂。**果实及种子**: 核果近球状，果皮光滑；种子 3~8，种皮木质。**花果期**: 花期 3~4 月，果期 8~9 月。**分布**: 产中国陕西、河南、江苏、安徽、浙江、江西、福建、湖南、湖北、广东、广西、四川、贵州、云南多为栽培。越南也有分布。**生境**: 生于丘陵山地，海拔 200~1000m。**用途**: 种子榨油，观赏。

特征要点 树皮近光滑。叶大，卵圆形，掌状脉 5~7 条；叶柄顶端有 2 枚无柄扁平腺体。花雌雄同株，白色带淡红色。核果近球状，直径 4~8cm，果皮光滑；种子 3~8，种皮木质。

木油桐(千年桐) **Vernicia montana** Lour. 大戟科 Euphorbiaceae 油桐属

生活型: 落叶乔木。**高度**: 达 20m。**株形**: 宽卵形。**树皮**: 灰白色，近光滑。**枝条**: 小枝无毛，散生突起皮孔。**叶**: 叶互生，阔卵形，全缘或 2~5 裂，掌状脉 5 条；叶柄顶端有 2 枚具柄杯状腺体。**花**: 雌雄异株或有时同株异序；花萼 2~3 裂，无毛；花瓣白色，有脉纹；雄花雄蕊 8~10；雌花子房被毛，3 室，花柱 3。**果实及种子**: 核果卵球状，具 3 条纵棱，棱间有粗疏网状皱纹，有种子 3 颗；种子扁球状，种皮厚，有疣突。**花果期**: 花期 3~5 月，果期 8~9 月。**分布**: 产中国浙江、江西、福建、台湾、湖南、广东、海南、广西、贵州、云南。越南、泰国、缅甸也有分布。**生境**: 生于疏林中，海拔 200~1300m。**用途**: 种子榨油，观赏。

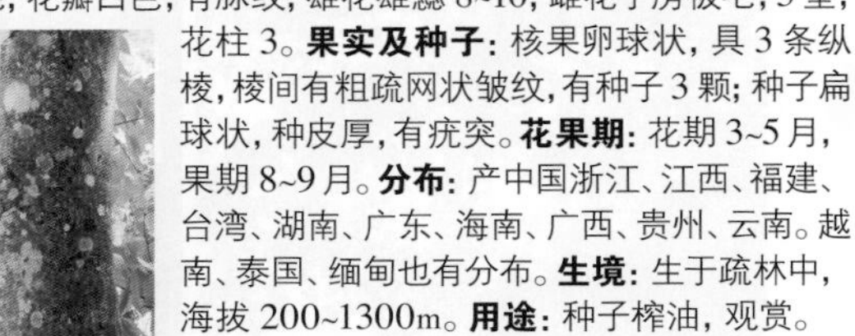

特征要点 叶阔卵形，全缘或 2~5 裂，掌状脉 5 条；叶柄顶端有 2 枚具柄杯状腺体。核果卵球状，直径 3~5cm，具 3 条纵棱，棱间有粗疏网状皱纹；种子 3 颗，扁球状，种皮厚，有疣突。

黄桐 **Endospermum chinense** Benth. 大戟科 Euphorbiaceae 黄桐属

生活型: 常绿乔木。**高度**: 6~20m。**株形**: 卵形。**树皮**: 灰褐色。**枝条**: 小枝密被灰黄色星状微柔毛。**叶**: 叶互生, 薄革质, 椭圆形至卵圆形, 全缘, 两面近无毛, 基部有 2 枚球形腺体, 侧脉 5~7 对; 叶柄长 4~9cm。**花**: 花序生枝顶叶腋, 雄长雌短; 雄花花萼杯状, 雄蕊 5~12 枚; 雌花花萼杯状, 宿存, 花盘环状, 2~4 齿裂, 子房近球形, 花柱短, 柱头盘状。**果实及种子**: 果核果状, 近球形, 直径约 10mm, 果皮稍肉质; 种子椭圆形。**花果期**: 花期 5~8 月, 果期 8~11 月。**分布**: 产中国福建、广东、海南、广西、云南。印度、缅甸、泰国、越南也有分布。**生境**: 生于山地常绿林中, 海拔 840~600m。**用途**: 观赏。

特征要点 小枝密被灰黄色星状微柔毛。叶具柄, 薄革质, 全缘, 无毛, 基部有 2 枚球形腺体。花序生于枝条近顶部叶腋; 花单性。果核果状, 近球形, 果皮稍肉质。

蝴蝶果 **Cleidiocarpon cavaleriei** (Lévl.) Airy Shaw
大戟科 Euphorbiaceae 蝴蝶果属

生活型: 常绿乔木。**高度**: 达 25m。**株形**: 宽卵形。**树皮**: 灰白色, 平滑。**枝条**: 小枝疏生微星状毛, 后无毛。**叶**: 叶互生, 纸质, 椭圆形至披针形, 顶端渐尖, 基部楔形, 全缘, 两面无毛。**花**: 圆锥状花序顶生, 密被黄色微星状毛; 雄花花萼裂片 4~5, 雄蕊 4~5; 雌花萼片 5~8, 副萼 5~8, 早落, 子房被短茸毛, 2 室, 通常 1 室发育, 花柱上部 3~5 裂。**果实及种子**: 果核果状, 卵球形或双球形, 具微毛, 直径 3~5cm; 种子近球形。**花果期**: 花期 3~4 月, 果期 8~9 月。**分布**: 产中国贵州、广西、云南。越南也有分布。**生境**: 生于山地、石灰岩山的山坡、沟谷常绿林中, 海拔 150~1000m。**用途**: 观赏。

特征要点 叶互生, 纸质, 全缘, 无毛。圆锥状花序顶生, 密被黄色微星状毛。果核果状, 卵球形或双球形, 具微毛, 直径 3~5cm; 种子近球形。

巴豆 **Croton tiglium** L. 大戟科 Euphorbiaceae 巴豆属

生活型: 落叶灌木或小乔木。**高度**: 2~7m。**株形**: 宽卵形。**树皮**: 灰白色，起伏不平。**枝条**: 小枝绿色，被星状毛。**叶**: 叶互生，具柄，卵形，顶端渐尖，掌状三出脉，两面被稀疏星状毛，基部两侧近叶柄各有1无柄腺体。**花**: 顶生总状花序，长8~14cm，雌花在下，雄花在上；萼片5；雄花雄蕊多数，花丝弯曲；花盘腺体与萼片对生；雌花无花瓣，子房3室，密被星状毛。**果实及种子**: 蒴果矩圆状，长2cm；种子长卵形。**花果期**: 花期3~5月，果期6~7月。**分布**: 产中国浙江、福建、江西、湖南、广东、海南、广西、贵州、四川、云南。亚洲、菲律宾、日本也有分布。**生境**: 生于村旁、山坡疏林中，海拔140~1600m。**用途**: 药用，观赏。

特征要点 小枝被星状毛。叶互生，具柄，卵形，掌状三出脉，基部具腺体。顶生总状花序；花小，单性，雌雄同株。蒴果矩圆状，长2cm。

山乌桕 **Triadica cochinchinensis** Lour. 【Sapium cochinchinense (Lour.) Gagnep.】 大戟科 Euphorbiaceae 乌桕属

生活型: 常绿乔大或灌木。**高度**: 3~12m。**株形**: 宽卵形。**树皮**: 灰白色，平滑。**枝条**: 小枝灰褐色，有皮孔。**叶**: 叶互生，纸质，椭圆形或长卵形，全缘，两面无毛，侧脉纤细，8~12对；叶柄纤细，顶端具2毗连的腺体。**花**: 总状花序顶生，黄色；花单性，3数，雌花大，生于花序轴下部。**果实及种子**: 蒴果球形，黑色，开裂成3分果爿；种子近球形，被蜡质假种皮。**花果期**: 花期4~6月，果期10~11月。**分布**: 产中国云南、四川、贵州、湖南、广西、广东、江西、安徽、福建、浙江、台湾、海南。印度、缅甸、老挝、越南、马来西亚、印度尼西亚也有分布。**生境**: 生于山谷或山坡混交林中，海拔200~1600m。**用途**: 观赏。

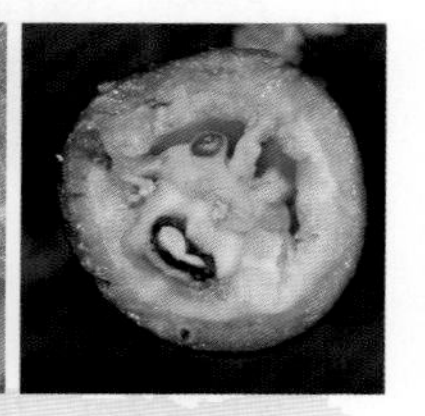

特征要点 树皮灰白色，平滑。叶具柄，椭圆形或长卵形，全缘，无毛。总状花序顶生；花单性，雌雄同株。蒴果球形，开裂成3分果爿；种子被蜡质假种皮。

乌桕 **Triadica sebifera** (L.) Small 【Sapiam sebiferum (L.) Roxb.】

大戟科 Euphorbiaceae 乌桕属

生活型: 落叶乔木。具乳汁。**高度**: 达 15m。**株形**: 宽卵形。**树皮**: 暗灰色，有纵裂纹。**枝条**: 小枝圆柱形，无毛，具皮孔。**叶**: 叶互生，纸质，菱形，顶端具尖头，全缘，无毛；叶柄顶端具 2 腺体。**花**: 总状花序顶生，黄色；花单性，3 数，雌花生于花序轴最下部。**果实及种子**: 蒴果梨状球形，黑色，具 3 种子，开裂成 3 分果爿；种子扁球形，黑色，被白色蜡质假种皮。**花果期**: 花期 4~8 月，果期 10~11 月。**分布**: 产中国黄河以南地区。日本、越南、印度及欧洲、美洲、非洲也有分布。**生境**: 生于旷野、塘边或疏林中，海拔 50~2200m。**用途**: 种子榨油，观赏。

特征要点 植株具乳状汁液。叶具柄，菱形，全缘，无毛；叶柄顶端具 2 腺体。总状花序顶生；花单性，雌雄同株。蒴果梨状球形，开裂成 3 分果爿；种子黑色，被白色蜡质假种皮。

白背叶 **Mallotus apelta** (Lour.) Müll. Arg. 大戟科 Euphorbiaceae 野桐属

生活型: 落叶灌木或小乔木。**高度**: 1~3m。**株形**: 宽卵形。**树皮**: 暗褐色。**枝条**: 小枝密被星状毛。**叶**: 叶互生，宽卵形，不分裂或 3 浅裂，被星状毛及棕色腺体，基生三出脉；叶柄长 1.5~8cm。**花**: 花单性，雌雄异株，无花瓣；雄穗状花序顶生，长 15~30cm；雌穗状花序顶生或侧生，长约 15cm；花萼 3~6 裂；雄蕊 50~65；子房 3~4 室，花柱 2~3。**果实及种子**: 蒴果近球形，直径 7mm，密生软刺及星状毛；种子近球形，黑色，光亮。**花果期**: 花期 4~7 月，果期 8~11 月。**分布**: 产中国云南、广西、湖南、江西、福建、广东、海南、浙江、湖北、河南、四川、贵州、陕西。越南也有分布。**生境**: 生于山坡、山谷灌丛中，海拔 30~1000m。**用途**: 种子榨油，观赏。

特征要点 小枝密被星状毛。叶具柄，宽卵形，基生三出脉。花雌雄异株，无花瓣，排成穗状花序；雄蕊 50~65；花柱 2~3。蒴果近球形，密生软刺及星状毛；种子近球形，黑色，光亮。

粗糠柴 **Mallotus philippensis** (Lam.) Müll. Arg. 大戟科 Euphorbiaceae 野桐属

生活型：常绿小乔木或灌木。**高度**：2~18m。**株形**：宽卵形。**树皮**：灰白色，平滑。**枝条**：小枝密被黄褐色短星状柔毛。**叶**：叶互生，具柄，近革质，卵形，边近全缘，顶端渐尖，背面被灰黄色星状短茸毛，基出脉 3，侧脉 4~6 对。**花**：花序总状，顶生或腋生；花单性，3 数，雌雄异株，无花瓣。**果实及种子**：蒴果扁球形，直径 6~8mm，具 2~3 个分果爿；种子卵形或球形，黑色，具光泽。**花果期**：花期 4~5 月，果期 5~8 月。**分布**：产中国四川、云南、贵州、湖北、江西、安徽、江苏、浙江、福建、台湾、湖南、广东、广西、海南。亚洲、大洋洲也有分布。**生境**：生于山地林中、林缘，海拔 300~1600m。**用途**：观赏。

特征要点 叶具柄，近革质，卵形，近全缘，背面被灰黄色星状短茸毛，基出脉 3。花序总状；花单性，无花瓣。蒴果扁球形，具 2~3 个分果爿；种子黑色，具光泽。

橡胶树 **Hevea brasiliensis** (Willd. ex A. Juss.) Müll. Arg.

大戟科 Euphorbiaceae 橡胶树属

生活型：落叶大乔木。有乳汁。**高度**：20~30m。**株形**：卵形。**树皮**：灰白色，近平滑。**枝条**：小枝粗壮，叶痕显著。**叶**：三出复叶互生，小叶椭圆形至椭圆状披针形，无毛，先端尖，侧脉纤细，平行；总叶柄细长。**花**：花小，无花瓣，单性，雌雄同株；圆锥花序腋生，长达 25cm；萼钟状，5~6 裂；花盘腺体 5；雄蕊 10，花丝合生；子房 3 室，几无花柱，柱头 3，短而厚。**果实及种子**：蒴果球形，成熟后分裂成 3 果瓣；种子长椭圆形，长 2.5~3cm，有斑纹。**花果期**：花期 3~4 月，果期 10~11 月。**分布**：产中国台湾、福建、广东、广西、海南、云南。巴西也有分布。**生境**：生于山坡上。**用途**：橡胶，观赏。

特征要点 树皮有乳汁。三出复叶互生，无毛。圆锥花序腋生；花小，无花瓣，单性，雌雄同株。蒴果球形，成熟后分裂成 3 果瓣；种子长椭圆形，有斑纹。

秋枫 **Bischofia javanica** Blume

叶下珠科 / 大戟科 Phyllanthaceae/Euphorbiaceae 秋枫属

生活型：常绿大乔木。**高度**：达 40m。**株形**：宽卵形。**树皮**：棕褐色，近平滑。**枝条**：小枝粗壮，无毛。**叶**：三出复叶互生，小叶纸质，卵形至椭圆形，顶端尖，基部宽楔形至钝，边缘具浅锯齿，两面近无毛。**花**：圆锥花序腋生；花小，雌雄异株，无花瓣及花盘；雄花萼片 5，花丝短，退化雌蕊小，盾状；雌花萼片长圆状卵形，花柱 3~4，线形。**果实及种子**：果实浆果状，圆球形，直径 6~13mm，淡褐色；种子长圆形。**花果期**：花期 4~5 月，果期 8~10 月。**分布**：产中国黄河流域以南地区。东南亚及印度、日本、澳大利亚、波利尼西亚也有分布。**生境**：生于山地潮湿沟谷林中或平原，海拔约 800m。**用途**：观赏。

特征要点 三出复叶互生，小叶纸质，基部宽楔形至钝，边缘具浅锯齿。圆锥花序腋生；花小，无花瓣及花盘。果实浆果状，圆球形，熟时淡褐色。

重阳木 **Bischofia polycarpa** (H. Lév.) Airy Shaw

叶下珠科 / 大戟科 Phyllanthaceae/Euphorbiaceae 秋枫属

生活型：落叶乔木。**高度**：达 15m。**株形**：宽卵形。**树皮**：暗褐色，纵裂。**枝条**：小枝粗壮，无毛。**冬芽**：冬芽小，尖或钝。**叶**：三出复叶互生，小叶纸质，卵形或椭圆状卵形，顶端尖，基部圆或浅心形，边缘具钝细锯齿，两面无毛。**花**：花雌雄异株，春季与叶同时开放，组成总状花序，下垂；雄花序长 8~13cm；雌花序 3~12cm；雄花萼片 5，半圆形，膜质，花丝短，退化雌蕊明显；雌花子房 3~4 室，每室 2 胚珠，花柱 2~3，顶端不分裂。**果实及种子**：果实浆果状，圆球形，直径 5~7mm，成熟时褐红色。**花果期**：花期 4~5 月，果期 10~11 月。**分布**：产中国秦岭、淮河流域以南地区。**生境**：生于山地林中或平原，海拔约 1000m。**用途**：观赏。

特征要点 三出复叶互生，小叶纸质，基部圆或浅心形，边缘具钝细锯齿。花春季与叶同时开放，组成总状花序，下垂。果实浆果状，圆球形，熟时褐红色。

浙江红山茶 **Camellia chekiangoleosa** Hu 山茶科 Theaceae 山茶属

生活型：常绿小乔木。**高度**：达 6m。**株形**：卵形。**树皮**：灰色。**枝条**：小枝无毛。**叶**：叶互生，革质，先端急尖，椭圆形或倒卵状椭圆形，边缘具锯齿，两面无毛，侧脉约 8 对。**花**：花单朵顶生或腋生，红色，直径 8~12cm，无柄；苞片及萼片 14~16，宿存，近圆形；花瓣 7；雄蕊多数，3 轮，外轮花丝基部与花瓣合生，内轮花丝离生，花药黄色；子房无毛，花柱先端 3~5 裂，无毛。**果实及种子**：蒴果卵球形，直径 5~7cm，萼片及苞片宿存，果爿 3~5，木质，中轴 3~5 棱；种子每室 3~8 粒。**花果期**：花期 2~4 月，果期 8~10 月。**分布**：产中国福建、江西、湖南、浙江。**生境**：生于山地，海拔 500~1100m。**用途**：观赏。

特征要点 叶互生，革质，先端急尖，边缘具锯齿，无毛。花单生，红色，直径 8~12cm，无柄；花瓣 7；雄蕊多数，3 轮。蒴果大，卵球形，果爿 3~5，木质。

长瓣短柱茶 **Camellia grijsii** Hance 山茶科 Theaceae 山茶属

生活型：常绿灌木或小乔木。**高度**：2~10m。**株形**：卵形。**树皮**：灰色。**枝条**：小枝较纤细，有短柔毛。**叶**：叶互生，革质，长圆形，先端渐尖，边缘有尖锐锯齿，背面中脉有稀疏长毛，侧脉 6~7 对。**花**：花单朵顶生，白色，直径 4~5cm，花梗极短；苞片及萼片 9~10，脱落；花瓣 5~6，倒卵形，先端凹入；雄蕊多数，基部连合或部分离生；子房有黄色长粗毛，花柱无毛，先端 3 浅裂。**果实及种子**：蒴果圆球形，直径 2~2.5cm，1~3 室，果皮厚 1mm。**花果期**：花期 1~3 月，果期 9~10 月。**分布**：产中国福建、四川、江西、湖北、广西、贵州、浙江。**生境**：生于沟边、林缘、灌丛、路边、山谷、山坡、林中、溪边，海拔 200~1300m。**用途**：观赏。

特征要点 叶互生，革质，长圆形，先端渐尖，边缘有尖锐锯齿。花单朵顶生，白色，直径 4~5cm，花瓣 5~6；雄蕊多数。蒴果圆球形，1~3 室。

山茶 **Camellia japonica** L. 山茶科 Theaceae 山茶属

生活型: 常绿灌木或小乔木。**高度**: 2~9m。**株形**: 卵形。**树皮**: 灰白色。**枝条**: 小枝红褐色，无毛。**叶**: 叶互生，革质，椭圆形，先端略尖，基部阔楔形，两面光亮无毛，侧脉 7~8 对，边缘具细锯齿。**花**: 花单朵顶生，红色，直径 4~10cm，无柄；苞片及萼片约 10；花瓣 6~7；雄蕊多数，3 轮；子房无毛，花柱先端 3 裂。**果实及种子**: 蒴果圆球形，直径 2.5~3cm，2~3 室，每室有种子 1~2 个，3 爿裂开，果爿厚木质。**花果期**: 花期 1~4 月，果期 9~11 月。**分布**: 原产中国四川、重庆、台湾、山东、江西，中国华北以南各地广泛栽培。琉球群岛、朝鲜也有分布。**生境**: 生于河谷常绿林中、山顶林中、山坡林缘、针叶林缘，海拔 130~2300m。**用途**: 观赏。

特征要点 小枝红褐色，无毛。叶革质，两面光亮无毛，边缘具细锯齿。花单朵顶生，形态依品种而异，直径 4~10cm。蒴果圆球形，3 爿裂开，果爿厚木质。

油茶 **Camellia oleifera** Abel 山茶科 Theaceae 山茶属

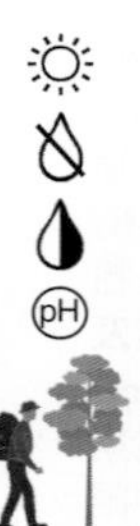

生活型: 常绿灌木或中乔木。**高度**: 2~9m。**株形**: 卵形。**树皮**: 红褐色。**枝条**: 小枝红褐色，有粗毛。**叶**: 叶互生，革质，椭圆形至倒卵形，先端尖，基部楔形，边缘有细锯齿。**花**: 花近无柄，白色；苞片与萼片约 10；花瓣 5~7，先端凹入；雄蕊多数，花药黄色；子房 3~5 室，花柱 3 裂。**果实及种子**: 蒴果球形或卵圆形，直径 2~4cm，3~1 室，每室种子 1~2 枚，果爿厚木质，中轴粗厚。**花果期**: 花期 11~12 月，果期 10 月。**分布**: 产中国陕西、江苏、安徽、上海、浙江、江西、福建、湖北、湖南、海南、广东、广西、四川、贵州、云南、西藏，多为栽培。缅甸、越南也有分布。**生境**: 生于山坡灌丛、山坡林中，海拔 150~2050m。**用途**: 果榨油，观赏。

特征要点 小枝红褐色，有粗毛。叶革质，边缘有细锯齿。花单朵顶生，白色，直径 5~6cm；雄蕊多数，花药黄色。蒴果球形或卵圆形，直径 2~4cm，果爿厚木质。

大头茶 **Polyspora axillaris** (Roxb. ex Ker Gawl.) Sweet

山茶科 Theaceae 大头茶属

生活型: 常绿乔木。**高度**: 达 9m。**株形**: 宽卵形。**树皮**: 灰白色。**枝条**: 小枝粗大, 无毛或有微毛。**叶**: 叶互生, 厚革质, 倒披针形, 全缘, 先端圆钝, 基部下延, 两面无毛, 侧脉不明显。**花**: 花生于枝顶叶腋, 白色, 直径 7~10cm, 花柄极短; 苞片 4~5 片, 早落; 萼片卵圆形, 宿存; 花瓣 5; 雄蕊多数, 基部连生, 无毛; 子房 5 室, 被毛, 花柱长 2cm, 有绢毛。**果实及种子**: 蒴果长筒形, 长 2.5~3.5cm, 室背裂开, 5 爿裂开; 种子多数, 长 1.5~2cm。**花果期**: 花期 10 月至翌年 1 月, 果期翌年 9~10 月。**分布**: 产中国广东、海南、广西、台湾。印度至越南等地也有分布。**生境**: 生于阔叶林中, 海拔 1800~2800m。**用途**: 观赏。

特征要点 叶互生, 厚革质, 倒披针形, 全缘, 无毛。花生于枝顶叶腋, 白色, 直径 7~10cm, 花柄极短。蒴果长筒形, 5 爿裂开; 种子多数。

紫茎 **Stewartia sinensis** Rehder & E. H. Wilson 山茶科 Theaceae 紫茎属

生活型: 落叶灌木或小乔木。**高度**: 6~10m。**株形**: 宽卵形。**树皮**: 灰色, 平滑, 薄片状脱落。**枝条**: 小枝有柔毛。**叶**: 叶互生, 纸质, 矩圆形, 长 4~8cm, 边缘具锯齿, 背面疏生长柔毛, 叶柄带紫色。**花**: 花单朵腋生, 白色, 直径 4~5cm, 花柄长 4~8mm; 苞片 2, 卵圆形, 叶状; 萼片 5, 卵圆形; 花瓣 5, 倒卵形; 雄蕊多数, 花药丁字着生; 子房 5 室, 有毛。**果实及种子**: 蒴果卵圆形, 木质, 顶端喙状, 直径约 1.5cm。**花果期**: 花期 6~7 月, 果期 9~10 月。**分布**: 产中国四川、安徽、江西、浙江、湖北、湖南、河南、广西、福建、云南、贵州。**生境**: 生于常绿阔叶林中、林缘、密灌丛、山谷半阴坡、杂木林中, 海拔 570~2600m。**用途**: 果榨油, 观赏。

特征要点 树皮灰色, 平滑。叶互生, 纸质, 矩圆形, 边缘具锯齿, 叶柄带紫色。花单朵腋生, 苞片叶状, 花瓣 5, 白色, 雄蕊多数。蒴果卵圆形, 木质, 顶端喙状。

杨桐（黄瑞木） **Adinandra millettii** (Hook. & Arn.) Benth. & Hook. f. ex Hance 五列木科 / 山茶科 Pentaphylacaceae/Theaceae 杨桐属

生活型：常绿灌木或小乔木。**高度**：2~10m。**株形**：宽卵形。**树皮**：平滑，灰褐色。**枝条**：小枝褐色，无毛。**叶**：叶互生，革质，长圆状椭圆形，全缘，无毛，侧脉10~12对。**花**：花单朵腋生；花梗纤细；萼片5，卵状披针形；花瓣5，白色，长圆形；雄蕊约25，花药线状长圆形；子房圆球形，被短柔毛，3室，花柱单一，无毛。**果实及种子**：浆果圆球形，疏被短柔毛，直径约1cm，熟时黑色，花柱宿存；种子多数，深褐色，有光泽。**花果期**：花期5~7月，果期8~10月。**分布**：产中国安徽、浙江、江西、福建、湖南、广东、广西、贵州。**生境**：生于山坡路旁灌丛中、山地阳坡的疏林中、密林中，海拔100~1800m。**用途**：观赏。

特征要点 叶互生，革质，全缘，无毛。花单朵腋生；花梗纤细；花瓣5，白色。浆果圆球形，疏被短柔毛，熟时黑色，花柱宿存。

厚皮香 **Ternstroemia gymnanthera** (Wight & Arn.) Bedd. 五列木科 / 山茶科 Pentaphylacaceae/Theaceae 厚皮香属

生活型：常绿灌木或小乔木。**高度**：1.5~10m。**株形**：宽卵形。**树皮**：灰褐色，平滑。**枝条**：小枝浅红褐色或灰褐色。**叶**：叶聚生枝端，假轮生状，革质，全缘，顶端尖，基部楔形，两面无毛，侧脉5~6对。**花**：花腋生，具梗，淡黄白色；萼片5；花瓣5；雄蕊约50枚；子房圆卵形，2室，每室2胚珠，花柱短，顶端浅二裂。**果实及种子**：浆果圆球形，种子肾形，每室1个，成熟时肉质假种皮红色。**花果期**：花期5~7月，果期8~10月。**分布**：产中国安徽、浙江、江西、福建、湖北、湖南、广东、广西、云南、贵州、四川。南亚及东南亚也有分布。**生境**：生于山地林中、林缘路边、近山顶疏林中，海拔2000~2800m。**用途**：观赏。

特征要点 叶聚生枝端，假轮生状，革质，全缘，无毛。花腋生，具梗，淡黄白色，花瓣5，雄蕊多数。浆果圆球形，萼片宿存，种子肾形，具红色肉质假种皮。

格药柃 **Eurya muricata** Dunn

五列木科 / 山茶科 Pentaphylacaceae/Theaceae 柃属 / 柃木属

生活型：常绿灌木或小乔木。**高度**：2~6m。**株形**：宽卵形。**树皮**：黑褐色或灰褐色，平滑。**枝条**：小枝圆柱形，粗壮，无毛。**冬芽**：顶芽长锥形。**叶**：叶互生，革质，椭圆形，顶端渐尖，基部楔形，边缘具细钝锯齿，无毛，侧脉9~11对。**花**：花1~5朵簇生叶腋；萼片5，革质；雄花花瓣5，白色，长圆形，雄花雄蕊15~22；雌花花瓣5，白色，子房圆球形，3室，无毛，顶端3裂。**果实及种子**：浆果圆球形，熟时紫黑色；种子肾圆形，红褐色。**花果期**：花期9~11月，果期翌年6~8月。**分布**：产中国江苏、安徽、浙江、江西、福建、广东、香港、湖北、湖南、四川、贵州。**生境**：生于山坡林中、林缘灌丛中，海拔350~1300m。**用途**：观赏。

特征要点 小枝圆柱形，无毛。叶互生，革质，椭圆形，具细钝锯齿，无毛。花1~5朵簇生叶腋，5数，白色。浆果圆球形，成熟时紫黑色。

中华猕猴桃 **Actinidia chinensis** Planch. 猕猴桃科 Actinidiaceae 猕猴桃属

生活型：落叶木质藤本。**高度**：达10m以上。**株形**：蔓生形。**茎皮**：皮孔显著，褐色。**枝条**：幼枝密被灰棕色柔毛；髓大，白色，片状。**叶**：叶互生，纸质，圆卵形，边缘有刺齿，背面密生灰棕色星状茸毛；叶柄粗壮，密被毛。**花**：聚伞花序具1~3花；花白色变淡黄色，有香气；萼片3~7，卵形；花瓣阔倒卵形；雄蕊极多，花药黄色；子房球形，密被毛。**果实及种子**：浆果长4~6cm，黄褐色，近球形至椭圆形，被毛；宿存萼片反折；种子细小，多数。**花果期**：花期4~5月，果期8~10月。**分布**：产中国陕西、湖北、湖南、河南、安徽、江苏、浙江、江西、福建、广东、广西、四川、贵州、云南。**生境**：生于低山区的山林中，喜腐殖质丰富、排水良好的土壤。**用途**：果食用。

特征要点 小枝密被毛；髓白色，片状。叶圆卵形，背面密生灰棕色星状茸毛。花白色后变淡黄色；花药黄色。浆果长4~6cm，黄褐色，近球形至椭圆形，被茸毛或长硬毛。

美味猕猴桃 **Actinidia chinensis** var. **deliciosa** (A. Chev.) A Chev.

【**Actinidia deliciosa** (A. Chev.) C. F. Liang & A. R. Ferguson】

猕猴桃科 Actinidiaceae 猕猴桃属

生活型: 大型落叶木质藤本。**高度**: 3~15m。**株形**: 蔓生形。**树皮**: 皮孔显著, 褐色。**枝条**: 小枝密被毛, 髓片层状。**叶**: 叶互生, 纸质, 倒阔卵形至近圆形, 边缘具睫状小齿, 背面密被星状茸毛, 侧脉 5~8 对。**花**: 聚伞花序具 1~3 花; 花初放时白色, 后变淡黄色, 有香气; 萼片 3~7, 卵形; 花瓣常为 5, 阔倒卵形; 雄蕊极多, 花药黄色; 子房球形, 密被毛。**果实及种子**: 浆果长 4~6cm, 黄褐色, 近球形至椭圆形, 被茸毛或长硬毛; 宿存萼片反折; 种子细小, 多数。**花果期**: 花期 4~5 月, 果期 8~10 月。**分布**: 产中国陕西、湖北、湖南、河南、安徽、江苏、浙江、江西、福建、广东、广西、云南。**生境**: 生于低山区的山林中。**用途**: 果食用。

特征要点 木质藤本, 小枝密被毛, 髓片层状。聚伞花序具 1~3 花, 花由白色变淡黄色。浆果长 4~6cm, 黄褐色, 被茸毛或长硬毛。

东京龙脑香 **Dipterocarpus retusus** Blume 龙脑香科 Dipterocarpaceae 龙脑香属

生活型: 常绿大乔木。具白色芳香树脂。**高度**: 约 45m。**株形**: 狭卵形。**树皮**: 灰白色或棕褐色, 不开裂。**枝条**: 小枝光滑无毛, 环状托叶痕较密。**叶**: 小枝具环状托叶痕。**叶**: 叶互生, 革质, 广卵形或卵圆形, 先端短尖, 基部圆形, 近全缘, 侧脉 16~19 对。**花**: 总状花序腋生, 有 2~5 朵花; 花萼裂片 2 枚较长, 为线形, 3 枚较短, 为三角形; 花瓣 5, 粉红色, 芳香, 被毛; 雄蕊约 30; 子房长卵形, 3 室。**果实及种子**: 坚果卵圆形, 被毛; 增大的 2 枚花萼裂片线状披针形, 红色, 长 19~23cm, 革质, 先端圆形, 具 3~5 脉。**花果期**: 花期 5~6 月, 果期 12 月至翌年 1 月。**分布**: 产中国云南、西藏。印度及东南亚也有分布。**生境**: 生于沟谷雨林及石灰山密林中, 海拔 1100m 以下。**用途**: 观赏。

特征要点 叶互生, 革质, 背面被疏星状毛。总状花序腋生, 2~5 花; 花粉红色, 芳香。坚果卵圆形; 增大的 2 枚花萼裂片线状披针形, 红色, 长 19~23cm, 革质。

坡垒 **Hopea hainanensis** Merr. & Chun 龙脑香科 Dipterocarpaceae 坡垒属

生活型: 常绿乔木。**高度**: 10~20m。**株形**: 狭卵形。**树皮**: 灰色，平滑。**枝条**: 小枝密生星状微柔毛。**叶**: 叶互生，具柄，革质，椭圆形或矩圆状椭圆形，全缘，无毛，被鳞秕。**花**: 圆锥花序顶生或腋生，长 3.5~7cm；花小，偏生于花序分枝一侧，几无梗；花萼裂片 5，外面密生短柔毛；花瓣 5；雄蕊 15，排成二轮，药隔顶部的附属物丝形；雌蕊无毛，花柱短。**果实及种子**: 坚果卵形，长约 1.5cm；增大的花萼 5 裂片不等大，其中 2 片最大，长约 6cm，有 7~9 条纵脉。**花果期**: 花期 6~7 月，果期 11~12 月。**分布**: 产中国海南。越南也有分布。**生境**: 生于密林中，海拔 700m 以下。**用途**: 观赏，木材。

特征要点 叶互生，具柄，革质，椭圆形，全缘，被鳞秕。圆锥花序；花小，偏生；萼裂片 5；花瓣 5；雄蕊 15。坚果卵形；花萼 5 裂片不等大增大，其中 2 片最大，具 7~9 条纵脉。

云南娑罗双 **Shorea assamica** Dyer 龙脑香科 Dipterocarpaceae 娑罗双属

生活型: 常绿乔木。具白色芳香树脂。**高度**: 40~50m。**株形**: 狭卵形。**树皮**: 灰褐色，不规则鳞片状剥落。**枝条**: 小枝密被灰黄色茸毛。**叶**: 叶互生，近革质，全缘，卵状椭圆形或琴形，侧脉 12~19 对，羽状，网脉明显。**花**: 圆锥花序；花萼裂片 5，外面 3 枚椭圆形，内面 2 枚为披针形；花瓣 5，黄白色；雄蕊 30，两轮排列；子房 3 室，柱头 3 裂。**果实及种子**: 果实具增大的 3 长 2 短的翅或近等长的翅，长者线状长圆形，长 8~10cm，纵脉 10~14 条，短者线状披针形，长 3~5cm。**花果期**: 花期 6~7 月，果期 12 月至翌年 1 月。**分布**: 产中国云南、西藏。印度及东南亚也有分布。**生境**: 生于低热河谷地区，海拔 1000m 以下。**用途**: 观赏。

特征要点 具白色芳香树脂。叶互生，近革质，全缘。圆锥花序；花瓣 5，黄白色；雄蕊 30。果实具增大的 3 长 2 短的翅或近等长的翅，均被短茸毛，基部变宽包围果实。

望天树 **Shorea wangtianshuea** Y. K. Yang & J. K. Wu 【Parashorea chinensis H. Wang】 龙脑香科 Dipterocarpaceae 娑罗双属 / 柳安属

生活型: 常绿大乔木。**高度**: 达 40m。**株形**: 狭卵形。**树皮**: 灰色或棕褐色, 块状剥落。**枝条**: 小枝被茸毛。**叶**: 叶互生, 革质, 椭圆形, 侧脉羽状, 14~19 对, 在背面明显突起, 网脉明显, 被鳞片状毛或茸毛。**花**: 圆锥花序; 苞片宿存, 卵形; 花萼裂片 5, 被毛; 花瓣 5, 黄白色, 芳香, 纵脉 10~14 条; 雄蕊 12~15, 两轮排列; 子房长卵形, 3 室, 柱头小, 略 3 裂。**果实及种子**: 坚果长卵形, 密被银灰色绢状毛; 果翅近等长或 3 长 2 短, 近革质, 长 6~8cm, 具纵脉 5~7 条。**花果期**: 花期 5~6 月, 果期 8~9 月。**分布**: 产中国云南、广西。**生境**: 生于沟谷、坡地、丘陵及石灰山密林中, 海拔 300~1100m。**用途**: 观赏。

特征要点 叶互生, 革质, 椭圆形, 网脉明显, 被毛。圆锥花序; 花瓣 5, 黄白色。坚果长卵形, 密被银灰色绢状毛; 果翅近等长或 3 长 2 短, 近革质, 基部狭窄不包围果实。

青梅 **Vatica mangachapoi** Blanco 龙脑香科 Dipterocarpaceae 青梅属

生活型: 常绿乔木。**高度**: 约 20m。**株形**: 卵形。**树皮**: 平滑, 灰色。**枝条**: 小枝被星状茸毛。**叶**: 叶互生, 革质, 全缘, 长圆形至长圆状披针形, 基部圆形或楔形, 侧脉 7~12 对, 两面无毛或被疏毛。**花**: 圆锥花序顶生或腋生, 纤细, 被毛; 花萼裂片 5, 镊合状排列, 卵状披针形或长圆形, 不等大; 花瓣 5, 白色, 芳香, 长圆形或线状匙形; 雄蕊 15; 子房球形, 密被短茸毛, 花柱短, 柱头 3 裂。**果实及种子**: 果实球形; 增大的花萼裂片其中 2 枚较长, 长 3~4cm, 先端圆形, 具纵脉 5 条。**花果期**: 花期 5~6 月, 果期 8~9 月。**分布**: 产中国海南。越南、泰国、菲律宾、印度尼西亚也有分布。**生境**: 生于丘陵、坡地林中, 海拔 700m 以下。**用途**: 观赏。

特征要点 小枝被星状茸毛。叶互生, 革质, 全缘, 长圆形至长圆状披针形。圆锥花序纤细; 花瓣 5, 白色; 雄蕊 15; 子房球形。果实球形; 增大的花萼裂片其中 2 枚较长, 长 3~4cm。

云锦杜鹃 **Rhododendron fortunei** Lindl. 杜鹃花科 Ericaceae 杜鹃花属

生活型：常绿灌木或小乔木。**高度**：3~12m。**株形**：宽卵形。**树皮**：褐色，片状开裂。**枝条**：小枝黄绿色，初具腺体。**冬芽**：冬芽阔卵形。**叶**：叶互生，厚革质，长圆形，正面有光泽，背面淡绿色，侧脉 14~16 对。**花**：总状伞形花序顶生，花 6~12 朵，芳香；花萼小，浅裂片 7；花冠漏斗状钟形，粉红色，裂片 7，阔卵形；雄蕊 14，花药黄色；子房圆锥形，淡绿色，密被腺体。**果实及种子**：蒴果长圆状卵形，直或微弯曲，褐色。**花果期**：花期 4~5 月，果期 8~10 月。**分布**：产中国陕西、湖北、湖南、河南、安徽、浙江、江西、福建、广东、广西、四川、重庆、贵州、云南。**生境**：生于山脊向阳处或林下，海拔 620~2000m。**用途**：观赏。

特征要点 叶互生，厚革质，长圆形，背面淡绿色。总状伞形花序顶生，疏松，有花 6~12 朵；花冠漏斗状钟形，粉红色，裂片 7。蒴果长圆状卵形，褐色。

马银花 **Rhododendron ovatum** (Lindl.) Planch. ex Maxim.
杜鹃花科 Ericaceae 杜鹃花属

生活型：常绿灌木。**高度**：达 4m。**株形**：宽卵形。**树皮**：红褐色。**枝条**：小枝被腺体和柔毛。**叶**：叶互生，革质，卵形，长 3.7~5cm，顶端急尖或钝，基部圆形，仅中脉上面有短毛，无鳞片。**花**：花单一，每花芽 1 朵，出自枝顶叶腋间；花白紫色，有粉红色点；花萼大，裂片 5，长约 5mm；花冠辐状，直径 3~5cm，5 深裂，淡紫色或粉红色；雄蕊 5；子房有短刚毛，花柱无毛。**果实及种子**：蒴果宽卵形，长 8mm，有短刚毛，宿存花萼增大。**花果期**：花期 3~4 月，果期 8~9 月。**分布**：产中国江苏、安徽、浙江、江西、福建、台湾、湖北、湖南、广东、广西、四川、贵州。**生境**：生于灌丛中，海拔 1000m 以下。**用途**：观赏。

特征要点 叶互生，革质，卵形，基部圆形，无鳞片。花单一；花冠辐状，5 深裂，淡紫色或粉红色。蒴果宽卵形，有短刚毛，宿存花萼增大。

大树杜鹃 **Rhododendron protistum** var. **giganteum** (Forrest D. F. Chamb.) 杜鹃花科 Ericaceae 杜鹃花属

生活型: 常绿乔木。**高度**: 5~10m。**株形**: 宽卵形。**树皮**: 褐色。**枝条**: 小枝粗壮, 密被黄灰色茸毛。**叶**: 叶互生, 大, 革质, 长圆状披针形, 长 20~45cm, 先端钝圆, 基部宽楔形, 背面略被淡棕色平伏茸毛, 侧脉 23~26 对。**花**: 总状伞形花序顶生, 花 20~30 朵; 苞片大, 长圆状倒卵形; 花萼小, 裂片 8, 三角形; 花冠大, 斜钟形, 长 7~8cm, 深紫红色, 裂片 8, 近圆形; 雄蕊 16, 花药黄褐色; 子房圆锥状, 具棱, 密被黄棕色簇状茸毛。**果实及种子**: 蒴果圆柱形, 被黄棕色茸毛, 长 4cm。**花果期**: 花期 3~5 月, 果期 8 月。**分布**: 产中国云南。**生境**: 生于混交林中, 海拔 2800~3300m。**用途**: 观赏。

特征要点 叶互生, 大, 革质, 长圆状披针形, 先端钝圆, 背面略被毛。总状伞形花序顶生, 花 20~30 朵; 花冠大, 斜钟形, 深紫红色, 裂片 8。蒴果圆柱形, 被黄棕色茸毛。

猴头杜鹃 **Rhododendron simiarum** Hance 杜鹃花科 Ericaceae 杜鹃花属

生活型: 常绿灌木。**高度**: 2~3m。**株形**: 宽卵形。**茎皮**: 灰色, 平滑。**枝条**: 小枝被灰色丛卷毛。**叶**: 叶集生枝顶, 厚革质, 倒披针形, 长 4~9cm, 顶端饨圆, 基部楔形, 正面无毛, 背面有淡灰至黄棕色壳状毛被。**花**: 总状伞形花序顶生, 花 4~6 朵; 花萼盘状, 裂片 5, 三角形, 具腺体睫毛; 花冠漏斗状钟形, 长约 4cm, 粉红色, 里面有粉红色点, 裂片 5, 开展; 雄蕊 10~12; 子房有星状分枝毛和腺体。**果实及种子**: 蒴果长卵形, 长 1cm, 常有红毛。**花果期**: 花期 4~5 月, 果期 7~9 月。**分布**: 产中国浙江、江西、福建、湖南、广东、广西、贵州、海南。**生境**: 生于山坡林中, 海拔 500~1800m。**用途**: 观赏。

特征要点 叶集生枝顶, 厚革质, 倒披针形, 顶端钝圆, 背面有壳状毛被。总状伞形花序顶生, 花 4~6 朵; 花冠漏斗状钟形, 粉红色, 里面有粉红色点。蒴果长卵形, 具红毛。

杜鹃 **Rhododendron simsii** Planch. 杜鹃花科 Ericaceae 杜鹃花属

生活型：半常绿灌木。**高度**：1~2m。**株形**：宽卵形。**茎皮**：暗灰色。**枝条**：小枝坚硬，被红褐色糙伏毛。**叶**：叶集生枝端，近革质，狭披针形或倒披针形，边缘疏具细圆齿，具糙伏毛。**花**：花1~3朵生枝顶，被白色糙伏毛；花萼小，裂片5；花冠鲜红色，阔漏斗形，直径3~5cm，裂片5，具深红色斑点；雄蕊5，花药深紫褐色；子房密被亮褐色糙伏毛。**果实及种子**：蒴果长圆状卵球形，长6~8mm，密被红褐色平贴糙伏毛。**花果期**：花期5~6月，果期10月。**分布**：产中国江苏、安徽、浙江、江西、福建、台湾、湖北、湖南、广东、广西、四川、贵州、云南。泰国也有分布。**生境**：生于山地疏灌丛或松林下，海拔500~2500m。**用途**：观赏。

特征要点　小枝被红褐色糙伏毛。叶集生枝端，近革质，披针形，两面散生红褐色糙伏毛。花1~3朵生枝顶；花冠鲜红色，阔漏斗形，直径3~5cm。蒴果长圆状卵球形。

满山红 **Rhododendron mariesii** Hemsl. & E.H.Wilson
杜鹃花科 Ericaceae 杜鹃花属

生活型：落叶灌木。**高度**：1~4m。**株形**：卵形。**茎皮**：灰色。**枝条**：小枝轮生，幼时被淡黄棕色柔毛。**冬芽**：花芽卵球形。**叶**：叶常2~3集生枝顶，近革质，椭圆形至三角状卵形，先端锐尖，基部钝或近圆形，背面淡绿色，近无毛。**花**：花常2朵顶生，先花后叶；花梗直立；花萼环状，5浅裂；花冠漏斗形，淡紫红色，长3~3.5cm，裂片5，具紫红色斑点；雄蕊8~10；子房卵球形，被毛。**果实及种子**：蒴果椭圆状卵球形，密被亮棕褐色长柔毛。**花果期**：花期4~5月，果期6~11月。**分布**：产中国江苏、安徽、浙江、江西、福建、台湾、湖北、湖南、广东、广西、四川、贵州。**生境**：生于山地或稀疏灌丛，海拔600~1500m。**用途**：观赏。

特征要点　小枝轮生，幼时被淡黄棕色柔毛，后无毛。叶常2~3集生枝顶，近无毛。花冠漏斗形，淡紫红色。

铁力木 **Mesua ferrea** L. 红厚壳科 / 藤黄科 Calophyllaceae/Guttiferae 铁力木属

生活型：常绿乔木。**高度**：达 30m。**株形**：卵形。**树皮**：灰褐色或暗灰色，光滑。**枝条**：小枝细瘦，褐色。**叶**：叶对生，革质，披针形，全缘，先端渐尖，基部楔形，正面有光泽，背面灰白色，侧脉极密而不明显。**花**：花两性，1~3 朵生于叶腋或枝顶；花大，直径 4~5cm；萼片 4，二列；花瓣 4，白色；雄蕊多数；子房 2 室，每室有 2 胚珠，花柱丝状，柱头盾形。**果实及种子**：蒴果卵状球形，坚硬，直径 2.5~3cm，成熟时 2~4 瓣裂。**花果期**：花期 6~7 月，果期 10~11 月。**分布**：产中国云南、广东、广西。印度、斯里兰卡、孟加拉国、泰国、中南半岛、马来半岛也有分布。**生境**：生于低丘坡地，海拔 540~600m。**用途**：种子榨油，木材，观赏。

特征要点　叶对生，革质，披针形，全缘，背面灰白色。花两性，1~3 朵生于叶腋或枝顶；花大，直径 4~5cm；花瓣 4，白色；雄蕊多数。蒴果卵状球形，坚硬，2~4 瓣裂。

红厚壳 **Calophyllum inophyllum** L.

红厚壳科 / 藤黄科 Calophyllaceae/Guttiferae 红厚壳属

生活型：常绿乔木。**高度**：5~12m。**株形**：卵形。**树皮**：暗褐色。**枝条**：小枝圆柱形。**叶**：叶对生，厚革质，椭圆形，顶端钝，有光泽，全缘，侧脉细密，极多，两面凸起。**花**：总状花序；花两性，白色，有香味，直径 2~2.5cm；萼片 4；花瓣 4；雄蕊多数；子房 1 室，胚珠 1 枚，花柱细长，柱头盾形。**果实及种子**：核果球形，直径 2.5~3cm，成熟时黄色，肉质。**花果期**：花期 3~8 月，果期 9~11 月。**分布**：产中国海南、台湾。南亚、东南亚、澳大利亚及马达加斯加也有分布。**生境**：生于丘陵空旷地和海滨沙荒地上，海拔 60~200m。**用途**：种子榨油，木材，观赏。

特征要点　叶对生，厚革质，有光泽，侧脉细密。总状花序；花有香味，花瓣 4 片，白色，雄蕊多数。核果球形，直径 2.5~3cm，肉质。

木竹子（多花山竹子） **Garcinia multiflora** Champ. ex Benth.

藤黄科 Clusiaceae/Guttiferae 藤黄属

生活型：常绿乔木。**高度**：5~17m。**株形**：卵形。**树皮**：暗褐色，不裂。**枝条**：小枝褐色，无毛。**叶**：叶对生，革质，倒卵状矩圆形，全缘，先端钝尖，基部楔形，两面无毛，侧脉在近叶缘处网结，不达叶缘。**花**：花数朵组成聚伞花序再排成总状或圆锥花序；花橙黄色，单性，少杂性，基数 4；子房 1，柱头盾形。**果实及种子**：浆果近球形，长 3~4cm，青黄色，顶端有宿存柱头。**花果期**：花期 5 月，果期 10 月。**分布**：产中国台湾、福建、江西、湖南、广东、海南、广西、贵州、云南。越南也有分布。**生境**：生于山坡疏林或密林中、沟谷边缘或次生林或灌丛中，海拔 100~1900m。**用途**：种子榨油，木材，观赏。

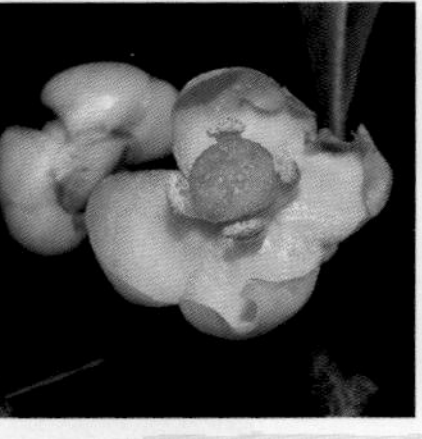

特征要点 叶对生，革质，倒卵状矩圆形，全缘，无毛。花数朵组成聚伞花序再排成总状或圆锥花序；花橙黄色，基数 4；子房 1，柱头盾形。浆果近球形，青黄色，柱头宿存。

金丝李 **Garcinia paucinervis** Chun & How 藤黄科 Clusiaceae/Guttiferae 藤黄属

生活型：常绿乔木。**高度**：3~15cm。**株形**：卵形。**树皮**：灰黑色，具白斑块。**枝条**：小枝压扁状四棱形，暗紫色。**叶**：叶对生，近革质，椭圆形，全缘，顶端尖，基部宽楔形，两面无毛，侧脉 5~8 对，至边缘处弯拱网结。**花**：花杂性，同株；雄聚伞花序腋生和顶生，有花 4~10 朵，雌花单生叶腋；萼片 4；花瓣 4；雄蕊多数；子房 1，柱头盾形。**果实及种子**：浆果椭圆形，长 3~4cm，青黄色，萼片及柱头宿存。**花果期**：花期 6~7 月，果期 11~12 月。**分布**：产中国广西、云南。**生境**：多生于石灰岩山地较干燥的疏林或密林中，海拔 300~800m。**用途**：种子榨油，木材，观赏。

特征要点 小枝扁四棱形。叶对生，近革质，椭圆形，侧脉网结。雄花组成聚伞花序，雌花单生叶腋；萼片 4；花瓣 4；雄蕊多数；柱头盾形。浆果椭圆形，青黄色，柱头宿存。

岗松 **Baeckea frutescens** L. 桃金娘科 Myrtaceae 岗松属

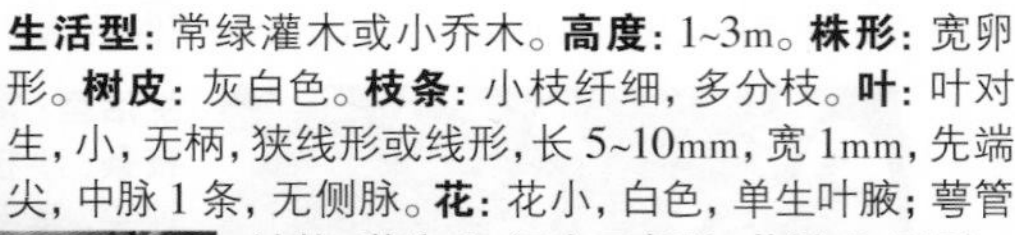

生活型：常绿灌木或小乔木。**高度**：1~3m。**株形**：宽卵形。**树皮**：灰白色。**枝条**：小枝纤细，多分枝。**叶**：叶对生，小，无柄，狭线形或线形，长 5~10mm，宽 1mm，先端尖，中脉 1 条，无侧脉。**花**：花小，白色，单生叶腋；萼管钟状，萼齿 5，细小三角形；花瓣 5，圆形，基部狭窄成短柄；雄蕊 10 或稍少；子房下位，3 室，花柱短，宿存。**果实及种子**：蒴果小，长约 2mm；种子扁平，有角。**花果期**：花期 7~8 月，果期 9~11 月。**分布**：产中国福建、广东、广西、江西、浙江、海南。东南亚也有分布。**生境**：喜生于低丘陵及荒山草坡与灌丛中，海拔 1000m 以下。**用途**：观赏。

特征要点 叶对生，小，无柄，线形。花小，单生叶腋，花瓣 5，白色。蒴果小，长约 2mm。

赤桉 **Eucalyptus camaldulensis** Dehnh. 桃金娘科 Myrtaceae 桉属

生活型：常绿大乔木。**高度**：达 20m。**株形**：尖塔形。**树皮**：暗灰色，平滑而脱落。**枝条**：小枝淡红色。**叶**：幼态叶对生，阔披针形；成熟叶互生，狭披针形，稍镰刀状，较宽，均具柄。**花**：伞形花序侧生，有花 4~9 朵；总花梗长 5~10mm；花直径 1~1.5cm；萼筒半球形，萼帽状体基部近半球形，顶端骤狭成喙，连缘长 4~6mm，有时无喙；雄蕊多数；子房与萼管合生。**果实及种子**：蒴果近球形，直径约 5mm，果缘宽而隆起，果瓣 4，突出。**花果期**：花期 4~10 月，果期 10~11 月。**分布**：原产澳大利亚。中国华东、华南、西南地区栽培。**生境**：生于河流沿岸，海拔 250~250m。**用途**：芳香油，木材，观赏。

特征要点 树皮暗灰色，平滑而脱落。幼态叶对生，阔披针形；成熟叶狭披针形。伞形花序侧生，有花 4~9 朵；花直径 1~1.5cm。蒴果近球形，直径约 5mm，果瓣 4，突出。

柠檬桉 **Corymbia citriodora** (Hook.) K. D. Hill & L. A. S. Johnson

【Eucalyptus citriodora Hook.】 桃金娘科 Myrtaceae 伞房桉属 / 桉属

生活型: 常绿大乔木。**高度**: 达 30m。**株形**: 尖塔形。**树皮**: 光滑, 灰白色, 大片状脱落。**枝条**: 小枝淡黄色, 纤细, 光滑。**叶**: 幼态叶互生, 披针形, 有腺毛, 叶柄盾状着生; 成熟叶互生, 狭披针形, 稍弯曲, 两面有黑腺点, 具柠檬气味。**花**: 圆锥花序腋生; 花梗长 3~4mm, 有 2 棱; 花蕾长倒卵形; 萼管长 5mm; 帽状体长 1.5mm, 比萼管稍宽, 先端圆, 有 1 小尖突; 雄蕊长 6~7mm, 排成二列。**果实及种子**: 蒴果壶形, 直径 0.8~1cm, 果瓣藏于萼管内。**花果期**: 花期 4~9 月, 果期 8~10 月。**分布**: 原产澳大利亚。中国广东、广西、福建、浙江、贵州、江西、云南、四川等地栽培。**生境**: 生于肥沃土壤上, 海拔约 600m。**用途**: 芳香油, 木材, 观赏。

特征要点 树皮光滑, 灰白色, 大片状脱落。幼态叶互生, 披针形; 成熟叶狭披针形。圆锥花序腋生; 花蕾长倒卵形。蒴果壶形, 直径 0.8~1cm, 果瓣藏于萼管内。

窿缘桉 **Eucalyptus exserta** F. Muell. 桃金娘科 Myrtaceae 桉属

生活型: 常绿中等乔木。**高度**: 15~18m。**株形**: 狭卵形。**树皮**: 宿存, 稍坚硬, 粗糙, 有纵沟, 灰褐色。**枝条**: 小枝有钝棱, 纤细, 常下垂。**叶**: 幼态叶对生, 狭窄披针形, 具短柄; 成熟叶狭披针形, 稍弯曲, 两面多微小黑腺点, 边脉很靠近叶缘。**花**: 伞形花序腋生, 有花 3~8; 总梗长 6~12cm; 花蕾长卵形; 萼管半球形, 长 2.5~3mm; 帽状体长 5~7mm, 长锥形, 先端渐尖; 雄蕊长 6~7mm, 药室平行, 纵裂。**果实及种子**: 蒴果近球形, 直径 6~7mm, 果缘突出萼管 2~2.5mm, 果瓣 4。**花果期**: 花期 5~9 月, 果期 10~11 月。**分布**: 原产澳大利亚。中国广东、广西、福建、贵州、四川、海南栽培。**生境**: 生于山坡上。**用途**: 芳香油, 木材, 观赏。

特征要点 树皮粗糙, 有纵沟。小枝纤细下垂。成熟叶狭披针形, 边脉很靠近叶缘。伞形花序腋生; 帽状体长锥形。蒴果近球形, 果缘突出萼管 2~2.5mm, 果瓣 4。

蓝桉 **Eucalyptus globulus** Labill. 桃金娘科 Myrtaceae 桉属

生活型：常绿大乔木。**高度**：20~30m。**株形**：狭卵形。**树皮**：蓝灰色，粗糙，片状剥落。**枝条**：小枝略有棱，粉白色。**叶**：幼态叶对生，卵形，基部心形，无柄，有白粉；成熟叶互生，革质，蓝绿色，厚，披针形，镰刀状，有明显腺点。**花**：花单生或 2~3 朵聚生叶腋，直径达 4cm；萼筒倒圆锥形，有蓝白色腊被；萼帽状体较萼筒短，早落；雄蕊多列，花药椭圆形；花柱粗大。**果实及种子**：蒴果杯状，直径 2~2.5cm，有 4 棱及不明显瘤体或沟纹，果缘厚，果爿 4，和果缘等高。**花果期**：花期 4~5 月，果期 10~11 月。**分布**：原产澳大利亚。中国贵州、广西、福建、广东、云南、四川栽培。**生境**：生于山坡上，海拔 600~1350m。**用途**：芳香油，木材，观赏。

特征要点 树皮蓝灰色，片状剥落。幼态叶对生，卵形；成熟叶披针形，镰刀状。花直径达 4cm；萼筒倒圆锥形；雄蕊多列。蒴果杯状，直径 2~2.5cm，有 4 棱，果爿 4。

大桉（巨桉） **Eucalyptus grandis** W. Mill 桃金娘科 Myrtaceae 桉属

生活型：常绿大乔木。**高度**：10~15m。**株形**：狭卵形。**树皮**：平滑，银白色，逐年脱落。**枝条**：小枝有棱，灰白色。**叶**：幼态叶对生，薄革质，阔披针形至卵形，有短柄；成熟叶互生，披针形，正面深绿色，稍发亮，两面有细腺点。**花**：伞形花序腋生，花 3~10 朵；总梗压扁，长 1~1.5cm；花蕾狭倒卵形，长 0.8~1cm；帽状体半圆形，约与萼管等长或略短；雄蕊多数，花药长圆形；花柱比雄蕊短。**果实及种子**：蒴果梨形至锥形，长 7~8mm，灰色，果缘内藏，果瓣 4~5，稍突出。**花果期**：花期 10~11 月，果期翌年 1~2 月。**分布**：原产澳大利亚。中国华东、华南、西南地区栽培。**生境**：生于路边或庭院中。**用途**：芳香油，木材，观赏。

特征要点 树皮平滑，银白色，逐年脱落。幼态叶阔披针形至卵形；成熟叶披针形，两面有细腺点。伞形花序腋生；花蕾狭倒卵形。蒴果梨形至锥形，长 7~8mm，果缘内藏。

直干蓝桉 **Eucalyptus globulus** subsp. **maidenii** (F. Muell.) J. B. Kirkp.
【Eucalyptus maidenii F. Muell.】 桃金娘科 Myrtaceae 桉属

生活型: 常绿大乔木。**高度**: 达 30m。**株形**: 尖塔形。**树皮**: 光滑，灰蓝色，逐年脱落。**枝条**: 小枝圆柱形，有棱。**叶**: 幼态叶对生，卵形至圆形，无柄或抱茎，灰色；成熟叶互生，披针形，革质，稍弯曲，两面多黑腺点。**花**: 伞形花序腋生，花 3~7 朵；总梗压扁或有棱，长 1~1.5cm；花蕾椭圆形，长 1.2cm；萼管倒圆锥形，长 6mm，有棱；帽状体三角锥状，与萼管同长；雄蕊多数，花药倒卵形，纵裂。**果实及种子**: 蒴果钟形或倒圆锥形，长 8~10mm，果缘较宽，果瓣 3~5，先端突出萼管外。**花果期**: 花期 7~8 月，果期翌年 2~3 月。**分布**: 原产澳大利亚。中国云南、四川栽培。**生境**: 生于山坡上，海拔 2000m 以下。**用途**: 芳香油，木材，观赏。

特征要点 树皮光滑，灰蓝色，逐年脱落。幼态叶卵形至圆形，灰色；成熟叶披针形，两面多黑腺点。伞形花序腋生；帽状体三角锥状。蒴果钟形或倒圆锥形，长 8~10mm，果缘较宽。

尾叶桉 **Eucalyptus urophylla** S. T. Blake 桃金娘科 Myrtaceae 桉属

生活型: 常绿乔木。**高度**: 达 20m。**株形**: 狭卵形。**树皮**: 棕色，上部剥落，基部宿存。**枝条**: 小枝纤细，略有棱。**叶**: 幼态叶披针形，对生；成熟叶阔披针形或卵形。**花**: 伞状花序顶生；帽状体等腰圆锥形，顶端突兀；雄蕊多数。**果实及种子**: 蒴果近球形，果瓣内陷。**花果期**: 花期 12 至翌年 5 月，果期 10 至翌年 2 月。**分布**: 原产印度尼西亚。中国福建、广东、广西栽培。**生境**: 生于山坡林地上。**用途**: 芳香油，木材，观赏。

特征要点 树皮棕色，上部剥落。小枝纤细。幼态叶披针形，对生；成熟叶阔披针形或卵形。伞状花序顶生；帽状体等腰圆锥形，顶端突兀。蒴果近球形，果瓣内陷。

白千层 **Melaleuca cajuputi** subsp. **cumingiana** (Turcz.) Barlow

桃金娘科 Myrtaceae 白千层属

生活型: 常绿乔木。**高度**: 达 18m。**株形**: 卵形。**树皮**: 灰白色，薄层状剥落。**枝条**: 小枝灰白色。**叶**: 叶互生，革质，披针形或狭长圆形，全缘，两端尖，基出脉 3~5 条，多油腺点，香气浓郁。**花**: 花白色，密集于枝顶成穗状花序，长达 15cm，花序轴常有短毛；萼管卵形，萼齿 5，圆形；花瓣 5，卵形；雄蕊约长 1cm，常 5~8 成束；花柱线形，比雄蕊略长。**果实及种子**: 蒴果近球形，直径 5~7mm。**花果期**: 花果期全年多次。**分布**: 原产澳大利亚。中国广东、台湾、福建、广西栽培。**生境**: 生于路边或庭园中。**用途**: 观赏。

特征要点 树皮灰白色，薄层状剥落。叶互生，革质，披针形，全缘，具香气。花白色，5 数，密集于枝顶成穗状花序。蒴果近球形。

桃金娘 **Rhodomyrtus tomentosa** (Aiton) Hassk. 桃金娘科 Myrtaceae 桃金娘属

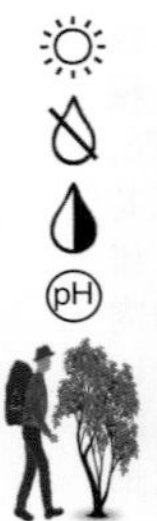

生活型: 常绿灌木。**高度**: 1~2m。**株形**: 宽卵形。**树皮**: 红褐色。**枝条**: 小枝有灰白色柔毛。**叶**: 叶对生，革质，椭圆形或倒卵形，全缘，背面被灰色茸毛，离基三出脉，直达先端且相结合。**花**: 花常单生，有长梗，紫红色，直径 2~4cm；萼管倒卵形，萼裂片 5，宿存；花瓣 5，倒卵形；雄蕊红色；子房下位，3 室。**果实及种子**: 浆果卵状壶形，长 1.5~2cm，熟时紫黑色；种子每室二列。**花果期**: 花期 5~6 月，果期 8~9 月。**分布**: 产中国台湾、福建、广东、广西、云南、贵州、湖南。南亚、东南亚及日本也有分布。**生境**: 生于丘陵坡地、为酸性土指示植物，海拔 50~900m。**用途**: 果食用，观赏。

特征要点 叶对生，革质，椭圆形或倒卵形，背面被灰色茸毛，离基三出脉。花有长梗，紫红色；萼裂片 5，宿存；花瓣 5；子房下位。浆果卵状壶形，熟时紫黑色。

番石榴 **Psidium guajava** L. 桃金娘科 Myrtaceae 番石榴属

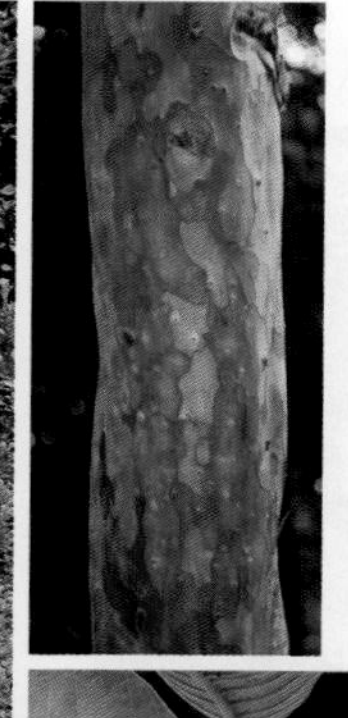

生活型：常绿乔木。**高度**：达 13m。**株形**：宽卵形。**树皮**：灰色，平滑。**枝条**：小枝有棱，被毛。**叶**：叶对生，革质，长圆形至椭圆形，正面稍粗糙，背面有毛，侧脉 12~15 对，常下陷，网脉明显。**花**：花单生或 2~3 朵排成聚伞花序；萼管钟形，有毛，萼帽近圆形，不规则裂为 4~5；花瓣 4~5，白色；雄蕊多数；子房下位，与萼合生，花柱与雄蕊同长。**果实及种子**：浆果球形、卵圆形或梨形，长 3~8cm，顶端有宿存萼片，果肉白色黄色至粉红色，胎座肥大，肉质，淡红色；种子多数。**花果期**：花期 5~6 月，果期 7~10 月。**分布**：原产南美洲。中国西南、华南地区栽培。**生境**：生于荒地或低丘陵上，海拔 110~2200m。**用途**：果食用，观赏。

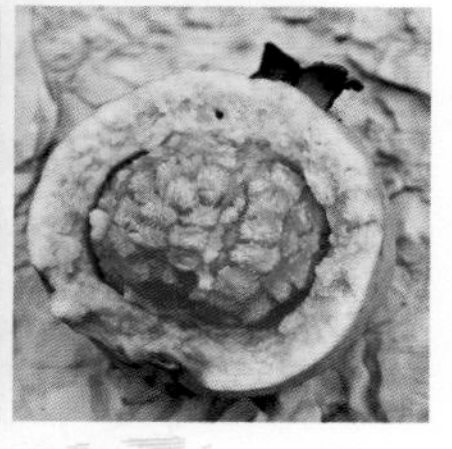

特征要点 树皮平滑。小枝四棱。叶对生，革质，长圆形至椭圆形，脉显著。花腋生，白色。浆果球形、卵圆形或梨形，顶端有宿存萼片，果肉白色黄色至粉红色，胎座肥大肉质；种子多数。

赤楠 **Syzygium buxifolium** Hook. & Arn. 桃金娘科 Myrtaceae 蒲桃属

生活型：常绿灌木或小乔木。**高度**：0.5~5m。**株形**：宽卵形。**树皮**：红褐色，纵裂。**枝条**：小枝四棱形。**叶**：叶对生，革质，椭圆形至狭倒卵形，全缘，无毛，侧脉不明显，在近叶缘处汇合成一边缘脉。**花**：聚伞花序顶生或腋生，长 2~4cm，无毛；花白色，直径约 4mm；花萼倒圆锥形，长约 3mm，裂片短；花瓣 4，小，逐片脱落；雄蕊多数，长 3~4mm；子房下位。**果实及种子**：浆果卵球形，直径 6~10mm，紫黑色。**花果期**：花期 5~6 月，果期 9~10 月。**分布**：产中国安徽、浙江、台湾、福建、江西、湖南、广东、广西、贵州。越南、日本也有分布。**生境**：生于低山疏林或灌丛，海拔 170~1000m。**用途**：果食用，观赏。

特征要点 小枝四棱形。叶对生，革质，椭圆形至狭倒卵形，全缘，无毛。聚伞花序；花白色，花萼倒圆锥形，花瓣 4，雄蕊多数，子房下位。浆果卵球形，紫黑色。

乌墨(海南蒲桃) **Syzygium cumini** (L.) Skeels 桃金娘科 Myrtaceae 蒲桃属

生活型: 常绿乔木。**高度**: 3~8m。**株形**: 宽卵形。**树皮**: 灰白色，平滑。**枝条**: 小枝圆柱状，无毛。**叶**: 叶对生，革质，椭圆形，无毛，全缘，顶端钝尖，基部宽楔形，侧脉在靠近叶缘处汇合成一边缘脉。**花**: 聚伞花序排成圆锥花序，长5~15cm；花芽倒卵形；花白色，芳香；萼筒陀螺形；花瓣4，逐片脱落；雄蕊多数，离生，长4~5mm；子房下位。**果实及种子**: 浆果斜矩圆形，长1~2cm，紫红色至黑色。**花果期**: 花期3~5月，果期7~8月。**分布**: 产中国海南、台湾、福建、广东、广西、云南。中南半岛、马来西亚、印度、印度尼西亚、澳大利亚也有分布。**生境**: 常见于平地次生林及荒地上，海拔190~1800m。**用途**: 果食用，观赏。

特征要点 树皮灰白色，平滑。叶对生，革质，椭圆形，全缘，无毛。聚伞花序排成圆锥花序；花白色，芳香，花瓣4，雄蕊多数。浆果斜矩圆形，紫红色至黑色。

蒲桃 **Syzygium jambos** (L.) Alston 桃金娘科 Myrtaceae 蒲桃属

生活型: 常绿乔木。**高度**: 达12m。**株形**: 宽卵形。**树皮**: 暗黑色，平滑。**枝条**: 小枝红褐色，粗糙。**叶**: 叶对生，革质，矩圆状披针形或披针形，全缘，无毛，顶端渐尖，基部楔形，侧脉至近边缘处汇合。**花**: 聚伞花序顶生；花绿白色，直径4~5cm；萼筒倒圆锥形，裂片4，半圆形，宿存；花瓣4，逐片脱落；雄蕊多数，离生，伸出；子房下位。**果实及种子**: 浆果核果状，球形或卵形，直径2.5~4cm，淡绿色或淡黄色。**花果期**: 花期2~3月，果期7~9月。**分布**: 产中国海南、台湾、福建、广东、广西、四川、贵州、云南。中南半岛、马来西亚、印度尼西亚也有分布。**生境**: 喜生于河边及河谷湿地，海拔200~1500m。**用途**: 果食用，观赏。

特征要点 小枝红褐色，粗糙。叶对生，革质，披针形，全缘，侧脉至近边缘处汇合。聚伞花序顶生；花绿白色；花瓣4；雄蕊多数。浆果核果状，球形或卵形。

木榄 **Bruguiera gymnorhiza** (L.) Savigny 红树科 Rhizophoraceae 木榄属

生活型：常绿灌木或乔木。**高度**：达 12m。**株形**：宽卵形。**树皮**：灰白色，平滑，具气生根。**枝条**：小枝光滑，节稍膨大。**叶**：叶对生，革质，椭圆形，边缘全缘，干时背卷，两面无毛。**花**：花单生叶腋；花常淡红白色；花萼革质，宿存，中部 10~14 裂，长 1.5~2cm；花瓣与花萼裂片同数，2 深裂；雄蕊数目为花瓣 2 倍，每 2 枚雄蕊为花瓣所抱持；子房半下位，2~4 室。**果实及种子**：果包藏于萼筒内且二者合生，1 室，萼筒长于裂片；种子 1，于果离母树前发芽，胚轴纺锤形。**花果期**：花期 10 月至翌年 4 月，果期翌年 5~9 月。**分布**：产中国海南、广西、广东、福建、台湾。非洲、亚洲其他地区和大洋洲也有分布。**生境**：生于海滩红树林中。**用途**：观赏。

特征要点 树干具气生根。小枝节膨大。叶对生，革质，全缘。花单生叶腋，下垂，淡红白色；花萼革质，宿存。果包藏于萼筒内；种子于果离母树前发芽，胚轴纺锤形。

红树 **Rhizophora apiculata** Blume 红树科 Rhizophoraceae 红树属

生活型：常绿乔木或灌木。**高度**：2~4m。**株形**：宽卵形。**树皮**：黑褐色。**枝条**：小枝黑褐色，粗糙。**叶**：叶交互对生，椭圆形至矩圆状椭圆形，革质，全缘，无毛；叶柄粗壮。**花**：聚伞花序腋生；花 2 朵，两性；花萼 4 深裂，革质；花瓣 4，早落；雄蕊约 12，4 枚瓣上着生，8 枚萼上着生，短于花瓣；子房半下位，花柱极不明显。**果实及种子**：果实倒梨形，略粗糙，长 2~2.5cm；种子 1，于果实未离母树前发芽，胚轴圆柱形，略弯曲，绿紫色，长 20~40cm。**花果期**：花果期几乎全年。**分布**：产中国海南。东南亚至澳大利亚也有分布。**生境**：生于海浪平静、淤泥松软的浅海盐滩或海湾内的沼泽地。**用途**：观赏。

特征要点 叶交互对生，椭圆形至矩圆状椭圆形，革质，全缘。聚伞花序腋生；花萼 4 深裂；花瓣 4，全缘，早落；雄蕊 4+8；子房半下位。果实倒梨形；种子胎生，胚轴圆柱形，长 20~40cm。

秋茄树 **Kandelia obovata** Sheue, H. Y. Liu & J. W. H. Yong

红树科 Rhizophoraceae 秋茄树属

生活型：常绿灌木或小乔木。**高度**：2~3m。**株形**：宽卵形。**树皮**：平滑，红褐色。**枝条**：小枝粗壮，节膨大。**叶**：叶对生，革质，椭圆形或近倒卵形，全缘，叶脉不明显；叶柄粗壮。**花**：二歧聚伞花序，有花4~9朵；总花梗长2~4cm；花具短梗；花萼5深裂，裂片条状，革质；花瓣5，白色；雄蕊多数；子房下位，花柱丝状，柱头3裂。**果实及种子**：果实圆锥形，长1.5~2cm，基部直径8~10mm；胚轴细长，长12~20cm。**花果期**：花果期几乎全年。**分布**：产中国海南、广东、广西、福建、台湾。印度、缅甸、泰国、越南、马来西亚、日本也有分布。**生境**：生于浅海和河流出口冲积带的盐滩。**用途**：观赏。

特征要点 小枝节膨大。叶对生，全缘，叶脉不显。二歧聚伞花序；花萼5深裂；花瓣5，白色；雄蕊多数；子房下位，柱头3裂。果实圆锥形，胚轴细长，长12~20cm。

海桑 **Sonneratia caseolaris** (L.) Engl.

千屈菜科 / 海桑科 Lythraceae/Sonneratiaceae 海桑属

生活型：常绿小乔木，具呼吸根。**高度**：约5m。**株形**：宽卵形。**树皮**：灰色，平滑。**枝条**：小枝稍四棱形，节膨大。**叶**：叶对生，厚革质，倒卵形或倒卵状矩圆形，全缘，侧脉不甚明显。**花**：花单朵顶生，两性；花萼钟形，厚革质，通常6裂，裂片三角形；花瓣6，与花萼裂片互生，条状披针形，红色或白色，早落；雄蕊极多数，早落，花丝红色；子房上位，16~21室，与萼筒基部合生。**果实及种子**：浆果球形，基部为宿存花萼所包围，顶端具残存花柱，直径3~4cm。**花果期**：花果期几乎全年。**分布**：产中国海南。东南亚、澳大利亚也有分布。**生境**：生于海边泥滩。**用途**：果味酸可食，观赏。

特征要点 小枝四棱形，节膨大。叶对生，厚革质，全缘。花单朵顶生；花萼厚革质，6裂；花瓣6，红色或白色；雄蕊多数，花丝红色；子房上位。浆果球形，花萼宿存。

八宝树 **Duabanga grandiflora** (Roxb. ex DC.) Walp.

千屈菜科 / 海桑科 Lythraceae/Sonneratiaceae 八宝树属

生活型：常绿乔木。**高度**：达 30m。**株形**：狭卵形。**树皮**：褐灰色，有皱褶裂纹。**枝条**：小枝下垂，具 4 棱。**叶**：叶对生，革质，阔椭圆形至卵状矩圆形，全缘，顶端短渐尖，基部深裂成心形，裂片圆形，侧脉 20~24 对。**花**：伞房花序顶生；花 5~6 数，直径 3~4cm；花梗有关节；萼筒阔杯形，裂片三角状卵形；花瓣近卵形，白色；雄蕊极多数，花丝长；子房半下位。**果实及种子**：蒴果卵圆形，长 3~4cm，成熟时从顶端向下开裂成 6~9 枚果爿。**花果期**：花期 3~5 月，果期 5~7 月。**分布**：产中国云南。印度、缅甸、泰国、老挝、柬埔寨、越南、马来西亚、印度尼西亚也有分布。**生境**：生于山谷或空旷地，海拔 900~1500m。**用途**：观赏。

特征要点　小枝具 4 棱。叶对生，革质，全缘，侧脉显著。伞房花序顶生；花 5~6 数，直径 3~4cm，白色。蒴果卵圆形，成熟时从顶端向下开裂成 6~9 枚果爿。

石榴 **Punica granatum** L. 千屈菜科 / 石榴科 Lythraceae/Punicaceae 石榴属

生活型：落叶灌木或乔木。**高度**：3~5m。**株形**：宽卵形。**树皮**：暗灰色，纵裂。**枝条**：小枝具棱角，无毛。**叶**：叶常对生，纸质，矩圆状披针形，全缘，无毛，正面光亮，侧脉稍细密。**花**：花 1~5 朵生枝顶；萼筒革质，红色或淡黄色，裂片 5~9，卵状三角形；花瓣 5~9，红色、黄色或白色，顶端圆形；雄蕊多数；子房下位，花柱长超过雄蕊。**果实及种子**：浆果大，近球形，淡黄褐色或暗紫色；种子多数，钝角形，红色至乳白色，外种皮肉质，可食用。**花果期**：花期 5~6 月，果期 9~10 月。**分布**：原产巴尔干半岛至伊朗及其邻近地区，全世界温带和热带都有种植，中国南北各地都有栽培。**生境**：生于果园或庭园中，海拔 650~1500m。**用途**：果食用，观赏。

特征要点　小枝具棱角。叶常对生，矩圆状披针形，全缘。萼筒常红色或淡黄色；花瓣 5~9，红色、黄色或白色；雄蕊多数；子房下位。浆果近球形；种子钝角形，外种皮肉质。

诃子 **Terminalia chebula** Retz. 使君子科 Combretaceae 榄仁属 / 诃子属

生活型：常绿大乔木。**高度**：20~30m。**株形**：宽卵形。**树皮**：灰色。**枝条**：小枝常被棕色柔毛。**叶**：叶互生或近对生，近革质，椭圆形或卵形，全缘，两面近无毛或幼时背面有微毛，叶柄具腺体。**花**：圆锥花序顶生，由数个穗状花序组成；苞片条形；花两性，无梗；花萼杯状，5裂，裂片三角形，内面有棕黄色长毛；无花瓣；雄蕊10；子房下位，1室。**果实及种子**：核果椭圆形或近卵形，形如橄榄，长2.5~3.5cm，熟时黑色，通常有钝棱5~6条。**花果期**：花期5月，果期7~9月。**分布**：产中国福建、广东、广西、云南。越南、老挝、柬埔寨、泰国、缅甸、马来西亚、尼泊尔、印度也有分布。**生境**：生于疏林中，海拔800~1800m。**用途**：观赏，木材。

特征要点 叶近革质，全缘，叶柄具腺体。穗状花序组成顶生圆锥花序；花无梗；花萼杯状，5裂；无花瓣；雄蕊10。核果形如橄榄，熟时黑色，通常有钝棱5~6条。

榄李 **Lumnitzera racemosa** Willd. 使君子科 Combretaceae 榄李属

生活型：常绿灌木或小乔木。**高度**：约8m。**株形**：宽卵形。**树皮**：褐色或灰黑色，粗糙。**枝条**：小枝红色或灰黑色，叶痕明显。**叶**：叶常聚生枝顶，肉质，厚，匙形或狭倒卵形，先端钝圆或微凹，基部渐尖，侧脉通常3~4对。**花**：总状花序腋生，花6~12朵；萼管钟状或长圆筒状，裂齿5，短，三角形；花瓣5，白色，细小；雄蕊10或5；子房纺锤形，花柱圆柱状，胚珠4枚。**果实及种子**：核果卵形至纺锤形，长1.4~2cm，熟时褐黑色，木质，坚硬；种子1颗，圆柱状。**花果期**：花果期12月至翌年3月。**分布**：产中国广东、广西、台湾、海南。东非、马达加斯加、亚洲、大洋洲、波利尼西亚、马来西亚、印度也有分布。**生境**：生于海岸、红树林沼泽。**用途**：观赏。

特征要点 叶常聚生枝顶，肉质，厚，匙形或狭倒卵形。总状花序腋生；花瓣5，白色；雄蕊10或5。核果卵形至纺锤形，木质，坚硬；种子1，圆柱状。

野牡丹 **Melastoma malabathricum** L. 野牡丹科 Melastomataceae 野牡丹属

生活型: 常绿灌木。**高度**: 0.5~1m。**株形**: 宽卵形。**茎皮**: 黄褐色。**枝条**: 小枝钝四棱形, 密被长粗毛。**叶**: 叶对生, 坚纸质, 卵形至椭圆状披针形, 全缘, 两面密被糙伏毛, 具基生五出脉, 下凹, 侧脉不明显。**花**: 伞房花序生于分枝顶端, 花 3~7; 花萼坛状球形, 萼裂片 5; 花瓣 5, 紫红色; 雄蕊长者药隔基部伸长, 末端二裂, 常弯曲, 短者药隔不伸长, 花药基部两侧各具 1 小瘤; 子房半下位。**果实及种子**: 蒴果坛状球形, 顶端平截, 长 6~8mm, 密被鳞片状糙伏毛。**花果期**: 花期 5~9 月, 果期 10~12 月。**分布**: 产中国西藏、海南、四川、贵州、云南、广西、广东、福建、台湾。印度也有分布。**生境**: 生于山坡松林下或开阔的灌草丛中, 海拔约 120m。**用途**: 观赏。

特征要点 小枝钝四棱形。叶对生, 全缘, 两面密被糙伏毛, 具基生五出脉。伞房花序顶生; 花瓣 5, 紫红色; 雄蕊长者末端二裂, 常弯曲具黄色附属物; 子房半下位。蒴果坛状球形。

谷木 **Memecylon ligustrifolium** Champ. ex Benth.

野牡丹科 Melastomataceae 谷木属

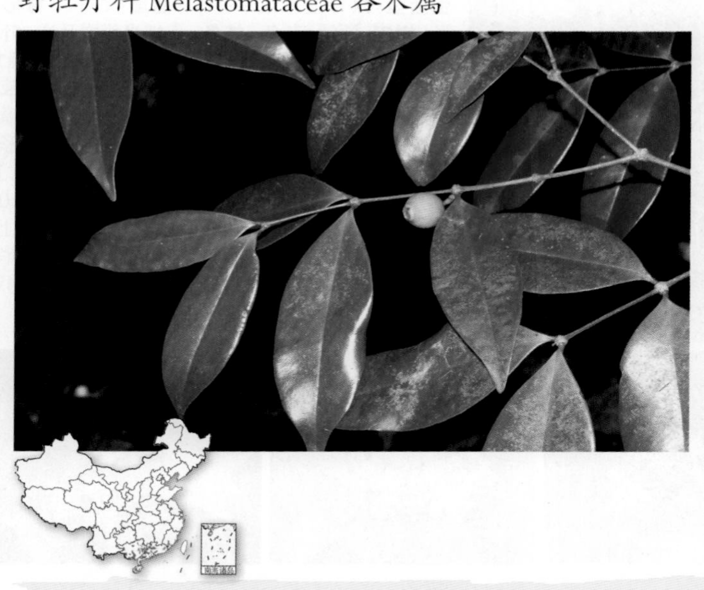

生活型: 常绿灌木或小乔木。**高度**: 达 7m。**株形**: 宽卵形。**树皮**: 红褐色。**枝条**: 小枝无毛, 节稍膨大。**叶**: 叶对生, 革质, 椭圆形至倒卵形, 全缘, 先端尖, 基部渐狭成短柄, 两面稍粗糙, 侧脉不明显。**花**: 聚伞花序侧生, 长约 1cm; 花小, 两性, 绿白色或绿黄色; 萼筒半球形, 顶端近截形; 花瓣 4, 圆形; 雄蕊 8, 等大; 花药短, 纵裂, 蓝色, 药隔基部有一圆锥形的距; 子房下位, 1 室, 顶端有一个凹陷的花盘, 特立中央胎座。**果实及种子**: 浆果球形, 直径约 1cm, 种子 1。**花果期**: 花期 5~8 月, 果期 12 月至翌年 2 月。**分布**: 产中国海南、云南、广西、广东、福建。**生境**: 生于密林下, 海拔 160~1540m。**用途**: 观赏。

特征要点 节稍膨大。叶对生, 革质, 椭圆形至倒卵形, 全缘, 侧脉不明显。聚伞花序侧生; 花小, 两性, 绿白色; 花瓣 4; 雄蕊 8, 花药蓝色。浆果球形, 种子 1。

冬青 **Ilex chinensis** Sims 冬青科 Aquifoliaceae 冬青属

生活型：常绿乔木。**高度**：达 13m。**株形**：宽卵形。**树皮**：灰黑色。**枝条**：小枝浅灰色，具细棱。**叶**：叶互生，革质，椭圆形或披针形，先端渐尖，基部楔形，边缘具圆齿，两面无毛，侧脉 6~9 对。**花**：聚伞花序侧生，花单性，雄花序三至四回分枝，雌花序一至二回分枝；花淡紫色，4~5 基数；花萼浅杯状；花冠辐状；雄蕊较短；子房卵球形，柱头 4~5 裂。**果实及种子**：核果长球形，熟时红色，长 10~12mm；分核 4~5，狭披针形。**花果期**：花期 4~6 月，果期 7~12 月。**分布**：产中国海南、四川、贵州、江苏、安徽、江西、福建、台湾、河南、湖北、湖南、广东、广西、云南。**生境**：生于山坡常绿阔叶林中和林缘，海拔 500~1000m。**用途**：观赏。

特征要点 叶革质，椭圆形或披针形，边缘具圆齿，两面无毛。聚伞花序侧生；雄花序三至四回分枝，雌花序一至二回分枝；花淡紫色，4~5 基数。核果长球形，长 10~12mm；分核 4~5。

枸骨 **Ilex cornuta** Lindl. & Paxt. 冬青科 Aquifoliaceae 冬青属

生活型：常绿灌木或小乔木。**高度**：1~3m。**株形**：卵形。**树皮**：平滑，灰色。**枝条**：小枝具纵脊及沟。**叶**：叶互生，厚革质，二型，四角状长圆形或卵形，边缘常具尖硬刺齿，两面无毛；叶柄短。**花**：花序簇生叶腋，被柔毛；花单性，淡黄色，4 基数；花萼盘状；花冠辐状；雄花雄蕊与花瓣近等长；雌花子房长圆状卵球形，柱头 4 浅裂。**果实及种子**：核果球形，熟时鲜红色，直径 8~10mm，花萼宿存。**花果期**：花期 4~5 月，果期 10~12 月。**分布**：产中国河南、山东、福建、广东、江苏、上海、安徽、浙江、江西、湖北、湖南、云南。欧洲、美洲等地栽培。朝鲜也有分布。**生境**：生于山坡、丘陵等的灌丛中，海拔 150~1900m。**用途**：观赏。

特征要点 小枝具纵脊及沟。叶互生，厚革质，边缘常具尖硬刺齿。花序簇生叶腋；花单性，淡黄色，4 数。核果球形，熟时鲜红色，花萼宿存。

大叶冬青 **Ilex latifolia** Thunb. 冬青科 Aquifoliaceae 冬青属

生活型: 常绿大乔木。**高度**: 达 20m。**株形**: 宽卵形。**树皮**: 灰黑色。**枝条**: 分枝粗壮, 具纵棱及槽, 光滑。**叶**: 叶互生, 厚革质, 长圆形, 先端钝尖, 基部圆形, 边缘具疏锯齿, 侧脉每边 12~17 条。**花**: 聚伞花序组成假圆锥花序, 腋生; 花淡黄绿色, 4 基数; 雄花花萼近杯状, 花冠辐状, 雄蕊与花瓣等长; 雌花花萼盘状, 花冠直立, 子房卵球形, 柱头 4 裂。**果实及种子**: 核果球形, 熟时红色, 直径约 7mm, 花萼宿存; 分核 4。**花果期**: 花期 4 月, 果期 9~10 月。**分布**: 产中国江苏、安徽、浙江、江西、福建、河南、湖北、广西、云南。日本也有分布。**生境**: 生于山坡常绿阔叶林中、灌丛中或竹林中, 海拔 250~1500m。**用途**: 观赏。

特征要点 叶厚革质, 长圆形, 边缘具疏锯齿, 无毛。聚伞花序组成假圆锥花序, 腋生; 花淡黄绿色, 4 基数。核果球形, 直径约 7mm, 花萼宿存; 分核 4。

大果冬青 **Ilex macrocarpa** Oliv. 冬青科 Aquifoliaceae 冬青属

生活型: 落叶乔木。**高度**: 5~17m。**株形**: 宽卵形。**树皮**: 灰黑色。**枝条**: 小枝有皮孔, 具长短枝。**叶**: 叶互生, 纸质, 卵形, 长 5~15cm, 先端急尖, 基部圆形, 边缘具浅锯齿, 两面无毛, 侧脉每边 7~9 条。**花**: 花白而香; 雄花序假簇生, 具 1~5 朵花, 花 5~6 数, 花萼直径 3mm; 雌花单生叶腋, 有长 6~14mm 的花梗, 7~9 数, 子房圆锥状卵形, 柱头圆柱形。**果实及种子**: 核果球形, 熟时黑色, 直径 12~14mm, 柱头宿存; 分核 7~9。**花果期**: 花期 4~5 月, 果期 10~11 月。**分布**: 产中国陕西、江苏、安徽、浙江、福建、河南、湖北、湖南、广东、广西、四川、贵州、云南。**生境**: 生于山地林中, 海拔 400~2400m。**用途**: 观赏。

特征要点 具长短枝。叶纸质, 卵形, 具浅锯齿, 无毛。花白而香; 雄花序假簇生, 花 5~6 数; 雌花单生叶腋, 有长梗, 7~9 数。核果球形, 熟时黑色, 直径 12~14mm; 分核 7~9。

小果冬青 **Ilex micrococca** Maxim. 冬青科 Aquifoliaceae 冬青属

生活型: 落叶乔木。**高度**: 10~20m。**株形**: 宽卵形。**树皮**: 灰黑色。**枝条**: 小枝有皮孔，具长短枝。**叶**: 叶互生，纸质，卵形，长7~13cm，先端渐尖，基部圆形，边缘具疏浅锯齿，两面无毛，侧脉5~8对。**花**: 花白色，雌雄异株，排成二至三回三歧聚伞花序；雄花基数5~6，花萼盘状，裂片钝，花冠辐状，花瓣长圆形；雌花6~8基数，子房圆锥状卵球形。

果实及种子: 核果球形，熟时红色，直径3mm；分核6~8。**花果期**: 花期5~6月，果期9~10月。**分布**: 产中国浙江、安徽、福建、台湾、江西、湖北、湖南、广东、广西、海南、四川、贵州、云南。日本、越南也有分布。**生境**: 生于山地常绿阔叶林内，海拔500~1300m。**用途**: 观赏。

特征要点 叶纸质，卵形，具疏浅锯齿，两面无毛。花白色，雌雄异株，排成二至三回三歧聚伞花序；雄花5~6基数；雌花6~8基数。核果球形，直径3mm；分核6~8。

毛冬青 **Ilex pubescens** Hook. & Arn. 冬青科 Aquifoliaceae 冬青属

生活型: 常绿灌木。**高度**: 达3m。**株形**: 宽卵形。**茎皮**: 灰黑色。**枝条**: 小枝灰色，密生短硬毛。**叶**: 叶互生，膜质或纸质，长卵形至椭圆形，长2~5.5cm，全缘或具芒齿，沿脉有稠密的短柔毛。**花**: 雌雄异株，花序簇生或雌花序为假圆锥花序状，花序簇由具1~3花的分枝组成；雄花4~5数，粉红色，萼直径2mm；雌花6~8数，较雄花稍大。**果实及种子**: 核果球形，熟时红色，直径4mm，分核常6。**花果期**: 花期4~5月，果期7~8月。**分布**: 产中国安徽、浙江、江西、福建、台湾、香港、广西、贵州、海南、广东、湖南。**生境**: 生于山坡常绿阔叶林中或林缘、灌木丛中及溪旁、路边，海拔60~1000m。**用途**: 观赏。

特征要点 叶膜质或纸质，长卵形至椭圆形，全缘或具芒齿，沿脉有稠密的短柔毛。花序簇生；雄花4~5数，粉红色；雌花6~8数，较雄花稍大。核果球形，分核常6。

铁冬青 **Ilex rotunda** Thunb. 冬青科 Aquifoliaceae 冬青属

生活型：常绿灌木或乔木。**高度**：达 20m。**株形**：宽卵形。**树皮**：灰色，平滑。**枝条**：小枝挺直，具纵棱，无毛。**冬芽**：顶芽圆锥形，小。**叶**：叶互生，薄革质或纸质，卵形至椭圆形，长 4~9cm，全缘，无毛，侧脉 6~9 对。**花**：聚伞花序或伞形花序腋生；花白色，单性；雄花 4 基数；雌花 5~7 基数，花萼浅杯状，花冠辐状，退化雄蕊短，子房卵形，柱头头状。**果实及种子**：核果近球形，熟时红色，直径 4~6mm；分核 5~7。**花果期**：花期 4 月，果期 8~12 月。**分布**：产中国华东、华中、华南和西南地区。朝鲜、日本、越南也有分布。**生境**：生于山坡常绿阔叶林中和林缘，海拔 400~1100m。**用途**：观赏。

特征要点 小枝具纵棱。叶薄革质或纸质，卵形至椭圆形，全缘，无毛。聚伞花序或伞形花序腋生；花白色，单性；雄花 4 基数，雌花 5~7 基数。核果近球形；分核 5~7。

卫矛 **Euonymus alatus** (Thunb.) Siebold 卫矛科 Celastraceae 卫矛属

生活型：落叶灌木。**高度**：达 3m。**株形**：宽卵形。**茎皮**：灰色，木栓层发达。**枝条**：小枝四棱形，常具木栓翅。**叶**：叶对生，纸质，窄倒卵形或椭圆形，无毛，具细锯齿；叶柄极短或近无柄。**花**：聚伞花序腋生，花 3~9，总花梗长 1~1.5cm；花淡绿色，直径 5~7mm，4 数；花盘肥厚方形；雄蕊 4，具短花丝；柱头短。**果实及种子**：蒴果 4 深裂，有时仅部分心皮成熟，裂瓣长卵形，棕色带紫；种子每裂瓣 1~2，假种皮橙红色。**花果期**：花期 5~6 月，果期 9~10 月。**分布**：中国除新疆、青海、西藏、台湾、海南后，各省区均产。日本、朝鲜也有分布。**生境**：生于山坡、沟地边沿，海拔 150~3000m。**用途**：观赏，茎药用。

特征要点 落叶灌木。小枝四棱形，常具木栓翅。叶对生，具细锯齿，近无柄。聚伞花序腋生，花 3~9；花淡绿色，4 数，花盘肥厚方形。蒴果 4 深裂；假种皮橙红色。

扶芳藤 **Euonymus fortunei** (Turcz.) Hand.-Mazz. 卫矛科 Celastraceae 卫矛属

生活型：常绿藤状灌木。**高度**：1~5m。**株形**：蔓生形。**树皮**：灰绿色，平滑。**枝条**：小枝绿色，方棱不明显。**叶**：叶对生，薄革质，椭圆形至近披针形，边缘齿浅不明显，脉不明显；叶柄短。**花**：聚伞花序腋生，3~4 次分枝；花序梗长 1.5~3cm；花白绿色，4 数，直径约 6mm；花盘方形；花丝细长，花药圆心形；子房三角锥状，四棱，花柱短。**果实及种子**：蒴果近球状，光滑，熟时粉红色，直径 6~12mm；种子长方椭圆状，假种皮鲜红色。**花果期**：花期 6~7 月，果期 10~11 月。**分布**：产中国海南、广东、广西、福建、山东、河南、江苏、浙江、安徽、江西、湖北、湖南、四川、重庆、陕西。**生境**：生于山坡丛林中，海拔 300~2200m。**用途**：观赏。

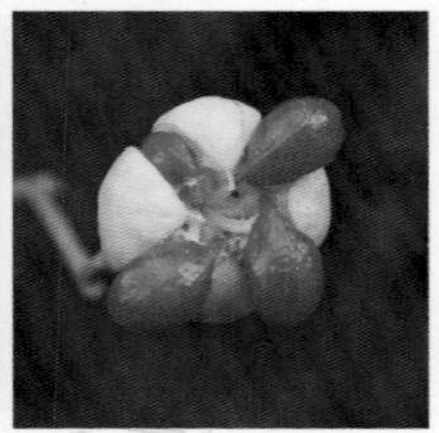

特征要点 常绿藤状灌木。小枝绿色。叶对生，薄革质，边缘具浅齿。聚伞花序腋生，3~4 次分枝；花白绿色，4 数。蒴果近球状，熟时开裂，假种皮鲜红色。

冬青卫矛 **Euonymus japonicus** Thunb. 卫矛科 Celastraceae 卫矛属

生活型：常绿灌木。**高度**：达 3m。**株形**：宽卵形。**茎皮**：暗灰色，粗糙。**枝条**：小枝四棱，具细微皱突。**叶**：叶对生，革质，有光泽，倒卵形或椭圆形，边缘具浅细钝齿；叶柄长约 1cm。**花**：聚伞花序 5~12 花，花序梗长 2~5cm；花白绿色，直径 5~7mm，4 数；花瓣近卵圆形；花丝长 2~4mm，花药长圆状，内向；子房每室 2 胚珠，着生中轴顶部。**果实及种子**：蒴果近球状，淡红色，直径约 8mm；种子椭圆状，假种皮橘红色。**花果期**：花期 6~7 月，果期 9~10 月。**分布**：原产日本。中国华北以南各地栽培。**生境**：生于路边或庭园中，海拔 1000~1200m。**用途**：观赏。

特征要点 常绿灌木。小枝四棱。叶对生，革质，有光泽，边缘具浅细钝齿。聚伞花序具 5~12 花；花白绿色，4 数。蒴果近球状，淡红色，熟时开裂，假种皮橘红色。

白杜 **Euonymus maackii** Rupr. 卫矛科 Celastraceae 卫矛属

生活型: 落叶小乔木。**高度**: 达 8m。**株形**: 宽卵形。**树皮**: 暗灰色，不规则条纹状深纵裂。**枝条**: 小枝圆形，绿色。**叶**: 叶对生，纸质，宽卵形、矩圆状椭圆形或近圆形，先端长渐尖，边缘有细锯齿；叶柄细长。**花**: 聚伞花序 1~2 次分枝，有花 3~7；花淡绿色，直径约 7mm，4 数；花药紫色，花盘肥大。**果实及种子**: 蒴果粉红色，倒圆锥形，上部 4 裂；种子淡黄色，假种皮红色。**花果期**: 花期 5~6 月，果期 9~10 月。**分布**: 产中国东北、华北、华东、华中地区，各地有时栽培。俄罗斯、朝鲜、韩国也有分布。**生境**: 生于山坡或庭园中，海拔 100~2200m。**用途**: 观赏，种子榨油。

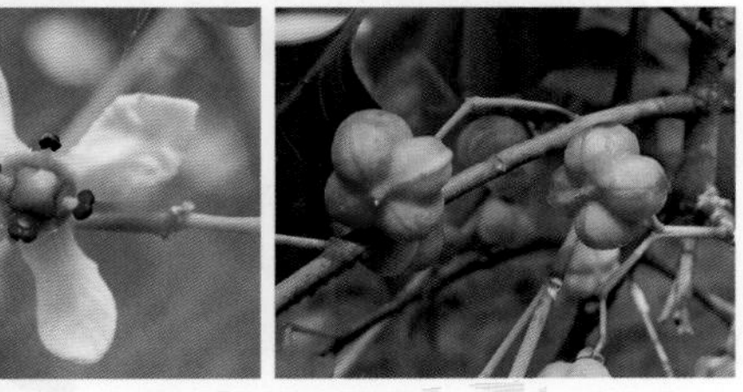

特征要点 落叶小乔木。树皮不规则深纵裂。叶对生，边缘有细锯齿。聚伞花序有花 3~7；花淡绿色，4 数，花药紫色，花盘肥大。蒴果倒圆锥形；种子淡黄色，假种皮红色。

大果卫矛 **Euonymus myrianthus** Hemsl. 卫矛科 Celastraceae 卫矛属

生活型: 常绿灌木。**高度**: 1~6m。**株形**: 卵形。**树皮**: 灰白色。**枝条**: 小枝细瘦，四棱形。**叶**: 叶对生，革质，倒卵形至窄椭圆形，先端渐尖，基部楔形，边缘常呈波状或具明显钝锯齿，侧脉 5~7 对。**花**: 聚伞花序 2~4 次分枝，花序梗 4 棱；花黄色，直径达 10mm，4 数；萼片近圆形；花瓣近倒卵形；花盘四角有圆形裂片；花丝极短或无；子房锥状，有短壮花柱。**果实及种子**: 蒴果黄色，多呈倒卵状，直径约 1cm；种子 4~2 成熟，假种皮橘黄色。**花果期**: 花期 5~6 月，果期 10~11 月。**分布**: 产中国长江流域以南地区。**生境**: 生于山坡溪边沟谷较湿润处，海拔 1000m 以下。**用途**: 观赏。

特征要点 叶对生，革质，边缘波状或具钝锯齿。聚伞花序 2~4 次分枝；花黄色，直径达 10mm，4 数。蒴果黄色，多呈倒卵状，直径约 1cm；假种皮橘黄色。

美登木 **Gymnosporia acuminata** Hook. f. ex M. A. Lawson 【**Maytenus hookeri** Loes.】 卫矛科 Celastraceae 美登木属

生活型：常绿无刺灌木。**高度**：达4m。**株形**：蔓生形。**树皮**：暗褐色，粗糙。**枝条**：小枝纤细，无毛。**叶**：叶互生，宽椭圆形或倒卵形，长10~20cm，先端短渐尖或急尖，基部渐窄，边缘有极浅疏齿，叶脉两面突起。**花**：圆锥聚伞花序2~7枝丛生，常无明显总花梗，每花序有3至多花；花白绿色，5数，直径3~4mm；雄蕊5，生于花盘之下；子房2室，柱头2裂。**果实及种子**：蒴果倒卵形，长约1cm；种子每室1~2，长卵形，基部有浅杯状淡黄色假种皮。**花果期**：花期11月至翌年3月，果期翌年4~5月。**分布**：产中国云南。缅甸、印度也有分布。**生境**：生于山地、山谷的丛林中，海拔约650m。**用途**：观赏，药用。

特征要点 叶互生，宽椭圆形或倒卵形，边缘有极浅疏齿。圆锥聚伞花序；花白绿色，5数。蒴果倒卵形；种子长卵形，基部有浅杯状淡黄色假种皮。

中国沙棘 **Hippophae sinensis** (Rousi) Tzvelev 【Hippophae rhamnoides subsp. **sinensis** Rousi】 胡颓子科 Elaeagnaceae 沙棘属

生活型：落叶灌木或乔木。**高度**：1~5m。**株形**：宽卵形。**树皮**：暗褐色。**枝条**：小枝褐绿色，密被星状柔毛。**冬芽**：芽大，金黄色或锈色。**叶**：叶近对生，纸质，披针形，两端钝，正面绿色，背面银白色，被鳞片。**花**：花单性，雌雄异株；雄花先叶开放，无梗，花萼2裂，雄蕊4；雌花单生叶腋，具短梗，花萼囊状，顶端2齿裂，子房上位，1室，1胚珠，花柱短。**果实及种子**：核果状坚果圆球形，直径4~6mm，橙黄色或橘红色。**花果期**：花期4~5月，果期9~10月。**分布**：产中国河北、内蒙古、山西、陕西、甘肃、青海、四川。**生境**：生于山脊、谷地、干涸河床、山坡上，海拔800~3601m。**用途**：果食用，观赏。

特征要点 叶近对生，纸质，披针形，背面银白色，被鳞片。花单性，雌雄异株；雄花花萼2裂，雄蕊4；雌花花萼囊状，子房上位。核果状坚果圆球形，橙黄色或橘红色。

胡颓子 **Elaeagnus pungens** Thunb. 胡颓子科 Elaeagnaceae 胡颓子属

生活型：常绿直立灌木。具棘刺。**高度**：3~4m。**株形**：宽卵形。**树皮**：灰白色，平滑。**枝条**：小枝褐色，被鳞片。**叶**：叶互生，厚革质，椭圆形或矩圆形，两端钝，边缘微波状，正面绿色，背面银白色，被褐色鳞片，侧脉 7~9 对。**花**：花单生叶腋，银白色，下垂，被鳞片；花梗长 3~5mm；花被筒圆筒形或漏斗形，上部 4 裂；雄蕊 4；子房上位，花柱直立，无毛。**果实及种子**：核果状坚果椭圆形，长 1~1.5cm，被锈色鳞片，熟时红色。**花果期**：花期 9~12 月，果期翌年 4~6 月。**分布**：产中国江苏、浙江、福建、安徽、江西、湖北、湖南、贵州、广东、广西。日本也有分布。**生境**：生于向阳山坡或路旁，海拔 1000m 以下。**用途**：果食用，观赏。

特征要点　叶互生，正面绿色，背面银白色，被褐色鳞片。花单生叶腋，银白色，下垂，被鳞片；花被筒上部 4 裂。核果状坚果椭圆形，被锈色鳞片，成熟时红色。

枣 **Ziziphus jujuba** Mill. 鼠李科 Rhamnaceae 枣属

生活型：落叶小乔木。**高度**：10m 以上。**株形**：狭卵形。**树皮**：暗灰色，鱼鳞状深裂。**枝条**：小枝细瘦，具长直刺和短弯刺。**叶**：叶互生，椭圆形至卵状披针形，边缘具细锯齿，基生三出脉，两面光滑无毛。**花**：花 2~3 朵簇生叶腋；花小，黄绿色，两性，5 数；萼片 5，三角形；花瓣 5，具爪；雄蕊 5；花盘厚，肉质；子房球形，2 室。**果实及种子**：核果矩圆形，较大，红色变紫红色，中果皮肉质，厚，味甜，核顶端锐尖，基部锐尖或钝。**分布**：产中国各地。亚洲、欧洲、美洲也有栽培。**生境**：生于山区、丘陵或平原，海拔 1700m 以下。**用途**：果食用，观赏。

特征要点　落叶小乔木。小枝具长直刺和短弯刺。叶互生，边缘具细锯齿，基生三出脉。花小，簇生叶腋，黄绿色，两性，5 基数。核果大，中果皮肉质，厚，味甜，核两端尖。

枳椇 **Hovenia acerba** Lindl. 鼠李科 Rhamnaceae 枳椇属

生活型：落叶大乔木。**高度**：10~25m。**株形**：卵形。**树皮**：暗褐色，纵裂。**枝条**：小枝褐色，皮孔明显。**叶**：叶互生，纸质，宽卵形或心形，顶端渐尖，边缘具细锯齿，无毛；叶柄长 2~5cm。**花**：二歧式聚伞圆锥花序；花两性；萼片 5，三角形；花瓣 5，两侧内卷；雄蕊 5，为花瓣抱持；花盘盘状，肉质，被柔毛；子房上位，3 室。**果实及种子**：浆果状核果近球形，黄褐色；果序轴明显膨大；种子有光泽。**花果期**：花期 5~7 月，果期 8~10 月。**分布**：产中国甘肃、陕西、河南及华东、华南、西南地区。印度、尼泊尔、不丹、缅甸也有分布。**生境**：生于开旷地、山坡林缘或庭园宅旁，海拔 2100~2100m。**用途**：果食用，观赏。

特征要点 叶具柄，宽卵形或心形，边缘具细锯齿。二歧式聚伞圆锥花序；雄蕊 5，为内卷的花瓣抱持。浆果状核果近球形，熟时黄色；果序轴膨大，肥厚扭曲，肉质。

毛果枳椇 **Hovenia trichocarpa** Chun & Tsiang 鼠李科 Rhamnaceae 枳椇属

生活型：落叶乔木。**高度**：达 18m。**株形**：卵形。**树皮**：暗褐色，纵裂。**枝条**：小枝褐色或黑紫色，无毛。**叶**：叶互生，纸质，矩圆状卵形或矩圆形，顶端渐尖，基部截形或心形，边缘具圆齿状锯齿，两面无毛。**花**：二歧式聚伞花序，被锈色或黄褐色密短茸毛；花黄绿色。**果实及种子**：浆果状核果球形，直径 8~8.2mm，被锈色或棕色密茸毛和长柔毛；果序轴膨大；种子黑色。**花果期**：花期 5~6 月，果期 8~10 月。**分布**：产中国江西、湖北、湖南、广东、贵州。**生境**：生于山地林中，海拔 600~1300m。**用途**：果食用，观赏。

特征要点 二歧式聚伞花序，被锈色或黄褐色密短茸毛。浆果状核果球形，直径 8~8.2mm，被锈色或棕色密茸毛和长柔毛。

马甲子 **Paliurus ramosissimus** (Lour.) Poir. 鼠李科 Rhamnaceae 马甲子属

生活型: 落叶灌木。**高度**: 达 6m。**株形**: 宽卵形。**茎皮**: 灰白色。**枝条**: 小枝褐色。**叶**: 叶互生，纸质，宽卵形至近圆形，边缘具细锯齿，基生三出脉；叶柄基部具 2 针刺。**花**: 腋生聚伞花序；花两性，5 数，黄绿色；萼片宽卵形；花瓣匙形，内卷；雄蕊 5；花盘圆厚，肉质，5~10 齿裂；子房上位，3 室，花柱 3 深裂。**果实及种子**: 核果杯状，被黄褐色茸毛，周围具木栓质 3 浅裂的窄翅，直径 1~1.7cm；种子紫红色或红褐色，扁圆形。**花果期**: 花期 5~8 月，果期 9~10 月。**分布**: 产中国江苏、浙江、安徽、江西、湖南、湖北、福建、台湾、广东、广西、云南、贵州、四川、重庆。越南、朝鲜、日本也有分布。**生境**: 生于山地和平原，野海拔可达 2000m。**用途**: 观赏。

特征要点 分枝密且具针刺。叶宽卵形至近圆形，具细锯齿，背面密被毛，基生三出脉。聚伞花序腋生；花两性，5 数，黄绿色。核果杯状，周围具木栓质 3 浅裂的窄翅。

长叶冻绿 **Frangula crenata** (Siebold & Zucc.) Miq. 【Rhamnus crenata Siebold & Zucc.】 鼠李科 Rhamnaceae 裸芽鼠李属 / 鼠李属

生活型: 落叶灌木。**高度**: 2~3m。**株形**: 宽卵形。**茎皮**: 灰色。**枝条**: 小枝红褐色，有锈色短柔毛。**叶**: 叶互生，长椭圆形，顶端尖，基部楔形，边有小锯齿，背面沿脉有锈色短毛，侧脉 7~12 对。**花**: 聚伞花序腋生，总梗短；花小，单性，淡绿色；花萼钟状，5 裂；花瓣 5，小，短于萼片；雄蕊 5，为花瓣抱持；花盘薄，杯状；子房上位，球形。**果实及种子**: 核果近球形，熟后黑色，有 2~3 核；种子倒卵形，背面基部有小沟。**花果期**: 花期 5~8 月，果期 8~10 月。**分布**: 产中国华中、华东、华南和西南地区。朝鲜、日本、越南、老挝、柬埔寨也有分布。**生境**: 生于山地林下或灌丛中，海拔可达 2000m。**用途**: 观赏。

特征要点 叶互生，顶端尖，基部楔形，边有小锯齿，背面沿脉有锈色短毛。聚伞花序腋生；花小，单性，5 数，淡绿色。核果近球形，熟后黑色，有 2~3 核；种子倒卵形。

葡萄 **Vitis vinifera** L. 葡萄科 Vitaceae 葡萄属

生活型: 落叶木质藤本。**高度**: 达 15m。**株形**: 蔓生形。**茎皮**: 红褐色，片状剥落。**枝条**: 小枝红褐色。**叶**: 叶互生，圆卵形，3 裂至中部，边缘有粗齿，两面无毛或背面有短柔毛。**花**: 圆锥花序与叶对生；花杂性异株，小，淡黄绿色；花萼盘形；花瓣 5，长约 2mm，上部合生呈帽状，早落；雄蕊 5；花盘由 5 腺体组成；子房 2 室。**果实及种子**: 浆果椭圆状球形或球形，直径 1.5~3cm，有白粉。**花果期**: 花期 4~5 月，果期 8~9 月。**分布**: 原产亚洲西部。中国各地广泛栽培。**生境**: 生于果园中。**用途**: 果食用，观赏。

特征要点 小枝红褐色，髓褐色。叶具柄，圆卵形，3 裂至中部，边缘有粗齿。圆锥花序与叶对生；花杂性异株，小，淡黄绿色。浆果椭圆状球形，直径 1.5~3cm，有白粉。

地锦（爬山虎） **Parthenocissus tricuspidata** (Siebold & Zucc.) Planch.

葡萄科 Vitaceae 地锦属

生活型: 落叶木质藤本。**高度**: 2~15m。**株形**: 蔓生形。**茎皮**: 褐色。**枝条**: 小枝圆柱形。**叶**: 单叶互生（偶 3 小叶），倒卵圆形，3 浅裂，边缘具粗锯齿；卷须分枝，顶端嫩时膨大圆珠形，后扩大成吸盘。**花**: 多歧聚伞花序生于老茎短枝上，长 1~3.5cm；花蕾倒卵椭圆形；萼碟形，全缘或呈波状；花瓣 5，长椭圆形；雄蕊 5，花药长椭圆卵形；花盘不明显；子房椭球形，花柱明显。**果实及种子**: 浆果球形，直径 1~1.5cm，熟时蓝色。**花果期**: 花期 5~8 月，果期 9~10 月。**分布**: 产中国吉林、辽宁、河北、河南、山东、安徽、江苏、浙江、福建、台湾。朝鲜、日本也有分布。**生境**: 生于山坡崖石壁、灌丛，海拔 150~1200m。**用途**: 观赏。

特征要点 单叶互生（偶 3 小叶），倒卵圆形，3 浅裂，边缘具粗锯齿；卷须分枝，顶端扩大成吸盘。多歧聚伞花序；花小，黄绿色，5 数。浆果球形，熟时蓝色。

密花树 **Myrsine seguinii** Lévl.

报春花科 / 紫金牛科 Primulaceae/Myrsinaceae 铁仔属

生活型：常绿灌木或小乔木。**高度**：2~12m。**株形**：宽卵形。**树皮**：暗灰色，平滑。**枝条**：小枝无毛，具皱纹，暗褐色。**叶**：叶互生，革质，矩圆状披针形或倒披针形，顶端钝尖，基部渐狭下延，全缘，两面无毛，侧脉不明显。**花**：3~7 花成伞形簇生；花小，具梗，5 数；萼裂片卵形；花冠裂片绿色；雄蕊花丝很短生花冠喉部，花药卵形；雌蕊花柱很短，柱头舌状扁平。**果实及种子**：果近球形，灰绿色，直径 4~6mm，有长条纹和腺点。**花果期**：花期 4~5 月，果期 10~12 月。**分布**：产中国华东、西南、华南地区及台湾。缅甸、越南、日本也有分布。**生境**：生于混交林中或苔藓林中、亦见于林缘、路旁等灌木丛中，海拔 650~2400m。**用途**：观赏。

特征要点 叶革质，披针形，全缘，两面无毛，侧脉不明显。花簇生，小，具梗，5 数，绿色。果近球形，灰绿色，有长条纹和腺点。

山柿（粉叶柿、浙江柿） **Diospyros japonica** Siebold & Zucc.【Diospyros glaucifolia Metc.】 柿科 / 柿树科 Ebenaceae 柿属

生活型：落叶乔木。**高度**：达 30m。**株形**：宽卵形。**树皮**：灰黑色，深裂或不规则厚块状剥落。**枝条**：小枝褐色，皮孔纵裂。**冬芽**：冬芽狭卵形，先端急尖。**叶**：叶互生，近膜质，椭圆形，长 5~13cm，全缘，先端尖，基部钝，背面有柔毛，侧脉纤细。**花**：花雌雄异株或同株，4 基数；雄花 1~3 朵簇生叶腋，花萼钟形，花冠壶形，雄蕊 16，子房退化；雌花单生，退化雄蕊 8，子房无毛，8 室，花柱 4。**果实及种子**：浆果近球形或椭圆形，直径 1~2cm，熟时蓝黑色，被白色薄蜡层；宿萼 4 裂，裂片卵形。**花果期**：花期 5~6 月，果期 10~11 月。**分布**：产中国安徽、福建、贵州、湖南、江西、浙江。日本也有分布。**生境**：生于密林中、山谷溪边，海拔 500m 以下。**用途**：观赏。

特征要点 叶近膜质，椭圆形，全缘，背面有柔毛。雄花 1~3 朵簇生叶腋，花冠壶形，带红色或淡黄色。浆果直径 1~2cm，熟时蓝黑色，被白色薄蜡层；宿萼 4 裂。

柿 **Diospyros kaki** Thunb. 柿科 / 柿树科 Ebenaceae 柿属

生活型: 落叶乔木。**高度**: 达 15m。**株形**: 宽卵形。**树皮**: 暗灰色，鳞片状开裂。**枝条**: 小枝褐色，光滑。**叶**: 叶互生，卵形，基部宽楔形或近圆形，背面淡绿色，有褐色柔毛。**花**: 花雌雄异株或同株；雄花成短聚伞花序，雌花单生叶腋；花萼 4 深裂，果熟时增大；花冠白色，4 裂，有毛；雌花中有 8 个退化雄蕊，子房上位。**果实及种子**: 浆果卵圆形或扁球形，直径 3.5~8cm，橙黄色或鲜黄色，花萼宿存。**花果期**: 花期 5~6 月，果期 9~10 月。**分布**: 原产中国长江流域，现中国华北以南地区广泛栽培。世界各地也常有栽培。**生境**: 生于路边、灌丛、山坡林中、果园或庭园中，海拔 150~2400m。**用途**: 果食用，观赏。

特征要点 树皮鳞片状开裂。叶卵形，有褐色柔毛。雄花成短聚伞花序，雌花单生叶腋；花萼 4 深裂；花冠白色，4 裂。浆果直径 3.5~8cm，橙黄色或鲜黄色，花萼增大。

罗浮柿 **Diospyros morrisiana** Hance 柿科 / 柿树科 Ebenaceae 柿属

生活型: 落叶乔木。**高度**: 达 20m。**株形**: 宽卵形。**树皮**: 呈片状剥落。**枝条**: 小枝灰褐色，皮孔纵裂。**冬芽**: 冬芽圆锥状。**叶**: 叶互生，薄革质，长椭圆形，长 5~10cm，全缘，两面无毛，侧脉纤细。**花**: 花雌雄异株或同株；雄花序短小，腋生，花萼钟状，4 裂，花冠壶形，4 裂，雄蕊 16~20；雌花单生叶腋，有退化雄蕊 6 枚，子房球形，花柱 4。**果实及种子**: 浆果球形，直径约 1.8cm，黄色，4 室；种子近长圆形；宿萼近方形，4 浅裂。**花果期**: 花期 5~6 月，果期 11 月。**分布**: 产中国广东、广西、福建、台湾、浙江、江西、湖南、贵州、云南、四川。越南也有分布。**生境**: 生于山坡、山谷、水边，海拔 1100~1450m。**用途**: 果食用，观赏。

特征要点 叶薄革质，长椭圆形，全缘，两面无毛。雄花序短小，腋生，有锈色茸毛，带白色。浆果球形，直径约 1.8cm，黄色，4 室；宿萼近方形，4 浅裂。

油柿 **Diospyros oleifera** W. C. Cheng 柿科 / 柿树科 Ebenaceae 柿属

生活型: 落叶乔木。**高度**: 达 14m。**株形**: 阔卵形。**树皮**: 灰褐色，薄片状剥落。**枝条**: 小枝被灰褐色柔毛，皮孔散生。**冬芽**: 冬芽卵形。**叶**: 叶互生，纸质，长圆形至椭圆形，全缘，先端短渐尖，基部圆形，侧脉每边 7~9 条。**花**: 花雌雄异株或杂性，4 数；雄花序腋生，花萼裂片卵状三角形，花冠壶形，裂片近半圆形，雄蕊 16~20 枚；雌花单生叶腋，子房球形，花柱 4。**果实及种子**: 浆果卵球形，略 4 棱，直径 5~8cm，熟时暗黄色；种子近长圆形；宿花萼厚革质，被柔毛。**花果期**: 花期 4~5 月，果期 8~10 月。**分布**: 产中国浙江、安徽、江西、福建、湖南、广东、广西。**生境**: 生于村中、果园、路边、河畔等处，海拔 100~1000m。**用途**: 果食用，观赏。

特征要点 叶纸质，长圆形至椭圆形，全缘。雄花序腋生，3~5 花，花冠壶形，4 裂。浆果卵球形，略 4 棱，直径 5~8cm，熟时暗黄色；宿花萼厚革质，被柔毛。

紫荆木 **Madhuca pasquieri** (Dubard) Lam 山榄科 Sapotaceae 紫荆木属

生活型: 常绿乔木。乳汁黄白色。**高度**: 6~22m。**株形**: 宽卵形。**树皮**: 灰白色，平滑。**枝条**: 小枝密被短毛。**叶**: 叶常聚于枝顶，薄革质，倒卵形，全缘，顶端钝头，两面无毛，侧脉细密，多达 20 余对。**花**: 花单生或数朵簇生于叶腋；花梗长而常直立，有锈色茸毛；萼片 4，长 5~7mm；花冠白色或淡黄色，比萼稍长，8 裂；雄蕊 16 枚，排成 1 轮；子房被毛，6~8 室。**果实及种子**: 浆果椭圆状或近卵状，稍歪斜，长 2~2.5cm；种子有光泽。**花果期**: 花期 4~5 月，果期 5~7 月。**分布**: 产中国广东、广西、云南。越南也有分布。**生境**: 生于混交林下中或山地林缘，海拔 1100m 以下。**用途**: 果榨油，观赏。

特征要点 乳汁黄白色。叶聚生枝顶，薄革质，倒卵形，全缘，两面无毛，侧脉细密。花簇生，具长梗；萼片 4；花冠白色或淡黄色，8 裂；雄蕊 16；子房 6~8 室。浆果稍歪斜；种子有光泽。

锈毛梭子果（血胶树）**Eberhardtia aurata** (Pierre ex Dubard) Lec.

山榄科 Sapotaceae 梭子果属

生活型：常绿乔木。被白色乳汁。**高度**：7~15m。**株形**：卵形。**树皮**：暗灰色。**枝条**：小枝被锈色茸毛。**叶**：叶互生，近革质，长圆形至椭圆形，正面无毛，背面密被锈色茸毛，边缘略外卷，侧脉 16~23 对。**花**：花数朵簇生叶腋，具香味；花萼裂片 2~4；花冠乳白色，裂片 5，线形，两侧具附属物；能育雄蕊 5，花丝肥厚；退化雄蕊 5，花丝钻形；子房被灰白色茸毛。**果实及种子**：果核果状，近球形，长 2.5~3.5cm，下垂；种子 3~5，扁平，栗色，具光泽。**花果期**：花期 3 月，果期 9~12 月。**分布**：产中国广东、广西、云南。越南北部也有分布。**生境**：生于常绿阔叶林、混交林、沟谷林中及路旁，海拔 750~1350m。**用途**：观赏。

特征要点 具白色乳汁。小枝被锈色茸毛。叶互生，近革质，边缘略外卷。花簇生叶腋，具香味；花冠乳白色。果核果状，近球形，下垂。

吴茱萸 **Tetradium ruticarpum** (A. Juss.) T. G. Hartley 芸香科 Rutaceae 吴茱萸属

生活型：落叶小乔木或灌木。**高度**：3~5m。**株形**：宽卵形。**树皮**：暗褐色，平滑，皮孔显著。**枝条**：小枝暗紫红色，被茸毛。**叶**：羽状复叶对生，小叶 5~11，纸质，卵形至披针形，边全缘或浅波浪状，两面被长柔毛。**花**：伞房状聚伞花序顶生；花密集，单性，5 数，雌雄异株；萼片细小，阔卵形；花瓣紫绿色，长 3~4mm；雄花雄蕊比花瓣长，花药紫红色；雌花退化雄蕊鳞片状，子房 5 室，柱头头状。**果实及种子**：蓇葖果具 4~5 分果瓣，暗紫红色，有大油点，每分果瓣有 1 黑色种子。**花果期**：花期 4~6 月，果期 8~11 月。**分布**：产中国秦岭以南地区。不丹、印度、缅甸、尼泊尔也有分布。**生境**：生于平地山坡，海拔可达 1000m。**用途**：药用，观赏。

特征要点 羽状复叶对生，小叶 5~11，边全缘或浅波浪状，两面被长柔毛。伞房状聚伞花序；花密集。蓇葖果具 4~5 分果瓣，暗紫红色，每分果瓣有 1 黑色种子。

川黄檗(黄皮树) **Phellodendron chinense** Schneid. 芸香科 Rutaceae 黄檗属

生活型: 落叶小乔木。**高度**: 达 15m。**株形**: 宽卵形。**树皮**: 暗褐色。**枝条**: 小枝粗壮，暗紫红色，无毛。**叶**: 奇数羽状复叶对生，叶轴密被褐色柔毛，小叶 7~15，纸质，长圆状披针形或卵状椭圆形，边缘具锯齿。**花**: 圆锥状聚伞花序顶生；花序轴粗壮，密被短柔毛；花密集，单性，

5 数，雌雄异株；萼片细小，阔卵形；花瓣紫绿色，长 3~4mm；雄花的雄蕊比花瓣长，花药紫红色；雌花的退化雄蕊鳞片状，子房 5 室，柱头头状。**果实及种子**: 核果多数密集成团，椭圆形或近圆球形，直径约 1cm，蓝黑色，种子 5~8 粒。**花果期**: 花期 5~6 月，果期 9~11 月。**分布**: 原产安徽、福建、甘肃、广东、广西、贵州、河南、湖北、湖南、江苏、陕西、四川、重庆、台湾、云南、浙江栽培。**生境**: 宜在山坡河谷较湿润地方种植，海拔 900m 以下。**用途**: 药用，观赏。

特征要点 奇数羽状复叶对生，叶轴密被褐色柔毛，小叶纸质，边缘具锯齿。圆锥状聚伞花序顶生；花瓣紫绿色；雄蕊花药紫红色。核果密集成团，蓝黑色，种子 5~8。

花椒 **Zanthoxylum bungeanum** Maxim. 芸香科 Rutaceae 花椒属

生活型: 落叶小乔木。**高度**: 3~7m。**株形**: 宽卵形。**树皮**: 褐色，具粗刺。**枝条**: 小枝具刺，刺劲直，长三角形，基部宽扁。**叶**: 奇数羽状复叶互生，叶轴有狭翼，小叶 5~13 片，对生，无柄，叶缘有细裂齿，齿缝有

油点。**花**: 圆锥花序顶生或生于侧枝之顶；花被片 6~8，黄绿色；雄花雄蕊 5~8，退化雌蕊顶端叉状浅裂；雌花心皮 3 或 2 个，间有 4 个。**果实及种子**: 蓇葖果紫红色，单个分果瓣直径 4~5mm，散生微凸起的油点；种子卵圆形，黑色，光亮。**花果期**: 花期 4~5 月，果期 8~10 月。**分布**: 除中国东北及台湾、海南及广东、新疆外，全国各地常有栽培。**生境**: 生于平原至海拔较高的山地、坡地或村边。**用途**: 调料品。

特征要点 枝有短刺。羽状复叶互生，叶轴有狭翼，小叶 5~13，卵形至椭圆形，叶缘有细裂齿，齿缝有油点。圆锥花序；花被片 6~8，黄绿色。蓇葖果紫红色，散生油点。

竹叶花椒 **Zanthoxylum armatum** DC. 芸香科 Rutaceae 花椒属

生活型: 落叶小乔木。**高度**: 3~5m。**株形**: 宽卵形。**树皮**: 灰色，皮孔显著。**枝条**: 小枝细瘦，多锐刺。**叶**: 羽状复叶互生，翼叶明显，小叶 3~9，对生，披针形至卵形，两端尖，边缘具细齿或近全缘，仅边缘有油点。**花**: 圆锥花序近腋生或同时生于侧枝之顶，长 2~5cm；花被片 6~8 片，长约 1.5mm；雄花的雄蕊 5~6 枚，不育雌蕊垫状凸起；雌花有心皮 3~2 个，不育雄蕊短线状。**果实及种子**: 蓇葖果紫红色，有微凸起少数油点，单个分果瓣直径 4~5mm，种子褐黑色。**花果期**: 花期 4~5 月，果期 8~10 月。**分布**: 产中国山东以南地区。日本、朝鲜、越南、老挝、缅甸、印度、尼泊尔也有分布。**生境**: 见于低丘陵地至山地的多类生境中，石灰岩山地亦常见，海拔 2200m 以下。**用途**: 观赏。

特征要点　小枝细瘦，多锐刺。羽状复叶互生，翼叶明显，小叶3~9，披针形至卵形。圆锥花序近腋生。蓇葖果紫红色，有微凸起少数油点，种子褐黑色。

两面针 **Zanthoxylum nitidum** (Roxb.) DC. 芸香科 Rutaceae 花椒属

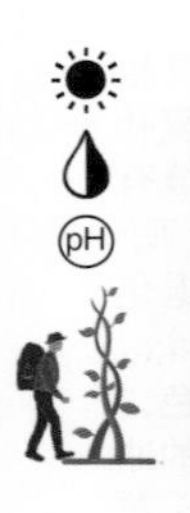

生活型: 常绿木质藤本。**高度**: 3~4m。**株形**: 蔓生形。**茎皮**: 褐色，粗糙。**枝条**: 小枝紫褐色，具钩状皮刺。**叶**: 奇数羽状复叶互生，小叶 3~11，对生，革质，卵圆形，边缘近全缘或微具齿，两面无毛，叶轴及中脉两面均具直针刺。**花**: 伞房状圆锥花序腋生，长 2~8cm；花 4 数；萼片宽卵形，长不及 1mm；花瓣长 2~3mm；雄花雄蕊药隔顶端有短的突尖体，退化心皮顶端常为 4 叉裂。**果实及种子**: 蓇葖果成熟时紫红色，有粗大腺点，顶端具短喙。**花果期**: 花期 3~5 月，果期 9~11 月。**分布**: 产中国台湾、福建、广东、湖南、江西、海南、广西、贵州、云南。**生境**: 生于山地、丘陵、平地的疏林、灌丛中及荒山草坡，海拔 800m 以下。**用途**: 药用，观赏。

特征要点　小枝具钩状皮刺。奇数羽状复叶互生，小叶无毛，叶轴及中脉两面均具直针刺。伞房状圆锥花序腋生，花4数；淡绿色。蓇葖果有腺点，具短喙。

黄皮 **Clausena lansium** (Lour.) Skeels 芸香科 Rutaceae 黄皮属

生活型: 常绿小乔木。**高度**: 达 12m。**株形**: 宽卵形。**树皮**: 灰色。**枝条**: 小枝具细油点且密被短直毛。**叶**: 奇数羽状复叶互生, 小叶 5~11, 卵形或卵状椭圆形, 基部偏斜, 边缘波浪状或具浅圆裂齿。**花**: 圆锥花序顶生; 花蕾圆球形, 有 5 条稍凸起的纵脊棱; 花萼裂片 5; 花瓣 5; 雄蕊 10, 长短相间, 花丝线状; 子房密被直长毛, 花盘细小, 子房柄短。**果实及种子**: 浆果卵圆形, 直径 1~2cm, 黄色, 被细毛, 果肉乳白色, 半透明, 有种子 1~4。**花果期**: 花期 4~5 月, 果期 7~8 月。**分布**: 产中国台湾、福建、广东、海南、广西、贵州、四川、云南。热带、亚热带也有分布。**生境**: 生于果园、庭园或河谷等地, 海拔 190~500m。**用途**: 果食用, 观赏。

特征要点 奇数羽状复叶互生, 小叶5~11。圆锥花序顶生; 花蕾圆球形, 有5条纵脊; 花瓣5, 长圆形。浆果直径1~2cm, 黄色, 果肉乳白色, 有种子1~4。

金橘(金柑) **Citrus japonica** Thunb.【Fortunella margarita (Lour.) Swingle】芸香科 Rutaceae 柑橘属

生活型: 常绿小乔木。**高度**: 约 4m。**株形**: 卵形。**树皮**: 灰色。**枝条**: 小枝两侧压扁状, 具长刺。**叶**: 单身复叶互生, 小叶椭圆形或卵形, 两端近于圆或顶部圆而基部钝, 叶缘中部以下具钝裂齿; 翼叶极狭窄, 近柄状。**花**: 花单朵腋生, 具梗; 花萼 5 或 4 裂; 花瓣 5, 长圆形或披针形, 长约 7mm; 雄蕊 20~25 枚, 花丝 3~7 合生成束; 子房卵状, 花柱短, 柱头头状。**果实及种子**: 柑果梨形, 基部狭窄呈短柄状或近球形, 直径 18~22mm, 5~7 室, 每室有种子 1~2 粒。**花果期**: 花期 6~8 月, 果期 11~12 月。**分布**: 产中国秦岭南坡以南各地。**生境**: 生于山地常绿阔叶林中, 较常见, 海拔 600~1000m。**用途**: 果食用, 观赏。

特征要点 小枝扁, 具长刺。单身复叶互生, 叶缘中部以下具钝裂齿; 翼叶极狭窄, 近柄状。花单朵腋生, 花白色, 雄蕊花丝合生成束。柑果梨形, 直径18~22mm, 5~7室。

枳 **Citrus trifoliata** L.【Poncirus trifoliata (L.) Raf.】

芸香科 Rutaceae 柑橘属

生活型: 落叶小乔木。**高度**: 1~5m。**株形**: 宽卵形。**树皮**: 灰色，具纵条纹。**枝条**: 小枝扁，具纵棱及长刺。**叶**: 指状三出复叶互生，小叶光滑无毛，叶缘有细钝裂齿或全缘；叶柄有狭长翼叶。**花**: 花单朵或成对腋生，先叶开放；萼片 5；花瓣 5，白色，匙形；雄蕊通常 20 枚，花丝不等长；子房近球形。**果实及种子**: 柑果近圆球形或梨形，暗黄色，粗糙，果心充实，瓢囊 6~8 瓣，果肉酸苦，种子多数。**花果期**: 花期 5~6 月，果期 10~11 月。**分布**: 产中国山东、河南、山西、陕西、甘肃、安徽、江苏、浙江、湖北、湖南、江西、广东、广西、贵州、云南。**生境**: 生于河谷、林中、山坡开阔地、田中或宅边，海拔 300~1500m。**用途**: 观赏。

特征要点 小枝扁，具纵棱及长刺。指状三出复叶互生；叶柄有狭长翼叶。花白色，萼片及花瓣均为 5，雄蕊通常20枚。柑果近圆球形或梨形，直径3.5~6cm，暗黄色，种子20~50。

柚 **Citrus maxima** (Burm.) Merr.【Citrus grandis (L.) Osbeck】

芸香科 Rutaceae 柑橘属

生活型: 常绿乔木。**高度**: 3~8m。**株形**: 宽卵形。**树皮**: 暗灰色，平滑，细条纹微裂。**枝条**: 小枝显著具棱，略扁平，光滑。**叶**: 单身复叶互生，叶厚，浓绿色，嫩时暗紫红色，阔卵形或椭圆形，顶端钝或圆，基部圆，翼叶长 2~4cm。**花**: 总状花序；花蕾淡紫红色；花萼不规则 5~3 浅裂；花瓣白色；雄蕊 25~35 枚，有时部分雄蕊不育；花柱粗长，柱头略较子房大。**果实及种子**: 柑果大型，圆球形至阔圆锥状，横直径常 10cm 以上，果皮海绵质，瓢囊 10~15；种子多达 200 余粒。**花果期**: 花期 4~5 月，果期 9~12 月。**分布**: 产中国长江以南地区，北达河南。东南亚也有分布。**生境**: 生于河谷、丘陵、山坡、果园或宅边，海拔 600~1400m。**用途**: 果食用，观赏。

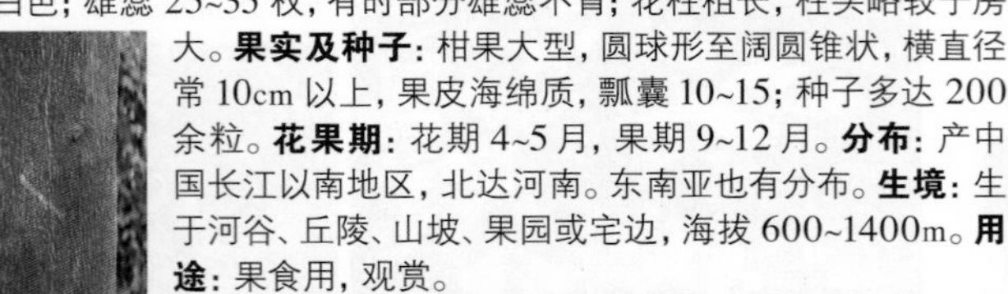

特征要点 单身复叶互生，叶厚，翼叶长2~4cm。总状花序；花白色，雄蕊25~35。柑果大型，圆球形至阔圆锥状，横直径常10cm以上，果皮海绵质，瓢囊10~15；种子多达200余粒。

柑橘 **Citrus reticulata** Blanco 芸香科 Rutaceae 柑橘属

生活型: 常绿小乔木。**高度**: 2~6m。**株形**: 宽卵形。**树皮**: 灰白色，平滑。**枝条**: 小枝显著具棱，略扁平，光滑。**叶**: 单身复叶互生，披针形至阔卵形，叶缘上部常具齿，翼叶常狭窄或仅有痕迹。**花**: 花单生或2~3朵簇生；花萼不规则5~3浅裂；花瓣白色，长1.5cm以内；雄蕊20~25；花柱细长，柱头头状。**果实及种子**: 果多变，扁圆形至近圆球形，果皮近光滑，易剥离，瓤囊7~14瓣，果肉酸或甜。**花果期**: 花期4~5月，果期10~12月。**分布**: 产中国秦岭以南及台湾、海南、西藏各地，华北地区温室常有栽培。**生境**: 生于丘陵、山坡、路边、果园或宅边，海拔600~900m。**用途**: 果食用，观赏。

特征要点 单身复叶互生，翼叶常狭窄或仅有痕迹。花单生或2~3朵簇生；雄蕊20~25。柑果形态多变，扁圆形至近圆球形，果皮近光滑，易剥离，瓤囊7~14瓣，果肉酸或甜。

甜橙 **Citrus × aurantium** Sweet Orange Group 【Citrus sinensis (L.) Osbeck】 芸香科 Rutaceae 柑橘属

生活型: 常绿小乔木。**高度**: 2~6m。**株形**: 宽卵形。**树皮**: 暗灰色，具条纹。**枝条**: 小枝显著具棱，略扁平，光滑。**叶**: 单身复叶互生，革质，椭圆形，顶端短尖，基部宽楔形，全缘，翼叶极短狭或仅有痕迹。**花**: 花1至数朵簇生于叶腋；萼片5；花瓣5，白色；雄蕊20或更多，花丝连合成数组，着生于花盘上；子房近球形。**果实及种子**: 柑果近球形，成熟时实心，果皮橙黄色，粗而不易剥落。**花果期**: 花期5月，果期11月。**分布**: 产中国陕西、甘肃、西藏、广东等地。**生境**: 生于林中、山坡、果园或宅边，海拔1500m以下。**用途**: 果食用，观赏。

特征要点 单身复叶互生，全缘，翼叶极短狭或仅有痕迹。花一至数朵簇生；雄蕊20或更多。柑果近球形，成熟时实心，果皮橙黄色，粗而不易剥落。

臭椿 **Ailanthus altissima** (Mill.) Swingle 苦木科 Simaroubaceae 臭椿属

生活型：落叶乔木。**高度**：达 20m。**株形**：卵形。**树皮**：平滑，具纵浅裂纹，暗褐色。**枝条**：小枝赤褐色，被疏柔毛。**叶**：单数羽状复叶互生，大型，小叶 13~25，卵状披针形，基部斜截形，近基部具 1 臭腺体；叶柄粗壮。**花**：圆锥花序顶生；花杂性，白色带绿；雄花有雄蕊 10 枚；子房为 5 心皮，柱头 5 裂。**果实及种子**：翅果长 3~5cm，扁，矩圆状椭圆形，黄绿色或紫红色。**花果期**：花期 10~11 月，果期翌年 1~3 月。**分布**：除黑龙江、吉林、新疆、青海、宁夏、甘肃、海南外，中国各地均有栽培。世界各地也有分布。**生境**：生于山坡、路边及荒地上，海拔 100~2500m。**用途**：木材，观赏。

特征要点 单数羽状复叶互生，大型，小叶卵状披针形，基部斜截形，近基部具1臭腺体。圆锥花序顶生；花杂性，白色带绿。翅果扁，矩圆状椭圆形，黄绿色或紫红色。

苦木（苦树） **Picrasma quassioides** (D. Don) Benn. 苦木科 Simaroubaceae 苦木属

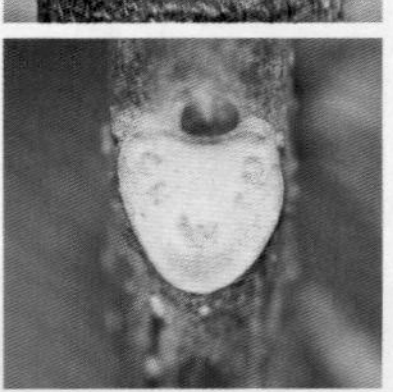

生活型：灌木或小乔木。**高度**：达 10m。**株形**：宽卵形。**树皮**：暗褐色，平滑，皮孔显著。**枝条**：小枝有黄色皮孔。**叶**：单数羽状复叶互生，小叶 9~15，纸质，卵形至矩圆状卵形，基部偏斜，顶端尖，边缘具锯齿。**花**：聚伞花序腋生，长达 12cm，被柔毛；花杂性异株，黄绿色；萼片 4~5，卵形，被毛；花瓣 4~5，倒卵形；雄蕊 4~5，着生于花盘基部；子房心皮 4~5，卵形。**果实及种子**：核果倒卵形，3~4 个并生，蓝至红色，萼宿存。**花果期**：花期 4~5 月，果期 6~9 月。**分布**：产中国黄河流域以南。印度、不丹、尼泊尔、朝鲜、日本也有分布。**生境**：生于山地杂木林中，海拔 1400~2400m。**用途**：药用，木材，观赏。

特征要点 皮孔显著。单数羽状复叶互生，小叶9~15，基部偏斜，具锯齿。聚伞花序腋生；花杂性异株，黄绿色。核果倒卵形，3~4个并生，蓝至红色，萼宿存。

橄榄 **Canarium album** (Lour.) DC. 橄榄科 Burseraceae 橄榄属

生活型：常绿乔木。具胶黏性芳香树脂。**高度**：10~20m。**株形**：卵形。**树皮**：灰色，平滑。**枝条**：小枝粗壮，灰色。**叶**：奇数羽状复叶互生，长15~30cm，小叶9~15，对生，革质，卵状矩圆形，基部偏斜，全缘，无毛，网脉明显。**花**：圆锥花序顶生或腋生，略短于复叶；花白色，雌雄异株；萼杯状，3浅裂，稀5浅裂；花瓣3~5；雄蕊6，插生于环状花盘外侧；子房3室，每室胚珠2颗。**果实及种子**：核果卵状矩圆形，长约3cm，青黄色，两端锐尖。**花果期**：花期4~5月，果期10~12月。**分布**：产中国福建、台湾、广东、广西、云南、四川、海南。越南有野生，日本也有栽培。**生境**：生于沟谷、山坡杂木林中海拔180~1300m。**用途**：果食用。

特征要点 奇数羽状复叶互生，小叶9~15，革质，基部偏斜，全缘。圆锥花序略短于复叶；花白色。核果卵状矩圆形，青黄色，两端锐尖。

乌榄 **Canarium pimela** K. D. Koenig 橄榄科 Burseraceae 橄榄属

生活型：常绿乔木。**高度**：10~16m。**株形**：卵形。**树皮**：灰色，纵裂。**枝条**：小枝粗壮，灰色。**叶**：奇数羽状复叶互生，长30~60cm，小叶15~21，矩圆形或卵状椭圆形，基部偏斜，全缘，无毛，网脉明显。**花**：圆锥花序顶生或腋生，长于复叶；花白色，雌雄异株；萼杯状，3~5裂；花瓣3~5，分离，长约为萼的3倍；雄蕊6，着生于花盘边缘；子房3室，每室胚珠2颗。**果实及种子**：核果卵形至椭圆形，两端钝，成熟时紫黑色。**花果期**：花期4~5月，果期10~11月。**分布**：产中国广东、广西、海南、云南。柬埔寨、越南、老挝也有分布。**生境**：生于杂木林内，海拔540~1280m。**用途**：观赏，种子榨油。

特征要点 奇数羽状复叶互生，长30~60cm，小叶15~21，基部偏斜，全缘，无毛。圆锥花序长于复叶；花白色。核果卵形至椭圆形，两端钝，成熟时紫黑色。

阳桃 **Averrhoa carambola** L. 酢浆草科 Oxalidaceae 阳桃属

生活型：常绿乔木。**高度**：达12m。**株形**：宽卵形。**树皮**：暗灰色，内皮淡黄色。**枝条**：小枝纤细，紫褐色，被短毛。**叶**：奇数羽状复叶互生，小叶5~13，全缘，卵形或椭圆形，顶端渐尖，基部歪斜，背面疏被柔毛或无毛。**花**：聚伞花序或圆锥花序，生于叶腋或枝干上；花梗和花蕾深红色；花小，微香；萼片5，基部合成细杯状；花瓣5，长8~10mm，淡紫红色；雄蕊5~10；子房5室，胚珠多数，花柱5枚。**果实及种子**：浆果肉质，下垂，常有5棱，长5~8cm，淡绿色或蜡黄色。**花果期**：花期4~12月，果期7~12月。**分布**：产中国广东、广西、福建、台湾、云南、四川、海南。马来西亚、印度尼西亚也有分布。**生境**：生于山坡或庭园中。**用途**：果食用，观赏。

特征要点 小枝纤细，被短毛。奇数羽状复叶互生，小叶5~13，全缘。花序常簇生于老茎上；花小，淡紫红色。浆果肉质，下垂，常有5棱，长5~8cm。

楝 **Melia azedarach** L. 楝科 Meliaceae 楝属

生活型：落叶乔木。**高度**：达10m。**株形**：卵形。**树皮**：灰褐色，纵裂。**枝条**：小枝粗壮，叶痕显著。**叶**：奇数羽状复叶互生，二至三回；小叶对生，卵形、椭圆形至披针形，基部偏斜，边缘有钝锯齿。**花**：圆锥花序腋生；花芳香；花萼5深裂，裂片卵形；花瓣5，淡紫色，倒卵状匙形，长约1cm；雄蕊紫色，狭裂片10枚，花药10枚；子房近球形，5~6室，花柱细长，柱头头状。**果实及种子**：核果球形至椭圆形，长1~2cm，内果皮木质，4~5室，每室有种子1颗；种子椭圆形。**花果期**：花期4~5月，果期10~12月。**分布**：产中国黄河以南。亚洲热带、亚热带地区也有分布。**生境**：生于旷野、路旁、疏林中，海拔120~1900m。**用途**：观赏。

特征要点 奇数羽状复叶互生，二至三回；小叶对生，基部偏斜，边缘有钝锯齿。圆锥花序腋生；花5数，淡紫色。核果球形至椭圆形，内果皮木质，4~5室，每室有种子1颗。

大叶山楝 **Aphanamixis polystachya** (Wall.) R. Parker 【Aphanamixis grandifolia Blume】 楝科 Meliaceae 山楝属

生活型：常绿乔木。**高度**：10~30m。**株形**：宽卵形。**树皮**：褐色，稍粗糙，不裂。**枝条**：小枝红褐色。**叶**：羽状复叶互生，小叶 11~21，对生，革质，无毛，长椭圆形，基部偏斜，侧脉 13~20 对。**花**：穗状花序腋上生，被微柔毛；花球形，直径 6~7mm；萼片 4~5，圆形；花瓣 3，圆形；雄蕊管球形，厚，花药 6 枚，长圆形，内藏；花盘缺；子房被毛，柱头具三棱。

果实及种子：蒴果球状梨形，直径 2.5~2.8cm，无毛；种子黑褐色，扁圆形。**花果期**：花期 6~8 月，果期 10 月至翌年 4 月。**分布**：产中国福建、广东、广西、云南。中南半岛、印度尼西亚也有分布。**生境**：生于低海拔至中海拔山地沟谷密林或疏林中，海拔 500~1000m。**用途**：观赏。

特征要点 大型羽状复叶互生，小叶11~21，革质，无毛，基部偏斜。穗状花序腋上生，被微柔毛；花小，球形。蒴果球状梨形，无毛；种子黑褐色，扁圆形。

山楝 **Aphanamixis polystachya** (Wall.) R. Parker 楝科 Meliaceae 山楝属

生活型：常绿乔木。**高度**：20~30m。**株形**：狭卵形。**树皮**：粗糙，灰白色。**枝条**：小枝淡褐色。**叶**：奇数羽状复叶互生，小叶 9~15，对生，近革质，长椭圆形，全缘，无毛，侧脉 11~12 条。**花**：穗状花序腋上生，短于叶，长不及 30cm；花小，球形，无梗；萼片 4~5，圆形；花瓣 3，圆形，凹陷；雄蕊管球形，无毛，花药 5~6，长圆形；子房被粗毛，3 室，几无花柱。**果实及种子**：蒴果近卵形，直径约 3cm，熟后橙黄色，开裂为 3 果瓣；种子有假种皮。**花果期**：花期 5~9 月，果期 10 月至翌年 4 月。**分布**：产中国福建、台湾、海南、广东、广西、云南。印度、中南半岛、马来半岛、印度尼西亚也有分布。**生境**：生于杂木林中，海拔 100~530m。**用途**：观赏。

特征要点 大型奇数羽状复叶互生，小叶9~15，近革质。穗状花序腋上生，短于叶；花小，球形，无梗。蒴果近卵形，熟后橙黄色，开裂为3果瓣；种子有假种皮。

红果樫木 **Dysoxylum gotadhora** (Buch.-Ham.) Mabb.【Dysoxylum binectariferum (Roxb.) Hook. f. ex Bedd.】楝科 Meliaceae 樫木属

生活型: 常绿乔木。**高度**: 达 10m。**株形**: 狭卵形。**树皮**: 灰白色。**枝条**: 小枝被短柔毛，后来无毛。**叶**: 奇数羽状复叶互生，小叶 5~11，近纸质，互生，矩圆形，全缘，基部宽楔形或钝，顶端渐尖，两面无毛。**花**: 圆锥花序短于复叶，近无毛；花萼杯状，4 浅裂；花瓣 4，黄色，矩圆形；雄蕊花丝合生成筒，内外被粉状微柔毛；花盘圆筒状，顶端有 8~10 小尖齿；子房 4 室，被粗毛。**果实及种子**: 蒴果倒卵状梨形或近球形，无毛；种子熟时红色。**花果期**: 花期 3~4 月，果期 5~11 月。**分布**: 产中国海南、云南。**生境**: 生于潮湿而土质肥沃的杂木林中。**用途**: 观赏。

特征要点 奇数羽状复叶互生，小叶5~11，近纸质，全缘，无毛。圆锥花序；花4数，黄色。蒴果倒卵状梨形或近球形，无毛；种子熟时红色。

桃花心木 **Swietenia mahagoni** (L.) Jacq. 楝科 Meliaceae 桃花心木属

生活型: 常绿大乔木。**高度**: 达 25m。**株形**: 狭卵形。**树皮**: 淡红色，鳞片状，具板根。**枝条**: 小枝平滑，灰色。**叶**: 偶数羽状复叶互生，小叶 4~6 对，具细柄，革质，披针形，全缘，基部偏斜，两面无毛而光亮，侧脉每边约 10 条。**花**: 圆锥花序腋生；花具短柄；萼浅杯状，5 裂，裂片短，

圆形；花瓣 5，白色，无毛，长 3~4mm，广展；雄蕊管无毛，裂齿短尖；子房圆锥状卵形，比花盘长，花柱无毛，柱头盘状。**果实及种子**: 蒴果大，卵状，木质，直径约 8cm，熟时 5 瓣裂；种子多数，具翅。**花果期**: 花期 5~6 月，果期 10~11 月。**分布**: 原产南美洲。中国福建、台湾、广东、广西、海南、云南栽培。**生境**: 生于庭园中或路边。**用途**: 观赏。

特征要点 具板根。偶数羽状复叶互生，小叶4~6对，革质，披针形，全缘，基部偏斜，光亮。圆锥花序腋生；花小，白色。蒴果大，卵状，木质，熟时5瓣裂；种子多数，具翅。

红椿 **Toona hexandra** (Wall.) M. Roem.【Toona ciliata M. Roem.】
棟科 Meliaceae 香椿属

生活型: 落叶大乔木。**高度**: 20~30m。**株形**: 狭卵形。**树皮**: 灰白色，鱼鳞状分裂。**枝条**: 小枝粗壮，皮孔苍白色。**叶**: 羽状复叶互生，小叶 7~8 对，近对生，纸质，长圆状卵形或披针形，基部不等边，叶缘全缘。**花**: 圆锥花序顶生；花萼短，5 裂；花瓣 5，白色；雄蕊 5；花盘被粗毛；子房密被长硬毛，柱头盘状。**果实及种子**: 蒴果长椭圆形，木质，有苍白色皮孔，长 2~3.5cm；种子两端具翅，翅扁平，膜质。**花果期**: 花期 4~6 月，果期 10~12 月。**分布**: 产中国福建、湖南、广东、广西、四川、云南、海南。印度、中南半岛、马来西亚、印度尼西亚也有分布。**生境**: 生于低海拔沟谷林中、山坡疏林中，海拔 300~3500m。**用途**: 观赏。

特征要点 羽状复叶互生，小叶7~8对，近对生，全缘。圆锥花序顶生；花5数，白色。蒴果长椭圆形，木质，干后紫褐色，有苍白色皮孔；种子两端具翅，翅扁平，膜质。

香椿 **Toona sinensis** (A. Juss.) Roem. 楝科 Meliaceae 香椿属

生活型: 落叶乔木。**高度**: 5~15m。**株形**: 狭卵形。**树皮**: 赭褐色，片状剥落。**枝条**: 小枝粗壮，被柔毛。**叶**: 羽状复叶互生，小叶 5~11 对，对生，纸质，矩圆形至披针状矩圆形，全缘。**花**: 圆锥花序顶生，下垂；花芳香；萼短小；花瓣 5，白色，卵状矩圆形；有退化雄蕊 5，与 5 枚发育雄蕊互生；子房有沟纹 5 条。**果实及种子**: 蒴果狭椭圆形或近卵形，长 1.5~2.5cm，5 瓣裂开；种子椭圆形，一端有膜质长翅。**花果期**: 花期 6~8 月，果期 10~12 月。**分布**: 产中国华北、华东、华中、华南、西南地区。朝鲜也有分布。**生境**: 生于山地杂木、疏林中，海拔 500~2700m。**用途**: 嫩叶食用，观赏。

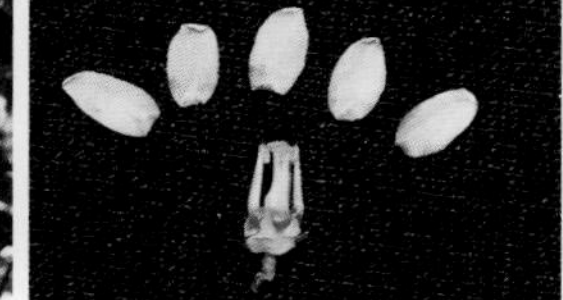

特征要点 羽状复叶互生，小叶5~11对，对生，全缘。圆锥花序顶生，下垂；花5数，白色。蒴果狭椭圆形或近卵形，5瓣裂开；种子椭圆形，一端有膜质长翅。

麻楝 **Chukrasia tabularis** A. Juss. 楝科 Meliaceae 麻楝属

生活型: 落叶乔木。**高度**: 达 30m。**株形**: 宽卵形。**树皮**: 灰色, 近平滑。**枝条**: 小枝赤褐色, 无毛。**叶**: 偶数羽状复叶互生, 长 30~50cm, 小叶 10~16, 互生, 纸质, 卵形至矩圆状披针形, 无毛。**花**: 圆锥花序顶生; 花黄色带紫; 萼杯状, 裂片 4~5; 花瓣 4~5, 矩圆形; 雄蕊花丝合生成筒, 花药 10, 着生于筒的近顶部; 子房有柄, 3~5 室。**果实及种子**: 蒴果近球形, 直径 3.5~4cm, 3~5 瓣裂开; 种子扁平, 有膜质的翅。**花果期**: 花期 4~5 月, 果期 8~9 月。**分布**: 产中国福建、海南、广东、广西、云南、西藏。尼泊尔、印度、斯里兰卡、中南半岛、马来半岛也有分布。**生境**: 生于山地杂木林、疏林中, 海拔 380~1530m。**用途**: 观赏。

特征要点 大型偶数羽状复叶互生, 小叶10~16, 无毛。圆锥花序顶生; 花黄色带紫。蒴果近球形, 直径3.5~4cm, 3~5瓣裂开; 种子扁平, 有膜质的翅。

米仔兰 **Aglaia odorata** Lour. 楝科 Meliaceae 米仔兰属

生活型: 常绿灌木或小乔木。**高度**: 4~7m。**株形**: 卵形。**树皮**: 平滑, 灰白色。**枝条**: 小枝被星状锈色鳞片。**叶**: 奇数羽状复叶互生, 叶轴有狭翅, 小叶 3~5, 纸质, 对生, 倒卵形至矩圆形。**花**: 花杂性异株; 圆锥花序腋生; 花黄色, 极香; 花萼 5 裂, 裂片圆形; 花瓣 5, 矩圆形至近圆形; 雄蕊 5, 花丝合生成筒, 筒较花瓣略短, 顶端全缘; 子房卵形, 密被黄色毛。**果实及种子**: 浆果卵形或近球形, 被疏星状鳞片; 种子有肉质假种皮。**花果期**: 花期 5~12 月, 果期 7 月至翌年 3 月。**分布**: 产中国海南、四川、广东、广西、福建、贵州、云南、台湾。东南亚各国也有分布。**生境**: 生于低海拔山地的疏林、灌木林中或庭园中。**用途**: 观赏。

特征要点 奇数羽状复叶互生, 叶轴有狭翅, 小叶3~5。圆锥花序腋生; 花小, 5数, 黄色, 极香。浆果卵球形, 被鳞片。

复羽叶栾树 **Koelreuteria bipinnata** Franch. 无患子科 Sapindaceae 栾属 / 栾树属

生活型: 落叶乔木。**高度**: 达 20m。**株形**: 宽卵形。**树皮**: 灰色, 平滑, 皮孔细密。**枝条**: 小枝褐色, 粗壮。**叶**: 二回羽状复叶互生, 羽片上小叶 9~17 片, 互生, 斜卵形, 边缘具小锯齿, 背面密被短柔毛。**花**: 圆锥花序大型, 长 35~70cm; 萼 5 裂达中部, 裂片边缘啮蚀状; 花瓣 4, 长圆状披针形, 被长柔毛, 鳞片深 2 裂; 雄蕊 8; 子房三棱状长圆形, 被柔毛。**果实及种子**: 蒴果椭圆形或近球形, 具三棱, 淡紫红色, 长 4~7cm; 种子近球形, 直径 5~6mm。**花果期**: 花期 7~9 月, 果期 8~10 月。**分布**: 产中国江苏、浙江、陕西、安徽、江西、重庆、云南、贵州、四川、湖北、湖南、广西、广东。**生境**: 生于山地疏林中, 海拔 400~2500m。**用途**: 观赏。

特征要点 二回羽状复叶互生, 小叶边缘具小锯齿。大型圆锥花序顶生; 花瓣4, 黄色, 鳞片深二裂; 雄蕊8; 子房三棱状长圆形。蒴果灯笼状, 具3棱, 淡紫红色; 种子近球形。

栾树 **Koelreuteria paniculata** Laxm. 无患子科 Sapindaceae 栾属 / 栾树属

生活型: 落叶乔木或灌木。**高度**: 6~15m。**株形**: 宽卵形。**树皮**: 厚, 灰褐色, 老时纵裂。**枝条**: 小枝粗壮, 具疣点。**叶**: 羽状复叶互生, 小叶 11~18 片, 无柄, 纸质, 卵形至卵状披针形, 边缘有不规则钝锯齿, 有时羽状深裂。**花**: 聚伞圆锥花序长 25~40cm; 花淡黄色; 萼裂片卵形; 花瓣 4, 反折, 线状长圆形, 被长柔毛, 鳞片橙红色, 深裂; 雄蕊 8; 花盘偏斜; 子房三棱形。**果实及种子**: 蒴果圆锥形, 具 3 棱, 长 4~6cm; 种子近球形, 直径 6~8mm。**花果期**: 花期 6~8 月, 果期 9~10 月。**分布**: 产中国安徽、北京、甘肃、河北、河南、江苏、辽宁、山东、山西、陕西、四川、云南、浙江等地。世界各地也有分布。**生境**: 生于山坡、路边、庭园及荒地上, 海拔 300~3800m。**用途**: 嫩芽食用, 观赏。

特征要点 羽状复叶互生, 小叶边缘有不规则钝锯齿。聚伞圆锥花序顶生; 花瓣4, 淡黄色, 反折, 鳞片橙红色; 雄蕊8; 子房三棱形。蒴果灯笼状, 具三棱; 种子近球形。

无患子 Sapindus saponaria L. 无患子科 Sapindaceae 无患子属

生活型: 落叶乔木。**高度**: 10~25m。**株形**: 卵形。**树皮**: 黄褐色, 粗糙, 微裂。**枝条**: 小枝灰色, 具锈色小皮孔。**叶**: 偶数羽状复叶互生, 小叶4~8对, 纸质, 披针形, 全缘, 光滑无毛。**花**: 圆锥花序顶生, 长15~30cm, 有茸毛; 花小, 通常两性; 萼片与花瓣各5, 边有细睫毛; 雄蕊8, 花丝下部生长柔毛; 子房倒卵形或陀螺形, 3浅裂, 3室。**果实及种子**: 果深裂为3分果爿, 通常仅1或2个发育, 核果状, 肉质, 球形, 有棱, 直径约2cm, 熟时黄色; 种子球形, 黑色, 坚硬。**花果期**: 花期6~7月, 果期9~10月。**分布**: 产中国华东、华中、华南和西南地区。日本、朝鲜、中南半岛、印度也有分布。**生境**: 生于庭园或路边, 海拔100~3000m。**用途**: 观赏。

特征要点 偶数羽状复叶互生, 小叶披针形, 全缘。圆锥花序顶生; 花小, 两性, 黄白色。果深裂为3分果爿, 发育果爿核果状, 肉质, 球形, 有棱; 种子球形, 黑色, 坚硬。

龙眼 Dimocarpus longan Lour. 无患子科 Sapindaceae 龙眼属

生活型: 常绿乔木。**高度**: 3~10m。**株形**: 卵形。**树皮**: 灰白色, 粗糙。**枝条**: 小枝粗壮, 皮孔苍白色。**叶**: 偶数羽状复叶互生, 小叶4~5对, 薄革质, 长圆形至披针形, 两侧常不对称, 背面粉绿色, 两面无毛。**花**: 聚伞圆锥花序大型, 被星状毛; 花小, 单性同株; 萼杯状, 深5裂; 花瓣5, 乳白色; 花盘碟状; 雄蕊8; 子房倒心形。**果实及种子**: 果深裂为2或3果爿, 常仅1或2个发育, 发育果爿浆果状, 近球形, 黄褐色, 粗糙; 种子茶褐色, 光亮, 全部被肉质的假种皮包裹。**花果期**: 花期3~4月, 果期7~8月。**分布**: 产中国福建、广东、广西、海南、四川、贵州、台湾、云南。亚洲泛热带地区也有分布。**生境**: 生于疏林中、果园或村边, 海拔100~1800m。**用途**: 果食用, 观赏。

特征要点 偶数羽状复叶互生, 小叶4~5对。聚伞圆锥花序大型, 被星状毛; 花小, 单性, 黄白色。果深裂为2或3果爿, 果爿浆果状, 近球形, 黄褐色; 肉质假种皮多汁液。

荔枝 **Litchi chinensis** Sonn. 无患子科 Sapindaceae 荔枝属

生活型：常绿乔木。**高度**：达 10m。**株形**：圆球形。**树皮**：灰黑色，皮孔突起。**枝条**：小枝褐红色，密生白色皮孔。**叶**：偶数羽状复叶互生，小叶 2 或 3 对，革质，披针形，顶端尖，全缘，无毛，有光泽。**花**：聚伞圆锥花序顶生，阔大，多分枝；花单性，同株；萼杯状，被金黄色短茸毛；无花瓣；花盘碟状，全缘；雄蕊 6~7；子房倒心状。**果实及种子**：果深裂为 2 或 3 果爿，通常仅 1 或 2 个发育，卵圆形或近球形，熟时暗红色至鲜红色；种子全部被肉质假种皮包裹。**花果期**：花期 4~5 月，果期 6~7 月。**分布**：产中国福建、广东、广西、四川、贵州、海南、云南、台湾，多为栽培。亚洲、非洲、大洋洲也有分布。**生境**：生于果园中或村落边，海拔 120~1200m。**用途**：果食用，观赏。

特征要点 偶数羽状复叶互生，小叶2~3对，披针形，全缘。聚伞圆锥花序顶生；花单性，黄白色。果深裂为2或3果爿，发育果爿卵圆形，熟时红色；肉质假种皮多汁液。

韶子 **Nephelium chryseum** Blume 无患子科 Sapindaceae 韶子属

生活型：常绿乔木。**高度**：10~20m。**株形**：宽卵形。**树皮**：暗灰色，平滑。**枝条**：小枝有直纹，被锈色短柔毛。**叶**：偶数羽状复叶互生，小叶常 4 对，薄革质，长圆形，两端近短尖，全缘，背面粉绿色，被柔毛，侧脉 9~14 对或更多。**花**：聚伞圆锥花序多分枝；花单性；萼杯状，5 或 6 裂，密被柔毛；无花瓣；花盘被柔毛；雄蕊 7~8；子房 2 裂，2 室。**果实及种子**：果深裂为 2 或 3 果爿，通常仅 1 个发育，椭圆形，红色，连刺长 4~5cm；刺长 1cm 或过之，两侧扁，基部阔，顶端尖，弯钩状。**花果期**：花期 4~5 月，果期 7~8 月。**分布**：产中国云南、广西、广东。越南、菲律宾也有分布。**生境**：生于密林中，海拔 500~1500m。**用途**：观赏。

特征要点 偶数羽状复叶互生，小叶常4对，长圆形，全缘。聚伞圆锥花序；花小，无花瓣。果深裂为2或3果爿，通常仅1个发育，椭圆形，红色；刺长，弯钩状。

细子龙 **Amesiodendron chinense** (Merr.) Hu 无患子科 Sapindaceae 细子龙属

生活型：常绿乔木。**高度**：5~25m。**株形**：宽卵形。**树皮**：近平滑，暗灰色。**枝条**：小枝暗红褐色，被短柔毛。**叶**：羽状复叶互生，小叶 3~7 对，薄革质，卵形、长圆形至披针形，边缘皱波状，有深锯齿。**花**：聚伞圆锥花序丛生枝端，密被短茸毛；花小，单性，具梗；萼杯状，深 5 裂；花瓣 5，白色，卵形，鳞片全缘，密被皱曲长毛；雄蕊 8 或有时 9，伸出；子房陀螺状，3 裂，3 室。**果实及种子**：蒴果的发育果爿近球状，直径 2~2.5cm，黑色或茶褐色，外面有瘤状凸起和密集的淡褐色皮孔；种子宽约 2cm。**花果期**：花期 5 月，果期 8~9 月。**分布**：产中国海南、云南、广西。越南北部也有分布。**生境**：生于密林中，海拔 300~1000m。**用途**：观赏。

特征要点　羽状复叶互生，小叶3~7对，边缘有深锯齿。聚伞圆锥花序，被毛；花小，白色。蒴果发育果爿近球状，具瘤凸和皮孔。

车桑子 **Dodonaea viscosa** (L.) Jacq. 无患子科 Sapindaceae 车桑子属

生活型：常绿灌木或小乔木。**高度**：1~3m。**株形**：卵形。**树皮**：灰白色。**枝条**：小枝扁，具或棱角，覆有胶状黏液。**叶**：单叶互生，纸质，线形、倒披针形至长圆形，边缘全缘或浅波状，两面有黏液，无毛，侧脉多而密。**花**：伞房花序顶生或在小枝上部腋生；花梗纤细；萼片 4；雄蕊 7 或 8；子房椭圆形，2 或 3 室。**果实及种子**：蒴果倒心形或扁球形，具 2 或 3 翅，高 1.5~2.2cm，种皮膜质或纸质，有脉纹；种子每室 1 或 2 颗，透镜状，黑色。**花果期**：花期 10~11 月，果期 12 月至翌年 2 月。**分布**：产中国福建、广东、广西、海南、四川、台湾、云南。世界热带、亚热带广布。**生境**：生于干旱山坡、旷地、海边的沙土上，海拔 800~2800m。**用途**：观赏。

特征要点　小枝扁，具棱角。单叶互生，线形至长圆形，全缘，无毛。伞房花序，萼片4，雄蕊7或8，子房椭圆形。蒴果倒心形或扁球形，具2或3翅，高1.5~2.2cm。

伯乐树（钟萼木） **Bretschneidera sinensis** Hemsl.

叠珠树科 / 伯乐树科 Akaniaceae/Bretschneideraceae 伯乐树属

生活型：落叶乔木。**高度**：达 20m。**株形**：宽卵形。**树皮**：灰白色，平滑。**枝条**：小枝粗壮，褐色。**叶**：单数羽状复叶互生，长达 80cm，小叶 3~6 对，对生，矩圆形至狭倒卵形，全缘，背面被短柔毛。**花**：总状花序顶生，轴密被锈色微柔毛；花大，两性，两侧对称；花直径约 4cm；花萼钟形，5 浅裂；花瓣 5，粉红色，不相等；雄蕊 5~9；子房 3 室，每室 2 胚珠。**果实及种子**：蒴果椭圆球形或近球形，长 2~4cm，木质；种子近球形。**花果期**：花期 4~6 月，果期 9~11 月。**分布**：产中国四川、云南、贵州、广西、广东、湖南、湖北、江西、浙江、福建。越南也有分布。**生境**：生于山地林中，海拔 300~2000m。**用途**：观赏。

特征要点　单数羽状复叶互生，小叶3~6对，全缘，背面被短柔毛。总状花序顶生，花大，花瓣5，粉红色。蒴果椭圆球形或近球形，木质；种子近球形。

红柴枝 **Meliosma oldhamii** Miq. ex Maxim. 清风藤科 Sabiaceae 泡花树属

生活型：落叶乔木。**高度**：达 20m。**株形**：宽卵形。**树皮**：灰白色，平滑。**枝条**：小枝粗壮，被白粉。**叶**：单数羽状复叶互生，小叶 7~15，薄纸质，椭圆形，边缘具小锯齿，两面疏生柔毛，侧脉 7~8 对。**花**：圆锥花序顶生，有褐色短柔毛；花小，白色，长 2.5~3mm；萼片 5，卵状椭圆形；花瓣 5，外面 3 片较大；雄蕊 5，3 枚退化；子房有黄色粗毛。**果实及种子**：核果球形，直径 3~4mm，黑色。**花果期**：花期 5~6 月，果期 8~9 月。**分布**：产中国贵州、广西、广东、江西、浙江、江苏、安徽、湖北、河南、陕西。日本、朝鲜也有分布。**生境**：生于湿润山坡、山谷林间，海拔 300~1300m。**用途**：种子榨油，木材，观赏。

特征要点　单数羽状复叶互生，小叶薄纸质，边缘具小锯齿。圆锥花序顶生，花小，白色，萼片5，花瓣3大2小。核果球形，黑色。

樟叶泡花树 **Meliosma squamulata** Hance 清风藤科 Sabiaceae 泡花树属

生活型：常绿小乔木。**高度**：达 15m。**株形**：宽卵形。**树皮**：灰白色。**枝条**：小枝被褐色短柔毛。**叶**：单叶互生，具细柄，薄革质，椭圆形或卵形，全缘，先端渐尖，基部楔形，叶背密被黄褐色微鳞片，侧脉每边 3~5 条。**花**：圆锥花序顶生或腋生，长 7~20cm，密被褐色柔毛；花白色，直径约 3mm；萼片 5，卵形；外面 3 片花瓣近圆形，较大，内面 2 片花瓣较小，2 裂；子房无毛。**果实及种子**：核果球形，直径 4~6mm。**花果期**：花期 6~7 月，果期 9~10 月。**分布**：产中国贵州、湖南、广东、广西、江西、福建、台湾，云南、海南。日本也有分布。**生境**：生于常绿阔叶林中，海拔 250~1800m。**用途**：观赏。

特征要点 单叶互生，具细柄，薄革质，全缘，叶背密被黄褐色微鳞片。圆锥花序，花白色，萼片5，花瓣3大2小。核果球形。

腰果 **Anacardium occidentale** L. 漆树科 Anacardiaceae 腰果属

生活型：常绿灌木或小乔木。**高度**：4~10m。**株形**：宽卵形。**树皮**：粗糙，深褐色。**枝条**：小枝黄褐色，无毛。**叶**：叶互生，革质，倒卵形，全缘，两面无毛，侧脉约 12 对。**花**：圆锥花序宽大，密被锈色微柔毛；苞片卵状披针形；花黄色，杂性；花萼 5 深裂，裂片卵状披针形；花瓣 5，线状披针形，外卷；雄蕊 7~10，通常仅 1 个发育；子房倒卵圆形，无毛。**果实及种子**：核果肾形，两侧压扁，长 2~2.5cm，果基部为肉质梨形或陀螺形的假果所托，假果长 3~7cm，成熟时紫红色；种子肾形。**花果期**：花期 12 月至翌年 4 月，果期翌年 3~5 月。**分布**：原产热带美洲。中国云南、广西、广东、福建、海南等地栽培。**生境**：生于果园中。**用途**：果食用。

特征要点 叶互生，革质，倒卵形，全缘，无毛。圆锥花序宽大；花黄色，杂性。核果肾形，基部为假果所托；假果肉质，梨形或陀螺形，成熟时紫红色；种子肾形。

杧果（芒果）**Mangifera indica** L. 漆树科 Anacardiaceae 杧果属

生活型：常绿大乔木。**高度**：10~20m。**株形**：宽卵形。**树皮**：灰褐色，平滑。**枝条**：小枝褐色，无毛。**叶**：叶互生，常集生枝顶，薄革质，长圆形，边缘全缘，无毛，侧脉多数。**花**：圆锥花序顶生，多花密集；花小，杂性，黄色；萼片 5；花瓣 5；花盘膨大，肉质，5 浅裂，雄蕊仅 1 个发育，不育雄蕊 3~4；子房斜卵形，1 室，1 胚珠。**果实及种子**：核果大，肾形，压扁，熟时黄色，中果皮肉质，肥厚，鲜黄色，味甜，果核坚硬。**花果期**：花期 12 月至翌年 4 月，果期翌年 9~11 月。**分布**：产中国云南、广西、广东、福建。印度、孟加拉国、中南半岛、马来西亚也有分布。**生境**：生于山坡、河谷、旷野的林中，海拔 200~1350m。**用途**：果食用。

特征要点 叶常集生枝顶，薄革质，长圆形，全缘，侧脉多数。圆锥花序顶生；花小，杂性，黄色。核果大，肾形，压扁，中果皮肉质，肥厚，鲜黄色，味甜，果核坚硬；种子大。

扁桃（天桃木）**Mangifera persiciforma** C. Y. Wu & T. L. Ming 漆树科 Anacardiaceae 杧果属

生活型：常绿乔木。**高度**：10~19m。**株形**：宝塔形。**树皮**：灰褐色，平滑。**枝条**：小枝圆柱形，无毛。**叶**：叶互生，具短柄，薄革质，狭披针形或线状披针形，先端急尖或短渐尖，基部楔形，边缘皱波状，无毛，侧脉约 20 对。**花**：圆锥花序顶生，长 10~19cm；花黄绿色；萼片 4~5，卵形；花瓣 4~5，长圆状披针形；花盘垫状，4~5 裂；雄蕊仅 1 个发育，不育雄蕊 2~3；子房球形。**果实及种子**：核果桃形，略压扁，长约 5cm，果肉较薄，果核大，斜卵形或菱状卵形，压扁，灰白色；种子近肾形。**花果期**：花期 3~4 月，果期 9~10 月。**分布**：产中国云南、广西、贵州，广东有栽培。**生境**：生于山谷中，海拔 290~600m。**用途**：果可食，行道树。

特征要点 叶薄革质，狭披针形或线状披针形，侧脉约20对。核果桃形，略压扁，长约5cm，果肉较薄。

岭南酸枣 **Allospondias lakonensis** (Pierre) Stapf【Spondias lakonensis Pierre】漆树科 Anacardiaceae 岭南酸枣属 / 槟榔青属

生活型: 落叶乔木。**高度**: 8~15m。**株形**: 宽卵形。**树皮**: 暗灰色，平滑。**枝条**: 小枝灰褐色，疏被微柔毛。**叶**: 奇数羽状复叶互生，小叶 5~11 对，长圆形，基部偏斜，全缘。**花**: 圆锥花序腋生，疏散；花小，白色；花梗纤细，近基部有关节；花萼 5 齿裂；花瓣 5，长圆形，具 3 脉；雄蕊 8~10；花盘边缘波状；子房 4 室，花柱 1。**果实及种子**: 核果倒卵状，熟时带红色，中果皮肉质，味甜可食；果核木质，近正方形，顶端具 4 角和 9 个凹点，每室具 1 种子；种子长圆形，种皮膜质。**花果期**: 花期 4~5 月，果期 9~11 月。**分布**: 产中国广西、广东、福建，海南、云南、泰国、越南、老挝也有分布。**生境**: 生于向阳山坡疏林中，海拔 200~900m。**用途**: 观赏。

特征要点 奇数羽状复叶互生，小叶5~11对，长圆形，全缘。圆锥花序腋生；花小，白色。核果熟时带红色，中果皮肉质；果核木质，近正方形，顶端具4角和9个凹点。

黄连木 **Pistacia chinensis** Bunge 漆树科 Anacardiaceae 黄连木属

生活型: 落叶乔木。**高度**: 达 20m。**株形**: 卵形。**树皮**: 暗褐色，鳞片状剥落。**枝条**: 小枝灰棕色，具细小皮孔。**叶**: 奇数羽状复叶互生，小叶 5~6 对，对生，纸质，披针形，先端渐尖，基部偏斜，全缘。**花**: 圆锥花序腋生，先花后叶，花单性异株，雄花序紧密，雌花序疏松；雄花花被片 2~4，披针形，大小不等，雄蕊 3~5，无雌蕊；雌花花被片 7~9，大小不等，子房球形，柱头 3，红色，无雄蕊。**果实及种子**: 核果倒卵状球形，直径约 5mm，成熟时铜蓝色或紫红色（败育）。**花果期**: 花期 3~4 月，果期 9~10 月。**分布**: 产中国华北以南地区。菲律宾也有分布。**生境**: 生于石山林中，海拔 140~3350m。**用途**: 果榨油。

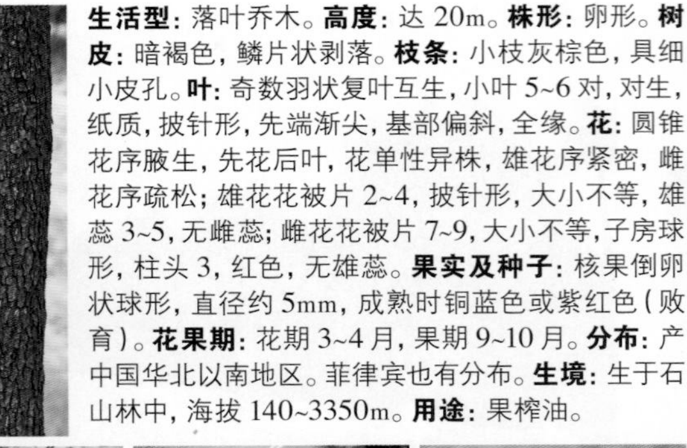

特征要点 树皮鳞片状剥落。奇数羽状复叶，小叶披针形，全缘。圆锥花序，先花后叶，雄花序紧密，雌花序疏松。核果倒卵状球形，成熟时铜蓝色或紫红色（败育）。

清香木 **Pistacia weinmanniifolia** J. Poiss. ex Franch.

漆树科 Anacardiaceae 黄连木属

生活型: 常绿灌木或小乔木。**高度**: 2~8m。**株形**: 卵形。**树皮**: 灰色，平滑。**枝条**: 小枝具棕色皮孔，被微柔毛。**叶**: 偶数羽状复叶互生，叶轴具狭翅，被微柔毛，小叶4~9对，革质，长圆形，全缘，先端微缺，具芒刺状硬尖头。**花**: 圆锥花序腋生，与叶同出，被腺毛；花小，单性异株，紫红色，无梗；雄花花被片5~8，雄蕊5；雌花花被片7~10，具睫毛，子房圆球形，柱头3裂。**果实及种子**: 核果球形，长约5mm，成熟时红色，先端细尖。**花果期**: 花期3~4月，果期7~9月。**分布**: 产中国云南、西藏、四川、贵州、广西。缅甸也有分布。**生境**: 生于石灰山林下、灌丛中，海拔580~2700m。**用途**: 观赏。

特征要点 偶数羽状复叶互生，叶轴具狭翅，小叶革质，长圆形，全缘。圆锥花序腋生；花小，单性异株，紫红色。核果球形，成熟时红色。

南酸枣 **Choerospondias axillaris** (Roxb.) Burtt & Hill

漆树科 Anacardiaceae 南酸枣属

生活型: 落叶乔木。**高度**: 8~20m。**株形**: 卵形。**树皮**: 灰褐色，片状剥落。**枝条**: 小枝粗壮，暗紫褐色。**叶**: 奇数羽状复叶互生，小叶3~6对，质薄，卵圆形，全缘，无毛，侧脉8~10对。**花**: 雄花和假两性花排成聚伞圆锥花序，雌花单生上部叶腋；花萼浅杯状，5裂；花瓣5；雄蕊10；雄花无不育雌蕊；雌花较大，子房卵圆形，无毛，5室。**果实及种子**: 核果椭圆形，成熟时黄色，长2.5~3cm，果核顶端具5个小孔。**花果期**: 花期4~5月，果期9~11月。**分布**: 产中国华东、华中、华南和西南地区。印度、中南半岛、日本也有分布。**生境**: 生于山坡、丘陵、沟谷林中，海拔300~2000m。**用途**: 果食用。

特征要点 奇数羽状复叶互生，小叶3~6对，全缘，无毛。聚伞圆锥花序，雌花通常单生于上部叶腋；花小，5基数。核果椭圆形，熟时黄色，果核顶端具5个小孔。

人面子 **Dracontomelon duperreanum** Pierre 漆树科 Anacardiaceae 人面子属

生活型：常绿大乔木。**高度**：达 20m。**株形**：狭卵形。**树皮**：灰白色，板根显著。**枝条**：小枝具条纹，被灰色茸毛。**叶**：奇数羽状复叶互生，小叶 5~7 对，互生，近革质，长圆形，基部常偏斜，全缘，两面沿中脉疏被微柔毛，侧脉 8~9 对。**花**：圆锥花序顶生或腋生，比叶短；花白色；萼片 5，卵形；花瓣 5，披针形或狭长圆形，具 3~5 条暗褐色纵脉；雄蕊 10，花盘无毛；子房无毛，5 室，每室 1 胚珠。**果实及种子**：核果扁球形，长约 2cm，熟时黄色，果核压扁，正面盾状凹入，5 室，通常 1~2 室不育；种子 3~4。**花果期**：花期 5~6 月，果期 9~10 月。**分布**：产中国云南、广西、广东。越南也有分布。**生境**：生于林中，海拔 93~350m。**用途**：观赏。

特征要点 板根显著。奇数羽状复叶互生，小叶5~7对，近革质，全缘。圆锥花序；花白色。核果扁球形，果核压扁，正面盾状凹入，5室，通常1~2室不育。

盐麸木（盐肤木） **Rhus chinensis** Mill. 漆树科 Anacardiaceae 盐麸木属

生活型：落叶灌木或小乔木。**高度**：5~10m。**株形**：宽卵形。**树皮**：灰色，粗糙，皮孔显著。**枝条**：小枝粗壮，密生褐色柔毛。**叶**：单数羽状复叶互生，叶轴及叶柄常有翅，小叶 7~13，纸质，边缘有粗锯齿，背面密生灰褐色柔毛。**花**：圆锥花序顶生；花小，杂性，黄白色；萼片 5~6；花瓣 5~6；花盘环状；雄花具 5 雄蕊；雌花子房卵形，花柱 3。**果实及种子**：核果近扁圆形，直径约 5mm，红色，有灰白色短柔毛。**花果期**：花期 7~8 月，果期 10~11 月。**分布**：除东北地区及内蒙古、新疆外，中国各地均有。印度、中南半岛、马来西亚、印度尼西亚、朝鲜、日本也有分布。**生境**：生于向阳山坡、沟谷、灌丛中，海拔 170~2700m。**用途**：观赏，药用。

特征要点 小枝密生褐色柔毛。单数羽状复叶，叶轴及叶柄常有翅。圆锥花序顶生；花小，杂性，黄白色。核果近扁圆形，有灰白色短柔毛。

野漆 Toxicodendron succedaneum (L.) Kuntze 漆树科 Anacardiaceae 漆属

生活型: 落叶灌木或小乔木。**高度**: 达 10m。**株形**: 卵形。**树皮**: 暗褐色，皮孔显著。**枝条**: 小枝粗壮，无毛。**冬芽**: 顶芽鲜褐色，有疏毛。**叶**: 单数羽状复叶互生，多聚生于枝顶，小叶 7~15，革质，全缘，先端短尾尖，两面无毛。**花**: 圆锥花序腋生，无毛；花小，杂性，黄绿色，直径约 2mm；萼片 5；花瓣 5；雄蕊 5；花盘 5 裂；子房球形，花柱 1，柱头 3 裂。**果实及种子**: 核果扁平，斜菱状圆形，淡黄色，直径 6~8mm；果皮具蜡质，白色；果核坚硬，压扁。**花果期**: 花期 5~6 月，果期 10~12 月。**分布**: 产中国华北及长江以南地区。印度、中南半岛、朝鲜、日本也有分布。**生境**: 生于林中，海拔 150~2500m。**用途**: 制漆，有毒。

特征要点 单数羽状复叶多聚生于枝顶，小叶全缘，无毛。圆锥花序腋生；花小，杂性，黄绿色。核果扁平，斜菱状圆形，淡黄色，具蜡质；果核坚硬，压扁。

木蜡树 Toxicodendron sylvestre (Siebold & Zucc.) Kuntze
漆树科 Anacardiaceae 漆属

生活型: 落叶乔木或小乔木。**高度**: 达 10m。**株形**: 卵形。**树皮**: 灰褐色。**枝条**: 小枝被黄褐色茸毛。**冬芽**: 顶芽被黄褐色茸毛。**叶**: 奇数羽状复叶互生，叶轴和叶柄圆柱形，密被黄褐色茸毛；小叶 3~6 对，纸质，卵圆形，基部不对称，全缘，被平伏微柔毛，侧脉 15~25 对。**花**: 圆锥花序长 8~15cm，密被锈色茸毛；花黄色；花萼无毛，裂片卵形；先端钝；花瓣长圆形，具暗褐色脉纹；雄蕊伸出；花盘无毛，子房球形。**果实及种子**: 核果极偏斜，压扁，外果皮薄，具光泽，中果皮蜡质，果核坚硬。**花果期**: 花期 5~6 月，果期 10~12 月。**分布**: 产中国河南以南地区。日本、朝鲜也有分布。**生境**: 生于林中，海拔 140~2300m。**用途**: 制漆，有毒。

特征要点 小枝及奇数羽状复叶密被黄褐色茸毛。圆锥花序长不超过复叶长度之半。核果长大于宽，无毛。

漆（漆树） **Toxicodendron vernicifluum** (Stokes) F. A. Barkley
漆树科 Anacardiaceae 漆属

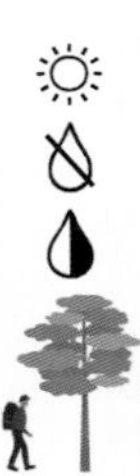

生活型: 落叶乔木。**高度**: 达 20m。**株形**: 宽卵形。**树皮**: 灰白色，粗糙，不规则纵裂。**枝条**: 小枝粗壮，被柔毛，皮孔突起。**冬芽**: 顶芽大而显著，被棕黄色茸毛。**叶**: 奇数羽状复叶互生，常螺旋状排列，小叶 9~13，小叶膜质至薄纸质，全缘，叶背被黄色柔毛。**花**: 圆锥花序腋生，被柔毛，疏花；花小，杂性，黄绿色；萼片 5；花瓣 5；雄蕊 5；花盘 5 浅裂；子房球形，花柱 1，柱头 3 裂。**果实及种子**: 果序下垂，核果肾形或椭圆形，不偏斜，略压扁；果核棕色，坚硬。**花果期**: 花期 5~6 月，果期 7~10 月。**分布**: 除黑龙江、吉林、内蒙古、新疆外，中国各地均有分布。印度、朝鲜、日本也有分布。**生境**: 生于向阳山坡林内，海拔 800~3800m。**用途**: 制漆，有毒。

特征要点 树皮具乳汁。皮孔突起。奇数羽状复叶，小叶全缘，被柔毛。圆锥花序腋生；花小，杂性，黄绿色。果序多少下垂，核果肾形或椭圆形，略压扁。

金钱槭 **Dipteronia sinensis** Oliv. 无患子科 / 槭树科 Sapindaceae/Aceraceae 金钱槭属

生活型: 落叶乔木。**高度**: 10~15m。**株形**: 宽卵形。**树皮**: 灰白色，平滑。**枝条**: 小枝细瘦，光滑。**叶**: 单数羽状复叶对生，小叶常 7~11 枚，纸质，长卵形或矩圆披针形，边缘具稀疏钝锯齿。**花**: 圆锥花序顶生或腋生，长 15~30cm；花杂性，白色；萼片 5，卵形或椭圆形；花瓣 5，宽卵形；雄蕊 8；子房扁形，有长硬毛，柱头 2，向外反卷。**果实及种子**: 翅果长 2.5cm，种子周围具圆翅，嫩时红色，有长硬毛，成熟后黄色，无毛。**花果期**: 花期 4 月，果期 9 月。**分布**: 产中国河南、陕西、甘肃、湖北、四川、贵州。**生境**: 生于林边或疏林中，海拔 1000~2000m。**用途**: 观赏。

特征要点 单数羽状复叶对生，小叶7~11枚，具稀疏钝锯齿。圆锥花序顶生或腋生；花杂性，白色，5数。翅果长2.5cm，种子周围具圆翅，嫩时红色，成熟后黄色。

三角槭 **Acer buergerianum** Miq. 无患子科 / 槭树科 Sapindaceae/Aceraceae 槭属

生活型：落叶乔木。**高度**：5~10m。**株形**：宽卵形。**树皮**：纵向片状剥落，红褐色。**枝条**：小枝细，稍有蜡粉。**叶**：单叶对生，纸质，卵形或倒卵形，顶部常3浅裂，先端短渐尖，基部圆形，全缘，具掌状三出脉；叶柄细瘦。**花**：伞房花序顶生，有短柔毛；萼片5，卵形；花瓣5，黄绿色，较萼片窄；花盘微裂；子房密生长柔毛，花柱短，柱头二裂。**果实及种子**：翅果长2.5~3cm，张开成锐角或直立，小坚果凸出。**花果期**：花期4月，果期8月。**分布**：产中国山东、河南、江苏、浙江、安徽、江西、湖北、湖南、贵州、广东，四川、福建、云南。日本也有分布。**生境**：生于阔叶林中，海拔300~1000m。**用途**：观赏。

特征要点 树皮纵向片状剥落，红褐色。叶纸质，卵形，顶部常3浅裂，全缘，具掌状三出脉。伞房花序顶生；花5数，黄绿色。翅果张开成锐角或直立。

樟叶槭 **Acer coriaceifolium** Lévl. 无患子科 / 槭树科 Sapindaceae/Aceraceae 槭属

生活型：常绿乔木。**高度**：10~20m。**株形**：狭卵形。**树皮**：浅纵裂，淡黑褐色。**枝条**：小枝褐色，密生茸毛。**叶**：单叶对生，革质，矩圆形或矩圆状披针形，基部圆形，全缘或有时具角，背面淡绿色，被白粉。**花**：伞房花序顶生；萼片5，淡绿色，长圆形；花瓣5，淡黄色，倒卵形，与萼片近等长；雄蕊8，长于花瓣；花盘被白柔毛；子房被白柔毛。**果实及种子**：翅果长2.8~3.5cm，张开成直角或锐角，着生于有茸毛的伞房果序上。**花果期**：花期3~4月，果期7~9月。**分布**：产中国湖南、江西、浙江、福建、广东、四川、湖北、贵州、广西。**生境**：生于疏林中，海拔1500~2500m。**用途**：观赏。

特征要点 树皮浅纵裂，淡黑褐色。单叶对生，革质，矩圆形，全缘或有时具角，背面被白粉。伞房花序顶生；花淡黄色。翅果张开成直角或锐角。

青榨槭 **Acer davidii** Franch. 无患子科 / 槭树科 Sapindaceae/Aceraceae 槭属

生活型：落叶乔木。**高度**：10~15m。**株形**：宽卵形。**树皮**：光滑，青绿色，具白色条纹。**枝条**：小枝细，光滑。**叶**：单叶对生，纸质，长圆卵形，先端尖，基部圆心形，边缘具不整齐的钝圆齿，羽状脉11~12对；叶柄细瘦。**花**：总状花序腋生，下垂；雄花与两性花同株；萼片5，椭圆形，黄绿色；花瓣5，倒卵形，黄绿色；雄蕊8；子房被短柔毛，在雄花中不发育，花柱无毛，细瘦，柱头反卷。**果实及种子**：翅果长2.5~3cm，张开成钝角或几成水平，嫩时淡绿色，成熟后黄褐色。**花果期**：花期4月，果期9月。**分布**：产中国华北以南地区。**生境**：生于疏林中，海拔500~1500m。**用途**：观赏。

特征要点 树皮光滑，青绿色。叶纸质，长圆卵形，具钝圆齿，羽状脉。总状花序腋生，下垂；花5数，黄绿色。翅果张开成钝角或几成水平，成熟后黄褐色。

罗浮槭 **Acer fabri** Hance 无患子科 / 槭树科 Sapindaceae/Aceraceae 槭属

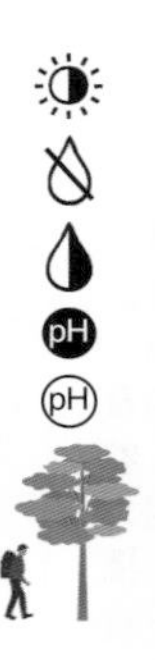

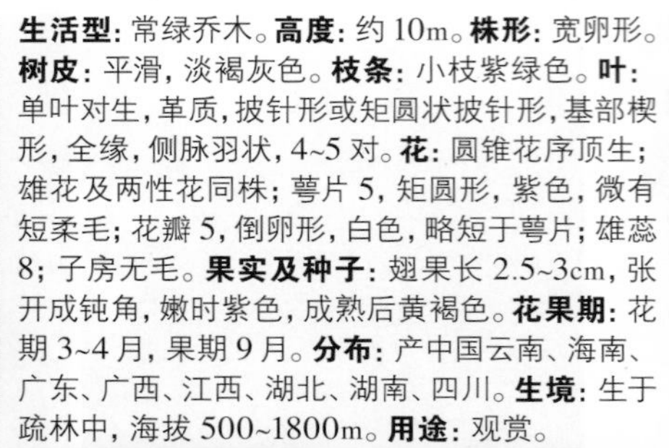

生活型：常绿乔木。**高度**：约10m。**株形**：宽卵形。**树皮**：平滑，淡褐灰色。**枝条**：小枝紫绿色。**叶**：单叶对生，革质，披针形或矩圆状披针形，基部楔形，全缘，侧脉羽状，4~5对。**花**：圆锥花序顶生；雄花及两性花同株；萼片5，矩圆形，紫色，微有短柔毛；花瓣5，倒卵形，白色，略短于萼片；雄蕊8；子房无毛。**果实及种子**：翅果长2.5~3cm，张开成钝角，嫩时紫色，成熟后黄褐色。**花果期**：花期3~4月，果期9月。**分布**：产中国云南、海南、广东、广西、江西、湖北、湖南、四川。**生境**：生于疏林中，海拔500~1800m。**用途**：观赏。

特征要点 树皮平滑，淡褐灰色。单叶对生，革质，披针形，全缘。圆锥花序顶生；花白色。翅果张开成钝角，嫩时紫色，成熟后黄褐色。

建始槭 **Acer henryi** Pax 无患子科 / 槭树科 Sapindaceae/Aceraceae 槭属

生活型: 落叶乔木。**高度**: 约 10m。**株形**: 宽卵形。**树皮**: 平滑, 浅灰色。**枝条**: 小枝圆柱形, 有短柔毛。**冬芽**: 冬芽细小, 鳞片 2。**叶**: 复叶对生, 纸质, 小叶 3, 椭圆形或长圆椭圆形, 全缘或近先端部分有稀疏的 3~5 个钝锯齿。**花**: 穗状花序侧生, 下垂, 有短柔毛; 雄雌异株; 萼片 5, 淡绿色; 花瓣 5, 短小; 雄花有雄蕊 4~6, 通常 5; 花盘微发育; 雌花子房无毛, 花柱短, 柱头反卷。**果实及种子**: 翅果长 2~2.5cm, 张开成锐角或近于直立, 嫩时淡紫色, 成熟后黄褐色, 小坚果凸起。**花果期**: 花期 4 月, 果期 9 月。**分布**: 产中国山西、河南、陕西、甘肃、江苏、浙江、安徽、湖北、湖南、四川、贵州。**生境**: 生于疏林中, 海拔 500~1500m。**用途**: 观赏。

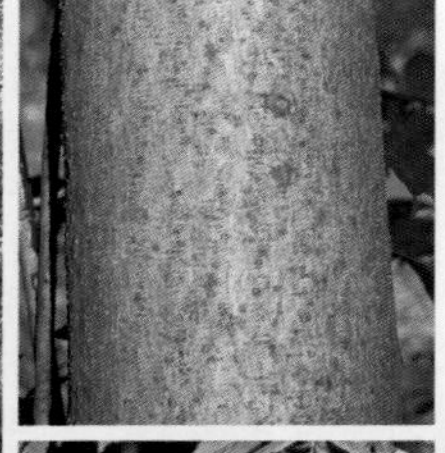

特征要点 树皮平滑, 浅灰色。复叶对生, 纸质, 小叶3。穗状花序侧生, 下垂; 雄雌异株, 花淡绿色。翅果嫩时淡紫色, 成熟后黄褐色。

鸡爪槭 **Acer palmatum** Thunb. 无患子科 / 槭树科 Sapindaceae/Aceraceae 槭属

生活型: 落叶小乔木。**高度**: 3~5m。**株形**: 宽卵形。**树皮**: 粗糙, 浅纵裂, 深灰色。**枝条**: 小枝细瘦, 紫色。**叶**: 单叶对生, 近圆形, 薄纸质, 基部心形, 掌状深裂, 裂片 5~9, 常 7, 边缘具锐锯齿; 叶柄长 4~6cm。**花**: 伞房花序顶生, 无毛; 花紫色, 杂性, 雄花与两性花同株, 花萼及花瓣都为 5; 雄蕊 8; 花盘微裂, 位于雄蕊之外; 子房无毛, 花柱 2 裂。**果实及种子**: 翅果长 2~2.5cm, 幼时紫红色, 成熟后为棕黄色, 翅张开成钝角。**花果期**: 花期 5 月, 果期 9 月。**分布**: 产中国北京、河北、福建、台湾、山东、河南、江苏、浙江、安徽、江西、湖北、湖南、贵州, 多为栽培。朝鲜、日本也有分布。**生境**: 生于林边或疏林中, 海拔 200~1200m。**用途**: 观赏。

特征要点 树皮粗糙, 深灰色。叶近圆形, 掌状深裂, 裂片7, 边缘具锐锯齿。伞房花序顶生; 花紫色, 杂性。翅果幼时紫红色, 成熟后为棕黄色, 翅张开成钝角。

色木槭（五角枫、元宝槭） **Acer pictum** Thunb. ex Murray 【**Acer mono** Maxim.; **Acer truncatum** Bunge】 无患子科 / 槭树科 Sapindaceae/Aceraceae 槭属

生活型：落叶乔木。**高度**：8~20m。**株形**：宽卵形。**树皮**：粗糙，纵裂，灰色。**枝条**：小枝细瘦，无毛，具圆形皮孔。**冬芽**：冬芽球形，鳞片卵形。**叶**：单叶对生，纸质，常 5 裂，有时 3~7 裂，裂片全缘，无毛；主脉 5 条；叶柄长 4~6cm。**花**：圆锥状伞房花序顶生；雄花与两性花同株；萼片 5，黄绿色；花瓣 5，淡黄色；雄蕊 8，花药黄色；子房花柱短，柱头 2 裂，反卷。**果实及种子**：翅果长 2~2.5cm，小坚果压扁状，翅张开成锐角或近于钝角。**花果期**：花期 4~5 月，果期 8~9 月。**分布**：产中国东北、华北和长江流域各地；俄罗斯西伯利亚东部、蒙古、朝鲜和日本也有分布。**生境**：生于山坡或山谷疏林中，海拔 800~1500m。**用途**：观赏。

特征要点　树皮粗糙，灰色。叶常5裂，裂片先端锐尖，全缘；主脉5条。圆锥状伞房花序顶生；花杂性，黄绿色。翅果嫩时紫绿色，熟时淡黄色，翅张开成锐角或近于钝角。

中华槭 **Acer campbellii** subsp. **sinense** (Pax) P. C. de Jong 【**Acer sinense** Pax】 无无患子科 / 槭树科 Sapindaceae/Aceraceae 槭属

生活型：落叶乔木。**高度**：3~5m。**株形**：宽卵形。**树皮**：光滑，绿色。**枝条**：小枝细瘦，无毛，平滑。**冬芽**：冬芽小，鳞片 6。**叶**：单叶对生，近革质，基部心形，常 5 裂，裂片边缘具圆齿状细锯齿，背面具白粉。**花**：圆锥花序顶生，下垂；雄花与两性花同株；萼片 5，淡绿色，长圆形；花瓣 5，白色，长圆形；雄蕊 5~8；花盘肥厚；子房有白色疏柔毛，花柱无毛，2 裂。**果实及种子**：翅果长 3~3.5cm，张开成直角，淡黄色，无毛，下垂，小坚果特别凸起。**花果期**：花期 5 月，果期 9 月。**分布**：产中国安徽、河南、湖北、四川、湖南、贵州、广东、广西、福建、云南。**生境**：生于混交林中，海拔 1200~2000m。**用途**：观赏。

特征要点　树皮光滑，绿色。单叶对生，近革质，常5裂，边缘具锯齿。圆锥花序顶生，下垂；花白色。翅果张开成直角，淡黄色。

七叶树（天师栗） **Aesculus chinensis** Bunge 【Aesculus wilsonii Rehder】

无患子科 / 七叶树科 Sapindaceae/Hippocastanaceae 七叶树属

生活型：落叶乔木。**高度**：达 25m。**株形**：卵形。**树皮**：粗糙至块状浅裂，褐色。**枝条**：小枝粗壮。**叶**：掌状复叶对生，小叶 5~7，纸质，长倒披针形或矩圆形，边缘具细锯齿，侧脉 13~17 对；叶柄长 6~10cm。**花**：圆锥花序顶生，长达 25cm，有微柔毛；花杂性，白色；花萼 5 裂；花瓣 4，不等大，长 8~10mm；雄蕊 6；子房被毛，在雄花中不发育。**果实及种子**：蒴果直径 3~4cm，球形，密生疣点；种子大，近球形，褐色，光滑。**花果期**：花期 4~5 月，果期 10 月。**分布**：产中国北京、河北、山西、河南、湖北、四川、贵州、江西、湖南、云南、浙江、陕西。**生境**：生于灌木林中或平原庭园。**用途**：观赏，行道树，木材，种子入药。

特征要点 掌状复叶对生，具柄，小叶5~7，边缘具细锯齿。圆锥花序顶生；花杂性，白色；花瓣4，不等大。蒴果球形，密生疣点；种子大，近球形，褐色，光滑。

瘿椒树（银鹊树） **Tapiscia sinensis** Oliv.

瘿椒树科 / 省沽油科 Tapisciaceae/Staphyleaceae 瘿椒树属

生活型：落叶乔木。**高度**：达 15m。**株形**：卵形。**树皮**：灰白色，纵裂。**枝条**：小枝光滑，无毛。**叶**：单数羽状复叶互生，小叶 5~9，狭卵形或卵形，边缘有锯齿，无毛，背面粉绿色。**花**：圆锥花序腋生，雄花序长达 25cm，两性的长达 10cm；花小，有香气，黄色，雄花与两性花异株；花萼钟状，5 浅裂；花瓣 5，狭倒卵形；雄蕊 5，伸出花外；子房 1 室，有 1 胚珠。**果实及种子**：核果近球形，长约 7mm。**花果期**：花期 6~7 月，果期 9~10 月。**分布**：产中国浙江、安徽、湖北、湖南、广东、广西、四川、重庆、云南、贵州。**生境**：生于山地林中。**用途**：观赏。

特征要点 单数羽状复叶互生，小叶狭卵形，边缘有锯齿，无毛。圆锥花序腋生，雄花序长于两性花序；花小，黄色，5数。核果近球形。

白蜡树 **Fraxinus chinensis** Roxb. 木樨科 Oleaceae 梣属

生活型：落叶乔木。**高度**：10~12m。**株形**：宽卵形。**树皮**：灰褐色，有皮孔，平滑至浅纵裂。**枝条**：小枝黄褐色，粗糙，皮孔小。**冬芽**：芽阔卵形或圆锥形。**叶**：奇数羽状复叶对生，小叶 5~7 枚，较大，硬纸质，卵形至披针形，叶缘具整齐锯齿；叶轴具窄沟。**花**：圆锥花序顶生或腋生枝梢，长 8~10cm；花雌雄异株；雄花密集，花萼小，钟状，无花冠，花药与花丝近等长；雌花疏离，花萼大，桶状，4 浅裂，花柱细长，柱头二裂。**果实及种子**：翅果匙形，长 3~4cm，翅下延；花萼宿存。**花果期**：花期 4~5 月，果期 7~9 月。**分布**：产中国华北以南各地。越南、朝鲜也有分布。**生境**：生于山地杂木林中，海拔 800~1600m。**用途**：行道树，观赏。

特征要点 奇数羽状复叶对生，小叶5~7枚，较大，卵形至披针形。圆锥花序；花雌雄异株或杂性，黄白色，无花瓣。翅果匙形，翅下延；花萼宿存。

光蜡树 **Fraxinus griffithii** C. B. Clarke 木樨科 Oleaceae 梣属

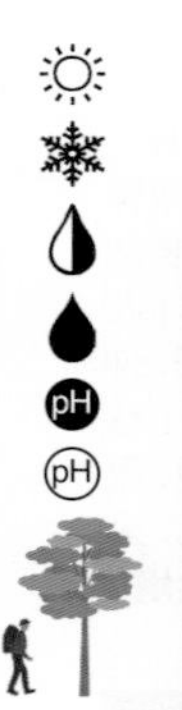

生活型：半常绿乔木。**高度**：10~20m。**株形**：宽卵形。**树皮**：灰白色，薄片状剥落。**枝条**：小枝灰白色，皮孔疣点状凸起。**冬芽**：芽裸露。**叶**：奇数羽状复叶对生，小叶 5~11 枚，革质，卵形，近全缘，背面具细小腺点。**花**：圆锥花序顶生；花萼杯状，萼齿 4，阔三角形；花冠白色，裂片 4，舟形；雄蕊花药大；雌蕊短，花柱稍长，柱头点状。**果实及种子**：翅果阔披针状匙形，翅下延至坚果中部以下。**花果期**：花期 5~7 月，果期 7~11 月。**分布**：产中国福建、台湾、湖北、湖南、广东、海南、广西、贵州、四川、云南、台湾。日本、菲律宾、印度尼西亚、孟加拉国、印度也有分布。**生境**：生于干燥山坡、林缘、村旁、河边，海拔 100~2000m。**用途**：观赏。

特征要点 树皮灰白色。奇数羽状复叶对生，小叶5~11，革质，卵形，近全缘，有腺点。圆锥花序长 10~25cm；花冠白色，裂片4，舟形。翅果阔披针状匙形。

苦枥木 **Fraxinus insularis** Hemsl. 木樨科 Oleaceae 梣属

生活型: 落叶大乔木。**高度**: 20~30m。**株形**: 宽卵形。**树皮**: 灰色，平滑。**枝条**: 小枝扁平，节膨大。**冬芽**: 芽圆锥形。**叶**: 奇数羽状复叶对生，小叶3~7枚，硬纸质或革质，长圆形或椭圆状披针形，边缘具浅锯齿，两面无毛。**花**: 圆锥花序生于当年生枝端，长20~30cm；花芳香；花萼钟状；花冠白色，裂片4，匙形；雄蕊伸出花冠外；雌蕊长约2mm，花柱与柱头近等长，柱头二裂。**果实及种子**: 翅果长匙形，长2~4cm，红色至褐色，翅下延至坚果上部；花萼宿存。**花果期**: 花期4~5月，果期7~9月。**分布**: 产中国秦岭以南及西南地区。日本也有分布。**生境**: 生于山地、河谷、石灰岩裸坡上，海拔300~1800m。**用途**: 观赏。

特征要点 节膨大。奇数羽状复叶对生，小叶3~7，边缘具浅锯齿，无毛。圆锥花序长20~30cm；花冠白色，裂片4；雄蕊伸出花冠外。翅果长匙形，红褐色，花萼宿存。

李榄 **Linociera insignis** (Miq.) C. B. Clarke 木樨科 Oleaceae 李榄属

生活型: 常绿灌木或乔木。**高度**: 4~18m。**株形**: 宽卵形。**树皮**: 灰黄色。**枝条**: 小枝压扁，具皮孔。**叶**: 单叶对生，大，革质，倒卵状披针形，先端急尖，基部渐窄下延，叶缘稍反卷，两面无毛，侧脉9~15对；叶柄粗壮。**花**: 圆锥花序腋生，长9~15cm，被柔毛；小苞片线形；花萼裂片长圆状卵形；花冠裂片长圆形；花丝极短；子房近球形。**果实及种子**: 核果狭卵球形或狭椭圆形，长5~10cm，宽2.5~5cm，黑色，被圆形皮孔。**花果期**: 花期5~6月，果期9月至翌年4月。**分布**: 产中国云南。缅甸和印度尼西亚也有分布。**生境**: 生于山谷密林或沟谷灌丛中，海拔800~1600m。**用途**: 观赏。

特征要点 小枝压扁，具皮孔。单叶对生，大，革质，倒卵状披针形，叶缘稍反卷，无毛。圆锥花序腋生。核果大，长5~10cm，宽2.5~5cm，黑色，被圆形皮孔。

木樨(桂花) **Osmanthus fragrans** Lour. 木樨科 Oleaceae 木樨属

生活型: 常绿乔木或灌木。**高度**: 3~5m。**株形**: 卵形。**树皮**: 灰褐色。**枝条**: 小枝黄灰色, 无毛, 皮孔显著。**叶**: 叶对生, 革质, 椭圆形, 无毛, 边缘上半部常具细锯齿。**花**: 聚伞花序簇生叶腋, 花多朵; 花极芳香; 花萼 4 裂, 裂片稍不整齐; 花冠黄白色至橘红色, 4 深裂; 雄蕊 2, 着生于花冠管中部, 药隔延伸呈小尖头; 子房 2 室。**果实及种子**: 核果歪斜, 椭圆形, 熟时紫黑色, 长 1~1.5cm。**花果期**: 花期 9~10 月, 果期翌年 3 月。**分布**: 原产中国西南部, 现各地广泛栽培。**生境**: 生于山坡或庭园中。**用途**: 观赏, 花药用或食用。

特征要点 叶对生, 革质, 椭圆形, 上半部常具细锯齿。聚伞花序簇生叶腋; 花极芳香; 花冠黄白色至橘红色, 4深裂; 雄蕊2; 子房2室。核果歪斜, 椭圆形, 熟时紫黑色。

牛屎果 **Chengiodendron matsumuranum** (Hayata) C. B. Shang, X. R. Wang, Yi F. Duan & Yong F. Li【Osmanthus matsumuranus Hayata】 木樨科 Oleaceae 万钧木属 / 木樨属

生活型: 常绿灌木或乔木。**高度**: 2.5~10m。**株形**: 宽卵形。**树皮**: 淡灰色, 粗糙。**枝条**: 小枝扁平, 黄褐色, 无毛。**叶**: 叶对生, 薄革质, 倒披针形, 先端渐尖, 基部狭楔形, 全缘或上半部有锯齿, 两面无毛, 具腺点, 侧脉 10~12 对。**花**: 聚伞花序组成短小圆锥花序腋生; 花芳香; 花萼 4 裂; 花冠黄绿色, 4 裂; 雄蕊 2; 子房 2 室。**果实及种子**: 核果椭圆形, 长 1.5~3cm, 熟时紫红色至黑色。**花果期**: 花期 5~6 月, 果期 11~12 月。**分布**: 产中国安徽、浙江、江西、台湾、广东、广西、贵州、云南。越南、老挝、柬埔寨、印度也有分布。**生境**: 生于山坡密林中、山谷林中、灌丛中, 海拔 800~1500m。**用途**: 观赏。

特征要点 叶对生, 薄革质, 倒披针形, 全缘或上半部有锯齿, 具腺点。聚伞花序组成短小圆锥花序, 生于叶腋; 花冠4裂; 雄蕊2。核果椭圆形, 熟时紫红色至黑色。

女贞 **Ligustrum lucidum** W. T. Aiton 木樨科 Oleaceae 女贞属

生活型: 常绿乔木。**高度**: 达 6m。**株形**: 卵形。**树皮**: 暗灰色，纵裂。**枝条**: 小条无毛，有皮孔。**叶**: 叶对生，革质而脆，卵形至卵状披针形，全缘，无毛；叶柄短。**花**: 圆锥花序长 12~20cm，无毛；花两性，近无梗；花冠筒和花萼略等长；花萼钟状，先端截形；花冠白色，近辐射状，裂片 4 枚；雄蕊 2 枚，伸出；子房近球形，2 室，柱头肥厚。**果实及种子**: 核果矩圆形，熟时紫蓝色，长约 1cm。**花果期**: 花期 5~7 月，果期翌年 5 月。**分布**: 产中国秦岭以南地区，陕西、甘肃、河北等地有栽培。朝鲜、印度、尼泊尔也有分布。**生境**: 生于疏林、密林中，海拔 2900m 以下。**用途**: 观赏。

特征要点 叶对生，革质而脆，卵形至卵状披针形，全缘。大型圆锥花序顶生；花两性，花冠白色，近辐射状，裂片4。核果矩圆形，熟时紫蓝色。

小蜡 **Ligustrum sinense** Lour. 木樨科 Oleaceae 女贞属

生活型: 常绿灌木。**高度**: 达 2m。**株形**: 宽卵形。**茎皮**: 灰白色。**枝条**: 小枝密生短柔毛。**叶**: 叶对生，薄革质，椭圆形至椭圆状矩圆形，长 3~7cm，全缘，背面沿中脉被短柔毛。**花**: 圆锥花序长 4~10cm，有短柔毛；花白色，花梗明显；花冠筒比花冠裂片短；雄蕊超出花冠裂片；子房 2 室。**果实及种子**: 核果近圆状，直径 4~5mm。**花果期**: 花期 4~5 月，果期 8~11 月。**分布**: 产中国江苏、浙江、安徽、江西、福建、台湾、湖北、湖南、广东、广西、四川、重庆、西藏、海南、贵州、云南。越南、马来西亚也有分布。**生境**: 生于山坡、山谷、溪边、河旁、路边的密林、疏林、混交林中，海拔 200~2600m。**用途**: 观赏。

特征要点 小枝密生短柔毛。叶对生，薄革质，椭圆形，全缘，背面沿中脉被短柔毛。圆锥花序；花白色，花冠筒比花冠裂片短，雄蕊超出花冠裂片。核果近圆状。

野迎春 **Jasminum mesnyi** Hance 木樨科 Oleaceae 素馨属

生活型: 常绿直立亚灌木。**高度**: 0.5~5m。**株形**: 蔓生形。**茎皮**: 灰色。**枝条**: 小枝四棱形, 光滑无毛。**叶**: 三出复叶对生, 近革质, 长卵形或长卵状披针形, 边缘反卷, 先端钝或圆, 基部楔形, 两面几无毛。**花**: 花通常单生于叶腋; 苞片叶状; 花梗粗壮; 花萼钟状, 裂片 5~8 枚, 小叶状, 披针形; 花冠黄色, 漏斗状, 裂片 6~8 枚, 宽倒卵形或长圆形, 栽培时出现重瓣; 雄蕊 2 枚, 内藏; 子房 2 室。**果实及种子**: 浆果椭圆形, 两心皮基部愈合, 直径 6~8mm。**花果期**: 花期 11 月至翌年 8 月, 果期翌年 3~5 月。**分布**: 产中国四川、贵州、云南、广东、福建等地栽培。**生境**: 生于峡谷、林中, 海拔 500~2600m。**用途**: 观赏。

特征要点 小枝四棱形。三出复叶对生, 近革质, 长卵形, 边反卷, 先端钝圆。花常单生叶腋; 花萼裂片5~8; 花冠黄色, 漏斗状, 裂片6~8或重瓣; 雄蕊2。浆果椭圆形。

迎春花 **Jasminum nudiflorum** Lindl. 木樨科 Oleaceae 素馨属

生活型: 落叶灌木。**高度**: 0.4~5m。**株形**: 蔓生形。**树皮**: 绿色。**枝条**: 小枝四棱形, 无毛。**叶**: 叶对生, 小叶 3, 卵形至矩圆状卵形, 全缘, 灰绿色。**花**: 花单生于无叶老枝叶腋, 先叶开放; 苞片叶状, 狭窄; 花萼钟状, 裂片 5~6, 条形或矩圆状披针形; 花冠黄色, 裂片通常 6 枚, 倒卵形或椭圆形; 雄蕊 2 枚, 内藏; 子房 2 室。**花果期**: 花期 3~5 月, 常不结果。**分布**: 产中国北京、河北、河南、山东、山西、陕西、甘肃、江苏、四川、云南、贵州、广东、西藏。**生境**: 生于山坡灌丛中, 海拔 400~2000m。**用途**: 观赏。

特征要点 小枝四棱形, 绿色。叶对生, 小叶3, 全缘。花单生于无叶老枝叶腋, 先叶开放; 花萼钟状, 裂片5~6; 花冠黄色, 裂片通常6枚。

茉莉花 **Jasminum sambac** (L.) Aiton 木樨科 Oleaceae 素馨属

生活型：常绿直立或攀缘灌木。**高度**：达 3m。**株形**：卵形。**茎皮**：绿色。**枝条**：小枝圆柱形，疏被柔毛。**叶**：叶对生，单叶，纸质，圆形至倒卵形，全缘，无毛；叶柄短，具关节。**花**：聚伞花序顶生，通常有花 3 朵，有时单花或多达 5 朵；苞片微小，锥形；花极芳香；花萼裂片线形；花冠白色，裂片长圆形至近圆形，栽培时常重瓣；雄蕊 2 枚，内藏；子房 2 室。**果实及种子**：浆果球形，熟时紫黑色，直径约 1cm。**花果期**：花期 5~8 月，果期 7~9 月。**分布**：产中国福建、广东、广西、贵州、湖南、海南、云南等地，其他地区也常有栽培。印度及世界各地也有分布。**生境**：生于路边或庭园中。**用途**：花药用，观赏。

特征要点 叶对生，圆形至倒卵形，全缘。聚伞花序顶生，常有花3朵；花极芳香；花萼裂片线形；花冠白色，常重瓣；雄蕊2；子房2室。浆果球形，熟时紫黑色。

萝芙木 **Rauvolfia verticillata** (Lour.) Baill. 夹竹桃科 Apocynaceae 萝芙木属

生活型：常绿直立灌木。具乳汁。**高度**：0.5~3m。**株形**：宽卵形。**茎皮**：灰色。**枝条**：小枝纤细，无毛，有皮孔。**叶**：单叶对生或 3~5 叶轮生，长椭圆状披针形，全缘，顶端渐尖，基部楔形，两面无毛，侧脉弧曲上升，每边 6~15 条。**花**：聚伞花序顶生；花白色；花萼 5 裂；花冠高脚碟状，花冠筒中部膨大，花冠裂片 5 枚，向左覆盖；雄蕊 5 枚，着生于花冠筒中部；心皮 2，离生。**果实及种子**：核果卵形或椭圆形，离生，未熟时绿色，后渐变红色，成熟时为紫黑色。**花果期**：花期 2~10 月，果期 4 月至翌春。**分布**：产中国西南、华南地区及台湾；越南也有分布。**生境**：一般生于林边、丘陵地带的林中或溪边较潮湿的灌木丛中。**用途**：观赏，药用。

特征要点 单叶对生或3~5叶轮生，长椭圆状披针形，全缘，无毛，具弧形脉。聚伞花序顶生；花冠高脚碟状，白色。核果离生，未熟时绿色，后渐变红色，成熟时为紫黑色。

盆架树 **Alstonia rostrata** C. E. C. Fisch. 夹竹桃科 Apocynaceae 鸡骨常山属

生活型: 常绿乔木。**高度**: 达 25m。**株形**: 圆柱形。**树皮**: 粗糙，褐色，皮孔显著。**枝条**: 小枝黄褐色，皮孔显著。**叶**: 常 3~4 叶轮生，薄纸质，长圆状椭圆形，基部楔形或钝，全缘，无毛，侧脉密集，近平行。**花**: 聚伞花序顶生；花萼短，裂片卵圆形；花冠高脚碟状，冠筒被柔毛，裂片 5，白色；雄蕊与柱头离生，内藏；子房由 2 枚合生心皮组成，无毛，柱头棍棒状。**果实及种子**: 蓇葖果合生，长 18~35cm；种子长椭圆形，扁平，被缘毛。**花果期**: 花期 4~7 月，果期 8~12 月。**分布**: 产中国海南和云南、广东。印度、缅甸、印度尼西亚也有分布。**生境**: 生于山地常绿林中，海拔 500~800m。**用途**: 观赏，行道树。

特征要点 常3~4叶轮生，叶全缘，侧脉近平行。聚伞花序顶生；花冠高脚碟状，裂片5，白色。蓇葖果合生，细长下垂。

糖胶树 **Alstonia scholaris** (L.) R. Br. 夹竹桃科 Apocynaceae 鸡骨常山属

生活型: 常绿乔木。**高度**: 达 10m。**株形**: 圆柱形。**树皮**: 灰白色，条状纵裂。**枝条**: 小枝粗壮，绿色。具白色乳汁。**叶**: 叶 3~8 枚轮生，革质，倒卵状矩圆形、倒披针形或匙形，无毛；侧脉每边 40~50 条，近平行。**花**: 聚伞花序顶生，被柔毛；花白色；花冠高脚碟状；花盘环状；子房由 2 枚离生心皮组成，被柔毛。**果实及种子**: 蓇葖果 2，离生，细长如豆角，下垂，长 25cm。**花果期**: 花期 4~7 月，果期 8~12 月。**分布**: 中国云南、广西、广东、台湾等地野生或栽培。印度、越南、马来半岛、印度尼西亚和澳大利亚也有分布。**生境**: 生于低丘陵山地疏林中、路旁或水沟边，海拔 650m。**用途**: 观赏，药用。

特征要点 叶3~8枚轮生，革质，先端圆或短渐尖。蓇葖果2，离生，细长如豆角，下垂，长25cm。

夹竹桃（欧洲夹竹桃） **Nerium oleander** L. 夹竹桃科 Apocynaceae 夹竹桃属

生活型：常绿大灌木。**高度**：达 5m。**株形**：宽卵形。**茎皮**：灰白色，平滑。**枝条**：小枝绿色，光滑无毛。含水液。**叶**：叶 3~4 枚轮生，窄披针形，全缘，无毛，背面浅绿色，侧脉扁平，密生而平行。**花**：聚伞花序顶生；花萼 5 裂，裂片披针形，直立；花冠漏斗状，深红色，芳香，冠筒圆筒形，上部扩大呈钟状，喉部具 5 枚阔鳞片状副花冠，花冠裂片 5 或重瓣；雄蕊 5；无花盘；子房由 2 枚离生心皮组成，柱头近球状，每心皮有多枚胚珠。**果实及种子**：蓇葖果矩圆形，离生，长 10~23cm；种子顶端具黄褐色种毛。**花果期**：花期 6~9 月，果期 12 至翌年 1 月。**分布**：原产地中海地区。中国南方各地露天栽培，北方地区也常见室内盆栽。全世界广泛栽培。**生境**：生于庭园中或路边。**用途**：观赏，有毒。

特征要点 植株具乳汁。叶3~4枚轮生，窄披针形，无毛。聚伞花序顶生；花冠漏斗状，深红色，喉部具5枚阔鳞片状副花冠。蓇葖果矩圆形，离生。

风箱树 **Cephalanthus tetrandrus** (Roxb.) Ridsd. & Bakh. f.

茜草科 Rubiaceae 风箱树属

生活型：落叶灌木或小乔木。**高度**：1~5m。**株形**：宽卵形。**树皮**：褐色。**枝条**：小枝近四棱柱形，被短柔毛。**叶**：叶对生或轮生，近革质，卵形至卵状披针形，背面无毛或密被柔毛，侧脉 8~12 对；托叶阔卵形，具黑色腺体。**花**：叶对生或轮生，近革质，卵形至卵状披针形，侧脉 8~12 对；托叶阔卵形，具黑色腺体。**花**：头状花序顶生或腋生；小苞片棒形；萼裂片 4，裂口处常有 1 黑色腺体；花冠白色，裂片 4，长圆形；柱头棒形，伸出于花冠外。**果实及种子**：果序直径 10~20mm；坚果长 4~6mm，顶部有宿存萼檐。**花果期**：花期 5~6 月，果期 8~9 月。**分布**：产中国广东、海南、广西、湖南、福建、江西、浙江、台湾、贵州、云南。印度、孟加拉国、缅甸、泰国、老挝、越南也有分布。**生境**：生于荫蔽的水旁或溪畔，海拔 40~1100m。**用途**：观赏。

特征要点 小枝近四棱。叶对生，近革质；托叶阔卵形。头状花序，直径8~12mm；花冠白色，裂片4；柱头棒形，伸出于花冠外。坚果顶部有宿存萼檐。

团花（团花树） **Neolamarckia cadamba** (Roxb.) Bosser【Anthocephalus chinensis (Lam.) Rich. ex Walp.】茜草科 Rubiaceae 团花属

生活型：落叶大乔木。**高度**：达 30m。**株形**：狭卵形。**树皮**：薄，灰褐色。**枝条**：小枝略扁，褐色，光滑。**叶**：叶对生，大，薄革质，椭圆形，全缘；叶柄粗壮；托叶披针形，脱落。**花**：头状花序单个顶生，直径 4~5cm，花序梗粗壮，长 2~4cm；花 5 数；萼管无毛，萼裂片长圆形，长 3~4mm，被毛；花冠黄白色，漏斗状，无毛，花冠裂片披针形，长 2.5mm。**果实及种子**：果序直径 3~4cm，成熟时黄绿色；种子近三棱形，无翅。**花果期**：花期 5~6 月，果期 9~11 月。**分布**：产中国广东、广西、云南。越南、马来西亚、缅甸、印度、斯里兰卡也有分布。**生境**：生于山谷溪旁或杂木林下。**用途**：观赏。

特征要点 叶大，椭圆形，全缘。头状花序单个顶生，直径4~5cm；花5数；花冠黄白色。果序直径3~4cm，成熟时黄绿色。

水团花 **Adina pilulifera** (Lam.) Franch. ex Drake 茜草科 Rubiaceae 水团花属

生活型：常绿灌木至小乔木。**高度**：达 5m。**株形**：宽卵形。**树皮**：平滑，灰白色。**枝条**：小枝近无毛。**叶**：叶对生，薄纸质，披针形，全缘，无毛，侧脉每边 8~10 条，纤细；托叶 2 裂，裂片披针形。**花**：头状花序单生叶腋，很少顶生，盛开时直径 1.5~2cm；总花梗长 2.5~4.5cm，被粉末状微毛，中部着生数枚苞片；花白色，5 数，很少 4 数，长 5~7mm，直径 2~3mm。**果实及种子**：蒴果长 2~3mm，具明显的纵棱。**花果期**：花期 7~8 月，果期 8~9 月。**分布**：产中国长江以南各地；越南、日本也有分布。**生境**：生于山谷疏林下或旷野路旁，海拔 200~350m。**用途**：观赏。

特征要点 叶对生，薄纸质，披针形，全缘；托叶二裂。头状花序单生叶腋，具总花梗；花白色，5 数，柱头显著伸出。蒴果小，具棱。

鸡仔木 **Sinoadina racemosa** (Siebold & Zucc.) Ridsd.【Adina racemosa (Siebold & Zucc.) Miq.】 茜草科 Rubiaceae 鸡仔木属 / 水团花属

生活型: 半常绿或落叶乔木。**高度**: 4~12m。**株形**: 宽卵形。**树皮**: 灰色, 粗糙。**枝条**: 小枝无毛。**冬芽**: 顶芽金字塔形或圆锥形。**叶**: 叶对生, 具柄, 薄革质, 宽卵形或卵状长圆形, 基部心形或钝, 侧脉 6~12 对; 托叶 2 裂, 早落。**花**: 头状花序不计花冠直径 4~7mm, 10 多个排成聚伞状圆锥花序式; 花冠淡黄色, 长 7mm, 裂片三角状。**果实及种子**: 果序直径 11~15mm; 小蒴果倒卵状楔形, 长 5mm, 有稀疏的毛。**花果期**: 花果期 5~12 月。**分布**: 产中国四川、云南、贵州、湖南、广东、福建、广西、台湾、浙江、江西、江苏、安徽。日本、泰国、缅甸也有分布。**生境**: 生于向阳处的山林中或水边, 海拔 330~950m。**用途**: 木材, 纤维, 观赏。

特征要点 叶对生, 宽卵形或卵状长圆形。头状花序10多个排成聚伞状圆锥花序式; 花冠淡黄色。

金鸡纳树 **Cinchona calisaya** Wedd. 茜草科 Rubiaceae 金鸡纳属

生活型: 常绿乔木。**高度**: 达 3m。**株形**: 宽卵形。**枝条**: 小枝四棱形, 被褐色短柔毛。**叶**: 叶对生, 矩圆状披针形或椭圆状矩圆形, 先端钝或短尖, 基部楔尖, 背面沿叶脉被短柔毛; 托叶早落。**花**: 聚伞花序腋生或顶生; 花 5 数, 有强烈的气味, 被浅褐色茸毛; 萼筒陀螺形, 长约 2mm, 裂片三角形; 花冠白色, 筒状, 长 1cm, 裂片披针形, 边缘被白色长柔毛; 雄蕊内藏。**果实及种子**: 蒴果椭圆形, 长约 12mm, 室间开裂; 种子小, 具翅。**花果期**: 花期 7~8 月, 果期翌年 2~3 月。**分布**: 原产玻利维亚、秘鲁, 印度、斯里兰卡、菲律宾、印度尼西亚及非洲国家有栽培。中国云南栽培。**生境**: 生于庭园中, 海拔 540~540m。**用途**: 含奎宁量最高, 药用。

特征要点 小枝四棱形。叶对生, 矩圆形, 背面被毛; 托叶早落。聚伞花序; 花5数, 有强烈气味, 花冠白色, 筒状。蒴果椭圆形, 室间开裂; 种子小, 具翅。

香果树 **Emmenopterys henryi** Oliv. 茜草科 Rubiaceae 香果树属

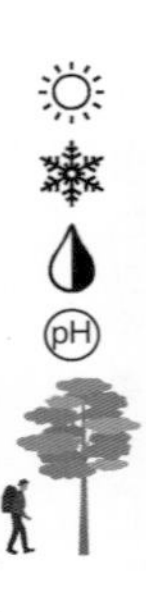

生活型: 落叶大乔木。**高度**: 达 30m。**株形**: 宽卵形。**树皮**: 灰白色，粗糙，纵裂。**枝条**: 小枝有皮孔。**叶**: 叶对生，有长柄，革质，宽椭圆形至宽卵形，顶端尖；托叶大，早落。**花**: 聚伞花序排成顶生大型圆锥花序状；花大，黄色，5 数；花萼近陀螺状，一些花的萼裂片中的 1 片扩大成叶状，宿存，白色；花冠漏斗状，被茸毛。**果实及种子**: 蒴果近纺锤状，熟时红色，室间开裂为 2 果瓣；种子很多，小而有阔翅。**花果期**: 花期 6~8 月，果期 8~11 月。**分布**: 产中国陕西、甘肃、江苏、安徽、浙江、江西、福建、河南、湖北、湖南、广西、四川、重庆、贵州、云南。**生境**: 生于山谷林中、喜湿润而肥沃的土壤，海拔 430~1630m。**用途**: 木材，观赏。

特征要点 叶对生，具长柄。聚伞花序排成顶生大型圆锥花序；花大，黄色，5数；花萼近陀螺状，少数萼裂片扩大成叶状，白色，宿存。蒴果近纺锤状，成熟时红色。

栀子 **Gardenia jasminoides** J. Ellis 茜草科 Rubiaceae 栀子属

生活型: 常绿灌木。**高度**: 1~2m。**株形**: 卵形。**茎皮**: 暗灰色。**枝条**: 小枝圆柱形，光滑无毛。**叶**: 叶对生或 3 叶轮生，革质，常倒卵形，顶端渐尖，正面光亮；托叶鞘状。**花**: 花单生枝顶，大，白色，芳香，有短梗；萼大，上部裂片 5~7，条状披针形；花冠高脚碟状，筒长通常 3~4cm，裂片平展，花药露出。**果实及种子**: 浆果黄色，卵状至长椭圆状，长 2~4cm，有 5~9 条翅状直棱，顶端萼片宿存。**花果期**: 花期 5~7 月，果期 8~11 月。**分布**: 产中国黄河以南地区，各地常有栽培。东亚、南亚及东南亚地区也有分布。**生境**: 生于旷野、丘陵、山谷、山坡、溪边的灌丛或林中，海拔 10~1500m。**用途**: 果作染料或药用，观赏。

特征要点 叶对生或3叶轮生，革质，光亮；托叶鞘状。花大，白色，芳香，有短梗，单生枝顶；花冠高脚碟状。浆果黄色，有5~9条翅状直棱，顶端萼片宿存。

小粒咖啡 **Coffea arabica** L. 茜草科 Rubiaceae 咖啡属

生活型：常绿小乔木或大灌木。**高度**：2~8m。**株形**：宽卵形。**树皮**：灰白色，节状横裂。**枝条**：小枝灰白色，节膨大。**叶**：叶对生，薄革质，披针形，全缘，无毛；托叶阔三角形。**花**：聚伞花序簇生叶腋；花芳香；苞片二型；萼管管形；花冠白色，顶部常5裂；花药伸出冠管外；花柱长12~14mm，柱头2裂。**果实及种子**：浆果熟时阔椭圆形，红色，直径10~12mm；种子背面凸起，腹面平坦，有纵槽。**花果期**：花期3~4月，果期11~6月。**分布**：原产埃塞俄比亚、阿拉伯地区。中国福建、广东、海南、广西、四川、云南栽培。**生境**：生于果园、庭园或山坡等地，海拔1600m。**用途**：种仁制咖啡，观赏。

特征要点 小枝节膨大。叶对生，薄革质，披针形；托叶阔三角形。聚伞花序簇生叶腋；花芳香；苞片二型；花冠白色，顶部常5裂。浆果成熟时阔椭圆形，红色。

楸 **Catalpa bungei** C. A. Mey. 紫葳科 Bignoniaceae 梓属

生活型：落叶小乔木。**高度**：8~12m。**株形**：尖塔形。**树皮**：暗灰色，不规则深纵裂。**枝条**：小枝纤细，褐色。**叶**：叶对生，三角状卵形或卵状长圆形，顶端长渐尖，基部截形，无毛；叶柄长2~8cm。**花**：伞房状总状花序顶生；花萼二裂；花冠二唇形，淡红色，内面具2黄色条纹及暗紫色斑点；能育雄蕊2枚，内藏；花盘明显；子房2室，胚珠多颗。**果实及种子**：蒴果线形，长25~45cm，宽约6mm；种子狭长椭圆形，两端生长毛。**花果期**：花期5~6月，果期6~10月。**分布**：产中国北京、河北、河南、山东、山西、陕西、甘肃、江苏、浙江、湖南、云南。**生境**：生于路边、山坡或庭园中，海拔500~1300m。**用途**：观赏。

特征要点 小枝纤细。叶三角状卵形或卵状长圆形，顶端长渐尖。伞房状总状花序顶生；花冠二唇形，淡红色，内面具有2黄色条纹及暗紫色斑点。蒴果细长，长25~45cm。

灰楸 **Catalpa fargesii** Bureau 紫葳科 Bignoniaceae 梓属

生活型：落叶乔木。**高度**：达 10m。**株形**：狭卵形。**树皮**：灰色，浅裂。**枝条**：小枝被星状毛。**叶**：叶对生或轮生，卵形，长 6~15cm，顶端尾尖，基部平截或略为心形，背面密被淡黄色软而分枝的毛。**花**：圆锥状花序顶生，有花 7~15 朵；花萼有 2 裂片；花冠淡红色或紫色，喉部有紫褐色斑点，长约 3.5cm；能育雄蕊 2 枚，内藏；花盘明显；子房 2 室。**果实及种子**：蒴果条形，长 25~55cm，宽 5.5mm；种子椭圆状条形，两端生长毛。**花果期**：花期 3~5 月，果期 6~11 月。**分布**：产中国陕西、甘肃、河北、山东、河南、湖北、湖南、广东、广西、四川、贵州、云南。**生境**：生于村庄边、山谷中，海拔 700~2500m。**用途**：观赏。

特征要点 叶对生或轮生，卵形，顶端尾尖，背面密被毛。圆锥状花序顶生，花7~15朵，花冠淡红色或紫色，喉部有紫褐色斑点。蒴果条形，长25~55cm，宽5.5mm。

梓 **Catalpa ovata** G. Don 紫葳科 Bignoniaceae 梓属

生活型：落叶乔木。**高度**：达 15m。**株形**：宽卵形。**树皮**：暗灰色，条状深纵裂。**枝条**：小枝具稀疏柔毛。**叶**：叶对生偶轮生，阔卵形，长宽近相等，顶端渐尖，基部心形，全缘，常 3 浅裂，微被柔毛；叶柄长 6~18cm。

花：圆锥花序顶生，有花多朵；花萼二裂；花冠钟状，淡黄色，内面具 2 黄色条纹及紫色斑点；能育雄蕊 2，退化雄蕊 3；子房上位，棒状，花柱丝形，柱头二裂。**果实及种子**：蒴果线形，下垂，长 20~30cm，粗 5~7mm；种子长椭圆形，两端具长毛。**花果期**：花期 6~7 月，果期 8~10 月。**分布**：产中国长江流域以北地区，多为栽培。日本也有分布。**生境**：生于村庄附近及公路两旁，海拔 500~2500m。**用途**：观赏。

特征要点 叶阔卵形，顶端渐尖，基部心形，常3浅裂。圆锥花序顶生；花冠钟状，淡黄色，内面具2黄色条纹及紫色斑点。蒴果线形，下垂，长20~30cm。

凌霄 **Campsis grandiflora** (Thunb.) K. Schum.　紫葳科 Bignoniaceae 凌霄属

生活型：落叶木质藤本。**高度**：3~8m。**株形**：蔓生型。**树皮**：暗褐色。**枝条**：小枝绿色，光滑无毛。**叶**：单数羽状复叶对生，小叶 7~11，卵形至卵状披针形，边缘有齿缺，两面无毛。**花**：花序圆锥状，顶生；花大；花萼钟状，不等 5 裂，裂至筒之中部，具凸起纵肋；花冠漏斗状钟形，裂片 5，橘红色；雄蕊 4，2 长 2 短；子房 2 室。**果实及种子**：蒴果长如豆荚，2 瓣裂；种子多数，扁平，有透明的翅。**花果期**：花期 7~9 月，果期 8~10 月。**分布**：产中国山西、河北、山东、河南、福建、广东、广西、陕西、台湾等地，多为栽培。日本、越南印度、巴基斯坦也有分布。**生境**：生于庭园中，海拔 400~1200m。**用途**：观赏。

特征要点　单数羽状复叶对生，小叶7~11，两面无毛。花序圆锥状；花萼5裂至中部，具凸起纵肋；花冠漏斗状钟形，裂片5，橘红色。蒴果长如豆荚，2瓣裂。

毛叶猫尾木（猫尾木）**Markhamia stipulata** var. **kerrii** Sprague 【Dolichandrone cauda-felina (Hance) Benth. & Hook. f.】
紫葳科 Bignoniaceae 猫尾木属

生活型：落叶乔木。**高度**：10~15m。**株形**：宽卵形。**树皮**：灰白色，长条状剥落。**枝条**：小枝密被黄褐色短柔毛。**叶**：奇数羽状复叶对生，小叶 7~11 枚，长椭圆形至椭圆状卵形，全缘，两面近无毛，侧脉 8~10 对。**花**：总状聚伞花序顶生，被锈黄色柔毛，有花 4~10 朵；花大，长达 10cm；花萼佛焰苞状；花冠黄白色，筒红褐色，裂片具齿，有皱纹；雄蕊 4，二强，花丝紫色；花盘环状；子房被毛，花柱纤细，柱头二裂，扁平。**果实及种子**：蒴果披针形，长达 36cm，粗 2~4cm；种子长椭圆形。**花果期**：花期 9~12 月，果期翌年 1~3 月。**分布**：产中国海南、广东、云南、广西。泰国也有分布。**生境**：生于疏林中润湿地，海拔 900~1200m。**用途**：观赏。

特征要点　奇数羽状复叶对生，小叶全缘，背面或有时两面被黄锈毛。总状聚伞花序顶生；花 4~10，大；花萼佛焰苞状；花冠黄白色。蒴果披针形，长达36cm。

木蝴蝶 **Oroxylum indicum** (L.) Kurz 紫葳科 Bignoniaceae 木蝴蝶属

生活型: 常绿直立小乔木。**高度**: 6~10m。**株形**: 宽卵形。**树皮**: 灰褐色。**枝条**: 小枝粗，皮孔多，叶痕大。**叶**: 大型奇数多回羽状复叶对生于茎干近顶端，长 60~130cm，小叶三角状卵形，全缘，基部偏斜，两面无毛。**花**: 总状聚伞花序顶生，长 40~150cm；花大，紫红色；花萼钟状；花冠肉质，恶臭；雄蕊 4；花盘大，5 浅裂；柱头二裂。**果实及种子**: 蒴果木质，长 40~120cm，宽 5~9cm，2 瓣开裂；种子多数，圆形，周翅薄如纸。**花果期**: 花期 7~8 月，果期 10~12 月。**分布**: 产中国华南和西南地区。南亚和东南亚地区也有分布。**生境**: 生于低丘河谷密林、公路边丛林中、常单株生长，海拔 500~900m。**用途**: 种子药用，观赏。

特征要点 大型奇数多回羽状复叶对生于茎干近顶端。总状聚伞花序顶生，花大，紫红色，花冠肉质，恶臭。蒴果木质，扁平，开裂；种子圆形，周翅薄如纸。

菜豆树 **Radermachera sinica** (Hance) Hemsl. 紫葳科 Bignoniaceae 菜豆树属

生活型: 常绿小乔木。**高度**: 达 10m。**株形**: 圆柱形。**树皮**: 灰白色。**枝条**: 小枝粗壮，无毛。**叶**: 二回羽状复叶对生，基部膨大，小叶卵形至卵状披针形，全缘，顶端尾状渐尖，基部阔楔形，两面无毛，侧脉 5~6 对。**花**: 圆锥花序顶生，直立；花萼蕾时封闭，锥形，内包有白色乳汁；萼齿 5；花冠钟状漏斗形，白色至淡黄色，长 6~8cm 左右，裂片 5；雄蕊 4，二强；子房光滑，2 室。**果实及种子**: 蒴果圆柱形，下垂，长达 85cm，直径约 1cm；种子椭圆形。**花果期**: 花期 5~9 月，果期 10~12 月。**分布**: 产中国台湾、广东、广西、贵州、云南。不丹也有分布。**生境**: 生于山谷或平地疏林中，海拔 340~750m。**用途**: 观赏。

特征要点 二回羽状复叶对生，基部膨大，小叶卵形，全缘，无毛。圆锥花序顶生；花冠钟状漏斗形，白色至淡黄色，裂片5。蒴果圆柱形，下垂，长达85cm。

厚壳树 **Ehretia acuminata** (DC.) R. Br.【Ehretia thyrsiflora (Siebold & Zucc.) Nakai】紫草科 Boraginaceae 厚壳树属

生活型：落叶乔木。**高度**：3~15m。**株形**：卵形。**树皮**：灰白色，皮孔显著。**枝条**：小枝无毛。**叶**：叶互生，纸质，椭圆形或狭倒卵形，边缘具细锯齿，正面疏生短伏毛，背面近无毛。**花**：圆锥状花序顶生或腋生，疏生短毛；花小，密集，有香气；花萼钟状，5浅裂；花冠白色，裂片5；雄蕊5；子房圆球形，2室，花柱2裂。**果实及种子**：核果橘红色，近球形，直径约4mm。**花果期**：花期4月，果期7月。**分布**：产中国山东以南地区。越南、日本也有分布。**生境**：生于丘陵或山地林中。**用途**：观赏。

特征要点 叶互生，纸质，边缘具细锯齿，正面疏生短伏毛。圆锥状花序；花小，密集，有香气，花冠白色。核果橘红色，近球形。

粗糠树 **Ehretia macrophylla** Wall. 紫草科 Boraginaceae 厚壳树属

生活型：落叶乔木。**高度**：达10m。**株形**：卵形。**树皮**：灰白色，不规则系列。**枝条**：小枝褐色，具皮孔。**叶**：叶互生，纸质，狭倒卵形或椭圆形，边缘具小牙齿，正面粗糙，有糙伏毛，背面密生短柔毛。**花**：伞房状圆锥花序顶生或腋生，有短毛；花小；花萼长约4mm，5裂近中部；花冠白色，裂片5；雄蕊5，伸出；子房圆球形，2室，花柱2裂。**果实及种子**：核果黄色，近球形，直径约1.5cm。**花果期**：花期3~5月，果期6~7月。**分布**：产中国秦岭以南地区，各地偶有栽培。日本也有分布。**生境**：生于山地林中。**用途**：观赏。

特征要点 叶互生，纸质，边缘具小牙齿，正面粗糙，有糙伏毛，背面密生短柔毛。伞房状圆锥花序；花小，花冠白色。核果黄色，近球形。

柚木 **Tectona grandis** L. f. 唇形科 / 马鞭草科 Lamiaceae/Verbenaceae 柚木属

生活型：落叶大乔木。**高度**：10~50m。**株形**：卵形。**树皮**：灰色，近平滑。**枝条**：小枝粗壮，四方形。**叶**：叶对生，宽卵形或倒卵状椭圆形，长15~70cm，正面粗糙，背面密生黄棕色毛。**花**：圆锥花序顶生，长 25~40cm；花萼顶端 5~6 浅裂，有白色星状茸毛；花冠白色，有芳香，花冠管短，顶端 5~6 裂；雄蕊 5~6，伸出花冠外；子房 4 室，花柱线形，柱头 2 浅裂。**果实及种子**：核果包于宿萼内，宽约 1.8cm，外果皮茶褐色，内果皮骨质。**花果期**：花期 8 月，果期 10 月。**分布**：产中国云南、广东、广西、福建。印度、缅甸、马来西亚、印度尼西亚也有分布。**生境**：生于潮湿疏林中，海拔约 900m。**用途**：木材，观赏。

特征要点 小枝四方形。叶大型，对生，宽卵形，背面密生黄棕色毛。大型圆锥花序顶生；花冠白色，有芳香。核果包于宿萼内，外果皮茶褐色，内果皮骨质。

云南石梓 **Gmelina arborea** Roxb.

唇形科 / 马鞭草科 Lamiaceae/Verbenaceae 石梓属

生活型：落叶乔木。**高度**：达 15m。**株形**：宽卵形。**树皮**：灰棕色，不规则块状脱落。**枝条**：小枝密被黄褐色茸毛。**叶**：叶对生，具长柄，厚纸质，广卵形，近基部有 2 至数个黑色盘状腺点，基生三出脉，侧脉 3~5 对。**花**：圆锥花序顶生；花萼钟状，具黑色腺点，萼齿 5；花冠漏斗状，长 3~4cm，黄色，二唇形，下唇 3 裂；雄蕊 4，二强，略伸出；子房无毛，具腺点，柱头二裂。**果实及种子**：核果椭圆形，长 1.5~2cm，熟时黄色，常仅有 1 颗种子。**花果期**：花期 4~5 月，果期 5~7 月。**分布**：产中国云南。印度、孟加拉国、斯里兰卡、缅甸、泰国、老挝、马来西亚也有分布。**生境**：生于路边、疏林中，海拔 1500m。**用途**：观赏。

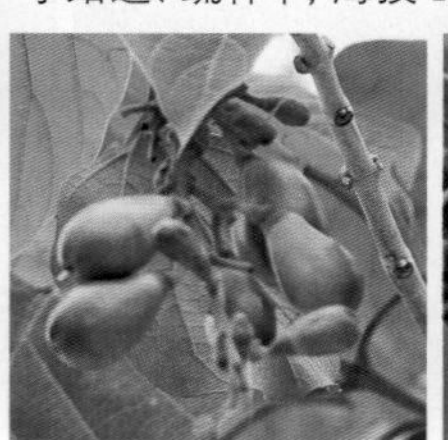

特征要点 叶对生，具长柄，广卵形，基生三出脉。圆锥花序顶生；花萼具黑色腺点，萼齿5；花冠漏斗状，黄色，密被黄褐色茸毛，二唇形；雄蕊二强。核果椭圆形，黄色。

苦梓（海南石梓） **Gmelina racemosa** (Lour.) Merr. 【Gmelina hainanensis Oliv.】 唇形科 / 马鞭草科 Lamiaceae/Verbenaceae 石梓属

生活型：落叶乔木。**高度**：约 15m。**株形**：宽卵形。**树皮**：灰褐色，呈片状脱落。**枝条**：小枝具明显叶痕和皮孔。**冬芽**：芽被淡棕色茸毛。**叶**：叶对生，具柄，厚纸质，卵形或宽卵形，全缘，背面被微茸毛，基生三出脉，侧脉 3~4 对。**花**：圆锥花序顶生，被黄色茸毛；花萼钟状，萼齿 5；花冠漏斗状，长 3.5~4.5cm，黄色或淡紫红色，具腺点，二唇形，下唇 3 裂，中裂片较长；雄蕊 4，二强；子房上部具毛，下部无毛。**果实及种子**：核果倒卵形，长 2~2.2cm，肉质，着生于宿存花萼内。**花果期**：花期 5~6 月，果期 6~9 月。**分布**：产中国江西、广东、广西、海南。**生境**：生于山坡疏林中，海拔 250~500m。**用途**：观赏。

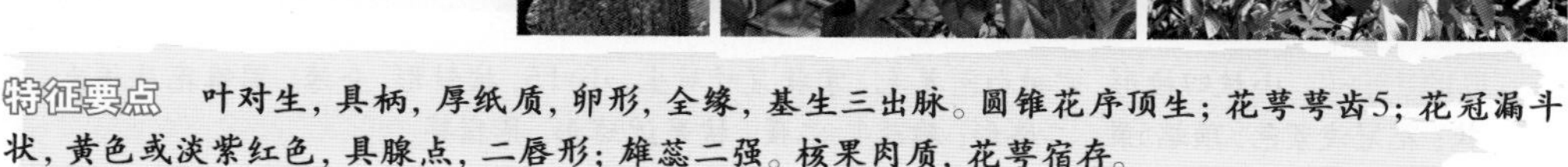

特征要点 叶对生，具柄，厚纸质，卵形，全缘，基生三出脉。圆锥花序顶生；花萼萼齿5；花冠漏斗状，黄色或淡紫红色，具腺点，二唇形；雄蕊二强。核果肉质，花萼宿存。

紫珠 **Callicarpa bodinieri** Lévl.

唇形科 / 马鞭草科 Lamiaceae/Verbenaceae 紫珠属

生活型：落叶灌木。**高度**：约 2m。**株形**：宽卵形。**茎皮**：灰色。**枝条**：小枝被粗糠状星状毛。**叶**：叶对生，卵状长椭圆形至椭圆形，边缘有细锯齿，正面被短柔毛，背面密被星状柔毛，两面具红腺点。**花**：聚伞花序腋生，宽 3~4.5cm，4~5 次分歧；花萼被星状毛和暗红色腺点，萼齿 4，钝三角形；花冠紫色，顶端 4 裂；雄蕊 4，花药具暗红色腺点；子房被毛，4 室，柱头膨大。**果实及种子**：核果球形，熟时紫色，无毛，直径约 2mm。**花果期**：花期 6~7 月，果期 8~11 月。**分布**：产中国河南、江苏、安徽、浙江、江西、湖南、湖北、广东、广西、四川、重庆、贵州、云南。越南也有分布。**生境**：生于林中、林缘、灌丛中，海拔 200~2300m。**用途**：观赏。

特征要点 小枝被粗糠状星状毛。叶对生，边缘有细锯齿。聚伞花序腋生，4~5次分歧；花小，花冠紫色，顶端4裂。核果球形，熟时紫色。

黄荆 **Vitex negundo** L. 唇形科 / 马鞭草科 Lamiaceae/Verbenaceae 牡荆属

生活型: 落叶灌木或小乔木。**高度**: 1~4m。**株形**: 宽卵形。**树皮**: 灰色，光滑。**枝条**: 小枝四棱形，密生灰白色茸毛。**叶**: 掌状复叶对生，小叶 5，偶 3，披针形，全缘或每边有少数粗锯齿，背面密生灰白色茸毛。**花**: 圆锥花序顶生，长 10~27cm；花萼钟状，顶端有 5 裂齿，外有灰白色茸毛；花冠淡紫色，外有微柔毛，顶端 5 裂，二唇形；雄蕊 4，二强，长者伸出花冠管外；子房近无毛，2~4 室，柱头二裂。**果实及种子**: 核果近球形，直径约 2mm；宿萼接近果实的长度。**花果期**: 花期 4~6 月，果期 7~10 月。**分布**: 产中国华北以南地区。非洲、马达加斯加、亚洲、南美洲也有分布。**生境**: 生于山坡路旁、灌木丛中，海拔 100~3900m。**用途**: 药用，观赏。

特征要点 小枝四棱形，密被白色茸毛。掌状复叶对生，小叶5，披针形，全缘。圆锥花序顶生；花萼钟状；花冠淡紫色，顶端5裂，二唇形；雄蕊4，二强。核果近球形，具宿萼。

牡荆 **Vitex negundo** var. **cannabifolia** (Siebold & Zucc.) Hand.-Mazz.

唇形科 / 马鞭草科 Lamiaceae/Verbenaceae 牡荆属

生活型: 落叶灌木或小乔木。**高度**: 1~4m。**株形**: 宽卵形。**树皮**: 灰色，光滑。**枝条**: 小枝四棱形。**叶**: 掌状复叶对生，小叶 5，偶 3，披针形，边缘有粗锯齿，背面淡绿色，通常被柔毛。**花**: 圆锥花序顶生，长 10~20cm；花冠淡紫色。**果实及种子**: 核果近球形，黑色。**花果期**: 花期 6~7 月，果期 8~11 月。**分布**: 产中国华中、华南、西南地区。日本也有分布。**生境**: 生于山坡路边灌丛中。**用途**: 药用，纤维，观赏。

特征要点 小枝四棱形。掌状复叶对生，小叶边缘有粗锯齿。圆锥花序顶生；花冠淡紫色，二唇形。核果近球形，具宿萼。

紫薇（痒痒树、百日红） **Lagerstroemia indica** L. 千屈菜科 Lythraceae 紫薇属

生活型：落叶灌木或小乔木。**高度**：达 7m。**株形**：宽卵形。**树皮**：平滑，灰褐色。**枝条**：小枝四棱形。**叶**：叶互生或有时对生，纸质，椭圆形或倒卵形，全缘，无毛，侧脉 3~7 对；叶柄很短。**花**：圆锥花序顶生；花淡红色或紫色、白色，直径 3~4cm；花萼裂片 6；花瓣 6，皱缩，基部具长爪；雄蕊 36~42，外面 6 枚长得多；子房 3~6 室，无毛。**果实及种子**：蒴果椭圆形，熟时紫黑色，室背开裂；种子有翅。**花果期**：花期 6~9 月，果期 9~12 月。**分布**：产中国华北、华东、华中、华南和西南地区。**生境**：半阴生，喜生肥沃湿润的土壤上，海拔 190~2500m。**用途**：观赏。

特征要点　小枝四棱形。叶椭圆形或倒卵形，全缘。圆锥花序顶生；花淡红色或紫色、白色；花萼裂片6；花瓣6，基部具长爪；雄蕊36~42。蒴果椭圆形，室背开裂；种子有翅。

大花紫薇 **Lagerstroemia speciosa** (L.) Pers. 千屈菜科 Lythraceae 紫薇属

生活型：常绿大乔木。**高度**：达 25m。**株形**：宽卵形。**树皮**：灰色，平滑。**枝条**：小枝圆柱形，红褐色。**叶**：叶互生，排成二列，革质，椭圆形，长 10~25cm，全缘，两面无毛，侧脉 9~17 对，在叶缘弯拱连接。**花**：圆锥花序顶生，被密毡毛；花淡红色或紫色，直径 5cm；花萼有棱 12 条，6 裂；花瓣 6，有短爪；雄蕊多数；子房球形，4~6 室。**果实及种子**：蒴果球形至倒卵状矩圆形，长 2~3.8cm，熟时褐灰色，6 裂；种子多数。**花果期**：花期 5~7 月，果期 10~11 月。**分布**：产中国广东、广西、福建。斯里兰卡、印度、马来西亚、越南、菲律宾也有分布。**生境**：生于庭园中或路边。**用途**：观赏。

特征要点　叶排成二列，革质，椭圆形，全缘，侧脉显著。圆锥花序顶生；花大，淡红色或紫色；花萼6裂；花瓣6；雄蕊多数。蒴果球形至倒卵状矩圆形，6裂；种子多数。

白花泡桐 **Paulownia fortunei** (Seem.) Hemsl.

泡桐科 / 玄参科 Paulowniaceae/Scrophulariaceae 泡桐属

生活型: 落叶乔木。**高度**: 达 30m。**株形**: 宽卵形。**树皮**: 灰褐色。**枝条**: 小枝被黄褐色星状茸毛。**叶**: 叶对生, 长卵状心脏形, 顶端长渐尖, 背面密被星茸毛及腺毛。**花**: 聚伞圆锥花序狭长几成圆柱形, 长约 25cm; 萼倒圆锥形, 5 裂至 1/4 或 1/3 处; 花冠管状漏斗形, 白色; 雄蕊 4, 二强, 内藏; 花柱上端微弯, 子房 2 室。**果实及种子**: 蒴果长圆形, 长 6~10cm, 果皮木质。**花果期**: 花期 3~4 月, 果期 7~8 月。**分布**: 中国安徽、浙江、福建、江西、湖北、湖南、四川、重庆、云南、贵州、广东、广西、山东、河北、河南、陕西有栽培。越南、老挝也有分布。**生境**: 生于山坡、林中、山谷及荒地, 海拔 2000m 以下。**用途**: 木材, 观赏。

特征要点 叶长卵状心脏形, 背面密被星茸毛及腺毛。聚伞圆锥花序狭长几成圆柱形; 萼5裂至1/4或1/3处; 花冠管状漏斗形, 白色仅背面稍带紫色。蒴果长圆形, 长6~10cm。

兰考泡桐 **Paulownia elongata** S. Y. Hu

泡桐科 / 玄参科 Paulowniaceae/Scrophulariaceae 泡桐属

生活型: 落叶乔木。**高度**: 10~20m。**株形**: 宽卵形。**树皮**: 暗灰色, 不规则纵裂。**枝条**: 小枝褐色, 皮孔凸起。**叶**: 叶对生, 卵状心脏形, 有时具不规则角, 背面密被无柄树枝状毛。**花**: 聚伞圆锥花序金字塔形或狭圆锥形, 长约 30cm; 萼倒圆锥形, 5 裂至 1/3 左右; 花冠漏斗状钟形, 紫色至粉白色, 长 7~9.5cm; 雄蕊 4, 二强, 内藏; 花柱上端微弯, 子房 2 室。**果实及种子**: 蒴果卵形, 长 3.5~5cm, 有星状茸毛, 果皮厚 1~2.5mm。**花果期**: 花期 4~5 月, 果期 8~9 月。**分布**: 产中国河北、河南、山西、陕西、山东、湖北、安徽、江苏, 多为栽培。**生境**: 野生, 海拔可达 800m。**用途**: 木材, 观赏。

特征要点 叶卵状心脏形, 背面密被无柄树枝状毛。聚伞圆锥花序金字塔形或狭圆锥形; 萼5裂至1/3左右; 花冠漏斗状钟形, 紫色至粉白色。

川泡桐 **Paulownia fargesii** Franh.

泡桐科 / 玄参科 Paulowniaceae/Scrophulariaceae 泡桐属

生活型：落叶乔木。**高度**：达 20m。**株形**：宽圆锥形。**树皮**：灰色。**枝条**：小枝紫褐色至褐灰色，有皮孔，被星状茸毛。**叶**：叶对生，具长柄，卵圆形至卵状心脏形，全缘或浅波状，背面的毛具柄和短分枝。**花**：圆锥花序宽大，长约 1m，小聚伞花序有花 3~5 朵；萼倒圆锥形，不脱毛，分裂至中部；花冠近钟形，白色有紫色条纹至紫色。**果实及种子**：蒴果椭圆形，长 3~4.5cm，果皮较薄，宿萼不反卷。**花果期**：花期 4~5 月，果期 8~9 月。**分布**：产中国湖北、湖南、四川、云南、贵州。**生境**：生于林中及坡地，海拔 1200~3000m。**用途**：木材。

特征要点 叶卵圆形至卵状心脏形；圆锥花序宽大，长约1m；花、果大，毛不黏手，果实宿萼不反卷。

台湾泡桐(华东泡桐) **Paulownia kawakamii** Itô

泡桐科 / 玄参科 Paulowniaceae/Scrophulariaceae 泡桐属

生活型：落叶小乔木。**高度**：6~12m。**株形**：宽卵形。**树皮**：暗灰色。**枝条**：小枝褐灰色，有明显皮孔。**叶**：叶对生，具长柄，心脏形，长可达 48cm，顶端锐尖头，全缘或 3~5 裂或有角，两面均有黏毛。**花**：聚伞圆锥花序宽大，长可达 1m；萼具凸脊，5 深裂至一半以上；花冠近钟形，浅紫色至蓝紫色，长 3~5cm；雄蕊 4 枚，二强，内藏；花柱上端微弯，子房 2 室。**果实及种子**：蒴果卵圆形，长 2.5~4cm，果皮薄，厚不到 1mm。**花果期**：花期 4~5 月，果期 8~9 月。**分布**：产中国湖北、湖南、江西、浙江、福建、台湾、广东、广西、贵州。**生境**：生于山坡灌丛、疏林、荒地，海拔 200~1500m。**用途**：木材，观赏。

特征要点 叶对生，具长柄，心脏形，长可达48cm，全缘或3~5裂或有角，两面均有黏毛。聚伞圆锥花序宽大，长可达1m；花冠浅紫色至蓝紫色。蒴果卵圆形，果皮薄。

蒲葵 **Livistona chinensis** (Jacq.) R. Br. ex Mart. 棕榈科 Arecaceae/Palmae 蒲葵属

生活型：常绿乔木状。**高度**：5~20m。**株形**：棕榈形。**茎皮**：褐色，叶柄基部残留。**其他**：基部常膨大。**叶**：叶阔肾状扇形，直径1m余，掌状深裂至中部，裂片再2深裂，小裂片长达50cm，丝状下垂。**花**：圆锥状花序粗壮，长约1m；佛焰苞6~7个；花小，两性，长约2mm；花萼裂片3，宽三角形；花冠裂片3，半卵形；雄蕊6；子房有深雕纹，花柱钻状。**果实及种子**：硬浆果椭圆形，长1.8~2.2cm，黑褐色，种子椭圆形。**花果期**：花期4~5月，果期10~12月。**分布**：产中国广东、海南。南方其他省份也常有栽培。中南半岛也有分布。**生境**：栽培于庭院中或作行道树。**用途**：观赏。

特征要点 叶大型，阔肾状扇形，掌状深裂至中部，小裂片丝状下垂。圆锥状花序大型；佛焰苞6~7个；花小，两性，黄色。硬浆果椭圆形，黑褐色。

棕竹 **Rhapis excelsa** (Thunb.) Henry 棕榈科 Arecaceae/Palmae 棕竹属

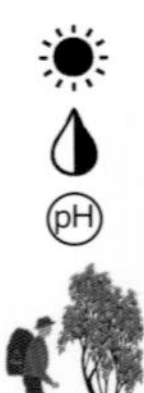

生活型：常绿丛生灌木状。**高度**：2~3m。**株形**：棕榈形。**茎皮**：绿色，叶鞘灰色。**枝条**：茎圆柱形，叶鞘分解成网状纤维。**叶**：叶掌状深裂，裂片4~10片，宽线形或线状椭圆形，具2~5条肋脉，基部连合，先端截形。**花**：花序长约30cm；佛焰苞密被褐色弯卷茸毛；花序分枝2~3个；雄花在蕾时卵状长圆形，花时棍棒状长圆形，花萼杯状，深3裂，花冠3裂，雄蕊6，花丝粗；雌花短而粗，子房具3心皮，退化雄蕊6枚。**果实及种子**：硬浆果球状倒卵形，直径8~10mm，种子球形。**花果期**：花期4~5月，果10~12月。**分布**：产中国南部至西南部地区。日本也有分布。**生境**：生于山坡疏林中，海拔300~650m。**用途**：观赏。

特征要点 叶鞘分解成网状纤维。叶掌状深裂，裂片宽线形或线状椭圆形。花序长约30cm，分枝2~3个；雄花棍棒状长圆形；雌花短而粗。硬浆果球状倒卵形，种子球形。

棕榈 **Trachycarpus fortunei** (Hook.) H. Wendl. 棕榈科 Arecaceae/Palmae 棕榈属

生活型：常绿乔木状。**高度**：3~10m。**株形**：棕榈形。**茎皮**：灰褐色，叶痕环状。**叶**：叶片大型，呈 3/4 圆形或者近圆形，深裂，裂片 30~50，线状剑形，具皱褶，长达 60~70cm，先端二裂；叶柄长 75~80cm。**花**：花序粗壮，腋生；雌雄异株；雄花序长约 40cm，黄绿色，雄花花萼 3，花瓣 3，雄蕊 6；雌花序长 80~90cm，具佛焰苞，雌花淡绿色，无梗，球形，退化雄蕊 6，心皮被银色毛。**果实及种子**：硬浆果阔肾形，宽 10~12mm，熟时淡蓝色，有白粉。**花果期**：花期 4 月，果期 12 月。**分布**：中国长江以南各地区常见栽培。日本也有分布。**生境**：生于村边、山谷疏林中、阳坡或村边，海拔 2000m 以下。**用途**：观赏。

特征要点 叶大型，呈3/4圆形或者近圆形，深裂，裂片线状剑形。花序粗壮，多次分枝，腋生；雌雄异株；花小，黄色。硬浆果阔肾形，熟时淡蓝色，有白粉。

鱼尾葵 **Caryota maxima** Blume ex Mart. 【Caryota ochlandra Hance】
棕榈科 Arecaceae/Palmae 鱼尾葵属

生活型：常绿乔木状。**高度**：10~15m。**株形**：棕榈形。**茎皮**：灰白色。**叶**：叶长 3~4m，革质，羽片互生，羽片楔形或菱形，外缘笔直，内缘不规则齿缺，齿尖延伸成短尖或尾尖。**花**：花序长 3~3.5m，下垂，分枝多，穗状；佛焰苞与花序无鳞秕；雄花黄色，雄蕊多数，花药线形；雌花花萼顶端全缘，退化雄蕊 3，钻状，子房近卵状三棱形，柱头二裂。**果实及种子**：硬浆果球形，成熟时红色，直径 1.5~2cm，种子 1，胚乳嚼烂状。**花果期**：花期 5~7 月，果期 8~11 月。**分布**：产中国福建、广东、海南、广西、云南、台湾。亚洲热带也有分布。**生境**：生于山坡或沟谷林中，海拔 450~700m。**用途**：观赏。

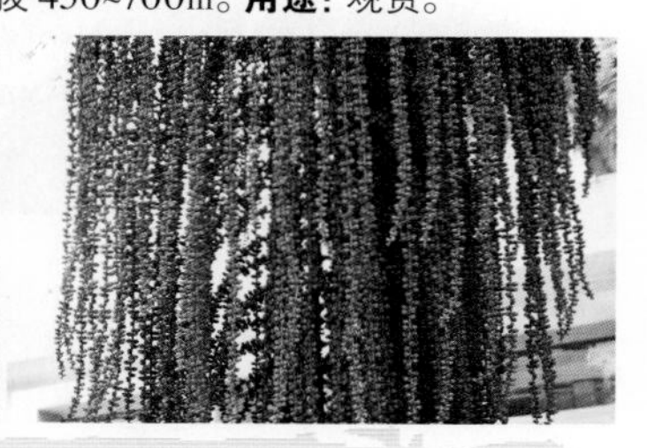

特征要点 叶长3~4m，革质，羽片互生，羽片外缘笔直，内缘不规则齿缺，形似鱼尾。花序长 3~3.5m，下垂，穗状。硬浆果球形，成熟时红色。

杖藤 **Calamus rhabdocladus** Burret 棕榈科 Arecaceae/Palmae 省藤属

生活型: 常绿藤本。**高度**: 长 3~10m。**株形**: 蔓生形。**茎皮**: 黄色, 具宿存叶鞘。**枝条**: 茎为具刺叶鞘包被。**叶**: 叶羽状全裂, 裂片多数, 二列, 条形, 具刚毛状刺, 叶轴三棱形, 被鳞秕和锐刺, 顶端无延伸纤鞭; 叶鞘圆筒形。**花**: 肉穗花序长, 具纤鞭; 雄花序具二回羽状分枝, 总苞管状, 小穗状花序多而稠密, 雄花二列, 淡黄色; 雌花序仅有一回羽状分枝。**果实及种子**: 核果椭圆形, 长 1~1.2cm, 鳞片 15~16 纵列, 顶端褐色。**花果期**: 花果期 4~6 月。**分布**: 产中国福建、广东、海南、广西、贵州、云南。**生境**: 生于密林中、热带林中、疏林中, 海拔 400~750m。**用途**: 茎作藤器, 观赏。

特征要点 叶羽状全裂, 裂片多数, 二列, 条形, 叶轴被鳞秕和锐刺。肉穗花序长, 具纤鞭。核果椭圆形, 鳞片15~16纵列, 顶端褐色。

油棕 **Elaeis guineensis** Jacq. 棕榈科 Arecaceae/Palmae 油棕属

生活型: 常绿乔木状。**高度**: 达 10m。**株形**: 棕榈形。**茎皮**: 灰色, 叶柄基部残留。**叶**: 叶多, 簇生茎顶, 羽状全裂, 长 3~4.5m, 羽片外向折叠, 线状披针形, 下部的退化成针刺状, 叶柄宽。**花**: 花雌雄同株异序; 雄花序由多个指状的穗状花序组成, 穗状花序长 7~12cm, 苞片长圆形, 萼片与花瓣长圆形; 雌花序近头状, 密集, 长 20~30cm, 苞片大, 长 2cm, 顶端的刺长 7~30cm, 萼片与花瓣卵形或卵状长圆形, 子房长约 8mm。**果实及种子**: 硬浆果卵球形, 长 4~5cm, 熟时橙红色, 种子近球形。**花果期**: 花期 6 月, 果期 9 月。**分布**: 原产非洲热带地区。中国海南、台湾、云南热带地区栽培。**生境**: 生于路边或庭园中。**用途**: 果榨油, 观赏。

特征要点 叶簇生茎顶, 羽状全裂, 长3~4.5m, 下部退化成针刺状。花雌雄同株异序; 雄花序穗状; 雌花序近头状。硬浆果卵球形, 熟时橙红色。

思簩竹 Schizostachyum pseudolima McClure

禾本科 Poaceae/Gramineae 思簩竹属

生活型：竹类。**高度**：达10m。**株形**：丛生形。**竿皮**：绿色。**枝条**：节间直，圆筒形，长达60cm，竿环平，箨环突起，竿每节分枝多数。**叶**：箨鞘迟落，草黄色，被白色糙毛；箨耳常不明显；箨舌低矮，截平；箨片外翻，线状披针形，渐尖；小枝具6~8叶；叶鞘长6~9cm；叶耳常不明显；叶片被针形，长18~30cm，叶背面被柔毛，叶缘具小锯齿。**花**：假小穗纺锤形，无毛；先出叶卵形；苞片一至数片，长圆形；孕性外稃长圆状披针形；花丝白色，长达25mm，花药淡黄色；雌蕊紫色。**物候期**：笋期7~8月。**分布**：产中国海南、云南、广西。越南也有分布。**生境**：生于热带潮湿丛林中、山谷密林下。**用途**：竹材，观赏。

特征要点 秆绿色，节间直，圆筒形，长达60cm，竿环平，箨环突起，竿每节分枝多数。箨鞘迟落，草黄色，被白色糙毛。小枝具6~8叶；叶片披针形，长18~30cm。

沙罗单竹 Schizostachyum funghomii McClure

禾本科 Poaceae/Gramineae 思簩竹属

生活型：竹类。**高度**：达12m。**株形**：散生形。**竿皮**：绿色。**枝条**：节间最长者可达67cm，圆筒形，粗糙，具硅质，竿环平，光亮，箨环稍隆起，竿每节分枝多数。**叶**：箨鞘迟落，被糙毛；箨舌高1~2mm；箨片线状披针形；小枝具叶6~9；叶鞘具硅质；叶耳不显著；叶舌高约1mm；叶片披针形，背面被白色小糙硬毛。**花**：假小穗圆柱形，被白色柔毛；先出叶长圆状倒卵形；苞片长圆形；小穗含小花1~2朵；外稃长圆状披针形，强烈内卷；花丝白色，花药棕黄色；子房无毛，柱头3，紫色，羽毛状。**物候期**：笋期7~8月。**分布**：产中国广东、广西、云南。**生境**：生于杂木林中。**用途**：竹材，观赏。

特征要点 秆绿色，节间最长者可达67cm，圆筒形，粗糙，具硅质，竿环平，光亮，箨环稍隆起，竿每节分枝多数。小枝具叶6~9枚；叶片披针形，长20~30cm。

慈竹 **Bambusa emeiensis** L. C. Chia & H. L. Fung

禾本科 Poaceae/Gramineae 簕竹属

生活型：竹类。**高度**：5~10m。**株形**：丛生形。**竿皮**：绿色。**枝条**：节间长 15~30cm，直径粗 3~6cm，分枝 20 条以上，竿环平坦，箨环显著。**叶**：箨鞘革质，具刺毛；箨耳无；箨舌流苏状；箨片被刺毛；末级小枝具多叶；叶鞘无毛；叶舌截形；叶片窄披针形，背面被细柔毛。**花**：花枝束生，下垂；假小穗长达 1.5cm；外稃宽卵形；鳞被 3，有时 4；雄蕊 6；柱头 2~4 枚，羽毛状。**果实及种子**：果实纺锤形，腹沟较宽浅，果皮质薄，易与种子分离而为囊果状。**物候期**：笋期 6~9 月或 12 月至翌年 3 月，花期 7~9 月。**分布**：产中国贵州、湖南、四川、重庆、云南常有栽培。美洲、欧洲、日本也有分布。**生境**：生于山坡上，海拔 600~2400m。**用途**：竹材，观赏。

特征要点 节间长15~30cm，直径粗3~6cm，具小刺毛或小凹痕和小疣点，分枝20条以上，竿环平坦，箨环显著。

龙竹 **Dendrocalamus giganteus** Munro 禾本科 Poaceae/Gramineae 牡竹属

生活型：竹类。**高度**：20~30m。**株形**：丛生形。**竿皮**：绿色。**枝条**：节间长 30~45cm，每节分枝多。**叶**：箨鞘大形，厚革质，背面具刺毛；箨耳易脱落；箨舌显著；箨片外翻，卵状披针形；末级小枝具叶 5~15；叶舌隆起；叶片长圆状披针形，最长者可达 45cm。**花**：花枝无叶，大型圆锥状；假小穗每节 4~12 枚；小穗 5~8 朵花；颖 2；外稃广卵形；鳞被不存在；雌蕊被短柔毛，子房卵形，柱头单一。**果实及种子**：果实长圆形，先端钝圆，并具毛茸，略呈羽毛状。**物候期**：笋期 7~10 月。**分布**：产中国云南、台湾。亚洲热带和亚热带也有分布。**生境**：生于村边、路边、丘陵、山谷、密林下、竹林中，海拔 200~2000m。**用途**：观赏。

特征要点 节间长30~45cm，每节分枝多，主枝常不发达。箨鞘大形，厚革质，背面具刺毛；末级小枝具叶5~15；叶片长圆状披针形。

麻竹 **Dendrocalamus latiflorus** Munro 禾本科 Poaceae/Gramineae 牡竹属

生活型: 竹类。**高度**: 20~50m。**株形**: 丛生形。**竿皮**: 绿色。**枝条**: 秆粗 10~30cm, 节间长 45~60cm。**叶**: 箨鞘质地坚脆, 背部被刺毛; 箨叶呈卵状兼披针形; 每小枝具叶 7~10 枚; 叶鞘上部贴生黄棕色细毛; 叶片宽披针形至长椭圆形, 长 15~35cm。**花**: 小穗长 12~15mm, 宽 7~13mm, 含 6~8 花, 红色或深紫色。**物候期**: 笋期 5~10 月。**分布**: 产中国福建、台湾、广东、香港、广西、海南、四川、贵州、云南。越南、缅甸也有分布。**生境**: 生于山坡上。**用途**: 笋食用, 竹材, 观赏。

特征要点 竿粗10~30cm, 节间长45~60cm。箨鞘质地坚脆, 背部被刺毛; 每小枝具叶7~10枚; 叶片宽披针形至长椭圆形。

吊丝竹 **Dendrocalamus minor** (McClure) L. C. Chia & H. L. Fung

禾本科 Poaceae/Gramineae 牡竹属

生活型: 竹类。**高度**: 6~12m。**株形**: 丛生形。**竿皮**: 绿色。**枝条**: 节间圆筒形, 长 30~45cm, 竿环平坦, 箨环稍隆起, 分枝多条。**叶**: 箨鞘早落, 革质; 箨耳极小; 箨舌高 3~8mm; 箨片外翻; 末级分枝常单生; 枝上端具叶 3~8; 叶舌高 1mm; 叶片长圆状披针形, 长 10~25cm, 无毛。**花**: 花枝细长, 无叶; 假小穗每节 5~10 枚; 小穗紫茄色; 颖 2; 外稃广卵形或心形; 内稃窄披针形; 花药黄色; 子房卵形, 花柱细长, 柱头 1, 毛刷状。**果实及种子**: 果实长圆状卵形, 果皮棕色, 具腹沟。**物候期**: 花期 10~12 月。**分布**: 产中国广东、广西、贵州。**生境**: 生于村边、丘陵石坡、山脚、石灰岩山坡, 海拔 300~500m。**用途**: 竹材, 观赏。

特征要点 节间圆筒形, 长30~45cm, 竿环平坦, 箨环稍隆起, 分枝多条, 主枝不很显著。末级分枝常单生; 枝上端具叶3~8; 叶片呈长圆状披针形, 无毛。

歪脚龙竹(巨龙竹) **Dendrocalamus sinicus** L. C. Chia & J. L. Sun
禾本科 Poaceae/Gramineae 牡竹属

生活型: 竹类。**高度**: 20~30m。**株形**: 丛生形。**竿皮**: 绿色。**枝条**: 竿直径 20~30cm,节间圆筒形,基部数节间短缩并常在一面鼓胀而使上下节斜交成畸形;枝下高 3~5m。**叶**: 竿箨迟落或宿存;箨鞘厚革质,黄绿色;箨耳不发达;箨舌高 6mm;箨片直立而稍外展。末级小枝约具叶 8;叶耳无;叶片长 20~40cm,疏被柔毛。**花**: 花枝呈大型圆锥花序状,每节着生一至数枚假小穗;小穗略扁;颖 2 片;外稃与颖相类似;内稃具 2 脊 5 脉;花丝有时靠接成花丝管;花柱甚长,柱头单一。**物候期**: 笋期 7~10 月。**分布**: 产中国云南南部至西南部。**生境**: 海拔 650~1000m。**用途**: 竹材,观赏。

特征要点 竿高大粗壮,高达20~30m,直径达20~30cm,基部数节间短缩并常在一面鼓胀而使上下节斜交成畸形。

车筒竹 **Bambusa sinospinosa** McClure 禾本科 Poaceae/Gramineae 簕竹属

生活型: 竹类。**高度**: 15~24m。**株形**: 丛生形。**竿皮**: 绿色。**枝条**: 节间长 20~26cm,分枝常自竿基部第一、二节上即开始,竿下部的为单枝,向下弯拱,其上的小枝多短缩为硬刺,且相互交织而成密刺丛。**叶**: 箨鞘迟落,革质;箨耳近相等;箨舌高 3~5mm;箨片卵形;叶鞘近无毛;叶耳不发达;叶舌高约 0.5mm;叶片线状披针形,无毛。**花**: 假小穗线形,稍压扁,长达 4cm;具芽苞片 3~5 片;小穗含两性小花 6~12 朵。**物候期**: 笋期 5~6 月,花期 8~12 月。**分布**: 产中国广东、广西。**生境**: 生于河流两岸和村落附近,海拔 500~600m。**用途**: 竹材,观赏。

特征要点 分枝常自竿基部第一、二节上即开始,竿下部的为单枝,向下弯拱,其上的小枝多短缩为硬刺,且相互交织而成密刺丛。

吊丝球竹 **Bambusa beecheyana** Munro 禾本科 Poaceae/Gramineae 簕竹属

生活型：竹类。**高度**：达 16m。**株形**：丛生形。**竿皮**：绿色。**枝条**：节间长 34~40cm，分枝簇生。**叶**：箨鞘大，革质，背部有深棕色刺毛；箨叶卵状披针形，被褐色短微毛或丝毛；叶片矩形兼披针形，次脉 5~10 对。**花**：花序由数枚无柄假小穗簇生于花枝各节上，小穗卵形兼矩形，长 11~12mm，几全为枣红色。**物候期**：笋期 6~7 月，花期 9~12 月。**分布**：产中国广东、广西、海南。**生境**：生于河边、林中阴地、路边，海拔 1500~4000m。**用途**：笋食用，竹材，观赏。

特征要点 节间长34~40cm，分枝簇生。箨鞘大，革质，背部有深棕色刺毛；箨叶卵状披针形；叶片矩形兼披针形，次脉5~10对。

簕竹 **Bambusa spinosa** Roxb.【Bambusa blumeana Schult. f.】
禾本科 Poaceae/Gramineae 簕竹属

生活型：竹类。**高度**：15~24m。**株形**：丛生形。**竿皮**：绿色。**枝条**：节间长 25~35cm，分枝常自竿基部第一节开始，小枝常短缩为弯曲的锐利硬刺，并相互交织而成稠密的刺丛。**叶**：箨鞘迟落，片密被刺毛；箨耳线状长圆形；箨舌条裂；箨片卵形；末级小枝具叶 5~9；叶鞘肋纹隆起；叶耳微小或缺；叶舌近截形；叶片披针形，两面近无毛。**花**：假小穗每节 2 至数枚；小穗线形，带淡紫色，小花 4~12 朵；颖 2；外稃卵状长圆形；花丝分离，花药黄色；子房瓶状，花柱短，柱头 3 分，羽毛状。**物候期**：笋期 6~9 月，花期 11 月至翌年 2 月。**分布**：原产东南亚。中国福建、台湾、广西、云南等地栽培。**生境**：生于山坡、河边或村边。**用途**：竹材，观赏。

特征要点 分枝常自竿基部第一节开始，下部各节常仅具单枝，且其上的小枝常短缩为弯曲的锐利硬刺，并相互交织而成稠密的刺丛。

粉单竹 **Bambusa chungii** McClure 禾本科 Poaceae/Gramineae 簕竹属

生活型：竹类。**高度**：5~10m。**株形**：丛生形。**竿皮**：绿色。**枝条**：节间幼时被白色蜡粉，长 30~45cm，竿环平坦，箨环稍隆起。**叶**：箨鞘早落，质薄而硬；箨耳呈窄带形；箨舌高约 1.5mm；箨片淡黄绿色，强烈外翻；竿常自第八节开始分枝；叶鞘无毛；叶耳及鞘口繸毛常甚发达；叶片质厚，披针形。**花**：花枝细长，无叶；假小穗每节 1~2 枚，宽卵形，4~5 花；具芽苞片 1 或 2；颖 1 或 2 片；外稃宽卵形；鳞被 3；柱头稀疏羽毛状。**果实及种子**：颖果卵形，长 8~9mm，深棕色，腹面有沟槽。**物候期**：笋期 6~7 月。**分布**：产中国湖南、福建、广东、广西、云南。**生境**：生于河边、林中、山脚平原、山坡，海拔 150~1800m。**用途**：竹材，观赏。

特征要点 节间幼时被白色蜡粉，长30~45cm。箨鞘早落；箨耳呈窄带形；箨片强烈外翻。

大眼竹 **Bambusa eutuldoides** McClure 禾本科 Poaceae/Gramineae 簕竹属

生活型：竹类。**高度**：6~12m。**株形**：丛生形。**竿皮**：绿色。**枝条**：节间长 30~40cm，直径粗 4~6cm，无毛；节处稍有隆起；分枝自第二、三节开始，簇生。**叶**：箨鞘早落，革质；箨耳形状各异；箨舌高 3~5mm；箨片直立，易脱落；叶鞘无毛；叶耳有时不存在；叶舌截形；叶片披针形，背面密生短柔毛。**花**：假小穗每节数至多枚，线形，小花 5~6 朵；具芽苞片数片；小穗轴被短纤毛；颖仅 1 片，长圆形；外稃与颖相似；内稃披针形；鳞被 3；子房近球状，柱头 3，羽毛状。**果实及种子**：颖果幼时近倒卵状，长约 5mm，顶部被短硬毛。**物候期**：笋期 4 月。**分布**：产中国广东、广西。**生境**：生于村落附近及溪河两岸。**用途**：竹材，观赏。

特征要点 节间长30~40cm，直径粗4~6cm，无毛；节处稍有隆起；分枝自第二、三节开始，簇生。箨鞘早落；箨耳极不相等，形状各异。

油簕竹 **Bambusa lapidea** McClure 禾本科 Poaceae/Gramineae 簕竹属

生活型：竹类。**高度**：7~17m。**株形**：丛生形。**竿皮**：绿色。**枝条**：节间长20~35cm，近基部稍肿胀，分枝簇生，次生枝常退化短缩为刺。**叶**：箨鞘稍迟落，革质，背面完全无毛；箨耳有波状皱褶并向外鼓出；箨舌高4~5mm；箨片直立，卵形至广卵形；叶舌极矮；叶片线状披针形至披针形，长8~23cm，两表面均无毛。**花**：假小穗每节数枚，线状披针形，两性小花5~6朵；具芽苞片2~4片；颖缺；外稃多脉；鳞被3；子房狭倒卵形，柱头3分。**物候期**：笋期10月，花期8~9月。**分布**：产中国广东、广西、四川、云南、香港。**生境**：生于平地、低丘陵较湿润地方或河流两岸、村落附近。**用途**：竹材，观赏。

特征要点 节间长20~35cm，近基部稍肿胀，分枝簇生，次生枝常退化短缩为刺。

孝顺竹（凤凰竹） **Bambusa multiplex** (Lour.) Raeusch. ex Schult.f.

禾本科 Poaceae/Gramineae 簕竹属

生活型：竹类。**高度**：2~7m。**株形**：丛生形。**竿皮**：绿色。**叶**：箨鞘硬脆，厚纸质，背面淡棕色，无毛；箨叶直立，三角形；枝条多数簇生于一节；叶常5~10枚生于一小枝上；叶鞘无毛或鞘口生有数条暗色縫毛；叶片质薄，长4~14cm。**花**：小穗单生或数枚簇生于花枝之每节，含花3~5朵或多至12朵。**物候期**：笋期6~8月。**分布**：产中国江西、湖南、广东、广西、四川、贵州、云南、海南、台湾等地。**生境**：生于河谷、路边、草丛中、山谷、山坡灌丛，海拔500~1400m。**用途**：观赏。

特征要点 箨鞘硬脆，厚纸质，背面淡棕色，无毛；箨叶直立，三角形；枝条多数簇生于一节；叶常5~10生于一小枝上；叶片质薄，长4~14cm。

绿竹 **Bambusa oldhamii** Munro 禾本科 Poaceae/Gramineae 簕竹属

生活型: 竹类。**高度**: 6~9m。**株形**: 丛生形。**竿皮**: 绿色。**叶**: 箨鞘坚硬而质脆, 无毛而有光泽; 箨叶三角状披针形, 直立; 每小枝生叶 7~15 枚; 叶鞘长 7~15cm; 叶片披针状矩圆形, 长 12~30cm。**花**: 开花枝条通常细而坚硬, 节间一侧扁平, 小穗下部绿色, 上部赤紫色, 长 2~3.5cm。**物候期**: 笋期 5~11 月。**分布**: 产中国浙江、福建、台湾、广东、广西、海南。**生境**: 生于山坡上。**用途**: 笋食用, 竹材, 观赏。

特征要点 箨鞘坚硬而质脆, 无毛而有光泽; 箨叶三角状披针形, 直立; 每小枝生叶7~15; 叶鞘长7~15cm; 叶片披针状矩圆形, 长12~30cm。

撑篙竹 **Bambusa pervariabilis** McClure 禾本科 Poaceae/Gramineae 簕竹属

生活型: 竹类。**高度**: 7~10m。**株形**: 丛生形。**竿皮**: 绿色。**枝条**: 节间长 30cm 左右, 节处稍有隆起, 分枝常自竿基部第一节开始, 坚挺。**叶**: 箨鞘早落, 薄革质; 箨耳不相等; 箨舌高 3~4mm; 箨片直立, 狭卵形; 叶鞘背面通常无毛; 叶耳倒卵形至倒卵状椭圆形; 叶舌高 0.5mm; 叶片线状披针形, 通常长 10~15cm, 背面密生短柔毛。**花**: 假小穗每节数枚, 线形; 小穗含小花 5~10; 具芽苞片 2~3; 颖仅 1, 长圆形; 外稃长圆状披针形; 鳞被 3; 柱头 3, 被毛。**果实及种子**: 颖果幼时宽卵球状, 长 1.5mm, 顶端被短硬毛。**物候期**: 笋期 5~6 月。**分布**: 产中国广东、广西。**生境**: 生于河溪两岸及村落附近。**用途**: 竹材, 观赏。

特征要点 节间长30cm左右, 节处稍有隆起, 分枝常自竿基部第一节开始, 坚挺。叶片线状披针形, 背面密生短柔毛。

硬头黄竹 **Bambusa rigida** Keng & Keng f. 禾本科 Poaceae/Gramineae 簕竹属

生活型: 竹类。**高度**: 5~12m。**株形**: 丛生形。**竿皮**: 黄绿色。**枝条**: 节间长 30~45cm,节处稍隆起,分枝常自竿基部第一或第二节开始, 主枝显著较粗长。**叶**: 箨鞘早落, 硬革质; 箨耳不相等; 箨舌高 2.5~3mm, 条裂; 箨片直立, 易脱落; 叶鞘背面无毛; 叶耳椭圆形, 边缘具少数繸毛; 叶舌高 0.5mm; 叶片线状披针形, 长 7.5~18cm, 背面密生短柔毛。**花**: 假小穗每节单枚或数枚, 小花 3~7 朵; 具芽苞片数枚; 小穗轴节间形扁, 无毛; 颖椭圆形; 外稃长圆状披针形; 鳞被 3; 子房具三棱, 卵球形, 柱头 3, 被短毛。**物候期**: 笋期 7~9 月。**分布**: 产中国四川。**生境**: 生于山坡上, 海拔 400~700m。**用途**: 竹材, 观赏。

特征要点 节间长30~45cm, 节处稍隆起, 分枝常自竿基部第一或第二节开始, 主枝显著较粗长。叶片线状披针形, 背面密生短柔毛。

青皮竹 **Bambusa textilis** McClure 禾本科 Poaceae/Gramineae 簕竹属

生活型: 竹类。**高度**: 8~10m。**株形**: 丛生形。**竿皮**: 绿色。**枝条**: 节间长 40~70cm, 直径 3~5cm, 绿色, 节处平坦, 无毛; 分枝自第七节开始。**叶**: 箨鞘早落; 革质; 箨耳较小; 箨舌高 2mm; 箨片直立, 易脱落; 叶鞘无毛; 叶耳发达; 叶舌极低矮; 叶片披针形, 背面密生短柔毛。**花**: 假小穗暗紫色, 线状披针形; 小穗含小花 5~8 朵; 小穗轴顶端膨大; 颖仅 1 片; 外稃椭圆形; 鳞被 3; 花药黄色; 子房宽卵球形, 柱头 3, 羽毛状。**花果期**: 笋期 5~9 月, 花期 2~9 月。**分布**: 产中国广东、广西。**生境**: 生于山坡上。**用途**: 竹材, 观赏。

特征要点 节间长40~70cm, 直径3~5cm, 绿色, 节处平坦, 无毛; 分枝自第七节开始。

龙头竹 **Bambusa vulgaris** Schrad. ex J. C. Wendl.

禾本科 Poaceae/Gramineae 簕竹属

生活型: 竹类。**高度**: 8~15m。**株形**: 丛生形。**竿皮**: 黄色。**枝条**: 节间长20~30cm，节处稍隆起，竿基数节具短气根，分枝常自竿下部节开始，每节数枝至多枝簇生，主枝较粗长。**叶**: 箨鞘早落，密生刺毛；箨耳甚发达；箨舌高3~4mm；箨片易脱落；叶鞘初时疏生棕色糙硬毛；叶耳常不发达；叶舌高1mm；叶片窄披针形。**花**: 假小穗每节数枚；小穗稍扁，披针形，小花5~10朵；具芽苞片数片；颖1~2；内稃略短于其外稃；鳞被3；花药顶端具簇短毛；花柱细长，柱头短，3枚。**物候期**: 笋期8~10月。**分布**: 产中国云南。亚洲热带地区和非洲马达加斯加也有分布。**生境**: 生于河边或疏林中。**用途**: 竹材，观赏。

特征要点 秆常为黄色，节间长20~30cm，节处稍隆起，竿基数节具短气根，分枝常自竿下部节开始，每节数枝至多枝簇生，主枝较粗长。

华西箭竹（箭竹、冷竹） **Fargesia nitida** (Mitford) Keng f. ex T. P. Yi

【Sinarundinaria nitida (Mitford ex Stapf) Nakai】

禾本科 Poaceae/Gramineae 箭竹属

生活型: 竹类。**高度**: 2~4m。**株形**: 散生形。**竿皮**: 绿色，光滑。**枝条**: 秆粗1~2cm；箨环隆起；秆芽长卵形；枝条在秆每节为15~18，上举，直径1.5~2mm。**叶**: 笋紫色；箨鞘宿存，革质；箨舌圆拱形，紫色；箨片外翻，易脱落；小枝具叶2~3；叶鞘常紫色；叶舌截形或圆拱形；叶片线状披针形。**花**: 总状花序顶生，具佛焰苞；小穗含花2~4，呈小扇形，紫色。**果实及种子**: 颖果椭圆形，黄褐色，无毛，长4~6mm，具浅腹沟。**物候期**: 笋期4~5月，花期5~8月，果期8~9月。**分布**: 产中国甘肃、四川。**生境**: 生于草甸、高山针叶林中、灌木林中、山坡林中，海拔2450~3200m。**用途**: 观赏。

特征要点 散生竹。秆绿色，光滑，粗1~2cm。花枝长达44cm；花药黄色。颖果椭圆形。

箭竹（筱竹） **Fargesia spathacea** Franch.【Thamnocalamus spathaceus (Franch.) Soderstr.】 禾本科 Poaceae/Gramineae 箭竹属 / 筱竹属

生活型：竹类。**高度**：1.5~4m。**株形**：散生形。**竿皮**：绿色，光滑。**枝条**：秆直立，粗 0.5~2cm；节间长 15~18cm，圆筒形，髓呈锯屑状；箨环隆起；竿环平坦或微隆起；枝条每节 9~17，几实心。**叶**：箨鞘宿存或迟落，革质，背面被棕色刺毛；箨舌截形；箨片外翻；小枝具叶 2~3；叶耳微小，紫色；叶舌小；叶柄具白粉；叶片线状披针形。**花**：花枝长 5~35cm；圆锥花序较紧密，顶生，下方具佛焰苞；小穗 8~14，含花 2~3，紫色。**果实及种子**：颖果椭圆形，浅褐色，基部具腹沟。**物候期**：笋期 5 月，花期 4 月，果期 5 月。**分布**：产中国湖北、四川。**生境**：生于山坡上，海拔 1300~2400m。**用途**：观赏。

特征要点 散生竹。竿绿色，光滑，高1.5~4m，粗0.5~2cm。圆锥花序较紧密，顶生；小穗含花2~3，紫色；花药黄色。颖果椭圆形。

毛玉山竹（南岭箭竹） **Yushania basihirsuta** (McClure) Z. P. Wang & G. H. Ye【Sinarundinaria basihirsutus (McClure) C. D. Chu & C. S. Chao】 禾本科 Poaceae/Gramineae 玉山竹属

生活型：竹类。**高度**：高 1.5~3m。**竿形**：散生形。**树皮**：绿色，光滑。**枝条**：秆直径 5~20mm；节间长 10~15cm，圆筒形；竿壁厚 1.5~3mm；箨环隆起；竿环平坦。下部分枝 1。**叶**：箨鞘宿存，紫色，三角状长圆形，革质，密被刺毛；箨耳镰形，边缘具放射状繸毛；箨舌截形或圆拱形；箨片线状披针形，外翻。每小枝具叶 5~9；叶片披针形，长 7~18cm。**花**：圆锥花序由 12~17 枚小穗组成，顶生，长 6~10cm；小穗紫色。**物候期**：笋期 4 月，花期 10 月。**分布**：产中国广东、湖南。**生境**：生于山谷疏林下，海拔 1500~1600m。**用途**：观赏。

特征要点 竿高1.5~3m，直径5~20mm。箨耳镰形，边缘具放射状繸毛。每小枝具叶5~9；叶片长7~18cm，背面被长硬毛。

箬叶竹 **Indocalamus longiauritus** Hand. -Mazz.

禾本科 Poaceae/Gramineae 箬竹属

生活型: 竹类。**高度**: 约 1m。**株形**: 散生形。**竿皮**: 绿色至紫色。**枝条**: 秆粗约 5mm, 节间长 5~20cm, 每节分枝 1~3 枚。**叶**: 箨鞘远较节间为短; 箨舌截平形, 鞘口具繸毛; 箨耳显著, 脱落性, 半月形; 箨叶长三角形; 小枝具叶 1~3 片, 叶片长 10~30cm, 叶耳显著, 顶端亦有流苏状繸毛。**花**: 圆锥花序细长形, 长 8~14cm, 花序主轴, 分枝及小穗轴被白色微毛。**物候期**: 笋期 4~5 月, 花期 5~7 月。**分布**: 产中国福建、广东、广西、河南、湖南、贵州、四川、江西、浙江等地。**生境**: 生于山坡林荫或灌丛中。**用途**: 观赏。

特征要点 秆绿色至紫色, 粗约5mm, 节间长5~20cm, 每节分枝1~3枚。小枝具叶1~3片, 叶片长10~30cm, 叶耳显著, 顶端亦有流苏状繸毛。

箬竹 **Indocalamus tessellatus** (Munro) Keng f. 禾本科 Poaceae/Gramineae 箬竹属

生活型: 竹类。**高度**: 高 0.75~2m。**株形**: 散生形。**竿皮**: 绿色, 光滑。**枝条**: 秆粗 4~7.5mm; 节间长约 25cm, 圆筒形; 节较平坦; 竿环较箨环略隆起。**叶**: 箨鞘长于节间, 下部密被紫褐色伏贴疣基刺毛; 箨耳无; 箨舌厚膜质, 截形; 箨片窄披针形, 易落。小枝具叶 2~4; 叶片披针形, 长 20~46cm, 宽 4~10.8cm。**花**: 圆锥花序长 10~14cm, 密被棕色短柔毛; 小穗绿色带紫; 颖 3 片, 纸质。**物候期**: 笋期 4~5 月, 花期 6~7 月。**分布**: 产中国福建、江西、湖南、浙江等地。**生境**: 生于山坡路旁, 海拔 300~1400m。**用途**: 叶用以衬垫茶篓或包粽子。

特征要点 箨鞘近革质; 叶片在背面于中脉之一侧密生成一纵行的毛茸。

人面竹（罗汉竹） **Phyllostachys aurea** (André) Rivière & C. Rivière

禾本科 Poaceae/Gramineae 刚竹属

生活型：竹类。**高度**：5~12m。**株形**：丛生形。**竿皮**：绿色。**枝条**：中部节间长15~30cm，基部或有时中部的数节间极缩短，缢缩或肿胀，或其节交互倾斜。**叶**：箨鞘具斑点；箨舌很短；箨片狭三角形至带状；末级小枝有叶2或3片；叶鞘无毛；叶舌极短；叶片狭长披针形或披针形，长6~12cm。**花**：花枝穗状，长3~8cm；佛焰苞5~7片；假小穗1~3枚，小穗含花1~4朵；颖0~2片；外稃与颖相类似；鳞被3；花药长10~12mm；柱头2，羽毛状。**果实及种子**：颖果线状披针形，长10~14mm。**物候期**：笋期5月。**分布**：产中国福建、浙江，黄河以南各地常见栽培。世界各地也有引种栽培。**生境**：生于山谷坡地疏林中、山脚、山坡、溪边。**用途**：观赏。

特征要点 秆绿色，中部节间长15~30cm，基部或有时中部的数节间极缩短，缢缩或肿胀，或其节交互倾斜，中、下部正常节间的上端也常明显膨大。

毛竹 **Phyllostachys edulis** (Carrière) J. Houz. 禾本科 Poaceae/Gramineae 刚竹属

生活型：竹类。**高度**：11~15m。**株形**：散生形。**竿皮**：绿色。**枝条**：秆粗8~10cm，秆环平，箨环突起，节间长30~40cm。**叶**：箨鞘厚革质，背面密生棕紫色小刺毛和斑点；箨叶窄长形，基部向上凹入；每小枝具叶2~8片，叶片窄披针形，次脉3~5对，小横脉显著。**花**：花枝单生，不具叶，小穗丛形如穗状花序，长5~10cm，外被有覆瓦状的佛焰苞；小穗含花2，一成熟一退化。**物候期**：笋期3~5月。**分布**：产中国秦岭、汉水流域至长江流域以南地区及台湾。**生境**：生于村边、山谷、山谷林下、山坡、田边，海拔100~1000m。**用途**：笋食用，竹材，观赏。

特征要点 散生竹。秆粗8~10cm，被白粉及柔毛。

淡竹 **Phyllostachys glauca** McClure 禾本科 Poaceae/Gramineae 刚竹属

生活型: 竹类。**高度**: 达 11m。**株形**: 丛生形。**竿皮**: 绿色。**枝条**: 秆环与环均中度隆起。**叶**: 箨鞘先端截平, 全部绿色; 箨舌黑色顶端截平; 箨叶披针形至带状; 叶鞘无叶耳, 叶舌中度发达, 初期紫色; 叶片幼时背面沿其脉上微生小刺毛, 宽 2~3cm。**物候期**: 笋期 4~5 月, 花期 10 月至翌年 5 月。**分布**: 产中国黄河及长江流域各地。**生境**: 生于村边、河滩、平地、山坡。**用途**: 笋食用, 竹材, 观赏。

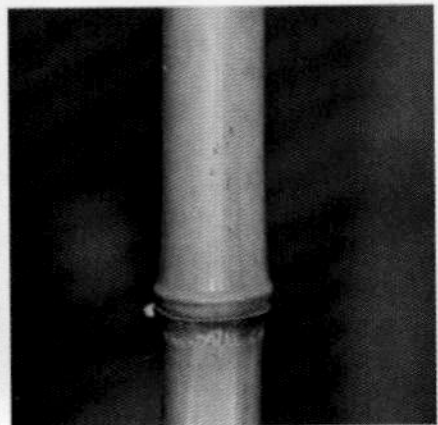

特征要点 丛生竹。秆绿色, 箨舌暗紫褐色, 箨鞘鲜时淡紫褐色, 幼竿被厚白粉。

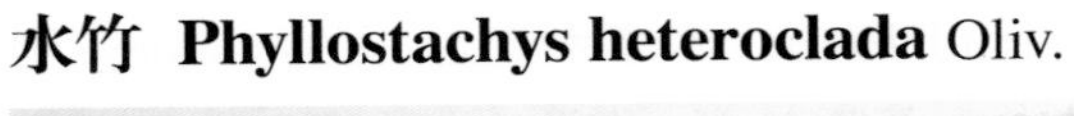

水竹 **Phyllostachys heteroclada** Oliv. 禾本科 Poaceae/Gramineae 刚竹属

生活型: 竹类。**高度**: 1~1.5m。**株形**: 丛生形。**竿皮**: 绿色。**叶**: 箨鞘无毛, 深绿色; 箨叶宽三角形至披针形; 小枝常单生, 有叶 3~5; 叶鞘上部常具微毛; 叶片矩圆状披针形, 宽 8~16mm。**花**: 小穗丛着生于具叶小枝之顶端, 其下托以具有较缩小而呈卵形的叶片。**物候期**: 笋期 4~6 月。**分布**: 产中国黄河流域及其以南各地。**生境**: 生于村边、灌丛中、河谷、路边、山谷草丛、山谷湿地、山坡松林中、溪边。**用途**: 竹材, 观赏。

特征要点 秆绿色。箨鞘无毛, 深绿色; 箨叶宽三角形至披针形; 小枝常单生, 有叶3~5; 叶片矩圆状披针形, 宽8~16mm。

美竹（黄苦竹）**Phyllostachys mannii** Gamble 禾本科 Poaceae/Gramineae 刚竹属

生活型：竹类。**高度**：8~10m。**株形**：丛生形。**竿皮**：绿色。**枝条**：节间较长，竿中部者长 30~42cm，竿环稍隆起，与箨环同高或较之微高。**叶**：箨鞘革质，紫色；箨耳变化极大；箨舌宽短，截形，被毛；箨片三角形，直立，近平直；末级小枝具叶 1~2 片；叶耳小或不明显；叶片披针形至带状披针形，长 7.5~16cm。**物候期**：笋期 5 月。**分布**：产中国浙江、河南、陕西、江苏、四川、贵州、云南、西藏等地。**生境**：生于路边、山谷湿润竹林中、山脚平原、竹木混交林中。**用途**：竹材，观赏。

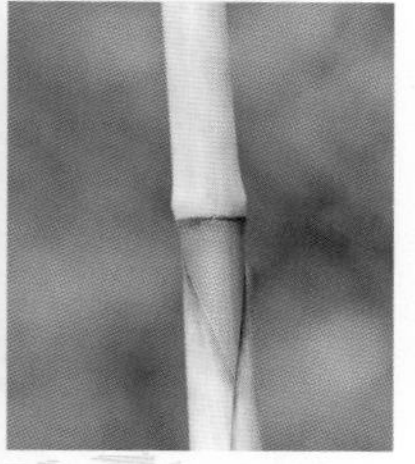

特征要点 竿绿色，节间较长，竿中部者长30~42cm，竿环稍隆起，与箨环同高或较之微高。箨鞘革质，紫色；末级小枝具叶1~2片；叶片披针形至带状披针形，长7.5~16cm。

篌竹 **Phyllostachys nidularia** Munro 禾本科 Poaceae/Gramineae 刚竹属

生活型：竹类。**高度**：3~5m。**株形**：丛生形。**竿皮**：绿色。**叶**：箨鞘厚革质，具纵条纹；箨耳极大，抱茎，呈镰刀状；箨叶大而直立，顶端锐尖；小枝有叶 2~4；叶披针形，宽 10~15mm，质坚韧。**花**：小穗丛以 1~3 枚着生于具叶小枝之下部各节上。**物候期**：笋期 4~8 月。**分布**：产中国陕西、河南、湖北，长江流域及其以南各地。欧洲也有引种栽培。**生境**：生于常绿阔叶林中、村边、河谷、丘陵河边、平原、山坡灌木林中、路边。**用途**：笋食用，竹材，观赏。

特征要点 竿绿色。箨鞘厚革质，具纵条纹；箨耳极大，抱茎，呈镰刀状；箨叶大而直立，顶端锐尖；小枝有叶2~4片；叶片披针形，宽10~15mm，质坚韧。

紫竹 **Phyllostachys nigra** (Lodd. ex Lindl.) Munro
禾本科 Poaceae/Gramineae 刚竹属

生活型: 竹类。**高度**: 4~8m。**株形**: 散生形。**竿皮**: 紫黑色。**枝条**: 节间长 25~30cm, 秆环与箨环均隆起。**叶**: 箨鞘背面红褐或绿色; 箨耳长圆形至镰形, 紫黑色; 箨舌拱形, 紫色; 箨片三角形, 绿色, 舟状; 末级小枝具叶 2 或 3; 叶耳不明显; 叶舌稍伸出; 叶片质薄, 长 7~10cm。**花**: 花枝呈短穗状, 长 3.5~5cm; 苞片 4~8, 鳞片状; 佛焰苞 4~6; 假小穗 1~3, 小穗披针形, 具 2~3 小花; 颖 1~3; 外稃密生柔毛; 花药长约 8mm; 柱头 3, 羽毛状。**物候期**: 笋期 4 月。**分布**: 原产中国南部(湖南、广西等地), 南北各地栽培。世界各地常有引种栽培。**生境**: 生于村边、沟边、林中、山谷、山坡林中、石地、松林中。**用途**: 观赏。

特征要点 散生竹。竿紫黑色。

早园竹 **Phyllostachys propinqua** McClure 禾本科 Poaceae/Gramineae 刚竹属

生活型: 竹类。**高度**: 达 6m。**株形**: 散生形。**竿皮**: 绿色或黄绿色。**枝条**: 节间长约 20cm, 竿环微隆起与箨环同高。**叶**: 箨鞘背面淡红褐色或黄褐色; 无箨耳及鞘口繸毛; 箨舌淡褐色, 拱形; 箨片披针形, 绿色, 平直, 外翻; 末级小枝具叶 2 或 3; 常无叶耳及鞘口繸毛; 叶舌强烈隆起; 叶片披针形, 长 7~16cm。**物候期**: 笋期 4~6 月。**分布**: 产中国河南、江苏、安徽、浙江、贵州、广西、湖北、福建、云南、四川。**生境**: 生于林中、山坡。**用途**: 笋食用, 观赏。

特征要点 散生竹。竿绿色或黄绿色。竿环微隆起与箨环同高。箨鞘背面淡红褐色或黄褐色。

桂竹 **Phyllostachys reticulata** (Rupr.) K. Koch 【Phyllostachys bambusoides Siebold & Zucc.】 禾本科 Poaceae/Gramineae 刚竹属

生活型：竹类。**高度**：达 20m。**株形**：丛生形。**竿皮**：粉绿色。**枝条**：节间长达 40cm，竿环稍高于箨环。**叶**：箨鞘革质，背面黄褐色；箨耳镰状，紫褐色；箨舌拱形；箨片带状，外翻；末级小枝具叶 2~4 片；叶耳半圆形，缝毛发达；叶舌明显伸出；叶片长 5.5~15cm。**花**：花枝呈穗状，长 5~8cm；苞片鳞片状；佛焰苞 6~8；假小穗 1~3，小穗披针形，含 1~2 小花；颖 1 或无；外稃先端芒状；鳞被菱状长椭圆形；花药长 11~14mm；花柱长，柱头 3，羽毛状。**物候期**：笋期 5 月。**分布**：产中国黄河流域及其以南各地。**生境**：生于村边、山谷路边、山坡常绿阔叶林中、山坡灌丛、山坡路边、山坡竹林中。**用途**：竹材，观赏。

特征要点 丛生竹。竿粉绿色，节间长达40cm；箨鞘背部疏生刺毛乃至几不可见；箨片平直或偶可在顶部皱曲；箨环无毛。

金竹 **Phyllostachys sulphurea** (Carrière) Rivière & C. Rivière 禾本科 Poaceae/Gramineae 刚竹属

生活型：竹类。**高度**：达 15m。**株形**：丛生形。**竿皮**：绿色。**枝条**：竿环在不分枝的节中不明显。**叶**：箨鞘黄色，有棕色斑块；箨耳及鞘繸毛无；箨舌黄绿色；小枝有叶 2~5 片；叶耳及鞘口繸毛存在；叶舌长，弧形。**物候期**：笋期 7~8 月。**分布**：产中国山东、河南、陕西、江苏、浙江、福建等地。世界各地有引种栽培。**生境**：生于丘陵、丘陵山坡、山坡林中、田中、溪边。**用途**：观赏。

特征要点 秆绿色，竿环在不分枝的节中不明显。箨鞘黄色，有棕色斑块；箨耳及鞘繸无毛；箨舌黄绿色；小枝有叶2~5片；叶耳及鞘口繸毛存在。

早竹 **Phyllostachys violascens** Rivière & C.Rivière
禾本科 Poaceae/Gramineae 刚竹属

生活型：竹类。**高度**：8~10m。**株形**：丛生形。**竿皮**：绿色。**枝条**：中部节间长15~25cm，常在沟槽的对面一侧微膨大，竿环与箨环均中度隆起。**叶**：箨鞘无毛，具斑点；无箨耳及鞘口繸毛；箨舌拱形；箨片窄带状披针形，强烈皱曲，外翻；末级小枝具叶2~3；无叶耳和鞘口繸毛；叶片带状披针形，长6~18cm。**花**：花枝呈穗状，长4cm；苞片鳞片状，4~6片；佛焰苞5~7片；假小穗2枚，侧生者不发育，顶生者含2朵小花，仅1朵发育；颖1片；外稃有短柔毛；鳞被1；花药12~13mm；柱头2枚。**花果期**：笋期3~5月，花期4~5月。**分布**：产中国江苏、安徽、浙江、江西、湖南、福建、云南。**生境**：生于山坡。**用途**：观赏。

特征要点 竿绿色，中部节间长15~25cm，常在沟槽的对面一侧微膨大，竿环与箨环均中度隆起。箨鞘无毛，具斑点；末级小枝具叶2~3片；叶片带状披针形，长6~18cm。

乌哺鸡竹 **Phyllostachys vivax** McClure 禾本科 Poaceae/Gramineae 刚竹属

生活型：竹类。**高度**：5~15m。**株形**：丛生形。**茎皮**：绿色。**枝条**：节间长25~35cm，竿环隆起，稍高于箨环。**叶**：箨鞘无毛，微被白粉；无箨耳及鞘口繸毛；箨舌弧形隆起；箨片带状披针形，强烈皱曲，外翻；末级小枝具叶2~3；有叶耳及鞘口繸毛；叶舌发达，高达3mm；叶片微下垂，较大，带状披针形或披针形，长9~18cm。**花**：花枝呈穗状；苞片4~6，鳞片状；佛焰苞5~7；假小穗1~2，小穗含2~3小花；颖1；外稃被柔毛；鳞被狭披针形；花药长12mm；子房无毛，柱头3。**物候期**：笋期4月，花期4~5月。**分布**：产中国江苏、浙江、河南、福建、山东、云南。**生境**：生于山坡上。**用途**：笋食用，观赏。

特征要点 竿绿色，节间长25~35cm，竿环隆起，稍高于箨环。末级小枝具叶2~3片；叶片微下垂，较大，带状披针形或披针形，长9~18cm。

方竹 **Chimonobambusa quadrangularis** (Franceschi) Makino

禾本科 Poaceae/Gramineae 寒竹属

生活型: 竿直立。**高度**: 3~8m。**株形**: 散生形。**竿皮**: 绿色, 具刺状气生根。**枝条**: 秆环隆起。**叶**: 箨鞘早落, 纸质; 箨耳及箨舌均不甚发达; 箨片极小; 末级小枝具 2~5 叶; 叶鞘革质, 光滑无毛; 叶舌低矮, 截形; 叶片薄纸质, 长椭圆状披针形。**花**: 花枝呈总状或圆锥状排列; 假小穗 2~4, 细长, 长 2~3cm; 小穗含 2~5 小花; 小穗轴平滑无毛; 颖 1~3, 披针形; 外稃纸质, 绿色, 披针形; 鳞被长卵形; 柱头 2, 羽毛状。**物候期**: 笋期 9~10 月。**分布**: 产中国江苏、安徽、浙江、江西、福建、台湾、湖南、广西。日本也有分布。**生境**: 生于常绿阔叶林中、竹林中、山谷阴湿地、山坡疏林中。**用途**: 竹材, 观赏。

特征要点 竿绿色, 具刺状气生根, 竿环隆起; 箨耳及箨舌均不甚发达; 箨片极小, 锥形; 末级小枝具叶2~5, 叶片长椭圆状披针形。

筇竹 **Chimonobambusa tumidissinoda** J. R. Xue & T. P. Yi ex Ohrnb.

禾本科 Poaceae/Gramineae 寒竹属

生活型: 竹类。**高度**: 2.5~6m。**株形**: 丛生形。**竿皮**: 绿色。**枝条**: 节间圆筒形, 长 15~25cm, 竿环极为隆起而呈一显著的圆脊, 竿每节通常具 3 枝。**叶**: 箨鞘黄绿色, 短于节间; 箨耳无; 箨舌拱形; 箨片较短小, 易脱落; 小枝具叶 2~4; 叶片狭披针形, 长 5~14cm, 无毛。**花**: 花枝可反复分枝; 假小穗绿色, 长 3~4.5cm; 苞片 4~5; 小穗含 3~8 小花; 颖 2; 外稃长卵形; 鳞被 3; 花药紫色; 子房呈倒卵形, 花柱 1, 柱头 2, 羽毛状。**果实及种子**: 果实坚果状, 厚皮质, 椭圆形, 墨绿色, 光滑无毛。**物候期**: 笋期 4 月, 花期 4 月。**分布**: 产中国四川、云南。**生境**: 生于山坡, 海拔 1430~2200m。**用途**: 观赏。

特征要点 节间圆筒形, 长15~25cm, 竿环极为隆起而呈一显著的圆脊, 竿每节通常具3枝。小枝具叶2~4; 叶片狭披针形, 边缘具小锯齿而粗糙, 两面无毛。

苦竹 **Pleioblastus amarus** (Keng) Keng f. 【Arundinaria amara Keng】

禾本科 Poaceae/Gramineae 苦竹属

生活型: 竹类。**高度**: 达 4m。**株形**: 丛生形。**竿皮**: 绿色。**枝条**: 竿粗 15mm, 节间长 25~40cm, 箨环常具箨鞘基部残留物。**叶**: 箨鞘细长三角形, 厚纸革质; 箨耳微小深褐色; 箨舌截平头; 箨叶细长披针形; 主秆每节分枝 3~6, 叶枝具叶 2~4, 叶片宽 10~28cm。**花**: 总状花序较延长, 由 3~10 小穗组成, 着生在叶枝下部的各节上, 小穗含花 8~12, 长 4~6cm, 颖 3~5。**物候期**: 笋期 5~6 月。**分布**: 产中国江苏、安徽、浙江、福建、江西、湖南、湖北、四川、贵州、云南。**生境**: 生于山谷、山谷阴地、山坡林中、阳坡, 海拔 300~1000m。**用途**: 竹材, 观赏。

特征要点 丛生竹。秆绿色, 粗15mm, 节间长25~40cm, 箨环常具箨鞘基部残留物。

茶竿竹(亚白竹) **Pseudosasa amabilis** (McClure) Keng f. ex S. L. Chen & al. 【Arundinaria amabilis McClure】 禾本科 Poaceae/Gramineae 矢竹属 / 北美箭竹属

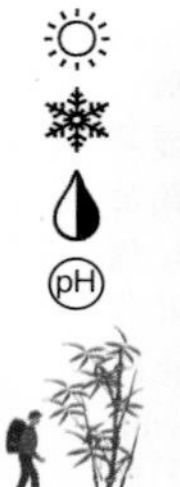

生活型: 竹类。**高度**: 7~13m。**株形**: 散生形。**竿皮**: 绿色。**枝条**: 竿粗约 5~6cm。**叶**: 箨鞘迟落, 暗棕色, 密生栗色刺毛; 箨叶细长; 叶鞘无毛, 鞘口具繸毛; 叶片质厚, 坚韧, 条状披针形, 宽 1.8~3.5cm。**花**: 总状或圆锥花序具 3~15 小穗, 顶生于叶枝下部的小枝上; 小穗含花 5~16, 扁披针形, 长 2.5~5.5cm。**物候期**: 笋期 4 月, 花期 4 月。**分布**: 产中国浙江、福建、广东、广西、湖南。**生境**: 生于河流沿岸的山坡上。**用途**: 竹材, 观赏。

特征要点 竿绿色, 粗5~6cm。箨鞘迟落, 暗棕色, 密生栗色刺毛; 叶片质厚, 坚韧, 条状披针形, 宽1.8~3.5cm。

慧竹（篌竹、四时竹） **Pseudosasa hindsii** (Munro) S. L. Chen & G. Y. Sheng ex T. G. Liang【Arundinaria hindsii Munro】

禾本科 Poaceae/Gramineae 矢竹属 / 北美箭竹属

生活型: 竹类。**高度**: 3~5m。**株形**: 散生形。**竿皮**: 深绿色。**枝条**: 秆粗约1cm,节间长20~30cm,无毛; 竿每节分枝3~5,枝直立,贴竿。**叶**: 箨鞘宿存,革质,背部被刺毛; 箨耳镰形,縫毛弯曲; 箨舌拱形; 箨片直立,宽卵状披针形。每小枝具叶4~9片;叶片长7~22cm,宽10~16mm。**花**: 总状或圆锥花序细长,具2~5枚小穗; 小穗含4~16朵小花,淡绿色。**物候期**: 笋期5~6月,花期7~8月。**分布**: 中国香港、福建、台湾、广东、广西等地野生或栽培。**生境**: 生于沿海山地。**用途**: 观赏。

特征要点 竿箨质地薄,仅被细柔毛,无刺毛;有圆形箨耳,箨叶长卵状披针形,基部收缩;叶片宽仅1.5~2.5cm。

黄甜竹 **Acidosasa edulis** (T. H. Wen) T. H. Wen 禾本科 Poaceae/Gramineae 酸竹属

生活型: 竹类。**高度**: 8~12m。**株形**: 丛生形。**竿皮**: 光滑,黄色。**叶**: 箨鞘无密被褐色长刺毛; 箨耳狭镰刀状伸出; 箨舌高3~4mm; 箨叶绿色,披针形; 叶片披针形,长11~18cm。**物候期**: 笋期5月。**分布**: 中国福建等地栽培。**生境**: 生于山地、丘陵、平原、冲积溪沿岸、滩涂地和房前屋后空地,海拔900m之下。**用途**: 笋食用,观赏。

特征要点 箨鞘无密被褐色长刺毛;箨耳狭镰刀状伸出;箨舌高3~4mm;箨叶绿色,披针形;叶片披针形,长11~18cm。

中华大节竹 **Indosasa sinica** C. D. Chu & C. S. Chao

禾本科 Poaceae/Gramineae 大节竹属

生活型：竹类。**高度**：达 10m。**株形**：丛生形。**竿皮**：绿色。**枝条**：节间长 35~50cm，竿环甚隆起，呈屈膝状，竿每节分枝 3。**叶**：箨鞘黄色，密被小刺毛；箨耳发达，较小；箨舌高 2~3mm；箨片绿色，三角状披针形，粗糙；末级小枝具叶 3~9；叶耳发达，早落；叶片带状披针形，长 12~22cm，两面绿色无毛。**花**：假小穗每节 1~3，粗壮，长 4.5~13cm；苞片数片；小穗含小花多数；外稃近革质；

鳞被长圆状；花药紫色；花柱 1，柱头 3 裂。**果实及种子**：颖果卵状椭圆形，褐色，长 8mm。**物候期**：笋期 4 月，花期 5 月。**分布**：产中国贵州、云南、广西。**生境**：生于常绿阔叶林中、村边、山坡林中，海拔 600~600m。**用途**：竹材，观赏。

特征要点 竿绿色，节间长35~50cm，竿环甚隆起，呈屈膝状，竿每节分枝3。末级小枝具叶3~9片；叶片带状披针形，两面绿色无毛。

短穗竹 **Semiarundinaria densiflora** (Rendle) T. H. Wen

禾本科 Poaceae/Gramineae 业平竹属

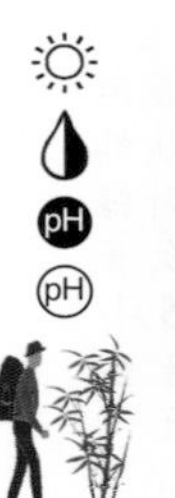

生活型：竹类。**高度**：1~3m。**株形**：丛生形。**竿皮**：绿色。**枝条**：秆高 1~3m，粗约 1cm，竿环隆起。**叶**：箨鞘早落，淡黄色；箨耳显著，半月形；箨叶细长形；小枝具叶 2~5 片；叶鞘长 2.5~4cm；叶片披针形，宽 10~25mm，背面有微毛。**花**：穗形总状花序，1~3 枚生于叶枝之下部节上，含小穗 2~5，基部托有一组逐渐增大之紫色苞片；小穗柄有微毛；小穗含花 5~7 朵。**物候期**：笋期 5~6 月，花期 3~5 月。**分布**：产中国江苏、安徽、浙江、江西、湖北、福建。**生境**：生于溪边、阴坡竹林中，海拔 120~420m。**用途**：竹材，观赏。

特征要点 秆绿色，高1~3m，粗约1cm，秆环隆起。小枝具叶2~5；叶片披针形，宽10~25mm，背面有微毛。

唐竹 **Sinobambusa tootsik** (Makino) Makino ex Nakai

禾本科 Poaceae/Gramineae 唐竹属

生活型: 竹类。**高度**: 5~12m。**株形**: 丛生形。**茎皮**: 绿色，被白粉。**枝条**: 节间长 30~40cm，在分枝一侧扁平而有沟槽，箨环木栓质隆起。**叶**: 箨鞘早落性，革质，近长方形；箨耳棕褐色，繸毛长达 2cm；箨舌高 4mm；箨片披针形，绿色，外翻；小枝具叶 3~6 片；叶鞘无毛；叶耳不明显；叶舌短；叶片披针形，背面略带灰白色并具细柔毛。**花**: 假小穗 1~3 枚，线状细长，基部托以 2 至数苞片；小花长椭圆形；外稃卵形；内稃椭圆形；鳞被 3，膜质；花药淡黄色；子房圆柱形，无毛，花柱 1，柱头 3。**物候期**: 笋期 4~5 月。**分布**: 产中国福建、广东、广西。越南也有分布。**生境**: 生于山坡上。**用途**: 竹材，观赏。

特征要点 秆绿色，被白粉。节间长30~40cm，在分枝一侧扁平而有沟槽，箨环木栓质隆起。小枝具叶3~6片；叶片披针形，背面略带灰白色并具细柔毛。

参考文献

艾伦·库姆斯. 树 [M]. 北京：中国友谊出版公司，2007.
傅立国. 中国植物红皮书[M]. 北京：科学出版社，1992.
傅立国. 中国高等植物 [M]. 青岛：青岛出版社，2001.
马克平. 中国常见野外植物识别手册 [M]. 北京：商务印书馆，2018.
祁承经，汤庚国. 树木学（南方本）[M]. 2版. 2018. 北京：中国林业出版社，1994.
郑万钧. 中国树木志[M]. 北京：中国林业出版社，1983-2004.
中国科学院植物研究所. 中国高等植物图鉴 [M]. 北京：科学出版社，1985-2015.
中国科学院植物研究所. 中国高等植物彩色图鉴 [M]. 北京：科学出版社，2016.
中国科学院中国植物志编辑委员会. 中国植物志 [M]. 北京：科学出版社，1959-2004.
Flora of China Editorial Committee. Flora of China [M]. Beijing：Science Press, 1988-2013.

中文名索引

E

F

G

H

T

W

X

Y

Z

学名索引

A

B

C

D

I

J

K

L

M

N

O

P

Q

R

S

T

U

V

W

X

Y

Z